다윈 이후

EVER SINCE DARWIN:
REFLECTIONS ON NATURAL HISTORY
BY STEPHEN JAY GOULD

COPYRIGHT © 1977 BY STEPHEN JAY GOULD
© 1973, 1974, 1975, 1976, 1977 BY THE AMERICAN MUSEUM OF NATURAL HISTORY
ALL RIGHTS RESERVED.

KOREAN TRANSLATION COPYRIGHT © 2008 BY SCIENCEBOOKS CO., LTD.
KOREAN TRANSLATION EDITION PUBLISHED BY ARRANGEMENT WITH
W. W. NORTON & COMPANY, INC. THROUGH EYA.

이 책의 한국어판 저작권은 EYA를 통해 W. W. NORTON & COMPANY, INC.와
독점 계약한 (주)사이언스북스에 있습니다.
저작권법에 의해 한국 내에서 보호를 받는 저작물이므로
무단 전재와 무단 복제를 금합니다.

사이언스 클래식 14
EVER SINCE DARWIN:
REFLECTIONS ON NATURAL HISTORY
스티븐 제이 굴드
홍욱희, 홍동선 옮김

다윈 이후

다윈주의에 대한
오해와 이해를
말하다

사이언스 북스
SCIENCE BOOKS

다섯 살 나를

박물관에 데려가

티라노사우루스를 보여 주신

내 아버지를 위하여

머리말

"다윈 이후 100년이면 이제 충분하지 않습니까?" 1959년 미국의 저명한 유전학자 허먼 조지프 멀러(Hermann Joseph Muller, 1890~1967년)가 볼멘소리를 했다. 이 거친 언사는 『종의 기원(On the Origin of Species by Means of Natural Selection, or the Preservation of Favoured Races in the Struggle for Life)』(1859년) 출간 100주년을 기념하는 자리에서 청중들에게 그리 좋은 인상을 주지는 못했지만, 누구도 그 말 속에 내포된 좌절감을 부정할 수는 없었다.

그동안 다윈을 이해하기가 왜 그렇게 어려웠던 것일까? 그가 진화가 실제로 일어난 사실이라는 점을 세계 지성계에 확신시키는 데에는 10년도 채 걸리지 않았지만, 자연 선택(natural selection)이라는 그 자신의 이론은 그가 살아 있는 동안 단 한번도 큰 인기를 누리지 못했다. 자연 선택

이론은 진화 이론의 핵심임에도 1940년대에 이르러서야 비로소 널리 알려졌으며, 심지어 오늘날에도 잘못 이해되고 인용되고 적용되고 있다. 결코 논리 구조가 복잡해서 잘못 이해된 것은 아니다. 왜냐하면 자연 선택 이론은 단순하기 이를 데 없어서 오직 절대로 부인할 수 없는 두 가지 사실과 도저히 빠져나갈 수 없는 한 가지 결론에 근거를 두고 있기 때문이다.

1. 생물들은 서로 다르고(vary), 이러한 변이(variation)는(적어도 그 일부는) 자손들에게로 유전된다.
2. 생물들은 살아남을 수 있는 수보다 더 많은 자손을 낳는다.
3. 평균적으로 환경이 선호하는 방향으로 가장 강하게 변화한 자손이 살아남아 자손을 퍼뜨릴 수 있다. 따라서 환경이 선호하는 변이가 자연 선택을 통해서 각 개체군(population)에 축적된다.

이와 같은 세 가지 명제는 자연 선택이 진화에 작용할 것이라는 점을 확신시켜 줄 수는 있지만 그것 자체로 다윈이 원래 자연 선택 이론에 부여하고자 했던 기본적인 역할들을 다 충족시켰다고 단언하기는 어렵다. 다윈 이론의 핵심은 자연 선택이 단순히 부적자(不適者, the unfit)를 제거하는 것이 아닌, 진화의 창조적 추진력이라는 점에 있다. 더구나 자연 선택은 반드시 적자(適者, the fit)를 만들어 내야만 한다. 자연 선택은 세대를 거듭하면서 광범위한 임의적 변이 중에서 선호되는 부분만을 선택하여 보전시킴으로써 생물 종으로 하여금 단계적으로 적응 능력을 축적하도록 한다. 만약 자연 선택이 창조적인 기능을 수행한다면 변이에 관한 우리의 첫 번째 명제는 다음의 두 가지 제약 조건을 추가하여 더욱 상세히 설명될 수 있을 것이다.

첫째, 변이는 임의적이어야 한다. 다른 말로 하면 변이에는 적어도 적응에 대한 지향성이 없어야 한다는 뜻이다. 만일 변이가 어느 한 방향으로 미리 설정되어 있다면, 자연 선택은 창조적인 역할을 하기보다는 적절한 방향으로 변화하지 못한 불운한 개체를 제거하는 데에 그치고 말 것이다. 라마르크설(Lamarckism)은 동물이 자신의 요구에 창조적으로 반응하고 그렇게 해서 얻게 된 획득 형질(acquired character)을 자손에게 전달한다고 주장하기 때문에 비다윈적인 이론이다. 유전자 돌연변이에 관한 우리의 지식은 변이가 유리한 한 방향으로 정향(定向)되어 있지 않다고 주장했던 다윈의 의견을 지지하고 있다. 진화는 우연과 필연의 혼합이다. 변이의 수준에서는 우연이지만 자연 선택이 작용하는 단계에서는 필연인 것이다.

둘째, 변이는 새로운 종(種)의 기초를 세우는 데 필요한 진화적 변화보다 규모가 작아야 한다. 변이에 의하여 새로운 종이 일시에 출현하게 된다면 자연 선택이란 진보의 길을 확립하기 위해 이전의 생물들을 제거시키는 정도의 작업에 불과할 것이다. 다시 한번 유전학에 대한 우리의 지식은 작은 돌연변이가 진화의 본질이라는 다윈의 견해를 분명히 지지하고 있다.

겉보기에 다윈 이론이 단순한 것은 이처럼 미묘한 복잡성과 부가적인 필요 조건을 고려하지 않았기 때문이다. 그럼에도 불구하고 나는 사람들이 다윈 이론을 쉽게 받아들이지 못하는 것은 과학적인 내용이 어려워서가 아니라 다윈의 메시지가 품은 철학이 급진적이기 때문이라고 생각한다. 말하자면 우리가 아직은 버릴 준비가 되어 있지 않은 뿌리 깊은 서양의 가치 체계에 대한 도전을 담고 있다는 것이다. 첫째로, 다윈은 진화에는 아무런 목적이 없다고 주장했다. 개체들은 장차 태어날 세대들에게 자신의 유전자를 좀 더 많이 전달하고자 맹렬히 노력하는데, 사실상 그것이 전부라고 말할 수 있다. 이 세상이 어떤 형태의 조화와 질서를 보여 주고 있다면 그것은 개체들이 스스로의 이익을 추구하는 과정에서 얻어진 우발적인 결과에 불과하다. 이는 애덤 스미스(Adam Smith, 1723~1790년)의 경제 이론이 자연에 전이된 것이다. 둘째, 다윈은 진화에는 정해진 방향이 없다고 했다. 그는 진화란 필연적으로 더 높은 단계로 나아가는 과정이라는 관념을 부정했다. 생물은 다만 자신들의 국부적인 환경에 대한 적응력을 높여 갈 따름이다. 기생충의 극단적인 '퇴화(degeneracy)'도 가젤(gazelle)의 경쾌한 뜀박질과 마찬가지로 완벽하다. 셋째, 다윈은 유물론(materialism)의 철학을 자연 해석에 일관되게 적용했다. 물질은 모든 존재의 기초이며 정신과 영혼, 그리고 신까지도 복잡한 신경 회로의 경이로운 성과를 표현하는 낱말에 지나지 않는다는 것이다. 토머스 하디(Thomas Hardy, 1840~1928년)는 목적과 방향 그리고 영혼이 이제는 사라져 버렸다는 주장을 듣고 자연을 옹호하는 그의 비통한 심경을 시에 담았다.

> 동이 틀 때 나가 보았더니
> 연못과 들판, 가축 떼와 홀로 선 나무가
> 한결같이 나를 응시하고 있는 듯했다,
> 마치 벌을 받고 있는 학생들처럼.
>
> 그들은 오직 속삭이듯 수런거린다.
> (지난날 한때는 또렷이 소리 질렀을 법하지만
> 이제는 제대로 숨조차 쉬지 않는구나.)
> "우리는 놀라고 있다, 언제나 놀라고 있다, 어째서 우리가 여기 있느냐!"

그렇다. 다윈 이후 세상은 줄곧 바뀌어 왔다. 그러나 과거에 못지않은 흥분이 있고 교훈이 있으며, 정신을 드높이는 무엇인가가 있다. 자연에서 목적을 찾을 수 없다면 우리 스스로가 그 정의를 내려야 할 것이기 때문이다. 다윈은 윤리를 모르는 얼간이가 아니었다. 그는 서양 사상에 담겨 있는 온갖 뿌리 깊은 편견들을 자연에 떠맡기려 하지 않았을 따름이다. 사실상 우리 서양인들은, 인간은 미리 예정된 과정의 가장 위대한 창조물이므로 지구와 생물들을 지배하고 소유할 수 있는 운명을 지닌 존재라고 오랫동안 생각해 왔다. 사실 나는 참된 다윈 정신이 그러한 우리의 오만한 사상을 부정함으로써 황폐해진 이 세계를 구원해 내지 않을까 하고 생각하곤 한다.

어느 경우든 우리는 다윈과 타협하지 않으면 안 된다. 그리고 그러기 위해서, 우리는 그가 지녔던 신념과 그 속에 담긴 의미를 제대로 이해하지 않으면 안 된다. 이 책에 실린 온갖 이질적인 에세이들은 그의 "이러한 생물관(this view of life)" — 다윈은 그의 새로운 진화 사상을 이렇게 불렀다. — 을 탐색하는 데 그 목적을 두고 있다.

이 에세이들은 원래 1974년부터 1977년까지 「이러한 생물관(This View of Life)」이라는 제목으로 《자연사(Natural History Magazine)》에 게재한 연재 칼럼물이다. 연재물들은 행성학과 지질학을 비롯하여 사회사와 정치사에 이르기까지 광범한 것이었지만, (적어도 내 마음속에서는) 진화론 — 다윈이 구상했던 대로의 — 이라는 공통된 실에 꿰여 일체를 이루고 있다. 다만 나는 학문의 팔방미인이 아니라 일개 전문인일 따름이어서, 내가 행성이나 정치에 관해서 알고 있는 내용은 생물 진화와 교차되는 부분에 한정된다.

나는 "어제의 신문은 오늘의 휴지다."라는 언론인들의 경구를 모르지 않는다. 똑같은 말을 되풀이하며 일관성도 없는 글들을 모아 출간한다는 것은 결국 이 땅의 숲을 황폐하게 만들 뿐이라는 사실도 잊지 않고 있다. 닥터 수스(Dr.Seuss, 1904~1991년. 본명은 시어도어 수스 가이젤(Theodor Seuss Geisel). 아동 서적을 60권 이상 집필한 미국의 인기·동화 작가 겸 만화가이다. ─옮긴이)의 로랙스(닥터 수스가 쓴 유아용 그림책 『The Lorax』의 주인공 이름. ─옮긴이)와 마찬가지로 나도 나무를 대변하고 있다고 생각하기를 좋아하니까 말이다. 자만심을 제외한다면 내가 에세이들을 모아서 새로 펴낸 것에 대한 유일한 변명은 이 글을 많은 사람들이 좋아하고(그에 못지않게 많은 사람들이 경멸하고) 있으며, 이것들이 하나의 공통된 주제에 있어서만큼은 일관성을 가진다는 데에 있다. 그 주제란 물론 우리가 흔히 품고 있는 우주적인 오만에 해독제 구실을 하는 다윈의 진화론적 관점이다.

1부는 다윈의 이론 그 자체, 특히 멀러가 불평해 마지않았던 급진적인 철학을 파헤친다. 진화는 무목적적이고 비진보적이며 유물론적이다. 나는 이 묵직한 메시지를 몇 가지 재미있는 수수께끼를 통해 접근하고자 한다. 비글(Beagle)호의 박물학자는 누구였던가?(물론 다윈은 아니다.) 왜 다윈은 '진화(evolution)'라는 용어를 사용하지 않았는가? 어째서 그는 자신의 이론을 발표하기까지 21년이나 기다렸던 것일까?

2부에서는 다윈주의(Darwinism)가 인류의 진화를 어떻게 설명하고 있는지 알아본다. 나는 인류의 특이성과 다른 동물들과의 보편성을 동시에 강조하려고 애썼다. 우리가 갖는 인간으로서의 특이성은 일반적인 진화 과정의 작용으로 나타난 것이지, 보다 높은 차원으로 나아가도록 예정된 성향에서 비롯된 것이 아니다.

3부에서는 특이한 생물들에서 나타나는 몇 가지 복잡한 문제들을 진화론을 적용해 살펴본다. 이 부분에서 각각의 에세이들은 거대한 뿔이 달린 사슴, 어미의 몸속에서 자라면서 모체를 먹어 치우는 파리, 꽁무니에 물고기 모양의 가짜 먹이를 달고 있는 조개, 그리고 120년 만에 한 번씩 꽃을 피우는 대나무 등을 소재로 한다. 다른 차원에서 이 에세이들은 적응, 완성, 그리고 겉보기에는 비상식적인 것들의 문제를 다루기도 한다.

4부는 생명의 역사에 나타났던 여러 양상들을 진화론이 어떻게 설명할 수 있는지를 다루고 있다. 이 부분에서 우리는 장엄한 진보의 이야기가 아닌, 상대적으로 평온한 시대가 장구하게 펼쳐지는 사이사이에 대멸종과 돌발적인 대출현이 때때로 나타나는 세계를 발견하게 될 것이다. 나는 가장 복잡한 생물들이 출현한 약 6년 전의 캄브리아기 '대번성'(Cambrian explosion)과 해양 무척추동물의 절반이 전멸한 2억 2500만 년 전의 페름기 대멸종(Permian extinction)이라는 엄청난 두 사건에 초점을 맞추었다.

다음 부에서는 생명의 역사로부터 그들의 서식처인 지구의 역사로 주제를 옮긴다(5부). 나는 지질학사에서 가장 원론적인 질문들과 씨름했던 앞선 세대의 영웅들(라이엘)과 현대의 이단자들(벨리코프스키)을 다 같이 논의의 대상으로 삼았다. 지질 형성의 역사에는 방향성이 있는가? 그 변화는 느리면서 장엄한 것일까, 아니면 빠르고도 격렬한 것일까? 생물의 역사는 어떻게 지구의 역사를 변화시키는가? 나는 판 구조론(plate tectonics)과 대륙 이동설(continental drift)을 다루는 '새로운 지질학'에서 이런 질문들 가운데 몇 개를 택해 잠재적인 해답을 찾고자 했다.

6부에서는 작은 부분을 관찰해 포괄적인 이해를 얻고자 시도한다. 하나의 단순한 원리가 놀라우리만치 광범위하게 생물의 진화를 설명하는 데에 적용될 수 있다는 것이다. 일례로 사물의 크기가 형태에 어떻게 영향을 미치는지를 살펴보고, 그러한 개념이 지구 표면의 진화와 척추동물의 뇌, 그리고 크고 작은 중세 교회들에서 엿볼 수 있는 형태적인 특성들에 어떻게 연관되어 있는지를 설명했다.

7부는 연속적인 논리 전개 과정에 있어서 독자들에게 하나의 단절이라는 인상을 줄 수도 있겠다. 나는 이제까지 논의했던 일반 원리들로부터 차원을 낮추어서 현실 세계의 구체적인 문제를 다루고, 다시 차원을 높여서 생물과 지구의 중대한 주제들을 다루고자 했다. 이제 나는 진화 사상의 역사, 특히 이른바 '객관적(objective)' 과학에 대하여 사회 및 정치가 어떻게 영향을 미칠 수 있었는지에 관심을 돌릴 것이다. 그러나 나는 이것 역시 일관된 주제라고 생각한다. 다시 말하면 정치적 메시지가 가미된 과학적 오만에 또 한번 일침을 가하는 것이다. 과학이란, 객관적인 정보 수집을 통해 지난날의 미신을 파괴하면서 진리를 향해 나아가는 치열한 행진이 아니다. 평범한 인간들과 마찬가지로 과학자들도 자신이 속한 시대의 사회적 정치적 제약들을 무의식적으로 자신들의 이론에 반영한다. 사회의 특권적 성원으로서, 그들은 흔히 기존의 사회 질서를 생물학적으로 예정된 것이라며 옹호하기도 한다. 여기서는 18세기 발생학계에서 드러나지 않게 벌어진 논쟁이 주는 보편적인 메시지, 프리드리히 엥겔스(Friedrich Engels, 1820~1895년)의 인류 진화에 관한 주장, 체사레 롬브로소(Cesare Lombroso, 1835~1909년. 이탈리아의 법의학자이며 범죄 인류학의 창시자. —옮긴이)의 선천성 범죄형 이론, 그리고 과학적 인종주의의 지하 묘지에서나 찾음 직한 일그러진 이야기들을 논의의 대상으로 삼는다.

마지막 8부는, 똑같은 주제를 추적하지만 그 주제를 '인간 본성(human nature)'과 관련한 최근의 논쟁에 적용하여 진화론의 오용이 사회 정책에 얼마나 커다란 문제를 야기할 수 있는지를 논의한다. 8부의 8-1부는 인류의 조상이 난폭한 원숭이라는 이론과 인류의 선천적인 공격성 및 텃세 성향, 자연법칙으로 간주되는 여성의 수동성, 지능 지수에 의한 인종 차별 등 최근에 범람하는 생물학적 결정론들이 단지 정치적 편견에 불과하다는 사실을 파헤친다. 이런 주장들 중 어느 것 하나도 뒷받침해 주는 증거가 없으며, 그것들은 서양 역사에 있어서 슬프고도 오래된 이야기 — 마리 장 앙투안 니콜라 드 카리타, 마르키 드 콩도르세(Marie Jean Antoine Nicolas de Caritat, Marquis de Condorcet, 1743~1794년. 프랑스의 철학자, 수학자이자 정치가. — 옮긴이)가 지적했던 것처럼 희생자에게 생물학적으로 열등하다는 낙인을 찍거나 '생물학을 공범'으로 이용한 — 에다 최근에 와서 살을 붙인 것에 지나지 않는다고 나는 생각한다. 8-2부는 최근 논의의 대상이 되고 있는 '사회 생물학(sociobiology)'을 놓고 내가 느꼈던 즐거움과 불쾌감을, 그리고 그것이 인간 본성을 새로이 다원적인 시각으로 설명할 수 있느냐 하는 가능성을 다루고 있다. 나는 그 구체적인 주장들 가운데 상당수가 결정론적인 형식에 입각한 아무런 뒷받침이 없는 추론들이라 생각하지만, 한편으로 이타주의에 대한 다원적인 해석에서 커다란 가치 — 우리가 물려받은 것은 자연 선택이 지시하는 경직된 사회 구조가 아니라 유연성이라는, 내가 좋아하는 대안을 뒷받침하는 이론으로서의 — 를 발견한다.

이 에세이들은 《자연사》의 고정란에 실었던 글들을 가급적 그대로 옮긴 것이다. 일부 잘못된 부분을 바로잡고 지나치게 편협한 대목은 다시 다듬었지만 글에 담긴 정보를 현실에 맞게 고치는 정도의 사소한 손질을 했을 따름이다. 나는 에세이 묶음이라는 골칫덩이에 흔히 따르는 중복성을 없애고자 애썼지만, 스스로가 들이댄 편집의 칼날로 인해 한 편의 글이 지닌 일관성이 무너지게 될까 봐 그만두었다. 하지만 적어도 나는 똑같은 인용구를 두 번 쓴 적은 결코 없다. 끝으로 편집 주간 앨런 턴스(Alan Ternes)를 비롯하여 편집자 플로렌스 에델스타인(Florence Edelstein)과 고든 베크혼(Gordon Beckhorn)에게 따뜻한 사랑과 고마움을 전한다. 그들은 꽤나 까다로운 편지들이 쏟아져 들어오는데도 꾸준히 나를 밀어 주었고, 최소한의 편집으로 더할 수 없이 신중하고도 참을성 있게 내 글을 다루어 주었다. 그래도 사람의 마음을 끄는 재치 있는 제목들은 모두 앨런 턴스의 공으로 돌려야 할 것이다. 특히 15장의 "S자형 속임수"(15장의 원제는 'Is the Cambrian Explosion a Sigmoid Fraud?'이다. 마지막 두 단어가 심리학자 지그문트 프로이트(Sigmund Freud, 1856~1939년)의 이름과 철자 및 발음이 비슷하다는 점에 유의할 것. ─ 옮긴이)라는 어구는 전적으로 그의 창작이라 하겠다.

지그문트 프로이트는 누구 못지않게 진화가 인간 생활에 지울 수 없는 영향을 주었음을 강조했고, 다음과 같은 글에 자신의 생각을 담았다.

인류는 과학으로 인해 역사상 두 차례에 걸쳐 유치한 자존심에 중대한 모욕을 당했다. 첫 번째는 우리 지구가 우주의 중심이 아니라 상상조차 어려운 방대한 규모의 우주 체계 속 한 점 티끌에 지나지 않는다는 것을 깨달았을 때였다……. 두 번째는 생물학 연구로 말미암아 신의 귀한 피조물로서의 특권을 박탈당하고 동물계 한 후손의 자리로 격하되었을 때였다.

이렇게 자신의 위치를 알게 됨으로써, 우리는 이 덧없는 지구상에서 영속할 수 있다는 가장 큰 희망을 품게 되었다고 나는 생각한다. '다윈의 생물관'이 다음 세기에도 꽃피어서 과학적인 이해(理解)가 지니고 있는 한계와 교훈을 다 같이 터득하는 데 도움이 되기를 빌어마지 않는다. 토머스 하디의 들판이나 나무들과 마찬가지로, 우리는 왜 이곳에 있는지 끊임없이 의문을 품고 살아갈 것이기 때문이다.

차례

머리말 7

1부 다윈주의 19
  1장 — 다윈에 대한 오해와 이해 21
  2장 — 비글호에서의 5년 31
  3장 — 다윈의 딜레마 41
  4장 — 다윈은 잠들지 않는다 49

2부 인류의 진화 61
  5장 — 인간과 다른 유인원 친척 63
  6장 — 관목론과 사다리론 75
  7장 — 유형 성숙설과 반복설 87
  8장 — 일찍 태어나는 인간 아기 97

3부 생명의 진화 105
  9장 — 아일랜드엘크를 둘러싼 논쟁 107
  10장 — 파리의 모체 살해 123
  11장 — 대나무와 매미와 애덤 스미스 133
  12장 — 미끼물고기를 진화시킨 조개 143

4부 생명의 역사 155
  13장 — 생물의 5계 157
  14장 — 무명의 단세포 영웅들 167
  15장 — 캄브리아기 대번성 179
  16장 — 페름기 대멸종 189

5부 지구의 역사 197
  17장 — 버넷 목사의 하찮은 행성론 199
  18장 — 균일론과 격변론 209
  19장 — 벨리코프스키의 좌충우돌 219
  20장 — 대륙 이동의 확실한 증거들 229

6부	자연에 대한 오만과 편견	241
	21장 — 크기와 형태	243
	22장 — 인간 지능의 잣대	253
	23장 — 척추동물 두뇌의 역사	263
	24장 — 행성의 크기와 표면적	271
7부	사회 속의 과학	281
	25장 — 과학사의 영웅과 바보들	283
	26장 — 직립의 의의	291
	27장 — 인종 차별주의와 반복설	301
	28장 — 우리 안의 유인원	313
8부	인간 본성의 과학	323
	8-1부 인종과 성과 폭력	325
	29장 — 인종 구분의 무의미성	327
	30장 — 인간 본성 연구의 비과학성	335
	31장 — 인종 차별주의와 지능 지수	345
	8-2부 사회 생물학	353
	32장 — 생물학적 잠재력과 생물학적 결정론	355
	33장 — 참으로 영리하게 친절한 동물	369
	맺음말	381
	참고 문헌	387
	옮긴이 해제	393
	찾아보기	421

1부

다윈주의

1장
다윈에 대한 오해와 이해

저명한 인사들이 아무런 해명 없이 오랫동안 활동을 하지 않는 것보다 더 많은 추측을 불러일으키는 사건이나 사태는 드물다. 조아치노 안토니오 로시니(Gioacchino Antonio Rossini, 1792~1868년)는 「빌헬름 텔(Wilhelm Tell)」(1829년)로 오페라 창작 활동의 최정상에 오른 후 35년 동안 거의 작품을 내놓지 않았다. 도로시 리 세이어스(Dorothy Leigh Sayers, 1893~1957년)는 인기 절정에 올랐던 피터 윔지 경(Lord Peter Wimsey)을 버리고 하느님에게 귀의했다(세이어스는 양차 세계 대전 사이에 활약했던 영국의 여류 추리 소설가이다. 윔지 경이 탐정으로 등장하는 연작 소설로 필명을 날렸으나 1941년 돌연 기독교 문학으로 돌아섰다. — 옮긴이). 찰스 로버트 다윈(Charles Robert Darwin, 1809~1882년)은 1838년에 진화론이라는 획기적인 이론을 만들어 놓고도 21년 뒤에나,

그것도 앨프리드 러셀 월리스(Alfred Russel Wallace, 1823~1913년)가 자신보다 먼저 발표할지도 모른다는 이유로 부득이 발표하게 되었다.

영국 해군의 측량선 비글호를 타고 자연과 더불어 5년을 보내는 동안 종의 불변성에 대한 다윈의 신념은 무너졌다. 그 항해가 끝나고 얼마 되지 않았던 1837년 7월에 그는 '종간 변이(transmutation)'를 주제로 한 노트를 작성하기 시작했다. 진화는 현재에도 일어나고 있다는 확신을 이미 가슴에 품고 있던 다윈은 그 메커니즘을 설명할 수 있는 이론을 찾으려 애썼다. 상당한 기간에 걸쳐 예비적인 추론과 몇 가지 가설에 실패한 뒤에, 그는 겉보기에는 아무런 연관이 없는 듯한 책을 재미로 읽다가 진화론의 뼈대를 이루는 사고의 틀을 세웠다. 뒷날 다윈은 그의 자서전에 다음과 같이 기록했다.

1838년 10월…… 나는 '우연히' 재미 삼아서 맬서스의 『인구론(An Essay on the Principle of Population)』(1798년)을 읽게 되었다. 그런데 동식물의 습성을 장기간에 걸쳐 지속적으로 관찰한 결과 어디를 가나 생존 경쟁이 있다는 사실을 알고 있던 터라, 어떤 환경에서든 유리한 변이는 보전되고 불리한 변이들은 제거되는 경향이 있다는 깨달음이 번개같이 내 머리를 스쳤다. 새로운 종은 그러한 결과로 형성되는 것이다.

다윈은 육종가들이 애용하는 인위적인 선택이 얼마나 중요한 역할을 하고 있는지를 이미 오래전부터 알고 있었다. 그러나 토머스 로버트 맬서스(Thomas Robert Malthus, 1766~1834년)의 생존 경쟁과 과밀론이 그의 사고에 촉매 작용을 하고 나서야 비로소 자연 선택의 동인을 확인할 수 있었다. 만일 모든 생물이 살아남을 수 있는 수준보다 훨씬 더 많은 자손들을 생산한다면, 자연 선택은, 평균적으로 주위의 생활 조건에 더 잘 적응한 개체들이 살아남는다는 매우 단순한 전제하에 진화의 방향을 설정하게 된다.

다윈은 자신이 이룩한 것의 학문적 중요성을 잘 알고 있었다. 우리는 그가 자신의 업적이 얼마나 대단한 것인지를 몰라서 발표를 미뤘다는 증거를 찾을 수 없다. 1842년, 그리고 다시 1844년에 그는 발표의 예비 작업으로 자신의 이론을 정리하고 그것의 함축적인 개요를 작성했다. 아울러 그는 아내에게, 만약 그가 자신의 주요 저서를 완성하기 전에 세상을 떠난다 해도 그 원고만은 출간하라는 엄격한 지시를 남겼다.

그렇다면 그는 왜 자신의 이론을 발표하기까지 20년 이상을 기다렸던 것일까? 사실 오늘날 우리는 생활의 속도가 너무나 빠른 나머지 과거에는 정상적이라고 여겼을 만한 기간도 마치 영원의 크나큰 일부나 되는 듯이 생각하는 경향이 있다. 하지만 인간의 수명은 여전히 시간의 한 척도로 사용된다. 20년은 지금도 한 사람이 정상적인 사회 활동을 하는 기간의 절반에 해당하고, 지극히 의도적으로 설정된 빅토리아 시대(1837~1901년)의 기준에 따르더라도 분명 한 사람 인생의 커다란 한 부분임에는 틀림없다.

과학자들의 전기는 통상 위대한 사상가들의 실체를 잘못 소개할 위험 소지가 매우 큰 정보원이라고 할 수 있다. 그것들은 위대한 사상가를, 그 어떠한 일에도 영향 받지 않고 오직 순수하고 내적인 욕구에만 의지하여 집요하고도 헌신적으로 자신의 선견지명을 추구하는, 단순하면서도 합리적인 기계로 묘사하는 경향이 있다. 그와 같이 흔히 제기되는 주장에 따르면 이렇게 풀이할 수 있다. 다윈은 그 저서를 완벽하게 완성하지 못했다는 지극히 단순한 이유로 20년을 기다렸다. 그는 자신의 이론에 만족했지만 이론이란 원래 값싼 것이 아니던가. 그래서 그는 자기 이론을 뒷받침할 수 있는 완벽한 자료를 모으고 난 뒤에 발표하기로 결심

했고, 그러자니 자연히 시간이 걸렸다는 것이다.

그러나 문제가 되는 20여 년이라는 기간 동안에 다윈이 보인 활약을 고려한다면, 위와 같은 전통적인 견해는 부적절함을 쉽게 알 수 있다. 특히 그는 따개비류의 분류와 생태를 주제로 한 4권의 방대한 책을 쓰는 데 8년 이상을 바쳤다. 이 단 하나의 사실에 입각해서 전통주의자들은 다음과 같이 어린애 장난 같은 이야기를 들이대기도 했다. 다윈은 종의 변화를 선포하기에 앞서 그 종들을 철저하게 이해하지 않으면 안 된다고 생각했다. 그러기 위해서 그는 자신의 힘으로는 어려웠던 생물 집단의 분류를 수행하지 않으면 안 되었고, 그 작업을 하기 위해서 8년이 아니라 훨씬 더 긴 시간이라도 참고 기다리지 않으면 안 되었다고 말이다. 다윈이 그의 저서 4권을 어떻게 평가했는지는 그의 자서전에 뚜렷이 기술되어 있다.

> 몇 가지 새롭고도 놀라운 형태를 발견하는 것 외에도 나는 따개비들의 여러 부분에서 상동성(相同性)을 밝혀냈고…… 어떤 속(屬)에 있어서는 양성(兩性)을 갖는 따개비들에 보완적으로 기생성의 작은 수컷이 존재함을 밝혀냈다.…… 그럼에도 불구하고, 이것이 과연 그토록 오랜 시간을 소비할 만큼 가치 있는 작업이었는지는 상당히 의심스럽다.

다윈이 발표를 늦춘 동기가 무엇이었는가 하는 복잡한 문제를 간단하게 푸는 방법은 없다. 하지만 나는 한 가지만은 확신하고 있다. 두려움의 부정적인 효과가 적어도 추가적인 자료 수집이라는 긍정적인 필요에 못지않게 큰 역할을 했다는 점이다. 그렇다면 다윈은 도대체 무엇을 두려워한 것일까?

다윈이 맬서스적인 통찰을 하기에 이르렀을 때, 그의 나이는 29살이었다. 그는 어떤 전문직을 차지하고 있지는 않았지만 비글호의 함상에서 보여 준 치밀한 학자적 활동으로 이미 동료들의 찬사를 받고 있었다. 그는 입증할 수 없는 이론(異論)을 공개하여 장래가 촉망되는 생애를 망치고 싶지 않았던 것이다.

그러면 그 이론이란 무엇이었나? 바로 진화 자체에 대한 확신이었다. 그렇지만 이것만으로는 핵심을 찌른 답이라고 할 수 없다. 왜냐하면 일반 대중이 믿고 있는 것과는 달리, 진화론은 이미 19세기 전반에 사회에 널리 퍼져 있던 이단이었기 때문이다. 그것은 널리, 공개적으로 논란을 불러일으켰고 분명히 절대다수의 사람들로부터 반격을 받았지만, 대다수의 위대한 박물학자들은 그것을 인정하고 있거나 최소한 검토의 대상으로 삼고 있었다.

다윈의 초기 노트들 중에는 유독 눈길을 끄는 두 권이 있는데, 나는 거기에서 해답을 찾을 수 있지 않을까 생각한다(그 본문과 상세한 해설에 관해서는 하워드 그루버(Howard Gruber, 1922~2005년)와 폴 배릿의 『인간 다윈(*Darwin on Man : A Psychological Study of Scientific Creativity. Together with Darwin's Early and Unpublished Notebooks, Transcribed and Annotated by Paul H. Barrett.*)』(1974년)을 참조할 것.). 이 이른바 M 노트와 N 노트는 1838년과 1839년에 각각 씌어진 것이다. 이때 다윈은 1842년과 1844년에 정리할 진화 이론의 근거가 되는, 종간 변이에 관한 노트들을 작성하고 있었다. 거기에는 철학, 윤리학, 심리학 그리고 인류학에 관한 다윈의 사상이 담겨 있었다. 1856년에 그 글을 다시 읽고 나서 다윈은 "도덕에 관한 형이상학적 견해들이 가득 차 있다."라고 스스로 평했다. 그 노트의 여러 대목에는 다윈이 진화론 자체보다 훨씬 이단적이라고 자각했던 그 무엇을 마음속에 품고 있으면서도 공개하기를 두려워했다는 인상이 뚜렷이 나타나 있다.

훨씬 더 이단적인 그 무엇은 다름 아닌 철학적 유물론(philosophical

materialism)으로, 물질이 모든 존재의 질료이며 일체의 정신 및 영적 현상은 그 부산물이라는 가설을 말한다. 아무리 복잡하고 강력한 정신이라 할지라도 그것은 두뇌의 산물에 지나지 않는다는 명제야말로 서양 사상의 깊은 전통을 밑바닥에서부터 뒤엎는 관념이 아닐 수 없었다. 예를 들어 정신은 한순간 머무는 육체보다 훨씬 우월하고 둘은 서로 분리되어 있다고 노래한 존 밀턴(John Milton, 1608~1674년)의 시를 생각해 보자(「사색하는 사람(Il Penseroso)」, 1631년).

그렇지 않으면 나의 등불이 한밤중에
어느 높고 외로운 탑 위에서 빛나게 하라.
거기서 나는 세 번 위대한 헤르메스와 함께
이따금 그 곰을 바라보거나 혹은 플라톤의
영혼을 천구(天球)에서 다른 곳으로 옮겨
이 육신의 한구석에 있는 거처를 버린
불멸의 정신이 어느 별 어느 우주에
있는지를 펼쳐 보여 주리라.[1]

---

1) 여기서 '그 곰'이란 별자리 '큰곰자리(Ursa major)'를 가리키는데, 그 꼬리와 엉덩이 부분을 따라서 북두칠성이라고 더 잘 알려져 있다. '세 번 위대한 헤르메스(Thrice great Hermes)'란 헤르메스 트리스메기스투스(Hermes Trismegistus)를 말하는데 이는 이집트의 지혜의 신 '토트(Thoth)'를 그리스식으로 바꿔 부른 이름이다. 토트 신이 지었다고 전하는 '헤르메스의 책들(hermetic books)'은 형이상학과 마술을 모은 것으로 17세기 영국에 커다란 영향을 끼쳤다. 당시에는 이 문헌이 기독교 이전의 지혜서로서 『구약 성서』와 맞먹는다고 생각하는 사람들도 있었다. 막상 그것들이 알렉산드로스 대왕 치하의 그리스에서 만든 것임이 밝혀진 뒤 그 가치가 크게 시들기는 했지만, 장미십자회(Rosicrucian)의 다양한 교리와 영어의 '헤르메스의 표장(hermetic seal, 용접 밀봉)'이라는 어구에 아직도 그 영향이 남아 있다.

그 노트들은 다윈이 철학에 관심이 있었을 뿐만 아니라 자기 이론 속에 내포된 철학적 의미를 분명히 깨닫고 있었다는 것을 증명하고 있다. 그는 자신의 이론과 다른 일체의 진화론에 관한 주장들을 구분하는 가장 중요한 특징이 바로 그 타협을 모르는 철학적 유물론에 있음을 알고 있었다. 다른 진화론자들은 생명력, 진화의 방향성, 유기체의 노력, 그리고 정신의 본질적인 불가분성(不可分性) 등을 말하고 있었다. 그래서 그들은 하느님이 창조가 아닌 진화를 통해서 역사하셨다고 주장하면서 전통적인 기독교와 타협할 수 있는 가능성을 안고 있었다. 그러나 다윈은 오로지 돌연변이와 자연 선택만을 거론했다.

다윈은 자신의 노트에서, 그가 명명했던 이른바 '요새 그 자체(the citadel itself)' — 인간 정신 — 를 비롯한 모든 생명 현상에 자신의 유물론적 진화론을 엄격하게 적용했다. 만약 정신이 인간 두뇌의 산물 그 이상이 아니라면, 하느님이란 두뇌의 환상이 빚어 낸 또 하나의 환상 이외에 도대체 무엇일 수 있겠는가? 종간 변이를 적은 한 노트에다 그는 다음과 같이 적었다.

> 아, 너 유물론자여, 신에 대한 사랑은 생물 조직(organization)에서 비롯하나니!…… 두뇌의 분비물인 사상이 물질의 성질인 중력보다 더 경이로워야 할 이유가 무엇이란 말인가? 그것은 우리의 오만, 우리의 자기 찬양에 지나지 않는다.

이러한 신념은 지극히 이단적이어서, 그는 자신의 저서 『종의 기원』에서마저 이것을 정면으로 다루지 않고 "인류의 기원과 역사에 관해서는 머지않아 서광이 비칠 것."이라고 묵시적인 논평을 했을 따름이다. 그는 그러한 믿음을 더 이상 숨길 수 없게 되었을 때에야 비로소 자신의 저서 『인간의 유래(The Descent of Man, and Selection in Relation to Sex)』(1871년) 와 『인간과 동물의 감정 표현에 대하여(The Expression of the Emotions in Man and Animals)』(1872년)에다 그 심경을 토로했다. 자연 선택의 공동 발견자인 월리스는 인간 정신이야말로 하느님이 생물의 역사에 이바지한 유일한 것이라고 보았던 까닭에 끝내 진화론을 인간 정신에 적용시킬 수 없었다. 그러나 다윈은 2,000년에 걸친 철학과 종교의 역사를 난도질하여 가장 눈부시고 풍자적인 경구를 M 노트에 남겼다.

플라톤은 그의 저서 『파이돈(Phaedo)』에서 우리의 "상상적 이데아(imaginary idea)"는 영혼의 선재(preexistence)에서 오는 것이지, 경험에서 우러나는 것이 아니라고 말했다. 그렇다면 '영혼의 선재'를 원숭이로 고쳐 읽어라.

그루버는 M과 N 노트에 주석을 달면서 유물론이 당시로서는 "진화론보다 더 불법 무도한" 이론이었다고 규정하고 있다. 그는 18세기 말과 19세기 초 유물론 박해의 증거를 열거하고 다음과 같이 결론을 내린다.

사실상 모든 지식 분야에서 탄압의 사례들이 있었다. 강연을 금지했는가 하면 출간을 방해했으며, 교수직을 주지 않았고 언론을 통하여 치열한 모략과 조롱을 일삼았다. 인문학자와 과학자들은 그런 일들에서 교훈을 얻어 자신들에 대한 압력에 대응했다. 인기 없는 사상을 품고 있던 사람들은 시국에 맞춰 자신의 주장을 철회하거나 익명으로 출간을 했고, 또 자신들의 사상을 약화시켜 발표하는가 하면 오랫동안 출간을 미루기도 했다.

1827년 에든버러 대학교 학부 시절에는 다윈 자신이 직접 그런 일을 경험하기도 했다. 그의 친구인 윌리엄 브라운(William Browne)은 플리니우스 학회(Plinian Society)에서 생명과 정신에 관한 유물론적 관점의 논문을 발표했다. 그런데 장시간에 걸쳐 격론이 벌어진 끝에 그 논문을 발표하려는 브라운의 의도를 담은 기록(그에 앞서 있었던 회의 내용)을 포함하여 그의 논문에 관한 모든 기록이 회의록에서 삭제되었다. 다윈은 여기에서 교훈을 얻었고 M 노트에 다음과 같이 적었다.

> 내가 유물론을 어느 정도 믿고 있는지 밝히지 않기 위해서 나는, 자손의 두뇌는 부모의 그것을 닮기 때문에 정서와 성향 및 재능의 수준은 유전적인 것이라고 말했다.

19세기의 가장 열렬한 유물론자였던 카를 하인리히 마르크스(Karl Heinrich Marx, 1818~1883년)와 엥겔스는 재빨리 다윈의 업적을 인정하고 그 급진적인 내용을 연구했다. 1869년에 마르크스는 다윈의 『종의 기원』에 관해서 다음과 같은 편지를 엥겔스에게 보냈다.

> 비록 조잡한 영국식 문체로 설명하고는 있지만 이 책은 우리의 견해를 뒷받침하는 박물학적 근거를 충분히 제시하고 있습니다.

그 후에 마르크스는 그의 『자본론(Das Kapital)』 제2권(1885년)을 다윈에게 헌정하겠다고 제의했지만, 다윈은 자신이 읽지도 않은 책을 인정하는 듯한 암시를 주고 싶지 않다는 이유로 점잖게 거절했다(나는 다윈의 집 '다운 하우스(Down House)'의 서재에서 그가 가지고 있었던 『자본론』 제1권을 본 적이 있다. 거기에는 마르크스가 다윈에 대해 "진심으로 흠모한다."라고 쓴 글귀가 들어 있었다. 그 책은 읽을 수 있도록 재단이 되어 있지 않아서 책장이 서로 붙어 있는 상태 그대로였다. 다윈은 독일어에 능통한 사람이 아니었다.).

사실 다윈은 점잖은 혁명가라고 할 수 있다. 그는 그처럼 오랫동안 출간을 미루었을 뿐만 아니라 자기 이론의 철학적인 함축성을 공개적으로 밝히지 않으려 무던히 노력하기도 했다. 1880년에 그는 마르크스에게 이런 편지를 보냈다.

기독교와 유신론에 정면 대결하여 논쟁을 벌인다 해도 일반 대중에게는 거의 영향을 미치지 못할 것이라고 나는 (옳든 그르든) 생각하고 있습니다. 과학의 진보에 따라 인간의 오성(悟性)을 점진적으로 계몽하는 것만이 사상의 자유를 가장 효과적으로 북돋울 수 있는 길이라 하겠습니다. 그러므로 나는 언제나 종교에 관한 언급을 피해 왔고 나의 집필 활동을 과학에만 국한하고 있습니다.

그럼에도 불구하고 그의 업적은 전통적인 서양 사상을 크게 교란시켰으며, 우리는 아직까지도 그 파급 효과를 완전히 파악하지 못하고 있다. 이를테면 아서 케스틀러(Arthur Koestler, 1905~1983년. 헝가리 출신의 영국 소설가 겸 저널리스트. ─옮긴이)는 다윈의 유물론을 받아들이기 꺼려했고 생물에 고유한 성질을 부여하고자 하는 열렬한 욕구에 따라 다윈 반대 운동을 전개했다(『기계 속의 유령(The Ghost in the Machine)』(1967년)과 『산파 두꺼비의 경우(The Case of the Midwife Toad)』(1971년)를 보라.). 하지만 솔직히 말하거니와 나는 이러한 주장을 이해할 수 없다. 신에 대한 외경과 자연 과학적 지식은 다 같이 소중히 다루어져야 한다. 생물계의 완벽한 조화로움이 사전에 계획되지 않았다고 해서 자연의 아름다움이 감소하는가? 그리고 우리 두개골 속에 수십억 개의 뉴런이 있다고 해서 그것으로부터 창출되는 무한한 정신력이 신을 향한 경외감과 두려움을 줄어들게라도 한단 말인가?

2장

비글호에서의 5년

그루초 막스(Groucho Marx, 1890~1977년. 본명은 줄리어스 헨리 막스(Julius Henry Marx). 퀴즈 쇼 진행자로 유명한 미국의 코미디언이다. — 옮긴이)는 "그랜트의 무덤에는 누가 묻혀 있습니까?"와 같은 너무나도 뻔한 질문을 던져서 언제나 관중을 즐겁게 했다. 그러나 외관상 분명한 것도 흔히 사람들을 현혹시키곤 한다. 내 기억이 정확하다면 먼로주의(Monroe Doctrine, 1823년 12월 미국의 제5대 대통령인 제임스 먼로(James Monroe, 1758~1831년, 재임 1817~1825년)가 의회에 제출한 연두 교서에서 밝힌 외교 방침. — 옮긴이)를 구상한 인물이 누구냐는 질문에 대한 정답은 존 퀸시 애덤스(John Quincy Adams, 1767~1848년. 미국 제6대 대통령, 재임 1825~1829년. 제임스 먼로의 임기 중에 국무 장관을 지냈다. — 옮긴이)이다.

"영국 해군 함정 비글호에 타고 있던 박물학자는 누구입니까?"라고 물으면 대다수의 생물학자들은 "찰스 다윈."이라고 대답할 것이다. 그러나 이것은 정답이 아니다. 여러분에게 지나친 충격을 주지 않기 위해서 처음부터 이야기를 풀어 가기로 하자. 다윈은 비글호에 승선하여 박물학에 온갖 정성을 기울였다. 하지만 그는 다른 목적으로 배에 올랐고, 박물학자라는 공식 직함은 선의(船醫)였던 로버트 매코믹(Robert McKormick)이 차지하고 있었다.

여기에는 이야깃거리가 하나 담겨 있는데, 그것은 과학사의 하찮은 각주가 아니라 상당한 의의를 지닌 발견이라고 할 수 있다. 인류학자 제이컵 그루버(Jacob Gruber)는 1969년《영국 과학사 저널(*The British Journal for the History of Science*)》에 실린 자신의 논문 「비글호의 박물학자는 누구였던가?(Who was the Beagle's naturalist?)」에서 그 증거를 제시했다. 1975년 과학사가 해럴드 버스틴(Harold Burstyn)은 그 필연적이고 명백한 귀결로 제기되는 의문, "만약 다윈이 비글호의 박물학자가 아니라면 그 함정에 승선한 이유가 무엇이었을까?"에 해답을 제시하려고 시도했다.

어떤 문서도 매코믹을 공식적인 박물학자로 명시하고 있지 않지만 정황적인 증거만은 압도적이다. 당시 영국 해군은 의사 겸 박물학자를 배에 태우는 전통이 확립되어 있었고 매코믹은 계획적으로 자진하여 그런 역할을 수행할 수 있는 교육을 받아 두었다. 비록 탁월하지는 않더라도 그는 그 일에 걸맞은 박물학자였고, 이는 후에 자남극(South Magnetic Pole)의 위치를 확인하려고 했던 제임스 클라크 로스(Sir James Clark Ross, 1800~1862년)의 남극 탐험(1839~1843년)을 비롯해 여러 다른 항해에 참가하여 자신에게 주어진 과업을 훌륭히 수행한 것으로도 알 수 있다. 나아가서 그루버는 에든버러 대학교의 박물학자 로버트 제임슨(Robert Jameson)이 보낸 편지 한 통을 발견했다. 거기에는 "친애하는 선생님"이라는 서두 아래 비글호의 박물학자에게 전하는 표본 수집 및 보관에 관한 충고가 가득 들어 있었다. 전통적인 견해에 따르면 다름 아닌 다윈만이 그것을 받아 볼 수 있다. 그러나 다행히도 수신인의 성명이 원본에 적혀 있다. 그 편지는 매코믹에게 씌어진 것이었다.

서스펜스는 이쯤 하고 본론으로 들어가자. 다윈은 함장 로버트 피츠로이(Robert Fitzroy, 1805~1865년)의 동반자로서 비글호에 탔다. 그렇다면 영국 해군의 함장이, 겨우 1달 전에 만난 사람을 5년이라는 장기 항해의 동반자로 삼은 이유는 무엇일까? 1830년대 영국 해군의 원양 항해가 지닌 두 가지 특징이 피츠로이의 결정에 영향을 주었으리라 생각된다. 첫째, 항해는 몇 년에 걸쳐 계속되었고 기항지 사이의 거리가 멀었을 뿐만 아니라 고향에 있는 친구나 가족들과의 교신도 아주 적었다. 둘째, (심리적으로나 정신적으로나 보다 개명된 20세기에 살고 있는 우리에게는 좀 이상하게 들리지만) 영국 해군의 전통에 따르면 함장은 지휘 계통의 하급자와는 사교적인 접촉이 사실상 금지되어 있었다. 그는 혼자 식사를 했고 함상의 공무를 토의하기 위해서만 휘하 장교들을 만났으며, 철저하게 형식을 갖추고 '엄숙한' 태도로 그들과 대화를 나누었다.

다윈과 함께 항해를 떠날 때 피츠로이는 겨우 26살이었다. 그는 장기간에 걸쳐 인간과의 접촉이 없을 경우 함장들이 치러야 할 심리적인 희생을 잘 알고 있었다. 비글호의 선임 함장은 고향을 떠난 지 3년째 되던 1828년 겨울, 남반구를 항해하던 중 신경 쇠약에 걸려 권총으로 자살하고 말았다. 다윈이 그의 누이에게 보낸 편지에서 확언했듯이 한 걸음 더 나아가서 피츠로이는 정신적인 탈선에 관한 '자신의 유전적 성향'을 걱정하고 있었다. 유명한 그의 삼촌 로버트 스튜어트 캐슬레이 자작(Robert Stewart, Viscount Castlereagh, 1769~1822년. 1798년 아일랜드 반란을 진압한 장본인으로, 나폴레옹이 패전할 당시 외무 장관이었다.)은 1822년 스스로 목을 베었다. 사실은 피츠로이 역시 신경 쇠약에 걸려 비글호 항해 중에 한때 지휘권을 내놓았고, 그동안 다윈은 병에 걸려 발파라이소(Valparaiso, 태평양 연안에 있는 칠레 최고의 항구 도시. — 옮긴이)에 누워 있었다.

피츠로이는, 함상의 장병들과는 사교적인 접촉이 일체 금지되어 있었으므로 '정원 외' 승객을 태워 인간적인 접촉을 꾀할 수밖에 없었다. 그런데 영국 해군성은 설령 함장의 부인이라 해도 사적인 승객을 탐탁지 않게 생각했다. 공무 수행이라는 분명한 목적이 없으면 남성 동반자 역시 허용되지 않았다. 피츠로이는 이미 다른 정원 외 인원 — 그들 가운데에는 제도사와 도구 제작자들도 있었다. — 을 승선시켰지만, 그들은 그와 신분이 맞지 않아서 어느 쪽도 동반자로서의 구실을 할 수가 없었다. 피츠로이는 귀족이었고 그의 혈통은 영국 왕 찰스 2세와 바로 이어져 있었다. 오직 귀족 신사만이 그와 식사를 같이할 수 있었는데, 다윈은 틀림없이 귀족 신사였다.

그러면 피츠로이는 어떻게 해서 5년이라는 장기 항해에 신사 한 명을 끌어들일 수 있었을까? 다른 곳에서는 도저히 할 수 없는 가치 있는 활동의 기회를 보장하는 길밖에 없었다. 그러니 박물학 연구 이외에 달리 무엇이 있었을까. 비글호에 이미 공식적인 박물학자가 있었음에도 불구하고 말이다. 그리하여 피츠로이는 자기와 같은 귀족 친구들 사이에 신사 박물학자를 찾는다는 광고를 냈다. 버스틴의 주장에 따르면 그것은 "동반자가 함상에 있어야 하는 이유를 설명하는 정중한 픽션이요, 어떤 한 신사를 장기간의 함상 생활로 끌어들이기에 충분히 매력적인 활동"이었다.

다윈의 후원자였던 존 스티븐스 헨슬로(John Stevens Henslow, 1796~1861년)는 그러한 사실들을 빈틈없이 알고 있었다. 그는 다윈에게 이런 편지를 보냈다. "피츠로이 함장이 사람을 구하고 있네. (내가 알기로는) 단순한 수집가라기보다는 동반자로서의 뜻이 더 클 걸세." 다윈과 피츠로이는 만나자마자 즉시 타협을 보았고, 계약이 성립되었다. 다윈은 5년이라는 긴 세월에 걸쳐 함상에서의 식사 시간에는 반드시 그와 식탁을 같이하는 것을 주된 임무로 하는 피츠로이의 동반자로 항해에 나섰다. 거기에다 피츠로이는 야심에 찬 젊은이였다. 그는 좋은 업적을 쌓아서 탐사 항해에 새로운 이정표를 남기고 싶어 했다(다윈의 글에 따르면 "그 탐사의 목적은 파타고니아와 티에라델푸에고의 측량 작업을 완성하고…… 칠레와 페루 및 태평양 일부 도서의 해안을 측량하며, 세계 일주 항로의 경도 측정 사업을 수행하는 데 있었다."). 자신의 비용으로 데려온 기술자들을 공식 승무원으로 승선시키는 등 피츠로이는 목표를 달성하기 위해서 자기의 재산과 지위를 활용했다. '정원 외'로 데려온 박물학자는 비글호의 과학 활동을 강화하려는 피츠로이의 계획과 잘 맞아떨어졌다.

가엾은 매코믹의 운명은 이미 결판이 났다. 처음에는 다윈과 서로 협력했지만, 그들의 길은 불가피하게 갈리고 말았다. 다윈은 어느 모로나 유리한 고지에 있었다. 그는 함장에게 언제든지 말을 할 수 있었다. 또한 그는 하인을 거느리고 있었다. 기항지에 들어가면 그는 돈을 가지고 상륙해서 원주민을 수집가로 고용할 수 있었던 반면, 매코믹은 배에 묶여 공식 임무를 수행할 수밖에 없었다. 다윈의 개인적인 활동이 매코믹의 공식적인 수집 활동을 앞지르게 되었고, 매코믹은 화가 나서 고국으로 돌아가기로 결심했다. 1832년 4월 리우데자네이루에서 그는 '상이 제대'를 하고 영국 해군 함정 타인(Tyne)호에 실려 영국으로 송환되었다. 다윈은 그 사정을 이해하고 있었던 터라 누이동생에게, 매코믹이 "상이 제대, 다시 말하면 함장의 뜻에 맞지 않았다……. 그 사람이 없더라도 손해될 게 없다."라는 편지를 보냈다.

다윈은 매코믹이 하는 학문에는 관심이 없었다. 1832년 5월 그는 헨슬로에게 이런 편지를 썼다. "어느 쪽인가 하면, 그는 구식 철학자였습니다. 그의 설명을 빌면 그는 세인트야고에서 처음 2주 동안에는 자신의 일반적인 견해를 말했고 마지막에야 비로소 특별한 자료들을 수집했습니다." 실상 다윈은 매코믹을 깡그리 무시했던 듯하다. "내 친구 의사는 바보지만 우리는 아주 정답게 지내고 있습니다. 요즘 그는 자기 선실을 녹회색과 백색 중 어느 쪽으로 칠하느냐를 놓고 야단법석입니다. 그 문제 말고는 그 사람에게선 거의 다른 말을 들을 수가 없습니다."

군소리를 붙이지 않더라도, 이 이야기는 과학사에 있어서 사회 계급을 얼마나 중요한 요소로 고려해야 하는지를 생생히 보여 주고 있다. 다윈이 아주 부유한 의사의 아들이 아니라 어느 장사꾼의 자손이었다면 오늘날의 생물학이 얼마나 달라졌을지 생각해 보게 된다. 다윈의 개인적인 경제력은 그에게 조사 활동을 마음대로 할 수 있는 자유를 주었다. 그는 여러 가지 질병에 시달려 하루에 제대로 일을 할 수 있는 여유라고는 고작 두세 시간일 때가 많았다. 따라서 그가 정직하게 제 손으로 벌어들인 돈으로 살림을 꾸려 가야 할 처지였다면 연구 활동은 완전히 포기하지 않으면 안 되었을 것이다. 다윈의 사회적 신분 역시 생애의 전환기에 중대한 역할을 했다는 것이 최근에 와서야 알려지게 되었다. 피츠로이는 식사 시간의 동반자가 지니고 있던 박물학 연구 능력보다는 그의 사교적인 예의범절에 훨씬 큰 관심을 갖고 있었다.

기록되지 않은 다윈과 피츠로이의 식탁 대화에 좀 더 깊은 무엇이 담겨 있지 않았을까? 과학도들은 경험적인 증거에 제약이 있을 때 창의적인 통찰력을 적용하려는 잘못된 생각을 갖는다. 그 때문에 다윈의 세계관에 변화를 가져온 일차적 요인으로 땅거북(tortoise)과 핀치(finch)를 들먹이면 으레 그러려니 한다. 왜냐하면 다윈은 천진하리만치 경건한 학도로 비글호 원정에 참가했는데, 돌아와서 1년이 채 되지 않아 종간 변이에 관한 첫 번째 노트를 펴 놓았기 때문이다. 그러나 나는 피츠로이 함장이 훨씬 중요한 촉매의 역할을 하지 않았을까 하고 추측한다.

가장 원만한 때에도 다윈과 피츠로이 두 사람의 관계에는 긴장이 감돌았다. 신사로서의 예절을 다하며 빅토리아 시대 이전의 사회 풍조에 따라 극도로 감정을 억제하지 않았더라면 두 사람은 도저히 점잖은 관계를 유지할 수 없었을 것이다. 피츠로이는 규율이 엄격한 군인에다 열렬한 토리당(보수당의 전신. — 옮긴이) 지지자였고, 다윈은 그에 못지않게 열렬한 휘그당(자유당의 전신. — 옮긴이) 지지자였다. 다윈은 당시 의회에서 논란이 되고 있던 1832년의 위대한 선거법 개정안(Reform Bill)을 피츠로이와의 대화에 올리지 않으려고 몹시 조심했다.

그러나 한번은 노예 제도 문제로 정면 대결이 벌어졌다. 어느 날 저녁 피츠로이는 노예 제도가 큰 혜택을 주고 있는 증거를 목격한 적이 있노라고 다윈에게 말했다. 브라질 최대의 노예 소유주들 가운데 한 사람이 자기 노예들을 한자리에 모아 놓고 석방시켜 주기를 바라느냐고 물었더니, 그들이 일제히 "아닙니다."라고 소리를 질렀다는 것이다. 다윈은 그 말을 듣고 주인이 있는 자리에서 하는 대답이 무슨 가치가 있겠느냐며 무모하게 반문했다. 그러자 피츠로이가 버럭 화를 내며 자기 말을 의심하는 사람은 누구든 자기와 함께 식사를 할 자격이 없다고 다윈에게 잘라 말했다. 다윈은 그 자리를 나와 다른 장병들과 어울려 지냈다. 며칠 뒤 피츠로이가 물러서며 정식으로 사과의 말을 전했다.

다윈이 피츠로이의 격한 의견에 맞서 화를 냈음을 우리는 알고 있다. 하지만 그는 피츠로이의 손님이었고, 어떤 의미에서는 그의 부하였다. 피츠로이가 살았던 시대에 항해 중인 선박의 선장은 의문의 여지가 없는 절대적인 폭군이었다. 다윈은 반대 의견을 내놓을 수가 없었다. 5년이라는 오랜 세월 동안, 인류 역사상 가장 탁월한 인물 중 한 사람이 파국을 맞지 않고 용케도 어려움을 참아 냈던 것이다. 다윈은 만년에 가서야 그의 자서전에서 다음과 같이 회고했다. "(영국 해군) 군함의 함장과 무사히 지내기란 쉬운 일이 아닌데, 다른 사람에게 대답하는 것처럼 했다가는 반항하는 것으로 여겨져 더욱 어려웠다. 배 위에서는 항상 모든 장병들이 함장을 경외하는 자세로 받들게 되어 있다."

당시에 피츠로이가 열정적으로 옹호했던 이념은 토리당 정치 노선만이 아니었다. 그밖에도 종교가 있었다. 피츠로이는 한때 성서를 문자 그대로 믿을 수 있는가 하는 데에 회의를 품고 있었지만, 모세(Moses)를 정확한 역사가이자 지질학자로 보는 경향이 있었고 노아(Noah)의 방주 규모를 계산하느라 상당한 시간을 보낸 적도 있었다. 뒷날에 가서 피츠로이가 빠졌던 고정 관념은 '설계론(argument from design)'이었다. 설계론이란 생물 구조의 완벽성에서 하느님의 은총(실은 그의 존재)을 유추할 수 있다는 믿음을 말한다. 그와는 달리 다윈은 탁월한 설계라는 관념을 받아들이면서도 피츠로이의 신념에 그 이상 적대적일 수 없는 자연법칙에 기초한 설명을 제시했다. 다윈은 외부 환경에 의해 결정되는 우발적인 변이와 자연 선택을 바탕으로 하는 진화 이론을 전개했다. 그의 이론은 엄격한 유물론(그리고 기본적으로는 무신론)을 바탕에 깔고 있는 진화론이었다(1장 참조). 19세기에 성행했던 그 밖의 많은 진화론들은 피츠로이가 지지하던 유형의 기독교와 공존할 가능성이 훨씬 컸다. 종교 지도자들의 입장에서는 이를테면 다윈의 타협을 모르는 유물론적 관념보다는 완성을 향하는 내재적인 성향을 주장하는 일반적인 제안을 받아들이는 것이 상대적으로 쉬웠던 것이다.

혹시 다윈은 설계론에 대한 피츠로이의 교조적인 고집에 반발하여 자신의 철학을 발전시키게 된 것이 아닐까? 다윈이 비글호 함상에 있었던 시기에 그가 착실한 기독교도가 아닌 다른 종류의 인간이었다는 증거는 없다. 의혹과 거부 반응은 훨씬 나중에야 그를 찾아왔던 것이다. 항해가 중반에 이르렀을 때 그는 어느 친구에게 이런 편지를 보냈다. "나는 자주 내가 장차 무엇이 될까를 짚어 본다네. 한데 내 소원이 이루어진다면 필경 나는 시골 목사가 될 걸세." 한술 더 떠서 그는 「타히티의 도덕적 상태(The Moral State of Tahiti)」라는 제목의 청원서를 피츠로이와 공동으로 집필하기까지 하면서 태평양 지역의 선교 사업을 지지했다. 그렇지만 비글호 함상에서 조용히 시간을 보내는 동안 그의 마음속에는 회의가 싹텄으리라 생각된다. 게다가 함상에서 다윈이 어떤 위치에 있었던가를 생각해 보자. 감히 반론을 제기할 수도 없고, 정치 노선과 태도가 자신의 모든 신념과 반대될 뿐만 아니라 근본적으로 결코 좋아할 수 없었던 권위주의적인 함장과 5년 동안 날마다 식사를 함께했다. 5년 동안 집요한 장광설을 들으면서 다윈의 두뇌 안에서 '소리 없는 연금술'이 어떻게 작용했을지 누가 알 것인가. 적어도 다윈의 철학과 진화론을 고무시키는 데에는 핀치들보다 피츠로이가 훨씬 더 큰 영향을 미쳤을 것으로 보인다.

아무튼 피츠로이는 만년에 정신이 흐려지면서 자기 자신을 꾸짖었다. 그는 자신이 본의 아니게 다윈의 이단론을 부채질했다고 여기기 시작했다(실제로 나는 피츠로이가 상상했던 것 이상으로 이것이 사실이었으리라 생각하는 바이다.). 그는 마음속으로 자기의 잘못을 속죄하고 성서의 우월성을 다시 확인하려는 욕구를 불태웠다. 저 유명한 1860년의 영국 협회 회의(British Association Meeting, 토머스 헉슬리가 '소피 샘(Soapy Sam)' 새뮤얼 윌버포스(Samuel Wilberforce, 1805~1873년) 주교를 호되게 몰아쳤던 회의)('소피 샘'은 뛰어난 논쟁가로서 교묘하게 상대방의 논지를 벗어나곤 했던 윌버포스 주교의 별명으로, '약삭빠른 새뮤얼'이라는 의미이다. ─ 옮긴이)에서 정신이 이상해진 피츠로이는 성서를 머리 위로 치켜들고 방안을 왔다 갔다 하면서 "성경을, 성경을."이라고 고함을 질렀다. 그로부터 5년 뒤, 그는 권총 자살을 감행한다.

۱۲

3장
다윈의 딜레마

하나의 개념으로서 진화 현상을 해석하는 데 일생을 바친 과학자들만 해도 지금까지 수천 명에 이른다. 여기에서 나는, 그들의 노고에 비한다면 우스울 만큼 보잘것없는 일이 되겠지만, 진화라는 용어 자체를 한번 설명해 보려고 한다. 먼저 생물의 변천이 진화라는 이름으로 불리게 된 사연부터 되짚어 보기로 하자. 어원 탐지라는 순전히 고물 수집 같은 노력에 불과할지라도 이 이야기는 복잡하고도 흥미롭다. 더욱이 과거에 이 용어가 사용됨으로 인해 오늘날까지도 일반인들 사이에서 과학자들이 의미하는 진화가 과연 무엇인지를 두고 오해가 빚어지고 있으므로 이 문제는 자못 중대하다고 할 수 있다.

우선 하나의 역설을 실마리로 해서 이야기를 풀어 나가 보자. 19세기에 각기 영국, 프랑스, 독일의 최고 진화론자였던 찰스 다윈, 장 바티스트 피에르 앙투안 드 모네, 슈발리에 드 라마르크(Jean Baptiste Pierre Antoine de Monet, Chevalier de Lamarck, 1744~1829년), 그리고 에른스트 하인리히 필리프 아우구스트 헤켈(Ernst Heinrich Philipp August Haeckel, 1834~1919년)은 자신들의 위대한 저서 원본에 진화라는 낱말을 쓰지 않았다. 다윈은 '변이를 수반한 유전(descent with modification)'이라고 했고, 라마르크는 '형질 변환 이론(Transformisme-Theorie)'이라는 용어를 썼으며 헤켈은 '종간 변이 이론(Transmutations-Theorie)'이나 '유전 이론(Descendenz-Theorie)'이라는 용어를 즐겨 사용했다. 그들이 '진화(evolution)'라는 단어를 쓰지 않은 이유가 무엇이었으며, 어떻게 해서 생물의 변천을 말하는 그들의 이론에 지금과 같은 이름이 붙게 되었을까?

다윈이 자신의 이론을 설명하면서 진화라는 용어를 피한 데에는 두 가지 이유가 있었다. 무엇보다 먼저, 그 시기에는 진화라는 용어가 생물학에서 이미 전문적인 의미를 지니고 있었다. 실상 그 용어는 다윈이 발전시킨 생물 발달에 대한 개념과는 절대 양립할 수 없는 발생학(embryology)의 어떤 이론을 설명하는 데에 사용되고 있었다.

1744년 스위스의 생물학자 알브레히트 폰 할러(Albrecht von Haller, 1708~1777년)는, 난자 또는 정자 안에 담긴 채로 미리 형태를 갖추고 있는 이른바 전성(前成)의 축소형 개체로부터 배(胚, embryo)가 자라난다는 이론을 설명하는 데 진화라는 용어를 처음으로 만들어 사용했다(오늘날의 관점으로는 공상에 불과해 보이지만, 미래의 모든 세대들이 이미 창조된 채로 이브의 난소나 아담의 정소에 들어 있다는 생각이다. 하나 안에 그보다 작은 다음 인형이 들어 있는 러시아 인형처럼, 이브의 난자들은 각각 그 안에 미리 형태를 갖추고 있는 아주 작은 개체들을 품고 있고 또 그 개체들은 자신들의 난자 안에 그보다 더 작은 개체들을 품고 있는 식으로 계속된다는 발상이다.). 하지만 이와 같은 유형의 진화론(또는 전성론, preformation theory)은 특별한 형태를 갖지 않는 난자로부터 복잡한 형태의 성체가 만들어진다고 믿는 후성론자(後成論者, epigeneticist)들의 격렬한 반대에 부딪쳤다(이 논쟁을 보다 자세히 알고자 한다면 25장을 볼 것). 라틴 어 *evolvere*가 '펼치는 것(to unroll)'이라는 의미를 지니고 있는 점으로 미루어 볼 때 할러가 용어를 아주 신중하게 골랐음을 알 수 있다. 사실 그 자그마한 축소형 개체들은 배의 발생 과정을 거치면서 처음의 비좁은 공간에서부터 펼쳐져서 그 크기를 점차 키우는 것이라고 할 수 있겠다.

그렇지만 할러의 배 진화는 다윈의 '변이를 수반한 유전'을 배제하는 듯한 인상을 주었다. 만약 인류의 모든 역사가 이브의 난소 안에 미리 포장되어 들어 있는 것이라면, 자연 선택(또는 이와 유사한 어떤 힘)이 도대체 어떻게 인류의 예정된 진로를 바꿀 수 있겠는가?

우리의 의혹은 여기에서 한결 깊어진다. 어떻게 해서 할러의 용어가 정반대에 가까운 의미로 전환될 수 있었을까? 1859년에 이르러 할러의 이론이 최후를 맞고 나서야 비로소 그것이 가능해졌다. 그 이론의 몰락과 더불어 그때까지 할러가 사용했던 용어를 다른 목적에 쓸 수 있게 된 것이다.

다윈의 '변이를 수반한 유전'에 대한 설명으로서의 '진화'는 그 단어가 이전에 가졌던 학술적인 의미를 빌려 오지는 않았다. 그보다는 오히려 일상어에서 의미를 억지로 끌어다 붙였다. 다윈이 활약했던 시절에 진화라는 단어는 이미 할러의 전문 용어와는 상당히 다른 의미를 지닌 일상어가 되어 있었다. 『옥스퍼드 영어 사전(*Oxford English Dictionary*)』은 헨리 모어(Henry More, 1614~1687년)가 1647년에 쓴 시 한 수로 그 단어의 어원을 거슬러 올라간다. "외형적인 진화는 세계의 방대한 정신세계에 널리 퍼져 있다." 그런데 이것은 할러와는 아주 다른 의미의 '펼침'이었다. 거기에는 '어떤 일련의 사건들이 질서 정연하게 연속되는 과정에서 나타나는 현상'이라는 의미가 함축되어 있었으며, 이보다 중요한 것으로 '점진적 발달의 개념(concept of progressive development)' — 단순한 것에서 복잡한 것으로 질서 있게 전개된다는 뜻 — 이 담겨 있었다. 『옥스퍼드 영어사전』은 계속해서, 그것은 "기초적인 상태에서 성숙 또는 완전한 상태로 발달해 가는 과정."이라고 했다. 따라서 당시 일상어로서의 진화는 진보의 개념과 확고하게 묶여 있었다.

다윈은 바로 이와 같은 일상적인 의미에서 '진화한다'라는 단어를 그의 책 맨 끝 낱말로 사용했다.

> 원래 몇 개 또는 하나의 이론으로 표현된 이러한 생물관에는 위엄이 서려 있다. 이 지구는 불변의 중력 법칙에 따라 회전을 계속하는 동안 지극히 단순한 출발점에서 시작하여 가장 아름답고 가장 경이로운 형태로 끝없이 진화해 왔으며, 지금도 진화하고 있다.

다윈은 중력과 같은 물리 법칙의 불변성과 생물 발달의 변이성을 대비하려는 뜻에서 이 구절에 그 낱말(원문에서는 현재 진행형으로 are being evolved — 옮긴이)을 선택했다. 하지만 실제로 그것은 그가 굉장히 드물게 사용하는 단어였다. 다윈은 우리가 지금 진화라고 부르는 것과 진보의 관념을 등식화하려는 일반적인 견해를 단호하게 거부했다.

다윈은 경계하는 의미로 다음과 같은 말을 했다고 널리 알려져 있다. 그는 생물의 구조를 표현할 때 절대로 '고등(higher)'이나 '하등(lower)'이라는 말을 하지 않겠노라고 스스로에게 다짐했다. 가령 아메바가 인간 못지않게 자기 환경에 훌륭히 적응할 수 있다면 우리 자신을 가리켜서 고등 생물이라고 누가 감히 말할 수 있겠는가? 그러므로 다윈은 두 가지 이유에서 스스로 '변이를 수반한 유전'을 서술할 때 진화라는 용어를 사용하는 것을 극히 꺼렸다. 첫째, 그 전문적인 의미가 자신의 신념과는 대조적이었고, 둘째, 일상적인 의미에 내재해 있는 필연적 진보의 관념에 불편함을 느꼈기 때문이다.

진화가 '변이를 수반한 유전'과 동의어로 영어에 들어오게 된 것은, 지칠 줄 모르는 열정의 소유자였고 모르는 것이 거의 없다시피 했던 빅토리아 시대의 대(大)학자 허버트 스펜서(Herbert Spencer, 1820~1903년)의 노력 덕택이었다. 스펜서에게 있어서 진화는 일체의 발달과 발전을 포괄하고도 남는 법칙이었다. 게다가 자기만족에 빠져 있던 빅토리아 시대 사람들이, 진보 이외에 과연 어떤 관념을 우주의 발전 과정을 지배하는 원리라고 생각할 수 있었을까? 그래서 스펜서는 1862년에 펴낸 그의 저서 『제1원리(First Principles)』에서 우주의 법칙을 다음과 같이 규정해 놓았다. "진화란 물질의 통합이요, 그에 수반되는 운동의 확산을 의미한다. 이 과정에서 그 물질은, 무한하면서 일관성이 없는 동질성(homogeneity)으로부터 한정되고 일관성이 있는 이질성(heterogeneity)으로 이행한다."

스펜서의 저술은 그 외 두 가지 측면에서 진화를 현재 통용되고 있는 의미로 굳히는 데에 크게 이바지했다. 첫째, 아주 인기가 많았던 그의 저서 『생물학 원리(Principles of Biology)』(1864~1867년)를 집필하면서 스펜서는 생물의 변화를 그리는 과정에서 꾸준히 '진화(evolution)'라는 용어를 사용했다. 둘째, 그는 진보를 물질의 내재적 능력이 아닌 내적 힘과 외적(환경적) 힘이 '협력(cooperation)'한 결과로 보았다. 이와 같은 견해는 19세기에 퍼져 있던 대다수의 생물 진화 개념들과 꼭 맞아떨어졌다. 빅토리아 시대의 과학자들은 생물의 변화와 생물의 진보를 쉽게 등식화했기 때문이다. 따라서 수많은 과학자들이 다윈의 '변이를 수반한 유전'보다는 간결한 어휘가 필요하다는 생각을 하고 있을 때 홀연히 '진화'라는 용어가 등장했다. 그리고 대부분의 진화론자들은 생물의 변화를 복잡성의 증가(다시 말하면, 인간으로의 변화)를 지향하는 과정으로 보았기 때문에 그들에게는 스펜서의 일반 용어를 활용하는 것이 다윈의 정의(definition)에 별로 위배되는 일이 아니었다.

그러나 역설적이게도 진화론의 아버지는, 생물의 변화는 생물과 주위 환경 사이에서 적응성이 증가되는 방향으로 인도되는 것이지 구조적인 복잡성이나 이질성의 증가에 의해 규정되는 추상적인 진보의 이념은 아니라고 인식해서, 절대로 고등이니 하등이니 하는 말을 하지 않겠다고 열심히 주장하고 있었다. 만일 우리가 다윈의 경고에 좀 더 주의를 기울였더라면 오늘날 과학자들과 일반인들 사이에 존재하는 혼란과 오해의 상당 부분을 진작 덜어 낼 수 있었을 것이다. 진화와 진보의 필연적인 연계를 전제로 하는 사상이야말로 인간 중심적인 최악의 편견이라며 오래전에 폐기해 버린 과학자들 사이에서는 이미 다윈의 견해가 승리를 거뒀기 때문이다. 그럼에도 불구하고 대다수의 사람들은 아직까지도 진화와 진보를 동일시하고 있으며, 인간 진화를 단순한 변화가 아닌 지능과 키의 증가 또는 그 밖의 독단적인 척도로 측정한 개선과 향상으로 정의하고 있다.

현대에 가장 널리 알려져 있는 반(反)진화론 문헌은 여호와의 증인(Jehovah's Witnesses)에서 펴낸 소책자 『인간이 이 땅에 존재하는 것은 진화와 창조 중 어느 힘에 의해서인가?(*Did Man Get Here by Evolution or by Creation?*)』가 아닐까 생각한다. 여기에는 다음과 같은 대목이 있다.

> 아주 간단히 말해서 진화란, 생명체가 수백만 년에 걸쳐 일어나는 일련의 생물학적 변화를 통하여 단세포 생물에서 그 최고의 상태인 인간으로 발전한다는 말이다……. 생물의 어떤 기본적인 틀 안에서 이루어지는 단순한 변화는 진화라고 할 수 없다.

생물 진화와 진보를 동일시하는 이러한 오류는 계속해서 불행한 결과를 빚고 있다. 역사적으로 그것은 사회적 다윈주의(Social Darwinism. 다윈 자신은 이 이론에 대단한 의혹을 품고 있었다.)를 악용하는 원인이 되었다. 사람들은 이 신빙성 없는 사회적 다윈주의를 바탕으로 독단적으로 설정한 진화 수준에 따라서 인간과 문화 집단에 등급을 부여했으며, 유럽 인들을 정상에 두고 그들이 정복한 식민지에 살고 있던 사람들을 맨 밑바닥에 깔았다(이는 그들의 논리에 비추어 볼 때 그리 놀랄 일이 아니었다.). 오늘날 그것은 인간이 지구상에서 휘두르는 오만, 즉 이 지구에 살고 있는 100만 종이 넘는 다른 생물들에게 동료 의식을 갖기보다는 그들을 지배하는 것이 당연하다는 믿음을 부채질하는 일차적인 요소가 되고 있다. 말할 나위도 없지만 감동적인 솜씨로 이미 써 놓았으니 이제는 '진화'라는 용어를 사용하지 않을 수 없게 되었다. 그럼에도 불구하고 나는 듣기에는 썩 부드럽지 않지만 그래도 내포된 의미로 본다면 훨씬 더 정확했던 다윈의 용어 '변이를 수반한 유전' 대신 진보의 뜻을 지닌 일상어를 선택해서 당대의 과학자들이 원초적인 오해를 불러일으켰던 점에 대해 유감스럽게 생각한다.

4장

다윈은 잠들지 않는다

『크리스마스 캐럴(*A Christmas Carol*)』(1843년)을 원작으로 하는 영화는 여러 편이 있는데, 그 가운데 한 영화에서 에비니저 스크루지는 죽어 가는 동업자 제이컵 말리를 방문하러 계단을 올라가던 중에 층계참에 앉아 있는 위풍당당한 신사와 마주치게 된다. "의사 선생님이신지요?" 스크루지가 묻는다. "아닙니다." 그 신사가 답한다. "저는 장의사입니다. 우리 업계는 워낙 경쟁이 심해서." 경쟁으로 말할 것 같으면 무자비한 지식인의 세계가 그 뒤를 바싹 좇아 틀림없이 두 번째가 될 것인즉, 인기 있는 이론이 죽었다는 선언보다 더 큰 관심을 끄는 사건은 그리 흔하지 않다. 다윈의 자연 선택(natural selection) 이론은 줄곧 머지않아 매장당할 후보로 꼽혀 왔다. 가장 최근에는 톰 베델(Tom Bethell)이 「다윈의 실수(Darwin's Mistake)」(《하퍼스(Harper's)》 1976년 2월호)라는 글을 발표해서 물의를 빚었다. "다윈 이론은 몰락하기 직전에 있다고 나는 믿는다……. 그의 가장 열렬한 지지자들마저도 얼마 전에 자연 선택 이론을 소리 없이 내던져 버렸다." 이런 얘기가 내게는 금시초문이었던 걸 보면 내가 다윈주의자라는 표찰을 제법 자랑스럽게 달고는 있어도 가장 열렬한 자연 선택론자 축에는 아직 끼지 못하는 모양이다. 마크 트웨인(Mark Twain, 1835~1910년)이 너무 일찍 나온 자신의 부음을 듣고 했다는 말이 생각난다. "내가 사망했다는 보도는 크게 과장된 것이오."

베델의 주장은 현재 활약하고 있는 대다수 과학자들에게 묘한 호기심을 불러일으키고 있다. 우리는 새로운 자료의 출현으로 인해 어떤 이론이 몰락하는 광경을 언제라도 지켜볼 채비를 하고 있다. 하지만 위대하고 영향력 있는 한 이론이 그 틀 속에 들어 있는 논리적 과오로 말미암아 몰락할 것이라고는 별로 예상하지 않는다. 사실 경험을 쌓은 과학자 모두가 약간씩은 속물적인 속성을 갖는다. 더욱이 과학자들은 이론에만 치우치는 철학을 공허한 학문으로 무시하는 경향마저 있다. 다소나마 지성을 가진 사람이라면 누구나 다 틀림없이 직관을 통해서 올바른 생각을 할 수 있다. 그러나 베델은 자연 선택의 관(棺)에 못을 박으면서도 다른 자료를 거의 인용하지 않고 단지 다윈의 논리 전개상에 드러난 한 가지 오류만을 지적하고 있을 따름이다. 그는 "다윈은 자기 이론을 뒤엎기에 충분할 만큼 심각한 오류를 범했다. 그리고 그 오류는 최근에 와서야 비로소 인식되고 있다……. 논리 전개 과정의 한 단계에 이르러 다윈은 완전히 빗나가고 말았다."라고 썼다.

베델의 주장에 반론을 펼 작정이기는 하지만 나 역시, 과학자들이 자신들 주장의 논리 구조를 별로 심각하게 생각하지 않는 자세에 대해서는 개탄하고 있다. 베델이 주장하는 바와 같이 진화론으로 통용되고 있는 많은 내용들 중 적지 않은 부분이 공허한 것도 사실이다. 설령 위대한 이론이라고 해도 불분명한 은유와 비유의 사슬에 묶여 어렵게 만들어진 사례들이 많이 있다. 베델은 진화론을 둘러싸고 있던 헛된 이론들을 정확히 지적해 놓았다. 그렇지만 우리는 한 가지 근본적인 점에서 베델의 견해와 차이를 갖는다. 베델에게는 다윈 이론이 속속들이 썩어 있는 것처럼 보였다. 그러나 내가 보기에 그 이론의 중심에는 여전히 아주 값진 진주가 들어 있다.

자연 선택은 다윈 이론의 중심 개념이다. 적자(the fittest)는 살아남아서 그들의 선호된 형질을 자신의 집단 속에 퍼뜨린다. 자연 선택은 스펜서의 명언인 '적자생존(survival of the fittest)'으로 규정되는데, 이 유명한 전문 용어가 실제로 뜻하는 바는 과연 무엇인가? 누가 적자인가? 그리고 '적자'는 어떻게 정의되는가? 우리는 흔히 잘 적응한다는 것은 다름 아닌 '차등적인 생식의 성공(differential reproductive success)' — 한 생물 집단 안에서 경쟁하는 다른 개체보다 생존할 수 있는 자손을 더 많이 생산하는 것 — 을 의미한다는 글을 읽곤 한다. 잠깐만! 이 부분에서 베델이 소리친다. 그에 앞서 많은 사람들도 그랬다. 위의 공식은 적응도(fitness)를 생존이라는 각도에서만 정의하고 있다. 자연 선택의 의미를 엄격하게 간추린다면 '생존자의 생존(the survival of those who survive)'이라는 무의미한 동어 반복으로 압축된다(동어 반복이란 '아버지는 사람이다'라는 문장에서와 같이, 주어 '아버지'에 이미 내재해 있는 정보가 술어 '사람'에 들어 있는 어구를 가리킨다. 동어 반복법은 정의로서는 나름의 역할을 하겠지만 검증할 수 있는 과학적 명제는 아니다. 의미상으로 참인지 검증할 만한 대상이 없다.).

그렇다면 어째서 다윈은 그와 같이 어처구니없이 허술한 실수를 했을까? 심지어 그를 가장 무자비하게 비판하던 사람들조차 그가 조잡하고 우둔하다고 비난한 적은 없었는데 말이다. 필시 다윈은 적응도를 다른 방법으로 규정하려 노력했던 게 분명하다. 다시 말하면 그는 단순한 생존과는 분리시켜서 적응도의 기준을 찾으려 했다. 다윈은 분명히 독자적인 기준을 제시했지만, 그 기준을 확립하고자 비유법에 의존하는 위험하고도 종잡기 어려운 전략을 구사했다는 것을 베델이 정확히 반증하고 있다. 『종의 기원』과 같은 혁명적인 저서의 첫 장은 우주적인 문제와 전반적인 관심사를 논하고 있으리라 생각하기 쉽다. 그러나 실제는 전혀 그렇지 않다. 그 첫 장은 비둘기를 다루고 있다. 다윈은 그 처음 40쪽의 대부분을, 동물 육종가들이 행하는 유리한 형질을 얻기 위한 '인위 선택(artificial selection)'에 할애하고 있다. 왜냐하면 여기에는 독자적인 기준이 분명히 작용하고 있기 때문이다. 비둘기 애호가들은 자신들이 바라는 바를 정확히 알고 있다. 이 경우에 적자는 그들의 생존 여부에 따라 결정되지 않는다. 오히려 그들은 육종가들이 보기에 바람직한 형질을 지녔다는 이유로 살아남게 된다.

자연 선택의 원리는 인위 선택과의 비유가 타당한가에 따라 결정된다. 비둘기 사육가들과 마찬가지로 우리는 뒤에 나타날 생물들의 생존에 의해서가 아니라 그 이전에 미리 적자를 가려 낼 수 있어야 한다. 그런데 자연은 동물 육종가가 아니다. 예정된 목적이 생물의 역사를 규제하는 법은 없다. 자연에 있어서는 생존자가 지니고 있는 형질을 '보다 진화되었다'고 간주해야 한다. 인위 선택에서는 육종을 시작하기도 전에 우월한 형질이 이미 결정된다. 베델은 뒷날의 진화론자들이 다윈의 비유가 실패로 끝났다는 것을 인정하고 '적응도'를 단순한 생존으로 재정의했다고 주장하고 있다. 하지만 그들은 그렇게 함으로써 다윈 이론의 중심 논리 구조를 뒤엎어 놓았다는 것을 깨닫지 못했다. 자연은 적응도의 독자적인 기준을 제공하지 못한다. 따라서 자연 선택은 동어 반복이 되고 말았다는 것이 베델의 견해다.

뒤이어서 베델은 자신의 주된 주장이 도출하는 두 가지 중요한 결과로 옮겨 간다. 첫째, 만일 적응도가 단지 생존을 의미할 뿐이라면 어째서 자연 선택이 다윈의 주장과 같은 '창조적' 힘이 될 수 있었을까? 자연 선택은 '어떤 주어진 유형의 동물이 어떻게 상대적으로 더 많이 번식할 수 있는지'를 설명할 수 있을 따름이다. 그것은 '어떻게 한 유형의 동물이 점진적으로 다른 종으로 변화할 수 있는가'를 설명하지는 못한다. 둘째, 다윈과 그 시대의 저명한 학자들이 무심한 자연을 육종가들의 의도적인 선택에 비교할 수 있다고 확신했던 이유가 무엇일까? 베델은 당시에 득세하고 있었던 산업 자본주의의 문화적 풍토가 어떤 변화라도 본질적으로 진보적 성격을 지닌다는 규정을 확립하게 했다고 주장했다. 자연에서의 생존은 오직 선(善)을 위한 것이라고 그들은 생각했다. "다윈이 실제로 발견했던 것은 다름 아닌 진보를 믿는 빅토리아 시대 사람들의 성향이었다는 것이 점차 드러나고 있다."고 베델은 말했다.

그러나 나는 다윈이 옳았고 베델과 그의 동료들은 실수를 저지른 것이라고 믿고 있다. 생존과는 별개의 적응도 기준을 자연에 적용할 수 있고, 진화론자들은 지금까지 일관성 있게 그러한 기준을 사용해 왔다는 말이다. 그런데 먼저, 베델의 비판은 진화론의 전문적인 문헌 가운데 상당한 부분에까지 적용된다는 사실을 인정하기로 하자. 특히 이러한 문헌 중에는 진화를 질(質)의 변화가 아니라 단지 수의 변동으로만 간주하는 추상적이고 수학적인 책들이 많이 들어 있다. 이러한 연구들은 차등적인 생존이라는 각도에서만 적응도를 평가한다. 컴퓨터 프로그램 속에만 존재하는 생물 집단을 두고 그들의 가설적인 유전자 A와 B의 상대적인 성공을 추적하는 모델로 그밖에 무엇을 더 할 수 있을까? 하지만 자연은 이론 유전학자들의 계산에 제약을 받지 않는다. 자연에서 B에 대한 A의 '우월성'은 차등 생존으로 표현되지만, 그 차등 생존에 의해서

A의 우월성이 규정되지는 않는다. 적어도 베델과 그 일당이 승리하고 다윈이 항복하게 되는 일이 일어나지 않으려면 그러한 방식으로 규정되어서는 안 된다.

나의 다윈 변론은 그리 놀랍지도 신기하지도 않으며 또한 그리 심오하지도 않다. 나는 다윈이 자연 선택과 동물 육종을 비유한 것이 정당했다고 주장하고 있을 따름이다. 인위 선택에 있어서는 한 육종가의 바람이 어느 생물 집단의 '환경 변화(change of environment)'를 의미한다. 이 새로운 환경에서는 일정한 형질들이 선천적으로 우월하다(그들은 육종가의 선택에 의해서 살아남아 자손을 퍼뜨리지만, 이것은 그들의 적응도가 거둔 성과이지 적응도의 정의(definition)가 아니다.). 자연에서의 다윈적 진화도 변화하는 환경에 대한 생물의 반응을 뜻한다. 이제 그 핵심으로 들어가 보자. 어떠한 형태적, 생리적, 행동적 형질들이 새로운 환경에서 살아남기 위한 설계이려면 선천적으로 우월해야만 한다. 이러한 형질들은 그들의 생존과 확산이라는 경험적 사실에 의해서가 아니라 훌륭한 설계를 규정하는 기술자의 기준에 따라 적응도를 지니는가의 여부를 인정받는다. 기후는 털 많은 매머드가 털북숭이 외피를 진화시키기 이전에 추워졌다.

이 쟁점이 왜 그렇게도 진화론자들의 마음을 뒤흔들고 있는가? 다윈은 옳았다. 변화하는 환경에서의 우월한 설계는 적응도를 결정짓는 독립된 기준이다. 그래서 어떻다는 말인가? 지금까지 어느 누가 빈약하게 설계된 생물이 승리를 거둘 것이라는 의견을 내놓았다는 말인가? 그렇다. 사실은 많은 사람들이 그와 같은 의견을 제시했다. 다윈의 시대에는 수많은 진화론이 다투어 적자(가장 잘 설계된 생물)는 반드시 멸망해야 한다고 주장했다. 그 중 유명한 이론 하나 — 인종의 생명 주기론(the theory of racial life cycles) — 를 내가 지금 차지하고 있는 이 사무실의 전임자요, 미국의 위대한 고생물학자였던 앨피어스 하이엇(Alpheus Hyatt, 1838~1902년)

이 선봉에 서서 제창했다. 하이엇은 진화 계통에는 개체와 마찬가지로 청년기, 장년기, 노년기 그리고 사망(멸종)의 사이클이 있다고 주장했다. 종(種)의 역사에는 쇠퇴와 멸종의 요인이 이미 짜여 들어가 있다는 것이다. 그에 따르면 장년기에서 노년기로 옮겨 감에 따라 가장 우수한 설계로 이루어진 개체들이 죽고 종족의 노년기에 볼 수 있는 불완전하고 기형적인 개체들이 그 자리를 차지하게 된다. 또 다른 반다원적 사상 중 하나는 정향 진화론(orthogenesis)인데, 이에 따르면 어떤 경향이 일단 시작되고 난 뒤에는 정지시킬 수가 없고 따라서 점차 열등화하는 설계에 의해 한 종이 멸종에 이르게 된다고 한다. 적지 않은 19세기의 진화론자들(아마도 과반수)이 아일랜드엘크(Irish elk)는 진화에 의한 뿔의 성장을 억제하지 못해서 멸종하게 되었다는 의견을 내놓았다(9장을 볼 것). 아일랜드엘크는 뿔이 너무 자라서 나무에 걸리거나 늪에 빠져 머리가 처박혀 죽었고, 그와 마찬가지로 '검치호랑이(劍齒虎, Smilodon)'들은 그 이빨이 너무 자라 턱을 아무리 벌려도 이를 쓸 수가 없었기 때문에 멸종되었다는 말을 흔히 해 왔다.

그러므로 베델의 주장과 같이, 생존자들이 지니고 있는 형질들이 좀 더 적합하다고 말하는 것은 옳지 않다. '적자생존'은 동어 반복이 아니다. 아울러 그것은 유추 가능하고 논리적인, 진화 기록에 대한 유일한 판독법도 아니다. 그것은 확인이 가능하다. 이제까지 서로 어긋나는 증거와 생명의 본질에 대한 인식 변화의 압력에 눌려서 적자생존의 논리와 경쟁하다가 실패한 이론들이 여럿 있었다. 또 적어도 그 범위를 제한하는 수준에서는 성공을 거둘 가능성이 있는 경쟁 이론들이 지금도 엄연히 존재하고 있다.

내 말이 옳다면, 베델의 자세에는 문제가 없지 않다. 그는 이렇게 적고 있다. "내 견해에 따르면 다윈의 이론은 폐기되어 가는 과정에 있다. 그러나 웨스트민스터 대사원의 아이작 뉴턴 경(Sir Isaac Newton, 1642~1727년) 옆 자리에서 편안히 쉬고 있는 존엄하신 노인에게 경의를 표한다는 뜻에서, 가능한 한 그것을 널리 알리지 않고 신중하고도 온건하게 다루고 있다." 유감스럽게도 나는 베델이 자신의 이론을 강력히 주장하는 데에 있어서 그것을 전달하는 방식이 그다지 공정한 것은 아니었다고 말하지 않을 수 없다. 그는 마치 다수 의견을 요약하려는 듯한 자세로 별 볼일 없는 콘래드 할 워딩턴(Conrad Hal Waddington)과 허먼 조지프 멀러를 인용하고 있다. 그는 요즘 우리 세대의 대표격들, 이를테면 에드워드 오스본 윌슨(Edward Osborne Wilson)과 대니얼 헌트 잰즌(Daniel Hunt Janzen)을 단 한번도 거론하지 않았다. 게다가 그는 신다윈주의(neo-Darwinism)의 설계자들인 테오도시우스 도브잔스키(Theodosius Dobzhansky, 1900~1975년), 조지 게일로드 심프슨(George Gaylord Simpson, 1902~1984년), 에른스트 발터 마이어(Ernst Walter Mayr, 1904~2005년), 그리고 줄리언 소렐 헉슬리(Sir Julian Sorell Huxley, 1887~1975년)를 인용하고는 있으되, 자연 선택의 '창조성'에 대한 그들의 은유를 비웃기 위해서만 사용할 뿐이다(나는 다윈주의가 아직도 인기 있기 때문에 소중히 간직해야 한다고 주장하고 있는 게 아니다. 나는 무비판적인 합의는 머지않아서 난관에 부딪친다고 분명히 믿는 만큼, 비판을 가하는 쪽에 서 있다. 다만 좋든 나쁘든 다윈의 이론은 베델이 몰락했다고 주장하는 것에는 아랑곳없이 살아서 번창하고 있음을 알리고자 한다.).

그렇다면, 도브잔스키가 자연 선택을 작곡가에 비유한 이유는 무엇이었을까? 심프슨은 시인에, 마이어는 조각가에, 그리고 줄리언 헉슬리는 그 많은 사람들 중에서 유독 윌리엄 셰익스피어(William Shakespeare, 1564~1616년)에 자연 선택을 비긴 이유가 무엇일까? 나는 그러한 은유의 선택을 옹호할 생각은 전혀 없고, 그 의도, 다시 말해서 다윈주의의 본질인 자연 선택의 창조성을 설명하려 한 본뜻을 지지하고자 한다. 내가 알고 있는 비다윈적 이론들에는 예외 없이 자연 선택이 포함되어 있다. 그리고 자연 선택은 그 이론들 속에서 부적자들에 대한 사형 집행인 또는 망나니로서의 부정적인 배역을 맡고 있다(반면에 그들은 획득 형질의 유전이나 환경에 의한 유리한 변이의 직접적 유도 등 비다윈적인 메커니즘에 의해서 적자가 출현한다고 주장한다.). 다윈주의의 본질은 자연 선택이 적자를 창조한다는 주장에 담겨 있다. 변이는 어디에서나 일어나고 그 방향은 임의적이다. 그것은 소재를 공급해 줄 뿐이다. 자연 선택은 진화라는 변화의 방향을 지시한다. 그것은 선호되는 변이 종들을 보전하고 점진적으로 적응도를 쌓아 올린다. 사실 예술가들은 노트와 언어와 돌 등을 소재로 해서 자기 창작품의 틀을 잡기 때문에 나는 위에서 열거한 은유들이 별로 부적절하다는 느낌이 안 든다. 베델은 단순한 생존 이외에는 다른 어떤 적응도의 기준도 받아들이려 하지 않았던 까닭에 자연 선택에 창조적인 역할을 부여하기가 어려웠다.

베델에 의하면 다윈이 제시했던 창조적인 힘으로서의 자연 선택 개념은 당대 사회 및 정치 풍토가 조성한 환상에 불과한 것이 된다. 제국주의적 영국에서 빅토리아 시대의 낙관주의가 산고를 치르고 있을 때, 변화는 본질적으로 진보의 성격을 띠고 있는 듯했다. 그렇다면, 단순한 동어 반복이 아닌 설계 개선으로 인한 적응도의 증가 현상을 자연적인 생존과 동일시하지 못할 이유가 어디 있겠는가?

나는 과학자들이 설교하는 '진리(truth)'가 사실은 당대를 지배하던 사회적 정치적 신념이 불러일으킨 편견에 불과한 것으로 드러나는 경우가 잦다는 일반론을 강력히 지지한다. 또 이미 이러한 주제로 몇 편의 글을 쓴 적도 있다. 그렇게 하는 것이 과학이 인간의 모든 창조적 활동과 비슷하다는 점을 입증하여 과학 행위를 '탈신화화(demystify)'하는 데 도움이 될 것이라 믿기 때문이다. 그러나 이러한 일반론이 모든 구체적인 사례에 다 적용되는 것은 아니다. 이번 경우에는 베델의 적용 방식에 잘못이 있다고 나는 단언한다.

다윈은 서로 다른 두 가지 업적을 남겼다. 그는 진화가 실제로 일어났음을 과학계에 확신시켰고, 그 메커니즘으로 자연 선택 이론을 제시했다. 당시에는 일반적으로 진화를 진보와 동일시했으므로 다윈의 첫 번째 주장이 동시대인들의 구미에 훨씬 잘 맞았다는 사실을 나는 기꺼이 인정하고 있다. 그러나 다윈은 자신의 생전에 두 번째 주장을 인정받는 데에는 실패했다. 자연 선택 이론은 1940년대에 와서야 승리를 거뒀다. 내가 보기에 그 이론이 빅토리아 시대에 인기를 얻지 못했던 이유는 진화가 진행되는 과정 속에 전반적인 진보가 내재되어 있다는 관점을 부정했던 데에 있다. 자연 선택은 변화하는 환경에 대한 국지적 적응(local adaptation) 이론이다. 거기에는 완성의 원리가 없으며, 전반적인 개선의 보장도 없다. 요컨대 자연에 내재하는 진보에 호감을 가지고 있던 당시의 정치 풍토에서 그의 이론은 전반적인 찬성을 얻을 만한 이유가 전혀 없었던 것이다.

다윈이 설정했던 적응도의 독립된 기준에는 실제로 '개선된 설계(improved design)'가 내포되어 있지만 그것은 당대 영국인들이 선호하던 우주적 의미로는 '개선된' 것이 아니었다. 다윈에게 있어 '개선됨'은 '눈앞의 국지적인 환경에 보다 적응하기 좋게 설계됨'을 의미했다. 국지적 환경은 끊임없이 변한다. 기후는 추워지는가 하면 더워지기도 하고, 습기가 많아지거나 메마르기도 하며, 초원이 번성하는가 하면 삼림이 형성되기도 한다. 자연 선택에 의한 진화란, 다름 아닌 그 속에서 살기에 보다 나은 설계로 이루어진 생물 종들을 차등적으로 보전함으로써 변화하는 환경을 따라잡는 작업을 말한다. 매머드의 몸에 난 털은 우주적인 의미의 진보와는 상관이 없다. 자연 선택이 우리가 보다 일반적인 진보를 생각하게끔 유도하는 경향을 조성할 가능성은 확실히 있다 — 뇌의 크기가 늘어나는 것은 포유류의 진화를 분명히 규정해 준다(23장을 볼 것.). 하지만 큰 뇌는 국지적 환경에서나 쓸모가 있을 뿐, 더 높은 상태로 나아가는 본질적인 성향을 가리키지는 않는다. 거기에다 다윈은 국지적인 적응이 곧잘 설계상의 '퇴화(degeneration)'를 일으킨다는 점을 밝히면서 즐거워했다. 예를 들어서 기생 생물들은 해부학적으로 구조의 단순화를 보여 준다.

자연 선택이 진보의 교리가 아니라면, 그것의 인기는 베델이 문제 삼았듯이 정치적 관점을 반영하는 것이 아니게 된다. 자연 선택 이론이 독자적인 적응도 기준을 내포하고 있다면, 동어 반복적이라 할 수 없다. 어수룩하게 들릴지 모르겠으나 나는 이런 주장을 하고자 한다. 지금도 수그러들지 않고 있는 다윈 이론의 인기는, 분명 그 이론이 우리가 현재 진화에 관해서 가지고 있는 불완전한 정보를 설명하는 데에 여전히 성공을 거두고 있다는 사실과 연관이 있다. 오히려 찰스 다윈은 앞으로도 상당한 기간 동안 논란을 벌일 수 있는 대상이라고 나는 생각한다.

2부

인류의 진화

5장
인간과 다른 유인원 친척

영국의 극작가 존 드라이든(John Dryden, 1631~1700년)은 희곡 「알렉산더의 향연(Alexander's Feast)」(1697년)에서 만찬 뒤에 고주망태가 된 영웅이 자신의 위대한 전공(戰功)을 떠벌리며 중언부언하는 장면을 다음과 같이 묘사했다.

대왕은 기고만장하여 으스대더니
그가 싸운 모든 전투를 세 차례나 되풀이하였다.
마침내 그는 똑같은 적군을 세 차례나 물리쳤고,
칼로 베어 죽인 자들을 세 번이나 거듭 죽였다.

하지만 그로부터 150년 뒤, 토머스 헨리 헉슬리(Thomas Henry Huxley, 1825~1895년)는 저 유명한 해마(海馬, hippocampus) 논쟁에서 리처드 오언(Richard Owen, 1804~1892년)을 꺾고 거둔 승리에 대해 두 번 다시 언급하기를 단호히 거부했다. "이미 베어 죽인 자를 다시 베느라 허둥거리기에는 인생이 너무 짧지 않소."

오언은 인간의 뇌에 있는 조그마한 융기부, 즉 소해마(hippocampus minor, 측두엽에 나타나는 해마 모양의 작은 융기. ― 옮긴이)가 침팬지나 고릴라(그리고 다른 모든 동물)에게는 없고 오로지 호모 사피엔스(Homo sapiens)에게만 있다는 주장을 내세워 인간의 독특한 지위를 설명하려고 시도했다. 그는 자신의 초기 저술인 『자연계에서의 인간의 위치에 대한 증거(Evidence as to Man's Place in Nature)』를 준비하는 동안 여러 영장류들을 해부한 경험이 있었다. 이에 따라 그는 모든 유인원은 해마가 있으며 영장류 뇌의 구조상에 어떤 단절(discontinuity)이 있다면 그것은 인간과 거대 영장류 사이가 아닌 원원류(原猿類, prosimian, 여우원숭이(lemur)와 안경원숭이(tarsier))와 (인간을 포함한) 다른 모든 영장류 사이에 있다는 결론을 내렸다.

1861년 4월 꼬박 한 달 동안, 모든 영국인들은 그 나라 최고의 해부학자 두 사람이 뇌에 있는 작은 돌기를 둘러싸고 치열한 논쟁을 벌이는 모양을 지켜봐야만 했다. 풍자만화 잡지 《펀치(Punch)》는 사람들을 웃기는 풍자시를 실었다. 그리고 찰스 킹즐리(Charles Kingsley, 1819~1875년)는 1863년에 쓴 아동 문학의 고전 『물의 아이들(The Water-Babies, A Fairy Tale for a Land Baby)』에 '대하마'(hippopotamus major, 논쟁의 초점이 되고 있는 소해마 hippocampus minor와 발음 및 표기가 비슷한 점을 이용한 것으로, '대'와 '소'의 차이를 강조하여 풍자의 효과를 노리고 있다. ― 옮긴이)라는 기다란 제목을 넣어서 독자들을 웃겼다. 그는 이렇게 이죽거렸다. 만일 어떤 물의 아이가 발견된다면 "사람들은 그 아기를 알코올에 담가 두거나 《화보 뉴스(Illustrated News)》에 보도하고, 그렇지 않으면 그 가엾고 자그마한 아이를 둘로 나누어 한쪽은 오언 교수에게 다른 한쪽은 헉슬리 교수에게 보내어 각각 무슨 말을 하는지를 알아보아야 할 것이다."

서양 세계는 아직도 다윈과 화해하지 못하고 있으며 진화론이 갖는 의미를 제대로 이해하지 못하고 있다. 이 해마 논쟁은 화해를 가로막는 가장 큰 장애물이 무엇인지를 분명히 보여 주는 좋은 예이다. 인간과 다른 동물 사이에 연속성이 존재한다는 사실을 받아들이려 하지 않는 우리들의 자세와, (다른 동물에 대한) 인간의 우월성을 확신시켜 줄 수 있는 어떤 기준을 찾고자 하는 우리의 열렬한 노력이 바로 그런 장애물이다.

위대한 학자들은 자연계에 모두 통용되는 일반 원칙을 거듭 주장했지만 유독 인간에게만은 예외를 두었다. 찰스 라이엘(18장을 볼 것)은 생물에 대한 모든 설계는 태초부터 존재했으며 생물의 복잡성은 시간의 흐름과 관계없이 변하지 않았다고 주장했다. 그는 세계가 언제나 정상 상태(steady-state)를 유지한다고 생각했다. 그렇지만 인간은 다른 동물들과 달리 지질학적인 연대로는 불과 한순간 전에 창조되었으며 따라서 단순한 해부학적 설계의 불변성(constancy)에 도덕적 영역의 획기적인 도약이 가해졌다고 보았다. 심지어 진화적인 변화를 유발하는 유일한 동인으로서의 자연 선택을 강경하게 주장했던 점에서는 다윈을 훨씬 앞질렀던 월리스조차도 인간의 뇌만은 예외로 인정했다(그리고 그는 만년에 이르러 관념론으로 돌아섰다.).

다윈 자신은 엄격하게 인간과 자연의 연속성을 받아들였지만, 그러한 이단적인 견해가 노출되는 것은 꺼렸다. 『종의 기원』 초판(1859년)에서 그는 "인류의 기원과 역사에 관해서는 머지않아 서광이 비칠 것."이라고만 기록했다. 그 뒤에 판이 거듭되면서 그 문장에는 '더 많은 서광'이라고 강조하는 문구가 붙었다. 1871년에 가서야 비로소 그는 『인간의 유래』를 발표할 만큼 용기를 얻었다(1장을 볼 것).

침팬지와 고릴라는 이미 오래전부터 인간의 우월성을 찾고자 하는 시도의 대상이 되었다. 만약 우리 인간과 인간의 최근친 동물 사이에 어떤 분명한 구분이 있기만 하다면 — 정도의 차이가 아니라 있고 없음에 의해서 — 우리는 자신의 우주적 오만을 뒷받침하려고 오랫동안 찾아 헤맨 정당한 근거를 확보할 수 있을지도 모른다. 그렇지만 그 싸움은 이미 오래전에 진화론 논쟁을 거치면서 방향이 정립되었다. 이제 교육받은 사람이라면 누구나 인간과 유인원 사이의 연속성을 받아들이고 있다.

하지만 우리는 인류의 철학과 종교적 유산에 지나치게 집착하는 나머지 지금도 여전히 우리 자신의 능력과 침팬지의 능력을 엄격하게 구분할 수 있는 어떤 기준을 찾고 있다. 『구약 성서』의 「시편(詩篇)」 작자는 이렇게 노래했다. "사람이 무엇이기에 주께서 저를 생각하시며…… 저를 천사보다 조금 못하게 하시고 영화와 존귀로 관을 씌우셨나이다."(『구약 성서』「시편」 8편 4~6절, 대한 성서 공회 개역 한글판에 따름. — 옮긴이)

우리는 인간과 다른 영장류를 구분하기 위해서 지금까지 수많은 기준을 시험해 왔지만 하나씩 차례대로 실패하고 말았다. 따라서 솔직하고도 유일한 대안은 우리와 침팬지 사이에 유형적으로 엄격한 연속성이 있다는 것을 시인하는 길밖에 없다. 그렇게 했을 때 과연 우리는 무엇을 잃을 것인가? 단지 고루한 영혼의 개념이 퇴색될 뿐, 우리와 자연은 하나라는 한층 겸허하면서도 고양된 새로운 관점을 얻을 수 있을 것이다. 여기에서 나는 인간과 다른 영장류를 구분하고자 했던 세 가지 기준을 제시하고, 어느 모로 보든 우리는 헉슬리가 감히 생각했던 것 이상으로 침팬지와 더 가깝다는 것을 논증하고자 한다.

1. 리처드 오언식 전통에 따른 형태적 특이성(morphological uniqueness). 헉슬리는 인간과 유인원 사이에서 어떤 해부학적인 단절성을 찾으려는

사람들의 정열을 영원히 흐려 놓았다. 그래도 그런 작업은 여전히 어느 구석에선가 계속되고 있다. 성숙한 침팬지와 인간의 차이점은 결코 작지 않지만 그 차이는 종류의 차이에서 기인하는 것이 아니다. 각각의 부분을 따로 떼어서 하나씩 차례대로 비교해 나가면 양자는 똑같으며 단지 상대적인 크기와 성장률에서 차이가 날 뿐이다. 디트리히 슈타르크(Dietrich Starck) 교수와 그의 동료들은 독일식 해부학 연구의 특성을 그대로 살려서 최근에 그 하나하나를 세밀히 조사했지만 인간과 침팬지의 두개골 사이에는 오직 양적인 차이가 있을 뿐이라는 결론을 내린 바 있다.

2. 개념적인 특이성(conceptual uniqueness). 오언이 몰락한 이후로 해부학적 논리를 강력하게 주장하는 과학자들은 크게 줄어들었다. 그 대신 인간 우월론 지지자들이 인간의 정신적 능력과 침팬지의 그것 사이에는 메울 수 없는 간극이 있다는 점을 강조하기 시작했다. 이 간극을 설명하기 위해서 그들은 명백한 구분의 기준이 필요하다는 것을 깨달았다. 초기 지지자들은 도구의 사용 여부를 기준으로 삼고자 했지만 영리한 침팬지들은 높이 있는 바나나를 따거나 우리에 갇힌 동료를 풀어 주는 과정에서 온갖 종류의 도구들을 사용해 보였다.

보다 최근에 들어서는 언어 사용과 개념화(conceptualization)를 중심으로 새로운 주장이 제기되었는데, 그것들이야말로 인간과 침팬지의 잠재적인 차이를 입증하는 마지막 보루로 여겨졌다. 침팬지에게 말을 가르치려던 초기의 실험들은 분명한 실패로 끝났고 단지 몇 마디의 끙끙거림과 한마디쯤 되는 보잘것없는 어휘를 익히게 하는 데에 그쳤다. 일부 학자들은 그러한 현상이 뇌 구조의 결함을 반영한다고 결론 내렸지만, 이는 지나치게 단순하고 신중하지 못한 설명으로 보인다(물론 그런 견해 역시 자연 상태에서의 침팬지의 언어 능력을 이해하는 데에는 중요한 의미를 가질 것이다.). 침팬지의 성대는 뚜렷하게 구분 가능한 소리들을 많이 낼 수 있을 만큼 그렇게 정교하지가 못하다. 따라서 그들과 의사소통을 할 수 있는 다른 방법을 찾게 된다면 우리는 침팬지가 우리 생각보다 훨씬 더 영리하다는 걸 발견하게 되는지도 모른다.

요즘 신문과 텔레비전을 보면 또 다른 방법을 통해 침팬지와의 의사소통에서 놀라운 성공을 거두고 있다는 사실을 알 수 있는데, 바로 농아들처럼 수화를 활용하는 방법이다. 에모리 대학교의 국립 영장류 연구 기관인 여키스 연구소(Yerkes center)에서 기르는 인기 있고 총명한 침팬지 라나(Lana)가 이전에 본 적 없는 물체의 이름을 묻기 시작했다. 그래도 침팬지에게 개념화나 추상화의 능력이 없다고 부정할 수 있겠는가? 그것은 결코 단순한 파블로프의 조건 반사가 아니었다.

1975년 2월 로버트 가드너(Robert Gardner)와 비어트리스 가드너(Beatrice Gardner)는 태어날 때부터 수화로 키운 두 마리의 어린 침팬지에 관한 최초의 성과를 발표했다(그들은 그 이전에 와슈(Washoe)라고 이름 붙인 침팬지를 길렀는데 그에게는 한 살이 될 때까지 수화를 가르치지 않았다. 6개월의 훈련을 시킨 뒤에도 그 암컷이 사용할 수 있는 어휘는 수화 신호 2개가 전부였다.). 어린 침팬지 두 마리 모두 셋째 달부터 분명히 인식 가능한 신호를 보내기 시작했다. 모자(Moja)라는 이름의 한 마리는 13주일 뒤에 사용 가능한 어휘가 4개로 늘었다. '와서 줘', '가라', '더', '마시다'가 그 네 마디였다. 현재 그들이 어휘를 배우는 속도는 사람의 아기에 비해 결코 느리지 않다(우리는 아기가 말을 할 때까지 오직 기다릴 뿐, 보통은 아기가 말을 하기 오래전부터 다른 방법으로 우리에게 신호를 보낸다는 사실을 깨닫지 못한다.). 물론 나는 인간과 침팬지의 사고 능력 차이가 단순히 양육상의 문제에 기인한 것이라고는 믿지 않는다. 당연하게도 어린 침팬지들이 의사소통 방법을 배우는 속도는 사람의 아기가 자라면서 성취하는 정도에 비하면 떨어지게 될 것이다. 그렇다 하더라도 가드너의 연구는 우리가 우리 자신과 근친 관계에 있는 동물들의 능력을 과소평가했다는 것을 분명히 보여 줌으로써 적지 않은 충격을 안겼다고 하겠다.

3. 전반적인 유전적 차이(overall genetic difference). 비록 어떤 한 가지 특징이나 능력이 인간과 침팬지 양자를 완벽히 구분 짓는다고 주장할 수는 없어도, 적어도 그 둘의 전반적인 유전적 차이가 상당히 크다는 점만은 확인할 수 있으리라. 따지고 보면 인간과 침팬지는 외양이 아주 다르고 자연 상태에서 보이는 행동 역시 전혀 다르다(실험실 안에서는 침팬지들이 갖은 몸짓과 언어로 인간과 흡사한 능력을 보여 주었지만 야생 상태에서 그들이 원활하게 의사소통을 하고 있다는 증거는 전혀 없다.). 그러나 최근 메리클레어 킹(Mary-Claire King)과 앨런 윌슨(Allan Wilson)이 발표한 두 동물 사이의 유전적 차이를 설명하는 논문(《사이언스(Science)》 1975년 4월 11일 자)으로 지금도 우리 대다수가 품고 있으리라 생각되는 편견이 뒤집힐 가능성이 한층 더 커졌다. 간단히 말해서, 현재 입수할 수 있는 모든 생화학적 기술을 이용하여 가급적 많은 단백질 종류를 조사했더니 놀랍게도 인간과 침팬지 사이의 전반적인 유전적 차이는 극히 적었다(최근에는 인간 게놈 프로젝트가 완료되어 인간과 침팬지의 몸을 구성하는 단백질 종류뿐 아니라 그것들을 만드는 유전자 종류에 대해서도 연구가 충분히 진행되었는데, 인간과 침팬지의 DNA 염기 배열상의 차이는 겨우 1.2퍼센트에 불과한 것으로 나타났다. 이는 같은 인간끼리의 차이보다 겨우 10배 정도 더 큰 것이다. — 옮긴이).

어떤 두 동물 종이 형태학적으로는 거의 차이가 없지만 자연 상태에서 각기 독립적으로 생활하며 그들 사이에 교배의 가능성이 없을 때 진화 생물학자들은 그들을 '자매 종(sibling species)'이라고 부른다. 일반적으로 자매 종들은, 분명한 형태학적 차이가 있지만 동일한 속(屬)에 속하는 두 종, 즉 동속 종(congeneric species)들보다는 유전적인 차이가 훨씬 적다. 그런데 침팬지와 인간은 자매 종이 아닌 것이 명백하다. 또 종래의 분류학적인 관행을 따르자면 인간과 침팬지는 동속 종도 아니다(침팬지는 *Pan* 속으로 분류되지만 우리 인간은 *Homo sapiens*로 별개의 속에 속한다.). 하지만 킹과 윌슨은 인간과 침팬지 사이에서 나타나는 전반적인 유전적 차이가 자매 종들 간의 평균적인 차이보다 작고 또 지금까지 연구된 어떤 동속 종들 간의 차이보다도 훨씬 더 작다는 것을 입증해 보였다.

이는 교묘한 역설임에 틀림없다. 나는 우리 인간과 침팬지 사이의 차이점이 정도의 문제에 지나지 않는다고 강력히 주장했지만 여전히 우리는 아주 다른 동물이다. 전반적인 유전적 차이가 그렇게도 작다면 형태와 행동에 있어서 그처럼 큰 차이가 나는 원인은 과연 무엇일까? 생물의 형질 하나하나가 단일 유전자에 의해 지배된다는 원자론적 관념에 따른다면 인간과 침팬지의 해부학적인 상이성(相異性)을 킹과 윌슨의 발견에 조화시키기란 결코 쉽지 않다. 형태와 기능에서 그처럼 많은 차이가 난다는 것은 곧 유전자에 그만큼 차이가 많다는 것을 반영해야 하기 때문이다.

그러므로 어떤 종류의 유전자들은 다른 유전자들보다 광범위한 영향을 미치기 때문에 단 하나의 형질이 아니라 생물 전체에 두루 영향을 준다는 결론을 내릴 수밖에 없다. 비록 유전학적으로는 커다란 차이가 없지만 그런 핵심 유전자들에서 몇 가지 변화가 일어나면 두 종 사이에 엄청난 간격이 벌어질 수 있다는 것이다. 따라서 킹과 윌슨은, 인간과 침팬지의 차이는 일차적으로 조절 시스템(regulatory system)의 돌연변이에 기인한 것이라 생각하고 위에서 지적했던 역설을 단번에 해결하려고 시도한다.

간 세포와 뇌 세포는 모두 동일한 염색체와 동일한 유전자를 지닌다. 그것들 사이의 현격한 구조적 기능적 차이는 유전자 구성의 차이가 아닌 발생 과정의 차이에서 기인한다. 동일한 유전자를 가지면서도 각각의 세포가 서로 다른 형질을 나타낼 수 있으려면 세포 분화 과정에서 여러 다른 유전자들이 제각기 다른 시간에 발현되고 또 정지되어야 한다. 사실 발생학의 모든 신비로운 과정은 유전자의 작동 시기를 절묘하게 조절하는 것으로 통제되어야 한다. 예를 들어 사지(四肢)로 결정된 작은 돌기물로부터 인간의 손이 분화되어 나올 때 어떤 부위(손가락이 나와야 할 장소)에서는 세포가 급속히 분열 증식되어야 하는 반면 다른 부위(손가락 사이의 공간)에서는 세포의 수가 크게 감소되어야 한다.

유전 시스템의 상당 부분은, 어떤 특정한 형질을 결정한다기보다는 오히려 그런 형질이 제때에 발현되도록 하는 프로그램의 조정과 통제를 담당하고 있다. 지금 여기서는 발생 과정에서의 시간 조절을 담당하는 유전자들을 조절 시스템이라 부르고 있다. 조절 유전자 단 하나의 변화라도 생물체 전반에 걸쳐 엄청난 영향을 미치게 될 것은 분명하다. 배아 발생 과정에서의 핵심적인 사건이 지체되거나 가속되면 그 이후에 일어나는 모든 발달 과정이 크게 바뀌게 될 것이다. 따라서 킹과 윌슨은 인간과 침팬지 사이의 일차적인 유전적 차이는 이런 지극히 중요한 조절 시스템에서 나타날 것이라고 추측한다.

이것은 합리적인(심지어 필요한) 가설이기도 하다. 하지만 우리는 이런 조절 시스템의 차이에 대해서, 그 본질적인 측면에 관해 과연 얼마나 알고 있을까? 지금으로서는 조절 시스템 관련 유전자들을 집어낼 수가 없다. 그래서 킹과 윌슨은 어떤 의견도 제시하지 않은 채 이렇게 적고 있다. "장차 인간 진화의 연구에서 가장 중요한 과제는 유인원과 인간의 발생 과정에 있어 유전자 발현의 시간적 차이를 증명하는 일이 될 것이다." (진화와 발생 간의 연관성은 1990년대에 이르러 많은 것이 밝혀졌는데, 이런 연구를 하는 학문을 진화 발생 생물학(evolutionary developmental biology, 약칭 Evo-Devo)이라고 부른다. — 옮긴이)

하지만 나는 우리가 그러한 유전자 발현의 시간 차이를 보여 주는 근거를 이미 알고 있다고 생각한다. 7장에서 주장하고 있는 바와 같이 호모 사피엔스는 기본적으로 유형 성숙(幼形成熟, neoteny) 종이다. 우리 인간은 유인원과 닮은 조상으로부터 진화했지만 발생 단계에서 전반적인 지연(retardation)이 일어났다. 우리는 다른 모든 영장류들과 마찬가지로 우리 역시 가지고 있는, 개체 발생 과정에서 지연을 유도한 조절 시스템에 대해서 더 연구하지 않으면 안 된다. 이 시스템은 필시 우리가 미성숙기의 성질과 체격을 오랜 기간 유지하게끔 작동했을 것이다.

인간과 침팬지 사이의 유전적 거리가 지극히 가깝다는 사실을 염두에 두고, 잠재적으로는 지극히 흥미롭지만 윤리적으로는 도저히 받아들일 수 없는 한 가지 실험을 한다고 상상해 보자. 인간과 침팬지 사이에서 자손이 태어난다면 그놈에게 일부나마 침팬지가 된 기분이 어떠냐고 물어볼 수 있지 않을까 하는 생각이 든다. 이러한 이종 교배(異種交配, interbreeding)는 무리 없이 가능하다. 인간과 침팬지 사이를 갈라놓는 유전적인 거리가 지극히 가깝기 때문이다. 그러나 영화 「혹성 탈출(Planet of the Apes, 유인원이 인간을 지배하는 행성의 이야기를 다룬 미국 영화. — 옮긴이)」에서처럼 인간을 능가하는 침팬지 영웅들이 태어날까 두려워하는 독자들이 있을 것 같아 그러한 잡종은 거의 확실히 노새처럼 불임이 될 수밖에 없다는 말을 서둘러 덧붙인다. 인간과 침팬지 사이의 유전적 차이는 미미하지만 거기에는 염색체상의 대규모 역위(逆位, inversion)와 전좌(轉座, translocation)가 적어도 10가지나 들어 있다. 역위란 문자 그대로 염색체 일부의 배열이 바뀐 것을 가리킨다. 한 잡종이 갖는 세포 하나하나에는 침팬지 염색체와 그와 짝이 되는 인간 염색체가 한 벌로서 들어 있다. 난자와 정자 세포들은 감수 분열(減數分裂, meiosis/reduction division)에 의해서 만들어진다. 감수 분열 과정에서는 세포가 분열하기 전에 각각의 염색체가 저마다 상대가 되는 염색체와 쌍을 이뤄야(나란히 배열해야) 하고, 그래야 상응하는 유전자들이 하나씩 맞춰질 수 있다. 달리 말하자면 침팬지 염색체와 각기 상대되는 인간의 염색체가 짝을 짓지 않으면 안 되는 것이다. 그런데 만약 인간 염색체 하나가 상응하는 침팬지 염색체와 역위 관계에 있다면 까다로운 고리 짓기(looping)와 비틀림(twisting)이 일어나야만 유전자의 짝짓기가 진행될 수 있으므로 결국 성공적인 세포 분열이 불가능하게 된다.

실험을 해 보고 싶은 유혹이 대단하지만, 이와 같은 유전자 짝짓기는 실험 금지 목록에 올라가 있으리라 믿는다. 그렇지만 우리가 우리의 최근친 동물과 의사소통할 수 있는 방법을 찾기만 한다면 그러한 실험에 대한 유혹은 확실히 크게 줄어들 것이다. 우리가 알고 싶은 것은 무엇이든 침팬지에게서 직접 알아낼 수 있게 될 거란 생각이 들기 시작했다.

6장
관목론과 사다리론

나의 첫 고생물학 선생은 그가 연구한 몇몇 동물들만큼이나 오래된 사람이었다. 그는 대학원 시절에 준비한 것이 분명한 노트를 가지고 강의를 했다. 해가 바뀌어도 그의 강의는 낱말 하나 바뀌지 않았고, 노트만이 세월이 감에 따라 점점 낡아 헐었다. 맨 앞줄에 앉아 있었던 나는 노트장이 펄럭이며 넘어갈 때마다 노란 먼지를 뒤집어써야만 했다.

그가 인간 진화에 관한 강의를 하지 않아도 된다는 사실은 하나의 축복이었다. 최근 몇 년 사이에 새롭고도 중요한 선행 인류 화석들이 꾸준히 빈번하게 발굴되어, 어떤 강의 노트라도 근본적으로 비이성적인 경제 표어 — 계획적인 노후화(planned obsolescence) 같은 — 로나 묘사해야 할 운명에 처하게 되었다. 매년 내 강의 중에 이 주제가 등장할 때마다 나는 지난해의 노트를 가장 가까운 자료 보관철에 쓸어 넣어 버린다. 그러고는 다시 새 노트를 준비한다.

1975년 10월 31일《뉴욕 타임스(The New York Times)》1면에는 다음과 같은 표제가 등장했다. "탄자니아에서 발견된 화석으로 375만 년 전 인류의 자취를 밝히다." 유명한 인류학자 가문의 그다지 알려지지 않았던 인물인 메리 더글러스 리키(Mary Douglas Leakey, 1913~1996년)가 인류학상 중대한 발견을 했다. 그녀는 각각 335만 년 전과 375만 년 전에 형성된 것으로 추정되는 화산재 지층 사이의 퇴적물에서 줄잡아 11개체의 턱과 이빨들을 찾아냈다(메리 리키는 오로지 루이스 리키의 미망인으로 묘사되지만 눈부신 명성을 떨치다가 작고한 남편보다 더 인상적인 업적을 자랑하는 저명한 과학자이다. 또한 그녀는 일반적으로 루이스 리키의 공적으로 되어 있는 유명한 화석 몇 개를 발견했는데, 그것들 중에는 그들 부부가 발견한 첫 번째 중요한 화석인 올두바이(Olduvai)의 '호두까기 인간(nutcracker man, 이와 턱이 발달되어 있어 이런 별명이 붙었다. — 옮긴이)', 즉 오스트랄로피테쿠스 보이세이(Australopithecus boisei)도 들어 있다.). 메리 리키는 그 화석 조각들을 우리와 같은 사람속(Homo) 원인(猿人)의 유골로 분류해서 남편 루이스 시모어 배젓 리키(Louis Seymour Bazett Leaky, 1903~1972년)가 처음 제안했던 동아프리카 인종 호모 하빌리스(Homo habilis)라고 추정했다.[2]

그래서 어떻다는 말인가? 1970년 하버드 대학교의 고생물학 교수 브레인 패터슨(Brain Patterson)은 한 동아프리카 원인의 턱을 550만 년 전의

---

[2] 나는 이 글을 1976년에 썼다. 앞서 경고한 것이 적중하여 메리 리키가 이 레톨라이(Laetolil)의 턱을 사람속으로 분류한 사실을 두고 몇몇 동료들이 반론을 제기해 왔다. 그들은 대안이 될 수 있는 가설을 제시하지는 않았고, 턱만으로는 확실한 결론을 내리기에 정보가 너무 부족하다는 주장을 했을 따름이다. 어쨌든 이 글의 일차적인 주장은 여전히 타당한데, 아프리카 화석에 근거한 우리의 지식에 비추어 볼 때 사람속의 기원은 오스트랄로피테쿠스만큼이나 오래되었을 가능성이 있다. 나아가서 우리는 아직 어느 사람과(hominid) 동물의 내부에서도 점진적인 변화가 있었다는 확고한 증거를 찾아내지 못했다.

것으로 추정했다. 사실 그는 그 턱 조각을 사람속이 아니라 오스트랄로피테쿠스속으로 돌렸다. 그런데 오스트랄로피테쿠스를 사람속의 직계 조상으로 생각하는 사람들이 많다. 분류학의 관례에 따르면 진화 계통의 각 단계마다 서로 다른 이름을 붙이게 되어 있지만, 그런 관례가 생물학적인 사실을 흐리게 해서는 안 된다. 가령 호모 하빌리스가 오스트랄로피테쿠스의 직계 후손이라면(그리고 그 두 종의 해부학적인 특징이 서로 거의 차이가 없다면), 가장 오래된 '인간(human)'은 억지로 사람속의 명칭을 붙인 가장 오래된 원인이 아니라 가장 오래된 오스트랄로피테쿠스일 가능성이 크다. 그렇다면, 가장 오래된 오스트랄로피테쿠스보다 150만 년이나 늦게 나타난 몇 개의 이빨과 턱을 놓고 법석을 떠는 이유가 무엇일까?

메리 리키의 발굴은 1970년대에 들어서 두 번째로 이뤄진 가장 중요한 발견이라고 나는 믿는다. 내가 흥분하는 까닭을 설명하기 위해서는 인류 고생물학의 배경을 어느 정도 밝혀야만 하겠다. 그것은 진화론에서 근본적이지만 거의 인정받지 못하는 한 쟁점에 관한 것이다. 바로 진화적인 변화의 은유로서 흔히 통용되는 '사다리론(ladders)'과 '관목론(灌木論, bushes)' 사이의 갈등이다. 나는 우리가 알고 있는 오스트랄로피테쿠스는 사람속의 조상이 아닐 수도 있다는 것과 어떤 경우에서건 사다리는 진화의 길이 아니라는 주장을 하고 싶다('사다리'는 조상으로부터 후손에 이르는 진화가 사다리처럼 연속적인 단계로 이루어졌다는 것을 나타내는 은유이다.). 메리 리키가 발견한 턱과 이빨은 우리가 알고 있는 가장 오래된 '인간'의 것이다.

사다리 은유는 지금까지 인간 진화를 둘러싼 대다수 사람들의 사고방식을 지배해 왔다. 우리는, 점진적이고 연속적인 변화를 통하여 어떤 유인원의 조상과 현대인을 이어 주는 하나의 발전적인 연결 끈을 추구해 왔다. '잃어버린 고리(missing link)'라는 말은 차라리 '잃어버린 가로대(missing rung)'라고 부르는 편이 타당할 것이다. 영국의 생물학자 존재커리 영(John Zachary Young)은 얼마 전에 자신의 저서 『인류 연구 입문(Introduction to the Study of Man)』(1971년)에서 다음과 같이 기술했다. "이종 교배가 가능했던, 다양성을 가진 어느 원인의 집단이 점진적으로 변화하여 마침내 우리가 호모 사피엔스로 인정하고 있는 상태에 도달했다."

얄궂게도 사다리 은유는 처음에는 아프리카 오스트랄로피테쿠스에 이르는 인간 진화의 과정에 아무런 도움이 되지 않는 것처럼 보였다. 오스트랄로피테쿠스 아프리카누스(Australopithecus africanus)는 완전한 직립 상태로 다녔지만 뇌의 용량은 인간에 비겨 3분의 1이 채 되지 않았다(22장을 볼 것.). 화석이 발견된 1920년대에는 대다수의 진화론자들이 모든 형질은 진화 계통에 따라 조화롭게 변화해야 한다고 굳게 믿었다. 소위 '조화로운 형질 변형(harmonious transformation of the type)'의 교조가 범람한 때였던 것이다. 그런 관점에서 본다면, 직립은 할 수 있지만 뇌가 작은 유인원은 일찍이 멸종할 운명을 타고난 변칙적인 곁가지를 대표하는 것에 불과하다(나는 진정한 중간적 존재는 반쯤 직립하고 뇌 용량이 절반인 유인원이었으리라고 추측하고 있다.). 하지만 1930년대에 이르러 현대 진화론이 발달하면서 오스트랄로피테쿠스를 반대하는 추세는 사라졌다. 진화의 연속 과정에서, 자연 선택은 적응 형질들에 독자적으로 작용하여 그것들을 각각 서로 다른 시간과 속도로 변화시킬 수 있다고 보는 견해가 득세하게 되었던 것이다. 이는 일련의 형질들이 완전히 바뀌는 동안에도 다른 형질들은 별로 변화하지 않을 수 있다는 의미이다. 고생물학자들은 형질들의 이런 잠재적 독자성을 '모자이크 진화(mosaic evolution)'라고 부른다.

모자이크 진화 이론에 힘입어 오스트랄로피테쿠스 아프리카누스는 직계 조상으로서의 드높은 지위를 확보하게 되었다. 정통 이론에 따라서 가로대 3개가 있는 사다리가 등장하게 된 것이다. 즉 오스트랄로피테쿠스 아프리카누스, 호모 에렉투스(Homo erectus, 자바 원인(Java man)과 베이징 원인(Peking man), 호모 사피엔스의 3단계가 그것이다.

그런데 1930년대에 작은 문제가 발생했다. 오스트랄로피테쿠스의 또 다른 종, 이른바 건장한(robust) 형태의 오스트랄로피테쿠스 로부스투스(*Australopithecus robustus*)가 발견된 것이다(그리고 1950년대 말에 메리 리키가 그보다 더 극단적인 '초건장형' 오스트랄로피테쿠스 보이세이를 찾아냈다.). 인류학자들은 오스트랄로피테쿠스의 두 종이 동시대에 살고 있었으며 그 사이에 적어도 또 하나의 곁가지가 있었음을 인정하지 않을 수 없게 되었다. 그렇지만 오스트랄로피테쿠스 아프리카누스가 가진 인류 조상으로서의 지위는 전혀 도전을 받지 않았다. 단지 두 번째이자 궁극적으로는 실패한 자손인 뇌가 작고 턱이 큰 건장형 계보를 받아들였을 따름이다.

그러다가 1964년에 루이스 리키와 동료들은 동아프리카에서 발견된 새로운 종에 호모 하빌리스라는 이름을 붙이면서 인간 진화를 근본적으로 재평가하기 시작했다. 그들은 호모 하빌리스가 오스트랄로피테쿠스의 두 계통과 같은 시대를 살았을 것이라 믿었다. 나아가서 그들은 그 이름이 암시하는 바와 같이 호모 하빌리스는 분명히 위에서 말한 두 계통 가운데 어느 쪽보다도 한층 더 인간에 가까울 것이라고 생각했다('*Home habilis*'는 라틴 어로 '솜씨 좋은 사람'을 뜻한다. 이들은 정확한 손놀림으로 도구를 사용했을 것이라 생각된다. ─ 옮긴이). 사다리론자들에게는 불길한 소식이었다. 세 가지 선행 인류가 공존하다니! 게다가 잠재적인 후손(호모 하빌리스)이 선조로 가정했던 두 원인들과 같은 시기에 살고 있지 않은가. 리키는 명백한 이단적 주장을 선포했던 것이다. 그의 주장에 따른다면 그 두 계통의 오스트랄로피테쿠스는 곁가지에 불과하여 호모 사피엔스의 진화에 직접적인 역할을 하지 못했다고 말할 수 있다.

그런데 리키가 정의했던 바로 그 호모 하빌리스는 다음과 같은 두 가지 이유로 인해서 논란의 대상이 되었다. 아직은 종래의 사다리 이론이 옹호될 수 있는 여지가 있었던 것이다.

 1. 그 화석들은 단편적이었고 서로 다른 장소와 서로 다른 시간대의 지층에서 발굴되었다. 적지 않은 인류학자들이 리키가 내린 호모 하빌리스의 정의는 그 어느 쪽도 새로운 종이 아닌 서로 다른 두 종을 혼합해서 나온 것에 불과하다고 주장했다. 비교적 오래된 일부 자료는 오스트랄로피테쿠스 아프리카누스의 것으로 간주하는 것이 적합하고, 시대적으로 좀 더 뒤에 나타난 화석들은 호모 에렉투스의 것으로 보아야 한다는 말이다.

 2. 화석들의 연대 측정이 불확실했다. 설령 호모 하빌리스가 한 종을 대표할 만한 근거가 있다고 해도 이미 밝혀진 오스트랄로피테쿠스의 대다수 또는 전부가 그보다 연대적으로 앞섰을 가능성이 있다. 정통 이론을 가로대 4개가 있는 사다리로 해석할 수도 있게 된 것이다. 오스트랄로피테쿠스, 호모 하빌리스, 호모 에렉투스, 호모 사피엔스의 순서가 그것이다.

 그러나 이렇게 확대된 사다리를 둘러싸고 새로이 합의가 이루어지기 시작할 즈음, 루이스 리키와 메리 리키 부부의 아들 리처드 어스킨 프레레 리키(Richard Erskine Frere Leakey)가 1972년에 대발견을 했다. 그는 뇌 용량이 800세제곱센티미터에 가까운 거의 완전한 형태의 두개골을 발굴했는데, 이는 1970년대를 통틀어서 가장 대단한 발견이라고 해도 손색이 없을 정도였다. 그런 두뇌 용량은 오스트랄로피테쿠스 아프리카누스의 그 어떤 표본과 비교해도 거의 2배나 되는 크기였다. 나아가서 그는 더욱 중요한 작업으로 그 두개골 주인의 생존 시기를 지금으로부터 200만 년 전에서 300만 년 전까지로 잡았고, 그중에서도 300만 년 전에 더 가까울 것이라는 견해를 밝혔다. — 다시 말하면 그 새로운 인류는 대다수의 오스트랄로피테쿠스보다 더 오래되었고 그중 가장 오래되었다는 550만 년 전의 것과도 그리 멀리 떨어지지 않았다. 호모 하빌리스가 루이스 리키의 상상력이 만들어 낸 괴물이 아니었음이 밝혀진 것이다(리처드 리키의 화석 표본은 흔히 박물관 입수 번호를 따서 KNM-ER 1470(Kenya National Museum-East Rudolf)으로만 조심스레 지칭되고 있다. 그러나 우리가 호모 하빌리스라는 명칭을 쓰든 말든, 그것은 분명히 우리와 같은 사람속에 포함되며 오스트랄로피테쿠스와 같은 시기에 살았던 것이 분명하다.).

이제 메리 리키는 호모 하빌리스의 생존 시기를 다시 100만 년 더 전으로 연장시켰다(지금의 많은 전문가들이 믿고 있듯이 KNM-ER 1470이 300만 년 전보다는 200만 전 년에 더 가깝다면, 호모 하빌리스는 아마도 200만 년 전에 더 가깝다고 할 수 있지 않을까 생각된다.). 호모 하빌리스는 이미 알려졌던 오스트랄로피테쿠스 아프리카누스의 직계 후손은 아니다. 실은 새로 발견된 하빌리스 화석은 거의 모든 오스트랄로피테쿠스 아프리카누스의 표본보다 더 오래되었다(그리고 메리 리키의 호모 하빌리스보다 더 오래된 모든 단편적인 표본들은 분류학상의 위치가 의심스럽다.). 우리가 알고 있는 화석들을 근거로 생각해 볼 때, 사람속은 오스트랄로피테쿠스 못지않게 오래되었다(그렇다면 사람속은, 아직 발견되지 않았지만 그보다 더 오래된 오스트랄로피테쿠스에서 진화했다고 주장할 수도 있다. 하지만 그와 같은 주장을 뒷받침할 증거가 없으므로 마찬가지 논거로, 오스트랄로피테쿠스가 알려지지 않은 사람속으로부터 진화했다는 추측도 가능하다고 나는 생각한다.).

시카고의 인류학자 찰스 옥스너드(Charles Oxnard)는 다른 관점에 근거하여 오스트랄로피테쿠스에 또 한번 타격을 가했다. 그는 엄격한 다변수 분석(multivariate analysis, 다수의 측정치를 동시에 검토하는 통계학적 기법)을 활용하여 오스트랄로피테쿠스, 현대의 영장목(거대 유인원과 일부 원숭이들), 그리고 인간을 대상으로 어깨와 골반, 발 등의 구조를 조사했다. 비록 적지 않은 인류학자들이 그와 의견을 달리하지만, 그는 오스트랄로피테쿠스는 유인원이나 인간과 '뚜렷한 차이'가 있다는 결론을 내리고 "비교적 뇌가 작고 이상하리만치 독특한 이 오스트랄로피테쿠스의 여러 구성원들을 인간과의 직접적인 계통에서 제외시켜 하나 또는 그 이상의 평행으로 난 곁가지로 묶어야 한다."고 주장했다.

서로 연관이 없는 것이 분명한 사람과의 3계통(오스트랄로피테쿠스 아프리카누스, 오스트랄로피테쿠스 로부스투스, 그리고 호모 하빌리스)이 공존했음을 인정한다면 우리의 사다리는 어떻게 되는가? 더구나 그 셋 가운데 어느 하나도 지구상에서 생존해 있는 동안 이렇다 할 만한 진화 성향을 보여 주지 않았다. 그들은 오늘날에 가까워지면서 뇌가 더 커졌다거나 몸이 직립형에 더 가깝게 변했다든가 하지 않았다는 말이다.

이 단계에 이르면, 내게 홍수처럼 편지를 쏟아붓고 있는 창조론자들이 무슨 생각을 하고 있을지 충분히 알고 있는 까닭에 몸이 움츠러든다는 사실을 고백하지 않을 수 없다. "그렇다면 굴드 당신은 초기 아프리카 원인과 현대인 사이에서 진화의 사다리를 찾아낼 수 없다고 인정하는 게 아니오? 종은 나타나서 나중에 사라지지만 조상 대대로 그 모양이 조금도 달라지지 않는다는 것이니까 말이오. 그런 주장이 내게는 특수 창조 이론으로 들리는구먼."(그렇다면 하느님이 왜 그토록 많은 사람과의 동물들을 만드는 것이 적합하다고 생각했으며 상대적으로 후기에 만들어 낸 작품, 특히 호모 에렉투스가 그에 앞선 모델들보다 한층 더 현대인에 가깝게 보이는 이유가 정녕 무엇인지 물을 법도 하겠다.) 나는 그런 곡해가 우리 대다수가 갖고 있는, 진화 자체가 아니라 진화 작용에 대한 그릇된 청사진 — 바꿔 말하면 진화 사다리론 — 에서 비롯된 것이라고 믿는다. 따라서 이제부터는 관목론으로 화제를 돌리지 않을 수 없다.

나는 화석 기록에서 '갑작스럽게' 종이 출현한다는 점과 그 속에서 연속적인 진화 과정을 찾아내지 못하고 있다는 바로 그 사실이, 우리가 이해한 대로 진화론을 올바르게 예측한 것이라 주장하고자 한다. 나는 일반적으로 진화는 '종 분화(speciation)' — 하나의 원줄기로부터 곁가지가 갈라져 나가는 — 를 통해서 진행되는 것이지 조상들의 느리고도 지속적인 변형을 통해 새로운 종이 나타나는 것은 아니라고 믿는다. 종 분화가 반복되면서 관목 형태가 만들어진다. 진화의 '연속'은 사다리의 가로대가 아닌, 재구성하자면 마치 밑동으로부터 우리가 현재 위치하는 꼭대기에 이르기까지 수많은 우회적인 통로와 미로가 얽히고설켜 있는, 그러한 관목의 모습인 것이다.

종 분화는 어떻게 이루어지는가? 이것은 진화론에서 끊임없이 다루어지는 뜨거운 논쟁거리로, 대다수 생물학자들은 '이소성 이론(allopatric theory)'에 기우는 경향이 있다(이 논쟁은 과연 다른 양식을 받아들일 수 있느냐에 그 초점을 맞추고 있다. 하지만 거의 모든 사람들이 이소성 종 분화(allopatric speciation)가 제일 흔한 양식이라는 데 의견을 같이하고 있다.). '이소(異所)'는 '다른 장소'라는 뜻이다. 에른스트 마이어가 대중화한 이소성 이론에 따르면, 새로운 종은 그들의 모집단으로부터 격리되어 조상 영역의 주변에 위치하는 지극히 작은 개체군에서 나타난다. 그처럼 소규모 고립 개체군에서의 종 분화는 진화의 기준에 따르면 아주 빨리 진행된다. 지질학적으로는 100만분의 1초라고 할 수 있을 몇백 년 또는 몇천 년의 기간이 소요될 뿐이다.

중대한 진화는 그처럼 작고 고립된 개체군에서 나타날 가능성이 크다. 유리한 유전적 변이는 재빨리 그들 속으로 퍼져 들어갈 수 있다. 더구나 자연 선택은 종들이 간신히 발판을 유지하고 있는 지리적인 경계 영역에 집중되는 경향이 있다. 그와는 반대로 중앙에 자리 잡은 대규모 개체군에서는 유리한 변이가 아주 느리게 퍼져 나가고 대부분의 변화는 잘 적응하고 있는 개체군으로부터 집요한 저항을 받는다. 천천히 바

뛰는 환경에 적응하기 위해서 자질구레한 변화들이 끊임없이 일어나지만, 중대한 유전적 재편성은 거의 예외 없이 새로운 종을 형성하게 될 주변의 고립된 작은 개체군에서 일어나게 마련이다.

진화가 거의 매번, 중앙에 있는 대규모 개체군에서 일어나는 느린 변화보다 오히려 주변부의 고립된 작은 개체군에서 일어나는 급속한 종 분화를 통해서 이루어진다면, 화석 기록은 어떤 형태를 보여 주어야 할까? 화석 기록에서 종 분화 현상 그 자체를 탐지할 수 있는 가능성은 거의 없어 보인다. 그것은 주류 조상들의 영역에서 멀리 떨어진 지극히 작고 고립된 집단에서 나타나며 그것도 순간적으로 진행된다. 그렇게 탄생한 새로운 생물 종은 기존 조상들의 영역을 다시 침범해서 독자적으로 중앙의 대규모 개체군이 되었을 때에야 비로소 우리와 만나게 된다. 그것들이 화석 기록으로 남겨지는 대부분의 기간 동안에는 중대한 변화가 일어날 것을 기대할 수 없다. 화석 기록으로는 단지 새로운 종으로서 성공을 거둔 중앙 집단만을 확인할 수 있는 것이다. 주변부 고립 집단의 일부가 진화의 관목에서 새로운 가지로서 종 분화를 이룩했을 때, 비로소 그들은 생물 변화의 과정에 참여한다. 하지만 새로운 종 자체는 화석 기록에서 어느 날 '갑자기' 출현하고 거의 아무런 특별한 변화가 없는 상태를 유지하다가 이후 똑같이 빠른 속도로 멸종된다.

아프리카 원인들의 화석은 이런 우리의 기대를 완전히 충족시킨다. 우리는 인류의 관목에 대략 3개의 가지들이 공존하고 있음을 알고 있다. 20세기가 끝나기 전에 그보다 두 배나 많은 가지들이 발견된다고 해도 나는 놀라지 않겠다. 그 가지들은 기록된 역사의 기간 중에는 변화하지 않았으며 우리의 진화에 대한 이해가 옳다면 그래서도 안 된다. 왜냐하면 진화는 새로운 가지들을 생산하는 종 분화의 급속한 진행을 핵심으로 하고 있기 때문이다.

호모 사피엔스인 우리는, 기초로부터 시작해 고상한 정점에 이르는 진화의 사다리에서 미리 예정된 최종적인 걸작품이 결코 아니다. 단지 무수하게 가지치기를 해 온 진화의 관목에서 제대로 자라는 데 성공한 곁가지 하나에 불과한 것이다.

7장
유형 성숙설과 반복설

스페인의 탐험가 폰세 데 레온(Ponce de Leon, 1460~1521년)은 젊음의 샘을 찾아 헤매다가 플로리다 주를 발견했다. 옛날 중국의 연금술사들은 불사약을 얻고자 황금의 불변성으로 육신을 썩지 않게 하는 방법을 연구했다. 지금도 파우스트처럼 영생을 대가로 악마와 협약을 맺을 사람들이 얼마나 많을까?

그러나 문학은 또 영생으로 야기될 수 있는 잠재적인 문제들을 말해 주고 있기도 하다. 윌리엄 워즈워스(William Wordsworth, 1770~1850년)는 그의 유명한 송가에서 "풀 속의 광채, 꽃 속의 영광"을 찬미하던 어린 시절의 찬란한 시각은 일생에 두 번 다시 되찾을 수 없다고 했다. 하지만 그는 우리에게 "슬퍼하지 말고, 차라리 남아 있는 것에서 힘을 찾으라."라고 충고했다. 올더스 헉슬리(Aldous Huxley, 1894~1963년)는 한때 영생의 혼란스러운 축복을 그리는 것으로 『수많은 여름을 보내고 백조는 죽다 (After Many a Summer Dies the Swan)』(1938년)라는 제목의 소설 한 권을 다 채웠다. 줄거리는 다음과 같다. 조 스토이트(Jo Stoyte)는 미국의 백만장자만이 보여 줄 수 있는 완벽한 오만함에 사로잡혀 영생을 사들이는 일에 착수한다. 스토이트는 과학자 오비스포 박사를 고용하는데, 그는 마침내 고니스터의 제5대 백작이 날마다 잉어 내장을 먹으면서 200살이 훨씬 넘도록 살고 있다는 사실을 알아낸다. 그리하여 그들은 잉글랜드로 달려가 호위대가 지키고 있는 백작의 저택을 부수고 들어간다. 백작과 그의 연인은 커다란 원숭이로 변신해 있었다. 그것을 보고 스토이트는 겁에 질리지만 오비스포는 깊은 흥미를 느낀다. 인간 기원을 둘러싼 몸서리쳐지는 진실이 여기에서 밝혀진다. 우리는 우리 조상들의 젊은 시절의 모습을 그대로 유지함으로써 진화에 성공할 수 있었던 것이다. 이 과정을 전문 용어로는 '유형 성숙(幼形成熟, neoteny)'이라고 하는데, 그 뜻은 '젊음을 유지함'이다.

"성숙할 수 있는 시간을 가졌던 유인원의 태아라, 그것 참 멋진데!" 오비스포 박사는 간신히 이렇게 말하고는 다시 웃어 젖혔다……. 스토이트는 그의 어깨를 움켜쥐고 맹렬히 흔들어 댔다……. "저들에게 무슨 일이 일어난 것이오?" 오비스포 박사가 유쾌하게 대꾸했다. "단지 시간의 문제지요." …… 유인원의 태아는 성숙해 갈 수 있었다……. 제5대 백작은 앉은 자리에서 미동도 하지 않은 채 방바닥에다 소변을 보았다.

올더스 헉슬리는 1920년대에 네덜란드의 해부학자 루이스 볼크(Louis Bolk, 1866~1930년)가 제안했던 '태아화 이론(fetalization theory)'에서 소설의 테마를 얻었다(어쩌면 그 이전부터 양서류의 변태 지연(delay)에 관해 중요한 연구를 하고 있던 그의 형 줄리언 헉슬리가 그 이론을 올더스에게 소개했을 가능성도 있다.). 볼크는 인간의 여러 특징들과 다른 영장류 또는 포유류 전반의 유년 단계 — 성년 단계는 아니다. — 의 특징들 사이에 공통되는 점이 놀랄 만큼 많다는 사실을 바탕으로 구상을 펼쳤다. 20가지가 넘는 중요한 형질들을 열거하고 있는 그의 공통점 목록에는 다음과 같은 항목들이 들어 있다.

1. 인간의 둥그스름한 전구(電球) 모양의 두개골 — 다른 영장류의 것보다 큰 두뇌를 담고 있다. 유인원과 원숭이의 태아는 인간과 비슷한 두개골을 하고 있지만, 신체의 다른 부위보다는 뇌가 훨씬 느리게 성장한다(22장과 23장을 볼 것). 그 결과 그들의 두개(頭蓋)는 성년기에 이르면 발달이 덜 되어 있고 상대적으로 더 작아진다. 인간의 두뇌는 태아기의 급속한 성장률을 그대로 유지함으로써 지금과 같이 커진 것이 아닌가 생각된다.

2. 인간의 '어려 보이는' 얼굴 모습 — 곧은 옆얼굴, 작은 턱과 이, 튀어나오지 않은 눈 바로 위의 뼈. 유년기 유인원의 턱은 인간과 마찬가지로 작지만 두개골의 다른 부위보다 상대적으로 빨리 자라서 성년기에 이르면 주둥이가 툭 튀어나오게 된다.

3. 대후두공(大後頭孔, foramen magnum)의 위치 — 척수가 뻗어 나오는 두개골 바닥의 구멍. 대다수 포유류의 배(胚)에서와 마찬가지로 인간의 대후두공도 두개골 밑에서 아래쪽을 가리키고 있다. 인간의 두개골은 척추 위에 얹혀 있으며 직립한 상태에서 앞을 보게 된다. 다른 포유류는 대후두공이 배 발생 단계의 위치에서 점차 두개골 뒤쪽으로 옮아가 후방으로 열리게 된다. 네발짐승은 이때부터 머리가 척추 앞에 놓이고 눈이 앞을 향하는 까닭에 이러한 위치가 적합하다. 인간의 표상으로 제일

많이 언급되는 세 가지 형태학적 특징은 큰 뇌와 작은 턱, 직립의 자세이다. 이러한 특징들이 진화되는 데에는 유년기의 모습을 성년이 되어서도 그대로 유지한다는 사실이 중요한 역할을 했을 것이다.

4. 두개골이 늦게 닫히는 것과 골격 경화가 지연되는 것으로 인한 그 밖의 징후들. 갓난아이의 정수리에는 커다란 '숫구멍(soft spot)'이 있는데 이것은 자라면서 점차 막히지만 완전히 닫히는 것은 성년기에 이르러서도 한참이 지나서이다. 따라서 인간의 뇌는 출생 이후에도 계속 커질 수 있다(대다수의 포유류는 뇌가 거의 완성된 상태로 태어나고 두개골은 완전히 굳어 있다.). 어느 유명한 영장류 해부학자는 다음과 같이 말한 바 있다. "인간은 비록 자궁 안에서는 다른 어떤 영장류보다 크게 자라지만 출생 당시의 골격 성숙도에 있어서만큼은 어떤 원숭이나 유인원보다 발달이 늦다." 오직 인간만이 태어날 때 장골(長骨)들의 끝과 손가락 및 발가락 끝이 연골로 되어 있다.

5. 여성 생식기에서의 질의 하향. 우리 인간은 인체 구조가 그러하기 때문에 얼굴을 맞대고 성행위를 하는 것이 가장 편안하다. 하지만 다른 모든 포유류들은 배(胚)에서는 앞을 향하고 있던 질이 성년기에 이르면 뒤쪽으로 자리를 잡게 되어 수컷들이 뒤쪽에서 올라타는 형태로 교미를 한다.

6. 강하지만 돌아가지 않으며 마주 볼 수 없는 인간의 엄지발가락. 대다수 영장류의 엄지발가락은 처음에는 인간의 경우와 마찬가지로 옆으로 가지런히 놓여 있지만 나중에는 옆으로 돌아가서 물건을 쉽게 움켜잡을 수 있도록 다른 발가락들과 마주 보게 된다. 인간은 걸을 수 있는 좀 더 힘센 발을 발달시키기 위해서 유년기의 형질을 그대로 유지했는데, 그 결과 직립 자세가 강화되었다.

볼크의 목록은 인상적이지만(앞의 것은 그 목록의 일부분에 지나지 않는다.) 그는 자신의 발견을 더 이상 특정한 이론으로 발전시키지 못했으며 다만 올더스 헉슬리가 반파우스트적인 은유를 담은 소설을 쓰는 데에 자극을 주었을 따름이다. 볼크는, 인간의 진화는 전반적으로 신체의 성장이 지연되도록 호르몬 균형이 변화함으로써 가능해진 것이라는 이론을 제시했다. 그는 다음과 같이 기록했다.

어느 정도 강력한 언어로 내 이론의 기본 원리를 표현하고자 한다면, 신체 발달의 관점에서 본 인간은 이미 성적(性的)으로 성숙한 영장류의 태아라고 말할 수 있다.

여기서 다시 올더스 헉슬리의 글을 인용해 보자.

본래는 호르몬적 균형이 존재하였다……. 그러다가 돌연변이가 일어나서 그 균형이 허물어졌다. 그 후 다시 새로운 호르몬 균형이 이루어지면서 신체의 성숙 숙도가 느려지게 되었다. 인간은 성장하지만 그 성숙 속도가 대단히 느려서, 어른이 된 뒤에도 그 상태는 아득한 옛날 인간 조상의 태아에 불과한 그런 존재가 되었다.

볼크는 그런 지적이 어떤 의미를 담고 있는지 분명히 인식했음에도 그리 위축되지 않았다. 인간의 뚜렷한 특징이 한결같이 신체 발달을 억제하는 호르몬 제동에서 기인하는 것이라면 그런 제동은 쉽게 풀릴 수도 있다. 볼크는 그의 글에서 이렇게 지적한다. "우리는 유인원의 속성이라고 부를 수 있는 여러 가지 특징들이 우리 내부에 잠재해 있다는 것을 알고 있다. 그것들은 성장을 지연시키는 힘이 수그러들어 다시 활동을 재개할 날만을 기다리고 있다."

창조의 왕관을 차지하기에는 이 얼마나 빈약한 존재인가! 인간은 호르몬으로 조절되는 발달 과정에 화학적 제동이 걸림으로 해서 신의 불꽃을 거머쥐게 된, 성숙을 멈춘 유인원에 불과한 것이다.

볼크의 논리는 한번도 대단한 지지를 받지 못했지만 1930년대에 이르러 현대적인 다윈주의가 자리를 잡으면서 터무니없이 커지기 시작했다. 단순한 호르몬 변화가 어떻게 그처럼 복잡한 형태학적 반응을 보일 수 있단 말인가? 인간의 모든 형질이 다 성장 지연 현상을 나타내는 것은 아니며(긴 다리가 그런 예가 된다.) 또 그렇게 성장 지연되는 형질들이라 하더라도 지연의 정도는 각각 다르다. 신체 기관들은 각기 다른 적응의 요구에 반응하여 서로 독립적으로 진화하는데, 우리는 그런 개념을 모자이크 진화라 부른다. 불행히도 볼크의 뛰어난 관찰은 공상적인 아이디어에 쏟아진 정당한 비판들의 공세 속에서 사장되어 버렸다. 그 결과 요즘에는 인간 유형 성숙설이 인류학 교과서에서 한두 문단을 차지하는 것에 그칠 정도로 소홀히 취급되는 것이 보통이다. 하지만 그럼에도 불구하고 그 이론은 기본적으로 정당하다는 것이 나의 신념이다. 다시 말하면, 비록 그것이 인간 진화를 설명하는 데에 있어서 매우 중대한 주제는 아닐지라도 본질적인 주제 중 하나인 것만은 분명하다는 말이다. 그러면 볼크 자신의 이론과는 상관없이, 과연 어떻게 해야 그의 관찰 내용들을 다시 설명할 수 있을까?

만약 유형 성숙 형질들의 목록에 바탕을 두고 논의를 전개하고자 한다면 우리는 별로 얻을 것이 없을지도 모른다. 모자이크 진화 개념에 따른다면 인체 내 기관들은 변화하는 선택적인 압력에 직면하여 서로 다른 방식으로 진화한다. 따라서 유형 성숙설 지지자들은 자신들에게 유리한 형질들만을 열거할 것이며 또한 반대론자들 역시 그러할 것이기 때문에 금방 교착 상태에 빠질 것이 분명하다. 어느 형질이 '더 근원적' 이라고 누가 판정할 것인가? 예를 들어 한 유형 성숙설 지지자가 최근에 다음과 같은 글을 썼다. "대다수의 동물들에 있어서 어떤 형질은 성장이 지연되고 또 어떤 형질은 가속화된다……. 전체적으로 계산해 본다면, 다른 영장류들과 비교할 때 인간은 성장이 가속화된다기보다 지연되는 현상에서 훨씬 앞서고 있다." 하지만 어느 반대론자는 이렇게 선언하기도 했다. "유형 성숙적 형질들은…… 주요한 비유형 성숙적 형질들에 부수되는 산물에 불과하다." 유형 성숙을 인류 진화의 기본적인 요소로 정당화하고자 한다면, 발달 지연을 보이는 형질들을 인상적으로 열거한 목록 그 이상의 무언가가 필요하다. 그것은 인간 진화에 작용하는 메커니즘의 예상되는 결과물로서 반드시 인정받아야 한다.

유형 성숙설은 원래 19세기 말엽 생물학계를 지배한 반복설(theory of recapitulation)에 대항하는 한 방편으로서 명성을 얻었다. 반복설에 따르면 동물들은 배 발생 및 출생 후 발달 과정에서 조상의 성년 단계를 되풀이한다. 우리 모두는 고등학교 생물 시간에 "개체 발생은 계통 발생을 반복한다(ontogeny recapitulates phylogeny)."는 신비로운 표현으로 그것을 배웠다(반복론자들은 인간 태아에 있는 아가미 구멍이 인간 조상이 물고기의 성체였음을 말해 준다고 주장했다.). 만약 반복설이 일반적으로 옳다고 한다면 ─ 실제로는 아니지만 ─ 여러 형질들이 진화 과정에서 가속화되지 않으면 안 되었을 것이다. 왜냐하면 그처럼 발달이 가속화되어야만 조상들의 성년기 형질들이 후손들의 유년 단계에서 재현될 수 있을 것이기 때문이다. 그러나 우리 조상들의 유년기 형질들은 후손들의 성년 단계에서 출현하도록 늦춰진 것이기 때문에 유형 성숙적 특징들은 지연(retarded)된 것이라고 말할 수 있다. 따라서 가속화된 성장 발달과 반복, 그리고 지연된 성장 발달과 유형 성숙, 이 양자 사이에는 일반적인 대응성이 발견된다. 만약 우리가 인류의 진화에서 발달의 일반적 지연 현상을 증명할 수만 있다면, 주요한 형질들에서 나타나는 유형 성숙적 특징들은 단지 경험적으로 작성된 목록이 아니라 예기되는 일이 될 것이다.

나는 신체 발달의 지연 현상이 인류 진화에서 기본적인 사건이었다는 점을 부정할 수는 없을 것이라 생각한다. 무엇보다도 먼저, 영장류는 일반적으로 다른 대부분의 포유동물에 비해서 성장 발육이 늦다. 그들은 비슷한 크기의 다른 포유류들에 비해 수명이 더 길고 성숙이 더 완만히 진행된다. 이러한 경향은 영장류의 진화 과정에서 오래도록 지속되어 왔다. 유인원들은 원숭이나 원원류보다 일반적으로 몸집이 더 크고 더 천천히 성숙하며, 더 오래 산다. 우리 인간의 삶의 과정과 속도는 훨씬 더 극적으로 지연된다. 인간의 임신 기간은 유인원보다 약간 더 길 따름이지만 인간의 아기는 훨씬 더 무거운 채로 태어난다. 그것은 아마도 태반 내에서의 성숙 속도가 더 빠르기 때문일 것이다. 나는 인간의 골화(骨化) 속도가 매우 느리다는 점을 이미 지적한 바 있다. 사람의 이(齒)는 상당한 기간이 지나서야 자라기 시작하며, 우리는 늦게 성인이 되고 훨씬 더 긴 수명을 누린다. 인체 조직의 많은 부분들이 다른 유인원들의 기관이 성장을 중지한 이후에도 계속 성장을 진행한다. 레서스원숭이 (rhesus monkey, *Macaca mulatta*)는 출생 시 두뇌의 무게가 성장 후 두뇌 무게의 65퍼센트에 이른다. 그런데 침팬지는 그 비율이 40.5퍼센트이고 인간은 단지 23퍼센트에 불과하다. 침팬지와 고릴라는 생후 1년이 되면 두뇌의 무게가 성장 후 무게의 70퍼센트나 되는 데에 비해 인간은 생후 3년째에 접어들어서야 그 비율에 가까워진다. 아동 발달과 관련하여 탁월한 전문가인 윌턴 크로그만(Wilton Krogman, 1903~1987년)은 다음과 같이 기록했다. "인간은 가장 긴 유아기, 아동기, 청소년기를 갖는 동물 종이다. 다시 말하면 인간은 유형 성숙 종 또는 늦게까지 자라는 동물이다.

전체 삶의 거의 30퍼센트가 발달에 온통 바쳐진다."

그렇지만 발달이 완만하다는 것이 곧 성인이 되어서도 어릴 적의 형질을 그대로 간직한다는 뜻은 아니다. 다만 유형 성숙과 발달 지연이 일반적으로 서로 관련되어 있기 때문에, 발달 지연은 후손들의 성인기 생활 양식에 적합한 유년기적 특질들을 쉽게 억류하는 메커니즘을 제공한다. 사실 유년기적 특징들은 후손들을 위한 잠재적인 적응력의 창고이다. 만약 시간적인 측면에서 발달이 강하게 억제된다면 그런 특징들은 쉽게 활용될 수 있다. 구체적인 예로 앞서 논의한 바 있는 서로 마주할 수 없는 엄지발가락과 영장류 태아의 작은 얼굴을 들 수 있겠다. 우리의 경우에는 유년기 특징들의 '효용 가능성'이, 인간에게 고유한 수많은 적응으로 가는 길을 조절했을 것이 분명하다.

그러면 신체 발달의 지연이 적응의 관점에서는 어떤 의미를 가질 수 있을까? 이 질문에 대한 답은 필시 우리의 사회적 진화에서 찾아볼 수 있을 것이다. 인간은 대단히 탁월한, 학습하는 동물이다. 인간은 뛰어나게 힘이 세거나 빠르거나 신체가 잘 발달된 동물이 아니다. 또 빠르게 번식하지도 않는다. 인간의 장점은 두뇌에서 찾을 수 있는데 우리 뇌는 경험을 통해서 배울 수 있는 놀라운 능력을 지니고 있다. 학습 수준을 높이기 위해서 인간은, 독립하고자 하는 청년기의 열망을 동반한 성적 성숙을 늦추는 것으로 유년기를 연장시켰다. 어린이들은 부모에게 매여 있는 기간을 연장해서 학습 기간을 충분히 가지며 아울러 가족의 유대를 강화한다.

이러한 논리는 오래된 것이지만 사실 합당한 것이기도 하다. 존 로크(John Locke, 1632~1704년)는 인간의 긴 유아기가 부모를 오래도록 함께하게 만드는 구실을 한다며 다음과 같이 찬양했다(1689년). "그러므로 위대한 창조자의 지혜를 어찌 찬양하지 않을 수 있을 것인가……. 그는 남편과

아내의 결합이 다른 피조물들 수컷과 암컷의 그것보다 오래 계속될 수 있도록 예비하였다. 그리하여 부부는 자녀들을 위해서 양식과 다른 물질들을 함께 준비할 수 있는 것이리라." 하지만 알렉산더 포프(Alexander Pope, 1688~1744년)는 그보다 더 멋지게 2행 연구(二行聯句)의 운문으로 그 뜻을 전달했다(1735년).

길짐승과 날짐승도 제 자식을 돌본다.
어미는 먹여 키우고 아비는 지키어 준다.
떠나보낸 어린것들이 땅과 하늘을 헤매면,
보호 본능은 거기에서 멈추고 보살핌은 끝난다.
사람의 나약한 자식들은 그보다 더 오랜 보살핌을 구하고,
그 오랜 보살핌이 보다 영속적인 유대를 이룬다.

8장

일찍 태어나는 인간 아기

나의 젊은 시절을 온통 사로잡았던 뉴욕 양키스 팀의 야구 경기를 인기 절정의 스포츠 캐스터 멜 앨런(Mel Allen)이 중계한 적이 있었다.[3] 그런데 그가 어떻게나 열성적으로 광고를 붙인 후원 업체들을 선전했던지 끝내 내 비위를 건드리고 말았다. 그가 홈런을 가리켜 '밸런타인 타격(Ballantine blast)'이라고 했을 때까지만 해도 나는 참을 수 있었지만, 어느

---

3) 나는 머리말에서 약속한, 이 책에서 언급하는 내용은 모두 이 글의 원전인 《자연사》에 실렸던 내 월간 칼럼에 국한하겠다는 말을 어기게 되었다. 젊은 시절에 아버지 다음으로 가장 순수하게 내 마음을 끌었던 사람에게 이 자리가 아니고선 어느 기회에 감사와 경의를 표할 수 있겠는가. 멜 앨런과 양키스 팀이 내게 주었던 기쁨은 이루 다 말할 수 없이 크다(나는 지금도 디마지오가 친 파울 볼을 하나 가지고 있다.).

날 오후 조 디마지오(Joe DiMaggio, 1914~1999년)가 왼쪽 파울 선을 1인치가량 벗어난 파울 볼을 친 것에 대해 앨런이 "화이트 오울(White Owl) 담뱃재만큼의 차이로 빗나간 파울 볼이었습니다."라고 고함을 질렀을 때에는 더 이상 참을 수가 없었다(여기서 밸런타인과 화이트 오울은 각각 위스키와 시가의 상품명이다. ─ 옮긴이). 내가 《자연사》를 즐겨 읽으며 때로는 그 기사에서 글 쓸 아이디어를 얻는 경우가 종종 있다는 사실을 고백해도 부디 독자 여러분이 그와 비슷한 불쾌감을 느끼는 일은 없기를 바란다.

1975년 11월 호 《자연사》에 내 친구 밥 마틴(Bob Martin)이 영장류의 번식 전략에 관한 글을 한 편 실었다. 그는 내가 아주 좋아하는 과학자 중 한 사람인 개성 강한 스위스 인 동물학자 아돌프 포르트만(Adolf Portmann, 1897~1982년)의 연구 성과에 초점을 맞췄다. 포르트만은 방대한 조사를 통해서 포유류의 번식 전략이 지니는 두 가지 기본적인 유형을 밝혀냈다. 우리가 보통 '원시적(primitive)'이라는 관형사를 붙여 부르는 일부 포유류는 임신 기간이 짧고, 성숙 상태가 빈약한 많은 수의(작고 털이 없으며 나약하고 눈과 귀가 열리지 않은) 새끼들을 낳는다. 그들은 수명이 짧고 (체격에 비해서) 뇌가 작으며, 사회적 행동 양식을 잘 발달시키지 못했다. 포르트만은 이러한 유형을 가리켜 '만성(晚成, altricial)'형이라고 불렀다. 그와는 달리 대다수의 '고등(advanced)' 포유류는 임신 기간이 길고 수명도 길며, 뇌가 크고 사회적 행동 양식이 복잡하고, 분만과 동시에 최소한 부분적이나마 자기 방어를 할 수 있을 만큼 발달된 소수의 새끼를 낳는다. 이러한 형질들은 조성(早成, precocial)형 포유류의 표상이다. 진화를 언제나 보다 높은 수준의 두뇌 발달 단계로 이행해 가는 과정이라고 생각하는 포르트만의 시각에 따르면 만성형은 원시적인 것으로, 뇌가 확대되면서 진화하는 조성형 고등 포유류의 준비 단계에 불과하다. 그러나 영어 사용권의 대다수 진화론자들은 이러한 해석을 거부하면서 서로 다른 생활 양식 때문에 생기는 당면한 요구에 그와 같은 기본 유형을 연결 지으려 한다(나는 진화를 '진보'와 동일시하는 것에 반대한다는 나 자신의 관점을 피력하는 데 이 에세이들을 자주 활용하고 있다.). 마틴의 주장을 빌리면 만성형 패턴은 변동이 심하고 불안정한 환경과 관계가 있는 듯하다. 그런 환경 속에서는 가능한 한 많은 자손을 낳는 것이 가장 현명하고, 그럴 경우 적어도 새끼 중 일부는 가혹하고도 불확실한 자연 조건을 이겨 낼 수 있다. 한편 조성형은 안정된 열대 환경에 더 잘 어울린다. 그곳에서는 생존에 필요한 자원이 항상 존재하기 때문에 동물들이 소수의 잘 발달된 자손에게 자신들이 지니는 한정된 에너지를 투자할 수 있다.

그 설명이야 어떻든 영장류야말로 조성형 포유류의 전형이라는 사실은 아무도 부인하지 못할 것이다. 체격에 비해서 뇌가 가장 크고, 임신 기간과 수명도 포유류 중에서 가장 길다. 대부분의 경우 한 배에서 태어나는 새끼의 수는 절대적 최소한도인 하나로 줄어들었다. 새끼들은 태어날 때 이미 충분히 발달되어 있으며 제반 능력을 지니고 있다. 그러나 비록 마틴이 지적하고 있지는 않지만 너무나 분명하고도 곤혹스러운 예외가 존재하는데, 바로 인간이 그러하다. 인간은 긴 수명, 큰 뇌, 한 배에 적은 수의 새끼를 낳는 점 등 조성형 형질 중 대부분을 사촌뻘인 다른 영장류들과 공유하고 있다. 하지만 인간의 아기는 만성형 포유류의 새끼들과 마찬가지로 아주 약하고 제대로 발달되어 있지 않은 상태로 태어난다. 실은 포르트만도 인간의 젖먹이를 '제2차적인 만성형'이라고 불렀다. 여러 형질들(특히 뇌)에 있어서 모든 종들 가운데서도 가장 조숙한 이 동물이, 어떻게 해서 영장류의 조상들보다 훨씬 덜 발달되고 연약한 아기를 진화시키게 되었을까?

나는 이 질문에 대하여 대부분의 독자들이 아주 터무니없다고 생각할지도 모를 대답을 하려고 한다. 인간의 아기는 배아(胚芽, embryo) 상태로 분만되고 처음 9개월가량은 그 상태를 유지한다. 만약 임산부가 약 1년 6개월의 임신 기간을 가진 후 '제때'에 출산을 한다면 인간 아기들도 다른 조성형 영장류들과 거의 유사한 일반적인 특징들을 갖추게 될 것이다. 이런 점은 일찍이 1940년대에 포트르만이 발표했던 일련의 독일어 논문들에서 주장되었지만 어찌된 영문인지 미국에는 그 핵심이 거의 알려지지 않았다. 애슐리 몬터규(Ashley Montagu, 1905~1999년)는 1961년 10월《미국 의학 협회지(Journal of the Ameriean Medical Association)》에 발표한 논문에서 독자적으로 같은 결론에 도달한 바 있다. 옥스퍼드 대학교의 심리학 교수인 리처드 패싱햄(Richard Passingham)은 1975년 말에 이 분야의 전문 잡지《뇌, 행동과 진화(Brain, Behavior and Evolution)》에 유사한 논문을 발표해서 이 이론의 선봉이 되었다. 나 역시 그런 논리가 기본적으로 옳다고 생각하는 소수의 사람들과 운명을 같이하기로 작정했다.

위의 주장이 영락없는 헛소리라는 선입관은 인간의 임신 기간이 상당히 길다는 관찰에서 비롯된다. 고릴라와 침팬지가 그리 뒤떨어지는 것은 아니지만 그래도 인간의 임신 기간은 여전히 모든 영장류들 가운데서 가장 길다. 그렇다면 (도대체 어떤 관점에서) 인간의 신생아는 너무 빨리 태어나기 때문에 배아의 상태인 것이라고 주장할 수 있을까? 그 해답은 행성 일(planetary day)이 모든 생물학적 계산에 적합한 시간 측정 단위를 제공하지는 못한다는 데에 있을지도 모르겠다. 어떤 질문들은 동물의 물질대사나 성장 발달 속도를 고려해서 상대적인 시간을 측정해야만 적절한 해답을 구할 수 있다. 예를 들어 포유류의 수명은, 태어난 지 불과 몇 주일 만에 죽는 종이 있는가 하면 100년을 훨씬 넘겨서 사는 종이 있을 정도로 다양하다. 그런데도 포유류 자신의 시간 및 속도 감각을 고려하지 않고 물리학적 시간에 의존하는 것이 과연 '제대로 된' 구분이라고 할 수 있을까? 생쥐는 정말로 코끼리보다 '짧은' 삶을 사는 것일까?

측정치로만 따진다면 몸집이 작은 온혈 동물들은 그보다 몸집이 큰 근친 종들보다 더 빠른 속도로 삶을 사는 것이 분명하다(21장과 22장을 볼 것). 그들은 심장 박동이 훨씬 빠르고 물질대사가 더 빠른 속도로 진행된다. 하지만 상대적 시간 측정의 기준을 따른다면 사실상 모든 포유류들은 어림잡아 비슷한 수명을 지닌다. 이를테면 모든 포유류들은 일생 동안 거의 같은 횟수의 호흡을 한다(수명이 짧은 소형 포유류는 물질대사가 느린 대형 동물들보다 훨씬 더 빠르게 호흡한다.).

달력상의 기간으로 따진다면 인간의 임신 기간이 비교적 긴 것은 사실이지만 인간의 발달 속도를 고려한다면 그 기간은 불완전하고 단축된 것이다. 앞의 7장에서 나는 (비록 유일하다고 할 수는 없어도) 인간 진화의 중요한 특징 중 하나는 발달 속도가 현저히 감소한 것이었다고 주장했다. 인간의 뇌는 다른 영장류의 것보다 천천히 그리고 보다 오랜 기간 성장하며, 인간의 골격은 훨씬 나중에 굳어지고, 인간의 유년기는 매우 길게 연장되어 있다. 사실 우리는 결코 대다수 영장류들이 도달하는 수준까지 신체 발달을 진행시키지 못한다. 성년기에 이른 인간은 몇 가지 중요한 측면에서 그들의 조상이 되는 영장류의 유년기 형질을 그대로 유지하고 있는데 우리는 그것을 유형 성숙형 진화 현상으로 정의한 바 있다.

다른 영장류들에 비하면 인간은 달팽이 걸음으로 성장하고 발달한다. 그럼에도 인간의 임신 기간은 고릴라와 침팬지보다 불과 며칠이 더 길 뿐이다. 인간의 임신 기간은 그 발달 속도에 비길 때 눈에 띄게 단축되었다. 인간의 임신 기간이 다른 영역들의 성장과 발달에 걸맞게 길어진다면, 인간의 아기는 자궁 안에서 지금처럼 9개월을 지낸 뒤에도 다시 7~8개월(패싱햄의 추산)에서 1년(포르트만과 몬터규의 추산)까지의 일정 기간만큼을 더 있다가 태어나야만 한다.

그런데 내가 인간의 아기를 '아직도 배아의 상태'라고 지칭할 때 혹시 단순히 은유나 말장난에 빠져 있지는 않은지? 바로 얼마 전에 내 아이들 중 둘이 연약한 유아기를 넘긴 터라 나는 그들의 정신 발달과 신체 발달이 가져다주는 온갖 기쁨과 신비를 충분히 체험한 바 있다. 그것은 분명 어둡고 비좁은 자궁 안에서는 결코 일어날 수 없었던 일들이었다. 우리 아이들의 신체 성장에 관한 자료를 검토하면서 나는 자연히 포르트만과 견해를 같이하게 되었다. 인간의 아기는 태어난 뒤 첫 해 동안 다른 포유류 아기들의 성장 양식이 아닌, 영장류나 포유류의 태아와 같은 성장 양식을 보인다(어떤 성장 양식이 태아형이냐 아니면 출산 후형이냐를 가리는 기준은 임의로 정한 것이 아니다. 출산 후의 발달은 태아 상태의 단순한 연장이 아니다. 출산은 여러 특징으로 보아 뚜렷한 단절의 시점이 된다.). 예를 들어서 인간의 신생아는 팔다리의 뼈끝이 굳어 있지 않다. 갓난아이의 손가락뼈에는 일반적으로 골핵(骨核, 뼈세포가 만들어지는 부분. ─ 옮긴이)이 전혀 없다. 이 정도의 골화 수준은 마카크원숭이(macaque monkeys, *Macaca*)의 18주째 되는 태아의 그것과 일치한다. 24주일 만에 태어나는 마카크원숭이의 다리뼈는 사람의 아기가 5~6세가 되었을 때와 같은 정도로 굳어 있다. 더 중요한 것은 인간의 뇌는 분만 뒤에도 태아와 같이 빠른 속도로 계속해서 자란다는 사실이다. 많은 포유류의 뇌는 태어날 때 이미 완전히 틀이 잡혀 있다. 다른 영장류들은 태어나서 처음 얼마 동안에만 뇌가 발달한다. 그런데 우리의 뇌는 출생 당시의 크기가 최종 크기의 4분의 1에 불과하다. 패싱햄은 다음과 같이 기록했다. "상대적인 비례 개념으로 따져 본다면 인간의 뇌는 출생 후 약 6개월 뒤에야 침팬지의 출생 시 크기에 도달한다. 이 시간은 유인원의 발달 과정과 수명의 비례에 맞추어 인간의 임신 기간을 설정했을 때 인간이 태어나야 할 시점과 썩 잘 맞아떨어진다."

20세기 최고의 영장류 해부학자로 손꼽히는 아돌프 한스 슐츠(Adolph Hans Schultz, 1891~1976년)는 영장류의 비교 성장 연구를 간추려서 다음과 같이 밝혔다. "인간의 개체 발생은 자궁 내 존속 기간이라는 측면에서는 별로 독특한 것이 없지만 성장의 완성점과 노쇠의 시발점을 놀랍도록 지연시키는 데 있어서는 고도로 전문화되었음이 명백하다."

그렇다면 인간의 아기는 어째서 제때가 되기도 전에 태어나는가? 왜 진화는 인간의 발달 과정을 그토록 연장시키고도 임신 기간을 억제하여 본질적으로 태아형 아기인 상태로 태어나게 하는가? 임신 기간이 다른 발달 과정과 마찬가지로 연장되지 않은 이유는 무엇이었을까? 포르트만의 고상한 진화관에 따른다면 그러한 조성형 출산은 정신적인 필요성과 관련되어 있는 것처럼 보인다. 그는 학습하는 동물로서의 인간은 어둡고 아무런 도전적 요소도 없는 모태 내의 환경을 가급적 일찍 벗어나서 시각, 후각, 청각, 촉각적 자극이 훨씬 풍부한 자궁 바깥의 환경에서 양육되는 것이 훨씬 더 유익할 것이라고 주장했다.

그렇지만 (몬터규, 패싱햄 등과 더불어) 나는 포르트만이 조잡하고도 기계론적이며 또한 유물론적이라고 경멸해 마지않는 다른 어떤 것에 한층 더 중요한 이유가 담겨 있다고 믿는다. 내가 지켜본 바에 의하면(그 이유를 확실히 알아내기는 어렵지만) 출산은 진정으로 유쾌한 경험이 아닐 수 없다. 자신들이 한번도 경험한 적 없는 그 신비스러운 과정을 마구잡이로 통제하려고 덤비는 시건방진 남자 의사들만 배제할 수 있다면 말이다. 또 그럼에도 불구하고 나는, 인간의 출산이 다른 대다수 포유류들의 출산에 비해 대단히 어렵게 진행된다는 점을 부인할 수 없다고 생각한다. 좀 투박하게 말해서 그것은 빡빡하기 이를 데 없는 경험이다. 우리는 태아의 머리가 골반관을 통과하기에 너무 클 경우 분만 중이던 영장류 암컷이 목숨을 잃을 수도 있다는 것을 잘 알고 있다. 슐츠는 망토개코원숭이(hamadryas baboon, *Papio hamadryas*)의 사산된 태아와 죽은 어미의 골반관을 설명하면서 그 태아의 머리가 골반관보다 상당히 컸다고 지적했다. 그는 태아의 크기가 그 종으로서는 한계에 가까웠다며 "자연 선택은 의심할 여지없이 암컷의 골반 지름이 큰 쪽을 선호하는 경향이 있지만, 그와 동시에 임신 기간이 연장되거나 적어도 신생아가 과도하게 커지는 것은 막는 방향으로 작용하지 않으면 안 되었다."라고 결론지었다.

따라서 한 살 난 아기를 성공적으로 출산할 수 있는 여성은 그리 많지 않으리라고 나는 확신한다.

이 이야기의 범인은 진화적으로 전문화된 가장 중요한 기관인 인간의 커다란 두뇌이다. 대부분의 포유류에서 뇌의 성장은 전적으로 자궁 내 현상이다. 하지만 그 경우 뇌가 아주 커지지는 않기 때문에 출산 시 그리 큰 문제가 되지 않는다. 뇌가 더 큰 원숭이들의 경우에는 발달이 약간 지연되어 출산 후에도 뇌가 어느 정도 성장하기는 하지만 그렇다고 해서 임신의 상대적인 시간을 변화시킬 필요까지는 없다. 그러나 인간의 뇌는 대단히 큰 까닭에 분만에 성공하려면 또 다른 전략을 추가하지 않으면 안 되었다. 바꿔 말해 보자. 인간은 전반적인 발달 과정에 비해 상대적으로 임신 기간을 오히려 크게 단축시켜서 뇌가 최종 크기의 4분의 1이 되었을 때 아기가 태어나도록 해야만 했다.

인간의 뇌는 그 크기에 있어서 이제 한계에 이르지 않았나 생각된다. 인간 진화의 최고 형질이 미래의 성장 잠재력을 마침내 제한하고 만 셈이다. 여성의 골반이 근본적으로 재설계되지 않는 한 인간은 현재의 뇌 크기에 만족하지 않으면 안 된다. 하지만 그렇다고 해서 실망할 필요는 전혀 없다. 이제 간신히 이해하고 활용하기 시작한 방대한 잠재력(두뇌)을 이용하는 방법을 배우는 것만으로도 우리는 앞으로 몇천 년을 더 즐겁게 보낼 수 있을 터이니 말이다.

3부

생명의 진화

9장

아일랜드엘크를 둘러싼 논쟁

자연은 오직 그 동물만을 선택하여 존중의 의미로 장엄하고 위풍당당한 뿔을 선사하였다. 다른 모든 네발짐승 무리들 가운데서 유독 그만을 특출하게 하려는 자신의 의도를 여실히 보여 주고 있는 것이리라.

— 토머스 몰리뉴(Thomas Molyneux), 1697년

아일랜드엘크(Irish Elk, *Megaloceros*), 신성 로마 제국(Holy Roman Empire), 잉글리시 호른(English horn)을 붙여 놓으면 정말로 이상한 조합이 된다. 하지만 이들은 전혀 어울리지 않는 이름을 가지고 있다는 공통점을 지닌다. 볼테르(Voltaire, 1694~1778년)가 말했듯이, 신성 로마 제국은 신성하지도 않았고 로마와 연관도 없었으며 제국도 아니었다. 잉글리시 호른

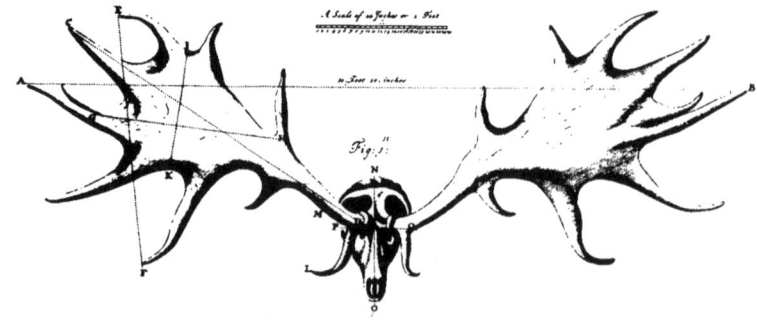

1697년 토머스 몰리뉴가 그의 글에 그려 넣은 아일랜드엘크의 뿔. 앞으로 90도 회전시켜 그렸기 때문에 뿔의 각도가 부정확하다.

은 영국이 아닌 유럽 대륙에서 발달한 오보에이다. 원래 이 악기는 둥글게 휘어져 있어서 '각이 진'이란 뜻의 'angular' 호른으로 불렸는데 그 낱말이 와전되어 English가 되었다. 아일랜드엘크라는 동물은 아일랜드의 (Irish) 고유종도 아니고 엘크(elk)도 아니다. 그것은 다만 지금까지 지상에 살았던 것들 중 가장 커다란 사슴이었다.

그 사슴의 굉장히 큰 뿔은 참으로 인상적이었다. 1697년 몰리뉴 박사는 이 사슴에 관해 출판된 최초의 기술에서 '그 넓적한 뿔'에 대해 찬탄을 아끼지 않았다. 1842년에 마틴 하인리히 라트케(Martin Heinrich Rathke, 1793~1860년, 독일의 해부학자. —옮긴이)는 그 규모를 표현하는 데 더 이상의 찬사가 있을 수 없는 단어 '*bewunderungswuerdig*'('경탄할 만한'이라는 뜻의 독일어)로 그 뿔을 묘사했다. 세계의 기록을 담는 기네스북은 화석 기록을 무시하고 미국무스사슴(American moose, *Alces alces*)에게 그 영광을 돌리고 있지만, 생물의 역사에서 아일랜드엘크의 뿔을 능가하는 장식품을 가졌던 동물은 이제까지 없었다. 믿을 만한 계산에 따르면 그 뿔의

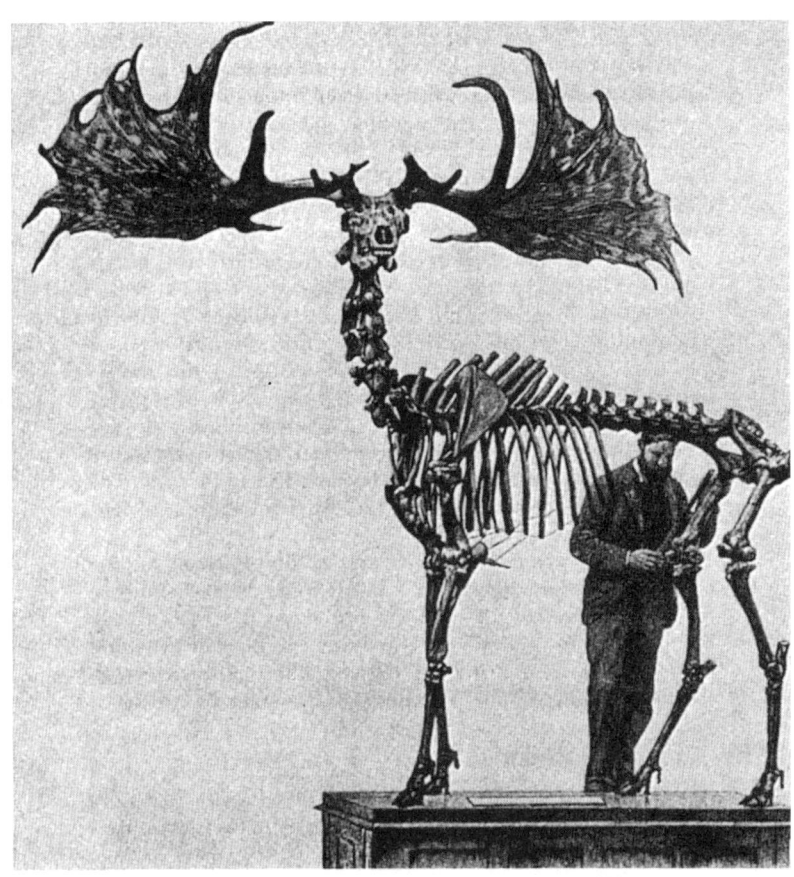

필자의 위대한 선배라고 할 수 있는 한 박물학자가 아일랜드엘크의 몸통 뒷부분을 측정하고 있다. 이 그림은 존 밀레이(John Millais)가 1897년 발간한 책에 처음 실렸다.

전체 길이는 최고 12피트(약 3.66미터)에 이른다. 지금 살아 있는 다른 모든 사슴들처럼 그 뿔이 해마다 빠지고 돋아났다는 사실을 생각할 때 그 수치는 훨씬 더 감명 깊게 다가온다.

이 아일랜드엘크 뿔 화석은 아일랜드에서 알려진 지 꽤 오래되었는데 그곳 호수 밑바닥에 퇴적돼 있는 이탄(泥炭)층에서 발굴되었다. 하지만 미처 과학자들의 관심을 끌기도 전에 이미 대문 기둥에 매다는 장식물이 되어 버렸고 심지어 티론 주에서는 시내를 가로지르는 다리 대용품으로 쓰인 적도 있었다. 믿기지는 않지만, 앤트림 주에는 영국군이 워털루 전투에서 나폴레옹 1세(Napoléon I, 1769~1821년, 재위 1804~1815년)를 꺾고 승리를 거둔 것을 축하하기 위해 그 사슴의 뼈와 뿔로 큰 모닥불을 피웠다는 이야기도 전한다. 그것들이 엘크라고 불렸던 데에는 그럴 만한 이유가 있었다. 유럽의 무스사슴이 영국인들이 알고 있는 동물 가운데 아일랜드엘크의 뿔과 다소나마 비슷한 뿔을 가진 유일한 짐승이었는데, 영국인들은 그것을 '엘크'라고 불렀던 것이다.

아일랜드엘크의 뿔이 그림으로 처음 알려진 것은 1588년까지 거슬러 올라간다. (몰리뉴 박사에 따르면) 그로부터 약 1세기 뒤 찰스 2세(Charles II, 1630~1685년, 재위 1660~1685년.)가 뿔 한 쌍을 선물받고는 '그 굉장한 크기를 높이 평가하여' 궁전 햄프턴 코트의 뿔 전시장에 진열하도록 지시했다. 거기에서 그 뿔은 크기에 있어 여타의 것들을 "월등히 능가해 다른 것들은 아예 호기심의 대상이 되지 못했다."

그러다가 1746년에 영국 본토의 요크셔에서 그 사슴의 두개골과 뿔이 발굴되자 아일랜드가 유일한 분포 지역이었다는 주장은 사라졌다(하지만 그 이름만은 그대로 남았다.). 뒤이어 1781년 독일에서도 발견되었고 1820년대에는 아일랜드 해의 맨 섬(Isle of Man)에서 처음으로 완전한 골격이 발견되었다(그 표본은 지금도 에든버러 대학교 박물관에 세워져 있다.).

이제 우리는 아일랜드엘크가 동쪽으로는 멀리 시베리아와 중국, 그리고 남쪽으로는 북아프리카에 이르기까지 널리 퍼져 있었다는 사실을 알고 있다. 그런데 영국과 유라시아에서 발굴된 표본들은 거의가 단편적인 것들에 불과하고 전 세계의 수많은 박물관을 장식하고 있는 훌륭한 표본들은 거의 예외 없이 아일랜드산이다. 아일랜드엘크들은 빙하기의 마지막 몇백만 년 동안에 진화했고 유럽 대륙에서는 역사 시대까지 살아 있었을 가능성이 있지만 아일랜드에서 산 것을 마지막으로 약 1만 1000년 전에 멸종되었다.

제임스 파킨슨(James Parkinson, 1755~1824년)은 1811년에 다음과 같은 글을 남겼다. "대영 제국의 어떤 화석도 아일랜드엘크의 것보다 더 큰 놀라움을 불러일으키지는 못한다." 고생물학사의 전 기간을 통하여 그 말은 그대로 들어맞는다. 호기심을 자극하는 일화들과 언제나 경탄을 자아내는 엄청난 크기는 차치한다 하더라도 아일랜드엘크는 진화론과 관련된 사회적 논쟁을 유발하는 데 중대한 기여를 했다. 위대한 진화론자라면 누구나 다 자신이 선호하는 견해를 변호하기 위해서 이 아일랜드엘크를 이용해 왔다. 논쟁은 주로 다음과 같은 두 가지 주요 쟁점을 둘러싸고 벌어졌다. 첫째, 그처럼 큰 뿔이 과연 쓸모가 있었을까? 둘째, 아일랜드엘크는 왜 멸종했을까?

아일랜드엘크를 둘러싸고 벌어진 논쟁들이 오랫동안 그 멸종 이유에 집중되어 있었기 때문에 몰리뉴가 여전히 그 동물이 살아 있음을 주장하고자 글을 썼다는 것은 모순적이다. 다수의 17세기 과학자들은 어떤 종의 멸종이란 하느님의 선한 의도 및 완벽성과는 일치하지 않는다고 주장했다. 따라서 1697년에 씌어진 몰리뉴 박사의 글은 이렇게 시작한다.

> 모든 생물 종은 신의 피조물이므로 어떤 생물도 지상에서 완전히 사라질 만큼 철저하게 멸종되지는 않는다는 것이 많은 박물학자들의 의견이다. 이 주장은 신의 섭리가 모든 창조된 동물들을 남김없이 돌봐 준다는 바람직한 원리에 바탕을 두고 있으므로 우리는 여기에 동의해야 마땅하다.

그러나 당시에 이미 아일랜드에서는 아일랜드엘크가 사라진 뒤였기 때문에 몰리뉴는 다른 곳에서 그것들을 찾지 않을 수 없었다. 심지어 그는 미국무스사슴의 뿔을 기록한 여행자의 글을 읽은 뒤 그것이 아일랜드엘크와 같은 동물임에 틀림없다고 성급하게 결론짓기까지 했다. 하지만 여행기는 때와 장소를 가리지 않고 과장하는 경향이 있는 법이다. 당시에는 무스사슴의 그림이나 그것을 정확하게 묘사한 글을 달리 찾을 수 없었으므로, 그의 그러한 결론이 현대의 지식으로 불합리해 보이기는 하지만 그리 잘못되었다고 할 수는 없으리라. 몰리뉴는 "공기 중의 어떤 나쁜 성분"으로 인해서 발생한 "전염성 질병" 때문에 아일랜드에서 아일랜드엘크가 멸종했다고 상정했다.

그 뒤 1세기 동안, 몰리뉴가 제기한 "아일랜드엘크는 어느 현생 종에 귀속되는가?"라는 문제를 둘러싸고 커다란 논쟁이 벌어졌다. 사람들은 북아메리카에 서식하는 미국무스사슴과 북유럽과 시베리아에 주로 사는 순록을 두고 비슷하게 의견이 갈렸다.

그런데 18세기에 이르러 지질학자들이 더 많은 고생물 화석을 발굴하게 되면서 화석으로 나타나는 기이한 신종 동물들이 지금도 세계의 어느 구석진 곳에서 살아남아 있으리라는 주장을 펼치기가 점점 더 어렵게 되었다. 어쩌면 하느님은 태초에 오직 한번만 창조를 행했던 것이 아닐지도 모른다. 혹은 그가 창조와 파괴를 끊임없이 실험하고 있는 것일 수도 있다. 그렇다면 세계는 성서의 절대 진리를 주장하는 사람들이 말하는 6,000년의 역사보다 오래된 것이 아닌가.

멸종 문제는 현대 고생물학이 처음으로 직면한 심각한 논쟁거리였다. 미국의 토머스 제퍼슨(Thomas Jefferson, 1734~1826년)이 낡은 견해를 지지했던 반면 프랑스의 위대한 고생물학자 조르주 퀴비에(Georges Cuvier, 1769~1832년)는 멸종이 실제로 일어났다는 것을 입증하기 위해서 아일랜드엘크를 활용했다. 1812년에 이르러 퀴비에는 긴급한 두 가지 쟁점을 해결했다. 먼저 치밀한 해부학적 서술을 통해 아일랜드엘크가 현생 동물 중 어느 것과도 같지 않다는 것을 밝혀냈다. 이어서 그는 아일랜드엘크를 상대가 되는 현생 종이 없는 다수 화석 포유류들 중 하나로 간주해서 멸종이 사실이었음을 증명하고, 그것으로 지질학적 시대 구분의 한 단계를 확립했다.

일단 멸종이 사실로 확정되자 이제 논점은 그 사건이 발생했던 시기로 옮겨 갔다. 특히 아일랜드엘크가 성서에 나오는 대홍수 뒤에도 살아남았느냐는 문제가 제기되었다. 만약 대홍수나 그 이전의 어떤 천재지변이 아일랜드엘크를 일시에 멸망시켰다면 그러한 멸종은 자연적(또는 초자연적) 원인에 의한 것이 되므로 결코 그냥 넘겨 버릴 문제가 아니었다. 열정적인 아마추어 과학자였던 대집사(大執事) 레이 마운셀(Wray Maunsell)은 1825년에 이렇게 썼다. "나는 그들이 어떤 위압적인 대홍수(노아의 홍수를 의미함. ─ 옮긴이)에 의해 파멸했다는 것을 깨달았다." 맥컬로크(MacCulloch) 박사라고 알려진 사람은 심지어 아일랜드엘크들이 코를 하늘로 추켜올리고 ─ 더 이상 물이 불어나지 않도록 애원하는 동시에 파도를 피하기 위한 마지막 몸짓으로 ─ 꼿꼿이 서 있는 화석들로 발견될 것이라고 믿기까지 했다.

그런데 만약 아일랜드엘크가 대홍수에서 살아남았다면 그들을 절멸시킨 천사는 필경 벌거벗은 원숭이, 곧 인간 자신이 될 수밖에 없었다. 1851년 기드온 맨텔(Gideon Mantell)은 켈트 족이 아일랜드엘크들을 모두 죽였다고 비난하는 글을 썼다. 1830년 사무엘 히버트(Samuel Hibbert)는 로마 인들이 대중적으로 즐겼던 무절제한 사냥에 아일랜드엘크 멸종의 원인이 있다고 말했다. 인간의 파괴적 잠재력은 최근에 와서야 겨우 알려진 것이라고 속단하지 말라. 히버트는 같은 해에 다음과 같이 썼다. "토머스 몰리뉴 박사는 일종의 질병 또는 어떤 악성 가축 전염병이 아일랜드엘크를 멸종시켰을 가능성이 있다고 생각했다……. 그러나 인간이 세계 도처에서 갖가지 종류의 야생 동물들을 멸종시키는 데에 전염병 못지않은 무서운 힘을 가졌다는 것이 이제 조금씩 입증되고 있지 않나 의심스럽다."

1846년 영국 최고의 고생물학자 리처드 오언 경은 모든 증거를 재검토한 뒤에 아일랜드엘크가 적어도 아일랜드 지방에서는 인간의 출현 이전에 멸망했다는 결론을 내렸다. 그즈음에 이르자 지질학 무대에서 노아의 홍수는 이미 심각한 명제로서의 역할을 하지 못하게 되었다. 그렇다면 아일랜드엘크를 쓸어 없앤 것은 무엇이었을까?

찰스 다윈은 1859년에 『종의 기원』을 펴냈다. 그로부터 10년 이내에 사실상 모든 과학자들이 진화를 사실로 받아들였다. 그러나 그 원인과 메커니즘을 둘러싼 논쟁은 1940년대까지 결코 (다윈에게 유리한 방향으로) 결말이 나지 않았다. 다윈의 자연 선택은, 진화적인 변화는 적응적이라는 데에 전제를 두고 있다. 다시 말해서 그런 변화는 생물에게 쓸모가 있다는 것이다. 반다윈주의자들이 동물에게 아무런 이득도 되지 못하는 진화 사례에 해당하는 화석 기록을 찾아 나선 것은 바로 그런 이유 때문이었다.

정향 진화론은 즉각 반다윈주의 고생물학자들을 위한 시금석이 되었다. 그 이론에 따르면 진화는 자연 선택이 규제하지 못하는 어느 한 방향으로만 진행된다. 어떤 경향이든 일단 시작되면 설사 멸종에 이른다 할지라도 멈출 수가 없다는 것이다. 그리하여 어떤 조개 종류는 양쪽 껍데기가 서로 꼬여서 마지막에 가서는 그 속의 생물이 영원히 갇히고 만다는 말이 전해졌다. 검치호랑이와 매머드 역시 자꾸 자라는 엄니에 속수무책이었을 것이라는 이야기도 있었다.

하지만 정향 진화론의 유명한 사례로 단연 독보적인 경우가 바로 아일랜드엘크였다. 아일랜드엘크는 몸집이 그보다 작고 뿔도 훨씬 더 작은 동물로부터 진화했다. 처음에는 그 뿔이 쓸모가 있었지만 마침내는 그 성장을 억제할 수가 없게 되었는데, 마치 마법사의 제자(프랑스의 작곡가 폴 뒤카(Paul Dukas, 1865~1935년)의 교향시 「마법사의 제자(L'Apprenti Sorcier)」(1897년)에서 인용되었다. 스승이 집을 비운 사이 제자들은 몰래 마법을 부리며 그 편리함에 감탄하지만, 점차 마법을 스스로 통제할 수 없게 되어 큰 어려움을 겪고 후회한다는 내용이다. ─ 옮긴이)들처럼 아일랜드엘크들은 아무리 좋은 것이라도 한계가 있다는 사실을 너무 늦게 깨달았던 것이리라. 그들은 두개골에서 자라나는 외부 돌출물의 무게에 눌려 고개도 들지 못하고 마침내 나무에 걸리거나 웅덩이에 빠져서 목숨을 잃었다. 무엇이 아일랜드엘크를 그렇게 한꺼번에 사라지게 했을까? 그들 자신, 아니 오히려 그 뿔이 목숨을 앗아 갔다는 표현이 정확할 것이다.

1925년 미국의 고생물학자 리처드 스완 럴(Richard Swann Lull, 1867~1957년)은 아일랜드엘크를 들먹이면서 다윈주의를 공격했다. "자연 선택은 과도한 전문화(overspecialization)를 설명하지 못한다. 자연 선택으로는 생물의 어느 기관이 완벽한 경지에까지 발달할 수는 있겠지만 멸종한 아일랜드엘크의 거대하고 화려한 가지 모양 뿔의 경우와 마찬가지로…… 그것이 생존에 실질적인 위협이 되는 상태에 도달하는 경우는 절대로 없을 것이 분명하다."

그러자 1930년대에 줄리언 헉슬리를 필두로 하는 다윈주의자들이 반격에 나섰다. 헉슬리는 사슴의 몸집과 사슴뿔의 크기는 똑같은 비율로 증가하지 않는다는 점을 지적했다. 사슴 한 마리를 놓고 볼 때에도 그렇고 크기가 다른 사슴 종들을 서로 비교해도 그러하다. 몸집이 큰 사슴은 뿔 역시 상대적으로 좀 더 빨리 자라기 때문에 그 뿔은 절대적으로 클 뿐만 아니라 작은 사슴의 뿔에 비해서도 상대적으로도 훨씬 더 크다. 몸체의 크기가 증가함에 따라 기관의 형태가 그처럼 규칙적이고 정연하게 변화하는 것을 가리켜 헉슬리는 상대 성장(allometry)이라는 용어를 사용했다.

상대 성장은 거대한 사슴의 뿔을 쉽게 설명할 수 있는 근거를 제공했다. 아일랜드엘크는 사슴 가운데서도 몸집이 가장 크기 때문에 상대적으로 거대한 뿔은 단순히 모든 사슴들 사이에 존재하는 상대 성장적 관계의 결과일 수 있다. 자연 선택이 몸집의 증가를 선호했다는 전제만으로도 충분하다. 커다란 뿔은 그 자동적인 결과일 가능성이 크다. 커다란 뿔은 그 자체만으로는 다소 해로울 수도 있었겠지만 몸집의 증가에서 오는 다른 장점들이 이 단점을 보상하고도 남았으므로 그러한 경향은 계속되었다. 물론 커다란 뿔이 불러오는 문제들이 커다란 몸집의 장점을 넘어서게 될 때에는 자연 선택이 그 이상을 받아들이지 않을 터이므로 그러한 추세가 멈추게 된다.

현대의 거의 모든 진화론 교과서들은 이러한 각도에서 아일랜드엘크를 다루며 정향 진화론에 대항하기 위한 방편으로 상대 성장적인 설명을 제시한다. 나는 착실한 학생이었으므로 교실에서 반복적으로 배웠던 그 이론이 당연히 풍성한 자료에 든든한 바탕을 두고 있으리라 생각하고 있었다. 하지만 뒷날 나는 교과서의 교리가 시간이 지나도 답보 상태라는 사실을 발견했다. 그래서 나는 3년 전쯤에 널리 찬양을 받고 있는 이 설명이 그 어떤 자료의 뒷받침도 없다는 것을 알고 실망했지만 그리 놀라지는 않았다. 이제까지 가장 큰 뿔 한 쌍을 찾으려는 막연한 시도가 몇 차례 있었던 것을 제외한다면 어느 누구도 아일랜드엘크를 제대로 측정한 적이 없었다. 그래서 나는 손에 줄자를 들고 그런 상황을 바로잡기로 마음먹었다.

더블린의 아일랜드 국립 박물관은 17개의 아일랜드엘크 표본을 전시하고 있으며 가까이에 있는 창고에도 나머지 뿔들을 무더기로 쌓아 놓

왔다. 서유럽과 미국의 대다수 대형 박물관들은 아일랜드엘크를 적어도 한 마리 이상 전시하고 있고, 영국과 아일랜드 귀족들도 그들의 수많은 수렵 기념물 전시실에 아일랜드엘크를 장식해 놓고 있다. 그중에서 가장 큰 뿔은 던레이븐 백작의 저택 어데어 매너의 입구를 꾸미고 있다. 가장 처량한 뼈대는 번래티 성의 지하실에 놓여 있는데, 매일 저녁 중세식 만찬을 마치고 약간씩 술에 취해서 기분이 유쾌해진 관광객들이 커피를 마시러 그곳으로 모여든다. 이튿날 아침 일찌감치 그것을 보러 갔더니 그 불쌍한 녀석은 뿔 가지에 커피잔을 3개나 걸고 이빨이 2개나 빠진 입으로 시가를 피우고 있었다. 개별적인 비교를 즐기는 사람들을 위해서 소개하자면 미국에서 제일 큰 뿔은 예일 대학교에 있고 세계에서 가장 작은 뿔은 하버드 대학교에 있다.

아일랜드엘크의 뿔이 상대 성장적으로 커졌는가를 판단하기 위해서 나는 뿔과 몸체의 크기를 비교했다. 뿔의 크기를 계산하기 위해서 나는 뿔의 길이와 폭, 뿔에서도 가장 큰 가지의 길이 등을 복합적으로 계산하는 방법을 썼다. 사슴 몸체를 측정하기 위해서는 신장 또는 주요 골격의 길이와 두께를 재는 것이 가장 바람직하겠지만 절대다수의 표본들이 두개골과 거기 붙어 있는 뿔뿐이어서 그런 몸체 측정치를 쓸 수가 없었다. 물론 완전한 형태를 갖춘 몸통 뼈대가 몇 개 있었지만 그것들은 예외 없이 몇 마리를 합쳐서 만든 것들이었다. 게다가 그런 뼈대들은 회칠을 많이 해 놓았고 이따금 대용품을 사용해서 때운 것도 있었다(에든버러에 전시되었던 최초의 골격은 한때 말의 골반을 달고 서 있었다.). 따라서 두개골의 길이를 전체 몸통의 수치로 활용하는 수밖에 없었다. 두개골은 아주 젊은 나이에 다 자라고(내가 조사한 표본들은 대체로 나이가 많이 든 것들이었다.) 그 뒤에는 변하지 않는다. 그러므로 그것은 몸체의 크기를 알려 주는 훌륭한 지표가 된다. 조사 대상에는 아일랜드, 영국, 유럽 대륙, 그리고 미국의 여러

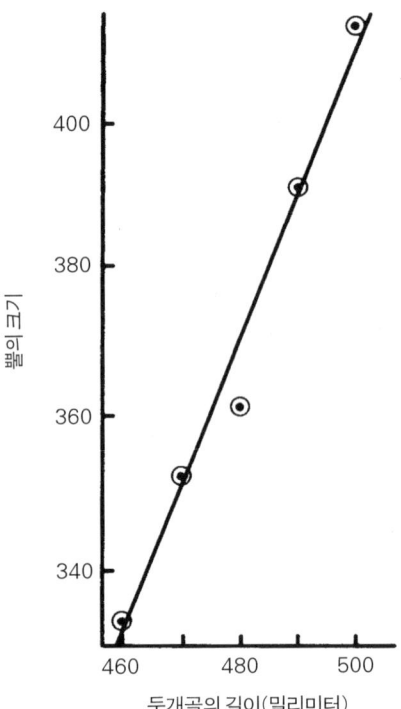

이 그래프는 아일랜드엘크의 뿔의 크기가 두개골 길이에 비례한다는 사실을 보여 주고 있다. 점 하나하나는 길이 10밀리미터를 간격으로 하는 모든 두개골의 평균치이다. 실제 자료에는 81개체가 포함되었다. 뿔 크기는 두개골 길이보다 2.5배나 빨리 늘어난다. 기울기 1.0의 직선(x축과의 각도가 45도)은 이 대수적 눈금 위에서는 동일한 증가율을 가리킨다. 여기서는 그 기울기가 분명히 45도를 훨씬 넘는다.

박물관들과 개인들이 소장해 온 79개의 두개골과 뿔이 포함되었다.

 내가 측정한 수치들에 따르면 뿔 크기와 몸체의 크기 사이에는 아주 분명한 상관관계가 있어서 수컷의 몸체가 커지면 뿔은 몸보다 2.5배나 빨리 늘어났다. 이것은 한 개체의 성장을 말하는 것이 아니라 몸체의 크기가 서로 다른 성숙한 아일랜드엘크들 사이에서 나타나는 관계를 가리킨다. 따라서 상대 성장적 가설을 확인할 수 있다. 자연 선택이 몸집이

보다 큰 사슴을 선호했다면, 그 자체로는 필연적인 의미가 없지만 그와 연관되는 결과로서 커다란 뿔이 나타나게 되었던 것이다.

그렇지만 나는 상대 성장 관계를 확인했음에도 전통적인 설명에 의심을 품었다. 왜냐하면 그 이론은 보다 오래되고 정향 진화론적인 견해의 묘한 부스러기를 담고 있기 때문이다. 그 이론은, 뿔 자체는 적응력이 없지만 몸체가 커지는 데 따르는 이점들이 대단히 크기 때문에 그런 뿔이 허용된다는 가정을 바탕으로 한다. 그렇지만 그렇게 엄청난 뿔에 일차적인 기능이 없다고 반드시 단정해야만 할까? 그와는 반대되는 해석도 충분히 가능하다. 자연 선택은 일차적으로 뿔의 크기를 늘리는 방향으로 작용했고 그 이차적 결과로 몸체의 크기가 늘어났다는 논리가 그것이다. 지금까지 뿔의 부적응성을 지적한 사람들은 엄청난 크기가 불러일으키는 주관적인 놀라움 이상의 근거를 제시하지 못했다.

어떤 견해들은 이미 오래전에 폐기되었음에도 불구하고 그 영향력이 오래도록 잔존하기도 한다. 정향 진화의 논리 역시 그런 예에 속한다고 할 수 있는데 그것을 대체하고자 제안되었던 상대 성장설 속에 그 자취가 남아 있다. '다루기 어려운' 또는 '거추장스러운' 뿔의 문제점이란 동물 행동학 학도들이 이미 내다버린 관념에 뿌리를 둔 환상에 불과하다고 나는 믿고 있다.

19세기의 다윈주의자들은 자연계를 무자비한 곳으로 간주했다. 진화적 성공은 전장에서의 승리와 그로써 멸망시킨 적군의 숫자로 가늠되었다. 이러한 맥락에서 그들은 뿔이 포식자들로부터 스스로를 방어하고 다른 수컷과 경쟁하는 데에 쓰이는 강력한 무기라고 생각했다. 그런데 『인간의 유래』에서 다윈은 또 다른 아이디어를 건드렸다. 뿔은 암컷을 유혹하는 장식으로서 진화되었을지도 모른다는 것이다. "옛 기사들의 찬란한 복장과 마찬가지로 뿔이 수사슴과 영양들의 고상한 겉모양에 보탬이 되었다면, 그것은 이러한 목적을 위해 부분적으로 변형되었을 가능성이 있다." 하지만 그는 곧 "이러한 생각을 뒷받침할 만한 증거는 없다."라고 덧붙이며 계속해서 "투쟁의 법칙"과 "반복되는 살벌한 경쟁"에서의 이점에 따라 그 뿔을 해석했다. 당시 저술가들은 한결같이 아일랜드엘크가 늑대를 죽이고 동종의 수컷들을 물리치기 위한 치열한 싸움을 하는 데 뿔을 사용했다는 전제에서 출발했다. 내가 아는 한 이러한 견해에 도전한 학자는 러시아의 고생물학자 레오 다비타슈빌리(Leo Davitashvili)뿐이었다. 그는 1961년에 뿔은 일차적으로 암컷에 보내는 구애 신호로서의 기능을 담당한다고 주장했다.

만약 뿔이 무기라면 정향 진화의 논리가 호소력을 갖게 된다. 전체 길이가 3미터가 훨씬 넘으며 해마다 새로 자라는 40킬로그램 무게의 넓적한 뿔은 미국의 국방 예산보다 더 부담스럽게 팽창되었다는 인상을 주니까 말이다. 따라서 다윈식 설명을 그대로 보전하려면 원형 그대로의 상대 성장 가설을 끌어들이지 않으면 안 된다.

그러나 만일 뿔의 일차적인 기능이 무기가 아니라면 어떻게 될까? 현대에 들어서 학자들은 동물의 행동을 연구하여 진화 생물학에 대단히 중요하고 흥미로운 개념들을 등장시키고 있는데, 이전에는 실질적인 무기라든가 암컷에 대한 과시 장치로 판단되었던 많은 구조물들이 수컷끼리의 의식적인 싸움(ritualized combat)에 사용된다는 것이 밝혀졌다. 그러한 구조물들은 수컷들이 쉽게 알아차리고 복종하도록 만드는 지배의 위계질서를 확립해서 실제적인 싸움(그에 따르는 부상과 생명의 손실)을 예방하는 기능을 한다.

여러 모양의 뿔들은 바로 그런 의식적인 행동에 사용되는 구조물의 으뜸가는 본보기이다. 발레리우스 가이스트(Valerius Geist)에 따르면 그것들은 "시각적인 지배 등급의 상징(visual dominance-rank symbol)"이다. 큰 뿔은 높은 지위를 보장하고 암컷에의 접근 가능성을 높인다. 성공적인 번식을 보장하는 것 이상으로 강력한 진화적 이점은 없기 때문에, 흔히 보다 큰 뿔을 지향하는 선택압은 강해지는 것이 틀림없다. 자연 상태에서 뿔을 가진 동물들을 점점 더 많이 관찰하게 되면서 생물학자들은 과거에 자신들이 생각한 뿔이 치열한 싸움을 위한 것이라는 관점에서 벗어나, 신체 접촉 없이 순전히 과시를 목적으로 사용되거나 또는 신체 부상을 방지하도록 계획된 싸움을 위한 기능을 한다는 쪽으로 점차 생각을 바꾸고 있다. 이미 요아힘 베닌드(Joachim Beninde)와 프랭크 프레이저 달링(Frank Fraser Darling)은 붉은사슴에서, 존 켈솔(John Kelsall)은 순록에서, 그리고 가이스트는 산양에서 그런 현상을 관찰한 바 있다.

뿔을 수컷들 사이의 과시 장치로 간주할 때 비로소 아일랜드엘크의 거대한 뿔은 그 자체로 적응력을 지니는 훌륭한 구조물임을 깨달을 수 있다. 나아가 버밍엄 대학교의 러셀 쿠프(Russell Coope) 교수가 내게 지적했듯이 이러한 관점이라야 비로소 뿔의 기이한 형태를 제대로 설명할 수 있다. 넓적한 뿔을 가진 사슴은 과시하기 위해 뿔의 모양을 완전히 드러내 보이는 경향이 있다. 현존하는 다마사슴(fallow deer, *Dama dama*. 아일랜드엘크와 제일 가까운 현생 종이라고 많은 학자들이 생각하고 있다.)이 뿔의 전체 모양을 상대에게 보여 주기 위해서는 머리를 양쪽으로 돌려야만 한다. 만약 거대한 몸집의 사슴이 그러한 행동을 한다면 커다란 문제가 될 것이다. 40킬로그램이 넘는 뿔을 돌리는 데서 생기는 회전력이 굉장할 터이니 말이다. 반면에 아일랜드엘크의 뿔은 정면을 똑바로 볼 때 그 넓적한 면이 잘 보이도록 배열되어 있다. 따라서 뿔이 싸움보다는 과시에 사용되었다는 가설에서 출발한다면 아일랜드엘크 뿔의 기이한 모양과 굉장한 크기를 쉽게 설명할 수 있다.

만약 그 뿔이 적응에 유리했다고 한다면 아일랜드엘크가 (적어도 아일랜드에서는) 멸종된 이유가 무엇이었을까? 이 오랜 딜레마에 대한 그럴듯한 해답은 오히려 평범한 것이 아닌가 생각된다. 아일랜드엘크는 지극히 짧은 기간에만 아일랜드에서 번성했는데, 그때는 마지막 빙하기 끝 무렵인 이른바 알레뢰드 아간빙기(Alleröd interstadial, 드리아스 아간빙기(Dryas interstadial)라고도 한다.―옮긴이)였다. 당시는 두 빙하기 사이에 존재했던 약간 따뜻한 기간으로 지금으로부터 1만 2000년에서 1만 1000년 전까지 약 1,000년 동안 지속되었다(아일랜드엘크는 그 이전 빙하기에, 바닷물이 줄어들어 아일랜드와 유럽 대륙이 연결되었을 때 아일랜드에 옮겨 왔다.). 그들은 알레뢰드기의 풀이 많고 나무가 적은 개활지에는 잘 적응했지만, 그 다음으로 찾아왔던 혹한기의 아북극성 툰드라(subarctic tundra)와 마지막 빙하가 물러간 이후 나타났던 울창한 삼림에는 제대로 적응할 수 없었다.

멸종이란 거의 모든 생물 종들이 맞는 피할 수 없는 운명이다. 대체로 그 원인은 그들이 변화하는 기후 조건이나 경쟁의 조건에 재빨리 적응하지 못하는 데에 있다. 다윈의 진화론은, 그 어떤 동물도 적극적으로 자신에게 불리한 구조를 발달시키지는 않지만, 어느 한 시점에는 유용했던 구조가 이후의 변화하는 환경 속에서도 항상 유용할 것을 보장해 주지는 않는다고 선언한다. 아일랜드엘크 역시 앞서 이룩했던 성공의 희생자였을 것이다. 무릇 세상의 모든 영광이 그러하듯이(Sic transit gloria mundi).

10장

파리의 모체 살해

인간은 하느님을 자기 형상에 따라 창조했다. 이후로 특수 창조설(the doctrine of special creation)은 우리 인간이 직관적으로 이해한 그 어떤 적응이라도 그것을 설명해 내는 데 실패한 적이 없다. 암사자가 먹이 사냥을 하는 광경, 말이 달리는 모양, 하마가 진흙탕에서 뒹구는 모습을 보면서 어떻게 모든 동물이 자신에게 주어진 역할을 다할 수 있도록 절묘하게 설계되었다는 것을 의심할 수 있을까? 만약 모든 생물이 그렇게 명백하고도 탁월한 기법으로 설계되었다면 자연 선택론은 결코 특수 창조설을 대체하지 못했을 것이다. 찰스 다윈은 이 점을 잘 알고 있었던 까닭에 완벽한 지혜로 만들어진 세계와는 어울리지 않는 형태들에 초점을 맞추어 연구했다. 예를 들어 현명한 창조주가 왜, 다른 모든 대륙에서는 포유류 중 유태반류(placental mammal)가 차지하는 바로 그 역할을 오스트레일리아에서는 유대류(marsupial)가 수행하도록 만들었을까? 심지어 다윈은 난초를 주제로 한 책을 집필하여 곤충에 의해 수정되도록 진화된 구조물들이 선조 난초들이 다른 목적에 사용하다가 남은 부품들을 가지고 날림으로 만들어 낸 것에 불과하다는 주장을 내놓았다. 난초는 까다롭고 복잡하면서도 사실상 기능은 있어도 그만, 없어도 그만인 루브 골드버그 기계(Rube Goldberg machine — 아주 복잡한 형태이면서도 아주 단순한 업무밖에 수행할 수 없는 멍청한 기계 장치를 의미한다. — 옮긴이)와도 같다. 완벽한 기술자라면 틀림없이 그보다는 뛰어난 무언가를 만들어 냈을 것이다.

이 원칙은 오늘날에도 여전히 진리로 남아 있다. 진화에 의한 적응을 가장 잘 설명해 주는 예들은 인간의 직관으로는 특이하거나 기괴해 보인다. 과학은 '조직화된 상식(organized common sense)'이 아니다. 과학이 우리를 열광하게 하는 것은, 우리 인간들이 직관이라고 부르는 오랜 역사를 지닌 인간 중심적 편견에 대항하여 막강한 이론들을 적용함으로써 우리의 세계관을 재구성한다는 점이다.

그런 예의 하나로 흑파리(보통의 집파리보다 훨씬 작은 파리류. — 옮긴이)들을 생각해 보자. 이 작은 파리들은 괴상한 방식으로 살아간다. 우리가 인간의 사회 윤리라는 부적절한 기준을 적용해 감정 이입한다면 그들의 생활 방식에서 엄청난 고통 내지는 혐오감을 느끼게 될 것이다.

흑파리들은 두 가지 방식 중 어느 한쪽을 따라 성장하고 발달한다. 어떤 상황에서는 알에서 깨어나 애벌레와 번데기를 거쳐 껍질을 벗고 성체가 되는 일련의 정상적인 단계를 거치는데 이를 유성 생식(sexual reproduction)이라고 부른다. 그러나 다른 환경에서는 암컷들이 수컷과의 교미 없이 번식하는데, 이것을 처녀 생식(parthenogenesis)이라고 한다. 처녀 생식은 여타 동물들에서도 보편적으로 나타나는 현상이지만 흥미롭게도 흑파리들은 그 양상을 비틀어 놓았다. 무엇보다도 먼저 처녀 생식을 시작하는 암컷들은 발생의 초기 단계에서 성장이 멈춘다. 그들은 결코 정상적인 어미 파리로 성장하지 않으며 애벌레나 번데기 상태에 머무르면서 번식한다. 둘째로, 이 암컷들은 알을 낳지 않는다. 새끼들은 어미의 몸속에 살면서 자란다. 어미로부터 양분을 공급받거나 안전한 자궁 속에서 보호받는 것이 아니라 어미의 생체 조직에서 스스로 성장하면서 어미의 온몸을 채워 간다. 어미를 내부로부터 먹어 치우는 것이다. 며칠 뒤에 그들은 홀어미의 유일한 잔해인 키틴질의 껍질만을 남겨 둔 채 외부로 빠져나온다. 그러면 다시 이틀 이내에 새로운 새끼들이 몸속에서 태어나서 어미를 먹어 치우기 시작한다.

흑파리와는 아무런 유연관계도 없는 딱정벌레 미크로말투스 데빌리스(*Micromalthus debilis*)는 등골이 오싹할 만한 변이를 곁들여서 거의 똑같은 번식 방법을 진화시켰다. 처녀 생식을 하는 암컷들 중 일부는 수컷 한 마리만을 새끼로 낳는다. 이 애벌레는 4~5일 동안 어미의 겉껍질에 붙어 있다가 생식공(生殖孔)으로 머리를 들이밀고는 어미의 몸통을 깡그리 먹어 치운다. 여성이 자식을 위해 목숨을 바치는 것보다 더 큰 사랑은 없으리라.

그러면 어째서 그토록 기묘한 번식 방법이 진화하게 되었을까? 우리들의 인식이라는 전혀 상관없는 기준에 의해서뿐 아니라 다른 벌레들의 경우를 참고해도 이 방식은 참으로 비정상적이다. 훌륭한 설계에 대한 우리의 직관을 무참히 짓밟아 버리는 생활 양식의 적응적인 의미는 도대체 무엇일까?

이러한 질문에 대답하기 위해 진화 연구의 통상적인 방법, 다시 말해 비교 연구법(Comparative method)을 사용하기로 하자(루이 아가시는 필자가 지금 일하고 있는 하버드 대학교 내 건물에다 '비교 동물학 박물관(the Museum of Comparative

Zoology)'이라는 이름을 붙여 동시대의 수많은 방문자들을 어리둥절하게 만들었다. 하지만 그가 그런 이름을 지은 것은 결코 일시적인 변덕에 의한 행동이 아니었다.).

우리는 먼저 유전적으로 서로 비슷하지만 각기 다른 생활 양식에 적응한 생물들을 찾아 비교의 대상으로 삼아야 한다. 다행히도 혹파리의 복잡한 생활사가 우리에게 하나의 실마리를 제공해 줄 듯하다. 무성 생식의 애벌레형 어미를 유연관계와 유전적 유사성이 불확실한 관련 종들과 비교할 필요는 없을 것이다. 그보다 나는 유전적으로 동일한 같은 종의 서로 다른 두 형태를 대비할 수 있지 않을까 생각한다. 그렇다면, 처녀 생식형과 정상형의 생태학적 차이는 무엇일까?

혹파리들은 균류(fungi), 그중에서도 대개 버섯을 먹이로, 거주지로 해서 살아간다. 날아다닐 수 있는 정상적인 파리가 맨 처음 먹이를 찾는 역할을 맡아 새로운 버섯을 찾아낸다. 이때부터 풍족한 식량 자원 위에서 살게 된 혹파리는 애벌레와 번데기형의 무성 생식을 하며 날지 못하는 무수한 수의 자손을 번식시킨다(버섯 하나로 이 자그마한 파리 수백 마리가 먹고살 수 있다.). 먹이가 풍부하게 남아 있는 한 처녀 생식이 계속된다. 어느 연구자는 먹이를 넉넉하게 공급하고 과밀을 막아 연속적으로 250세대에 걸친 애벌레 무리를 만들어 낸 적도 있다. 하지만 자연 상태에서는 어느 시점에 이르면 버섯이 바닥나고 말 것이다.

한스 울리히(Hans Ulrich)와 그의 동료들은 버섯혹파리(*Mycophila speyeri*)가 먹이 감소에 반응하여 일으키는 일련의 변화를 연구한 바 있다. 먹이가 풍부할 때에는 처녀 생식을 하는 어미들이 4~5일 이내에 모두 암컷인 새끼를 낳았다. 그러다가 먹이를 조금씩 줄였더니 모두가 수컷이거나 암수가 혼합된 새끼들이 나타났다. 마지막으로 암컷 애벌레들을 굶주리게 했더니 그들은 정상적인 파리로 성장했다.

이러한 상관관계는 다소 모호한 적응적 근거를 보여 준다. 날지 못하는 처녀 생식형 암컷들은 버섯에 머물면서 그것을 먹이로 취한다. 그러다가 먹이가 고갈되면 새 버섯을 찾을 수 있도록 날개 달린 새끼들을 낳는다. 그렇지만 이 같은 설명은 우리가 처한 딜레마에 지극히 부분적인 답만 제공할 뿐 우리가 직면하고 있는 중심적인 문제의 해결에는 별 도움이 못 된다. 흑파리들은 애벌레나 번데기 단계에서 왜 그렇게 빨리 새끼를 낳으며 또 어째서 새끼들을 위해서 죽음까지 감수하는 것일까?

이 딜레마에 대한 해답은 '그렇게 빨리'라는 어구에 담겨 있다고 나는 믿는다. 전통적인 진화론은 적응 현상을 설명하는 데 있어서 형태학에 지나치게 집중하는 경향이 있다. 이 경우에 있어서 버섯을 먹고 사는 파리들이, 성체가 되지 않은 채 일관되게 애벌레의 상태를 유지하며 번식함으로써 얻는 이점은 무엇일까? 전통적인 이론은 이러한 문제에 대해 전혀 해답을 주지 못했다. 잘못된 질문을 취했기 때문이다. 그런데 지난 15년 동안 이론 개체군 생태학(theoretical population ecology)이 발달하면서 생물의 적응에 대한 연구를 바꾸어 놓았다. 진화론자들은 비로소 생물들이 크기와 모양을 바꾸는 것뿐만 아니라 생활 시기와 각각의 활동(예를 들면 먹이 섭취, 성장, 번식 등)에 들이는 에너지량을 조절해서도 환경에 훌륭히 적응하고 있다는 사실을 알게 되었다. 이러한 조절 작용을 '생활사 전략(life history strategy)'이라고 부른다.

생물들은 서로 다른 유형의 환경에 적응하기 위하여 서로 다른 생활사 전략을 발달시킨다. 전략과 환경을 서로 관련짓는 이론들 중에서는 로버트 헬머 맥아더(Robert Helmer MacArthur, 1930~1972년)와 에드워드 윌슨이 1960년대에 개발한 r선택(r-selection)과 K선택(K-selection) 이론이 확실히 지금까지 가장 좋은 결과를 내놓고 있다.

일반적으로 교과서에서 묘사하거나 언론에서 보도하는 진화란 생물의 형태가 명백히 개선되어 가는 과정이다. 동물들은 끊임없이 보다 나은 적응 형태를 취함으로써 주위 환경에 꼭 맞도록 정밀 조율된다(fine tuned)는 것이다. 그렇지만 몇 가지 환경 유형들은 그와 같은 진화적 반응을 유발하지 않는다. 어느 생물 종이 불규칙적이고 대규모 사망을 유발하는 환경에 직면했다고 생각해 보자. 이를테면 웅덩이가 바싹 말라버린다든가 얕은 바다에 심한 폭풍우가 몰아쳐 바닥이 드러난다든가 하는 경우이다. 혹은 일시적으로는 먹이를 찾기가 대단히 어렵지만 때로는 식량 공급원이 굉장히 풍부한 경우를 가정해 보자. 그러한 환경 속에는 적응할 만한 안정적인 무엇이 아예 존재하지 않는 까닭에 생물이 자신을 정밀 조율할 수 없게 된다. 그 같은 상황에서는 모든 힘을 번식에 투입하는 편이 오히려 낫다. 가능한 한 많이, 그리고 빨리 자손을 만들면 그중 몇몇이나마 파국에서도 살아남을 수 있을 것이다. 파국은 머지않아 끝날 것이고 그때 자손이 살아남아 새로운 자원을 찾을 수 있으려면 자원이 한정적인 동안에는 미친 듯이 번식에 매달려야 한다.

우리는 형태를 세밀하게 조정하는 대신에 번식을 극대화하려는 진화적 압력을 r선택이라 부른다. 그와 같이 적응한 생물은 r전략가이다(여기서 r은 생태학의 기본 공식에 쓰이는 '개체군 크기의 증가를 결정짓는 계수(係數)'이다.). 반면에 비교적 안정된 환경 속에서 환경이 허용하는 최대의 개체군을 이루며 존재하는 생물 종이라면, 적응 능력 자체가 별 볼일 없는 자손을 많이 낳아 봤자 특별한 이익을 보지 못할 것이다. 그럴 바에야 차라리 정밀 조율된 소수의 자손을 낳아서 기르는 쪽이 훨씬 유리하다. 그런 생물을 우리는 K전략가라고 부른다(K는 위에서 말한 생태학의 기본 공식에서 환경의 '수용 능력'을 가리키는 수치이다.).

처녀 생식을 하는 애벌레형 혹파리는 전형적인 r환경에서 살고 있다. 버섯은 수가 적고 제각기 멀리 떨어져 있지만 자그마한 파리로서는 일단 찾아내기만 하면 먹이는 넘치도록 풍부해진다. 그러므로 혹파리들이 새로 발견한 버섯을 이용해 될 수 있는 대로 빨리 개체군을 번식시킨다면 선택적인 이점을 가지게 된다.

그러면 개체군을 빠르게 성장시킬 수 있는 가장 효과적인 방법은 무엇일까? 혹파리들은 단순히 알을 더 많이 낳아야 할까, 아니면 살아 있는 동안 가능한 한 일찍 번식을 시작해야 할까? 이와 같이 일반적인 문제가 제기됨으로 해서 수학에 관심이 있는 생태학자들에 의해 많은 참고 문헌이 쌓이게 되었다. 그런데 이 문헌들에 따르면, 거의 모든 상황에 있어서 일찍 번식을 시작하는 것이 개체군을 빨리 증가시키는 열쇠가 된다. 번식 개시 연령을 10퍼센트 앞당기면 출산력은 100퍼센트 증가되는 경우가 많았다.

마침내 우리는 혹파리의 특수한 번식 생물학을 이해할 수 있게 되었다. 그들은 조기 번식과 지극히 짧은 수명이라는 놀라운 적응성을 가지도록 진화했다. 그렇게 함으로써 혹파리들은 먹이 자원이 일시적으로 과잉되는 전형적인 r환경 속에서 최고의 r전략가들이 될 수 있었던 것이다. 그들은 애벌레 상태에서 번식을 시작하고, 부화하자마자 그들의 몸 안에서 다음 세대를 키워 내기 시작한다. 그러한 예로 버섯혹파리의 처녀 생식형 r전략가들은 단 한번의 탈피로 완전한 애벌레가 되어 번식을 하며, 단 5일 동안에 많게는 38세대를 거친다. 정상적인 유성 생식형 성체가 성장하는 데 보통 2주일이 걸리는 데에 비하면 처녀 생식형 애벌레는 개체군을 증가시키는 데 있어 경이적인 능력을 보여 준다. 버섯 재배장에 들여놓은 지 불과 5주일 안에 버섯혹파리는 애벌레가 1제곱피트(약 0.09제곱미터)당 2만 마리의 밀도에 도달했다.

여기서 다시 한번 비교를 통해 이 설명이 어떤 의미를 갖는지 확인해 보도록 하자. 혹파리의 생활 양식은 분명 그와 비슷한 환경에서 살아가는 다른 곤충들에게 전파되었을 것이다. 잎사귀 즙을 먹고 사는 진딧물이 그런 예가 될 수 있겠다. 이 작은 벌레들에게는 잎 하나가 혹파리들의 버섯만큼이나 크다. 바꿔 말하면 이것은 최대한 빠르게 진딧물 군단을 만들어 낼 수 있는 일시적이지만 거대한 먹이 자원인 것이다. 대다수 진딧물들은 교대로 처녀 생식형을 가져서 날개를 갖는 세대와 날개를 갖지 못하는 세대를 번갈아 반복한다(그들에게도 월동하는 유성 생식형이 있지만 여기에서는 문제 삼지 않기로 한다.). 여러분이 이미 짐작하고 있듯이, 날개가 없는 진딧물들은 날아다니지 않고 그 자리에서 먹고 번식한다. 애벌레가 아니면서도 그들은 어린 개체의 특징들을 고스란히 간직하고 있다. 또 조기 번식의 놀라운 능력도 그대로 지니고 있다. 실제로 그들의 배 발달은 태어나기 전 어미의 배 안에서 이미 시작되므로 뒤이어 세상에 태어날 제2세대가 '할머니'의 몸 안에 압축되어 들어 있다고 할 수 있다(그러나 진딧물들은 애벌레가 그 어미를 잡아먹지는 않는다.). 개체군을 급속히 증가시키는 그들의 능력은 참으로 대단하다. 모든 자손이 생존해 번식을 계속한다면 진딧물 아피스 파바이(*Aphis fabae*) 암컷 한 마리는 1년 뒤 5240억 마리로 불어날 수 있다. 하지만 먹이가 점차 감소하면 날개 달린 진딧물들이 태어나게 되고, 그들의 성장 발달 역시 훨씬 천천히 진행하게 된다. 그들은 날아가서 새 잎을 찾고, 거기에서 그 자손들은 또 날개 없는 형태로 되돌아가 빠른 세대 주기를 다시 시작한다.

처음에는 아주 기이해 보이던 것이 이제는 무척 논리적이게 되었다. 혹파리나 진딧물의 번식 방법은 어떠한 환경에서는 가장 적합한 전략일 수 있다. 혹파리 생물학의 많은 부분이 아직 전적으로 알려지지 않았기 때문에 이 이상의 주장을 하기는 어렵다. 하지만 우리는 전혀 상관없는 생물인 딱정벌레 미크로말투스 데빌리스 역시 그와 동일한 전략을 채택하고 있다는 불가사의한 일치성을 지적할 수 있다. 이 딱정벌레는 축축하고 썩은 나무를 먹고 살아간다. 나무가 말라 가면 딱정벌레는 유성 생식형 성체를 발달시켜 새로운 자원을 찾아 나선다. 나무 속에서 생활하는 이 곤충은 가장 복잡하고 특수한 세부 사항까지 혹파리의 특징을 그대로 되풀이하는 적응 방식을 진화시켰다. 그들 역시 처녀 생식을 한다. 그리고 형태학적으로 미성숙한 단계에서 새끼를 낳는다. 어린 것들은 어미의 몸 안에서 성장하고 발달해 결국 모체를 먹어 치운다. 어미들은 또한 세 가지 유형의 새끼군을 가진다. 먹이가 풍부할 때에는 암컷만을 낳고, 먹이가 줄어들 때에는 수컷과 암컷을 낳는다.

우리 인간은 신체 발달의 속도가 느리고(7장을 볼 것) 임신 기간이 길며 한배의 자녀 수를 최소한으로 줄인 최고의 K전략가들이다. 그래서 우리는 다른 생물들의 생존 전략을 의심쩍은 눈으로 바라보기 십상이다. 그러나 r선택적 세계에서, 혹파리들은 분명 제 역할을 다하고 있다.

11장
대나무와 매미와 애덤 스미스

 자연은 예사로 가장 공상적인 인간의 전설보다 더 멋진 드라마를 연출해 내곤 한다. 잠자는 숲 속의 미녀는 왕자를 기다리며 100년 동안 잠을 자고 있었다. 브루노 베틀하임(Bruno Bettelheim, 1903~1990년)은 그녀의 손가락이 찔렸다는 것은 월경의 첫 출혈을 의미하고 그녀의 오랜 잠은 완전한 성숙이 시작되기를 기다리는 사춘기의 무기력함을 그린 것이라고 주장했다. 원래 잠자는 미녀는 왕자의 단순한 입맞춤이 아니라 왕과의 동침에 의하여 깨어났으므로 그녀의 깨어남은 성적인 충족의 시작으로 풀이할 수 있다는 것이다(그의 책 『마력의 용법(The Uses of Enchantment)』 (1976년) 225~236쪽을 볼 것.).

 왕대(Phyllostachys bambusoides)라는 거창한 이름이 붙은 대나무가 999년

에 중국에서 꽃을 피웠다. 그 뒤로 왕대는 한번도 틀리지 않고 규칙적으로 120년에 한 번씩 꽃을 피우고 씨를 맺어 왔다. 왕대는 어디에서 자라든지 이 주기를 따르고 있다. 1960년 말에(몇 세기 전에 중국에서 들여와 옮겨 심은) 일본 종이 일본과 영국, 미국의 앨라배마 주와 구소련에서 동시에 꽃을 피웠다. 이 대나무들의 경우 1세기가 넘도록 독신 생활을 하다가 유성 생식을 했기 때문에 잠자는 미녀와의 유사성이 결코 황당무계하지 않다. 그러나 왕대는 두 가지 중요한 점에서 그림(Grimm) 형제의 동화와는 차이가 있다. 이 식물은 120년 동안 아무런 활동도 하지 않고 가만히 있는 것이 아니다. 대나무는 초본(草本)이어서 매년 잎을 피우고 지하의 뿌리줄기로부터 새순을 만들어 무성 생식을 한다. 아울러 이들은 씨앗을 맺고 나서 일시에 죽어 버리기 때문에 — 이른 종말을 위한 오랜 기다림이다. — 그 뒤로도 오랫동안 행복하게 살아가지는 못한다.

펜실베이니아 대학교의 생태학자 대니얼 잰즌은 최근에 발표한 논문 「왜 대나무는 꽃을 피우기 위해 그렇게도 오래 기다리는가(「Why bamboos wait so long to flower」)」(《생태학과 계통학 연보(Annual Review of Ecology and Systematics)》, 1976년)에서 왕대에 관해 흥미로운 설명을 하고 있다. 대부분의 대나무는 개화기 사이의 영양 생장(생식기 이후 다음 생식기에 이를 때까지 몸체를 불려 나가는 성장. 생식 생장과 대비된다. — 옮긴이) 기간이 왕대보다 상대적으로 짧지만 결실의 동시성은 어느 대나무 종에서나 철칙으로 같다. 개화 간격은 대부분 15년 이상이고 그 이하인 경우는 극히 드물다(150년 이상을 기다리는 대나무도 있는 듯하지만 역사적인 기록이 부족해 확고한 결론을 내리기는 어렵다.).

어떤 식물 종이든 간에 개화는 환경적인 요인에 의해서 촉발되기도 하지만 대체적으로는 내부에 존재하는 유전적 시계에 의해 통제되는 것이 분명하다. 규칙적으로 정확한 시기에 개화가 반복된다는 사실이 바로 그 첫 번째 증거라 할 수 있는데, 100종이 훨씬 넘는 식물들의 각기 다른 개화기를 조절하는 단일한 환경적 요인이 아직 알려지지 않았기에 더욱 그러하다. 둘째, 앞서 지적한 것처럼 심지어 원산지에서 지구 반대편에 있는 다른 지방에 이식했을 때에도 동일 종의 대나무들은 동시에 꽃을 피운다. 마지막으로, 동일 종의 대나무들은 아주 다른 환경 조건에서 자라더라도 동시에 꽃을 피운다. 잰즌은 높이가 겨우 반 피트(약 15.24센티미터)밖에 되지 않는 미얀마대나무(Burmese bamboo)를 예로 들었다. 이 대나무는 정글에서 일어난 불로 여러 차례 타 버렸지만 키가 40피트(약 12.19미터)나 되는 불에 타지 않은 같은 종의 대나무들과 동시에 꽃을 피웠다.

대나무들은 도대체 어떻게 해서 연도를 계산할 수 있는 것일까? 잰즌은, 영양 부족인 난쟁이 대나무도 건강한 키다리 대나무와 동시에 꽃을 피우는 것으로 보아 대나무가 체내에 저장된 영양분의 양을 따져 세월을 감지하는 것은 아니라고 주장했다. 그는 대나무의 역법은 "해마다 또는 날마다 축적되거나 감소되는, 온도에 무감각하고 빛에 민감한 어떤 화학 물질에 의존하는 것이 틀림없다."라고 추측했다. 그러나 그는 빛의 주기가 주간(밤~낮)을 통한 일간 주기인지 계절을 통한 연간 주기인지를 짐작할 수 있게 해 주는 아무런 근거도 찾지 못했다. 그렇지만 개화에 빛이 관련되어 있다는 정황적 증거로서 잰즌은 정확한 개화 주기를 갖는 대나무가 적도를 중심으로 위도 5도 이내에서는 자라지 않는다는 사실을 지적했다. 적도 지방은 밤낮과 계절의 변화가 극히 적기 때문이다.

대나무의 개화는 우리에게 좀 더 잘 알려진 경이로운 주기성 — 주기 매미, 이른바 17년을 주기로 번성하는 매미(locust) — 에 관한 이야기를 일깨워 준다(매미(cicada)와 메뚜기(locust)는 전혀 다른 종이다. 그런데도 미국에서는 매미를 locust라 부르기도 한다. 진딧물과 그 근친 종들이 포함된 매미류는 작은 곤충이 대부분인 동시목(同翅目, Homoptera)에 속하는데 매미는 그중 몸집이 가장 큰 종이다. 메뚜기는 귀뚜라미와 함께 직시목(直翅目, Orthoptera)을 이룬다.). 주기적으로 대번성하는 매미 이야기는 대다수의 사람들이 알고 있는 것보다 훨씬 더 경이롭다. 미국 매미의 애벌레는 미국 동부 거의 전역에 분포하는데 삼림의 땅속에서 나무뿌리로부터 수액을 빨아 먹으며 17년을 지낸다(다만 미국 남부의 일부 주에서는 예외적으로 그와 아주 비슷하거나 똑같은 매미의 무리들이 13년을 주기로 대발생하기도 한다.). 그러다가 불과 몇주일 사이에 무수히 많은 성숙한 애벌레들이 한꺼번에 땅 위로 나와 성충이 되고, 짝을 지어서 알을 낳고는 일제히 죽어 버린다(이에 대한 진화적 관점의 가장 뛰어난 설명을 찾으려면 몬테 로이드(Monte Lloyd)와 헨리 다이바스(Henry Dybas)가 1966년 학술 잡지 《진화(Evolution)》와 1974년 학회지 《생태학 논문집(Ecological Monographs)》에 발표한 일련의 논문들을 살펴보기 바란다.).

그 중에서 가장 주목할 만한 것은, 1종이 아닌 3종의 매미가 똑같은 시간표에 맞추어서 조금의 차이도 없이 동시에 나타난다는 사실이다. 지역이 다르면 서로 보조를 약간씩 달리해 나타나기도 하는 듯하다. 시카고 주변의 매미들은 동부 해안 뉴잉글랜드의 매미들과 똑같은 해에 대발생하지 않는다. 하지만 17년 주기(남부에서는 13년)라는 점은 어디에서나 모두 동일하다. 같은 장소에서라면 3종이 언제나 동시에 발생한다. 잰즌은, 매미와 대나무는 생물학적 차이와 지리적 차이에도 불구하고 동일한 진화학상의 문제를 지니고 있다는 것을 깨달았다. 최근의 연구에서 그는 "이 곤충들과 대나무 사이에는 아마도 시간을 계산하는 방식을 제외하고는 뚜렷한 질적인 차이가 없다는 것이 밝혀졌다."라고 기술하고 있다.

진화론자로서 우리는 '왜?'라는 의문에 대한 해답을 찾고 있다. 왜 그와 같이 놀라운 동시성(synchroneity)이 특별히 진화되어야 했는가? 왜 유성 생식 사이의 기간이 그처럼 길어야만 하는가? 파리들의 모체 살해

습성을 검토하면서 내가 주장했듯이(10장을 볼 것), 비록 직관적으로 보기에는 기괴하거나 무의미하게 생각되는 현상일지라도 그에 대한 만족스러운 설명을 생각해 낼 수 있다면 그것은 자연 선택 이론을 뒷받침하는 가장 강력한 근거가 될 것이다.

이번 사례에서는 외형적인 특수성을 넘어 극도의 낭비라는 문제에 부딪치게 된다(왜냐하면 그처럼 이미 대나무의 새순으로 가득 찬 땅에서는 씨앗 중 극히 일부만이 발아할 수 있을 것이기 때문이다.). 개화 또는 출현의 동시성은 그 집단을 이루는 개체 하나하나가 아니라 종 전체에 질서와 조화가 작용한다는 사실을 반영하고 있는 듯하다. 그렇지만 다윈의 이론은 개체가 자신의 이익을 추구한다는 것보다 더 높은 차원의 원리는 전혀 지지하지 않는다. 다시 말하면 다윈의 이론은 미래 세대에서 자신의 유전자를 발현시키고자 하는 개체의 노력만을 인정할 따름이다. 따라서 우리는 유성 생식의 동시성이 매미나 대나무의 개체에 어떤 이점을 제공하는가를 묻지 않을 수 없게 된다.

이 문제는 애덤 스미스가 조화로운 경제를 이루는 가장 확실한 방법으로서 고삐 풀린 자유방임주의(laissez faire) 정책을 지지했을 때 직면한 그 무엇과 비슷하다. 스미스의 주장에 따르면 이상적인 경제는 질서 있고 균형 잡힌 것으로, 이는 오직 자신에게 최선인 이익을 따르는 개인들의 상호 작용으로만 '자연스럽게' 실현된다. 그의 유명한 은유를 빌리면 경제는 오직 '보이지 않는 손(invisible hand)'의 작용에 의해서만 보다 높은 차원의 조화를 향해 나아갈 수 있다.

> 모든 개인이 자신이 생산하는 제품이 최고의 가치를 산출하도록 노력을 기울이면서 자기 이익만을 추구할 때, 그의 그런 의도와는 전혀 관계없이 목적을 증진시키는 보이지 않는 손의 인도를 받게 된다……. 자신의 이익을 추

구함으로써, 그는 실제로 그가 사회의 이익을 증진시키고자 노력할 때보다 훨씬 더 능률적으로 그것을 신장시키는 경우가 많다.

다윈은 애덤 스미스를 자연에 접목해 자신의 자연 선택론을 확립했으므로, 우리는 각 개체에게 주어지는 이점을 강조해서 외형적인 조화를 설명할 수 있는 근거를 찾아야 한다. 그러면 개체로서의 매미나 대나무가 모든 동료들과 동시에, 그리고 그처럼 오랜 시간 간격을 두고서 유성 생식을 수행할 때 각각의 개체에게 돌아가는 이익은 과연 무엇일까?

제일 그럴듯한 설명을 인정하기 위해서는 인간의 생물학이 다른 생물의 생존 경쟁을 대변하지 못하는 빈약한 모델이라는 점을 인식해야만 한다. 인간은 아주 천천히 자라는 동물이다. 우리는 천천히 성숙하는 소수의 자손을 키우는 데에 많은 노력을 기울인다. 인간 개체군은 어린 구성원 거의 모두를 도매금으로 죽여 인구를 조절하는 그런 어처구니없는 전략을 취하지 않는다. 그러나 다른 수많은 생물들은 '생존을 위한 투쟁(struggle for existence)'에서 다른 전략을 채택하고 있다. 어떤 생물들은 막대한 수의 씨앗이나 알을 생산해서 그 중 일부가 어린 시절의 어려움을 극복하기를(말하자면) 희망한다. 그런 생물들은 흔히 포식자의 지배하에 있기 때문에 그들의 진화적 방어 장치는 잡아먹힐 가능성을 극소화하는 전략이어야만 한다. 매미 애벌레나 대나무 씨앗은 많은 종류의 생물들에게 유달리 좋은 먹잇감이 되는 것 같다.

대체로 자연의 역사는 생물들이 다른 생물들에게 잡아먹히지 않기 위해서 각기 다르게 적응해 가는 이야기가 큰 줄거리를 이룬다. 어떤 개체들은 숨기를 잘하게, 어떤 종들은 맛이 없게, 또 어떤 종들은 바늘이 있거나 두꺼운 껍질을 둘러쓰고 있도록, 심지어 어떤 종은 고약한 냄새를 풍기는 근친 종과 눈에 띄게 비슷한 모양이 되도록 진화하기도 한다.

그 목록을 만들자면 끝이 없으므로 우리는 자연의 다양성에 놀라워하며 찬사를 보내지 않을 수 없다. 대나무 씨앗과 매미들 역시 그런 비상한 전략을 구사한다. 그들은 두드러지게 드러나서 쉽게 잡아먹힐 수 있지만, 너무 띄엄띄엄, 또 일시에 엄청난 수가 나타나기 때문에 포식자는 그들을 한꺼번에 먹어 치울 수가 없다. 진화 생물학자들은 이런 방어 수법을 가리켜 '포식자 포만(predator satiation)'이라고 이름 붙였다.

포식자 포만 전략이 효과를 거두려면 두 가지 적응이 선행되어야 한다. 첫째, 대상 생물의 출현이나 번식의 동시성이 아주 정확하여 지극히 짧은 시간 동안에만 시장에 홍수처럼 몰려나와야 한다. 둘째, 포식자들이 그들의 생활사에 먹이 과잉기를 고려하지 못하도록, 이 홍수가 너무 빈번히 일어나서는 결코 안 된다. 만약 대나무가 해마다 꽃을 피운다면 씨앗을 먹는 동물들은 그 주기에 따라 많은 새끼를 낳아서 해마다 풍성하게 열리는 씨앗을 다 먹어 치우도록 적응할 것이다. 그러나 만일 개화기의 간격이 포식자의 수명보다 길다면(자신의 역사를 기록할 수 있는 특별한 영장류를 제외하고는) 주기를 아예 추적할 수 없게 된다. 각각의 대나무와 매미들에게 있어서 동시성의 이점은 명백하다. 보조를 맞추지 못하는 개체는 잽싸게 먹히고 만다('낙오자' 매미들이 이따금 엉뚱한 해에 나타나기도 하지만 그들은 절대로 생존의 발판을 마련하지 못한다.).

비록 아직까지 완전히 증명된 것은 아니지만 포식자 포만 가설은, 왕대와 매미의 독특한 생존 전략에 대해 제대로 된 설명을 하기 위해 필요한 일차적 기준을 만족시킨다. 그것은 서로 관련성이 없는 두 사례 간에 지극히 진기한 일련의 관찰 결과를 조정해 낸다. 예를 들어 수명이 긴 여러 척추동물을 포함해서 다양한 동물들이 대나무 씨앗을 즐겨 먹는다. 이런 맥락에서 본다면 15년 또는 20년보다 짧은 개화 주기가 드물다는 사실이 적지 않은 의미를 갖게 된다. 또한 우리는 씨앗을 동시에 맺게 되면 한 지역 전체를 씨앗으로 뒤덮을 수도 있다는 것을 잘 알고 있다. 잰 즌은 모체가 되는 대나무 아래에 씨앗이 6인치(약 15.24센티미터) 두께로 멍석처럼 깔렸던 사례를 기록으로 남겼다. 집단 개화기에 두 종류의 마다가스카르대나무(Malagasy bamboo)가 10만 헥타르(10억 제곱미터)가 넘는 광대한 지역에 헥타르당 50킬로그램의 씨앗을 뿌렸던 적도 있다.

3종의 매미가 동시에 출현한다는 사실은 정말 인상적이다. 특기할 만한 점은 3종의 출현 시기가 장소에 따라 다르지만 어느 한 지역에서만큼은 변함없이 함께 나타난다는 것이다. 하지만 나는 그 어떤 점보다도 주기의 시간 간격 자체에서 가장 커다란 감명을 받는다. 매미의 주기에는 13과 17년은 있어도 12, 14, 15, 16년이나 18년은 없는데 그 이유는 무엇일까? 13과 17은 공통적인 성질을 지니고 있다. 그 둘은 어떤 포식자의 수명보다도 길면서 동시에 소수(素數, 그보다 작은 정수로 나누어지지 않는 숫자)이다. 다수의 잠재적인 포식자들은 2년에서 5년까지의 생활 주기를 가지고 있다. 그들이 주기 매미의 출현을 고려해 그와 같은 생활 주기를 결정한 것은 아니지만(그들의 절정기는 매미가 출현하지 않는 해인 경우가 많다.) 매미의 주기와 그들의 주기가 일치하는 시기에는 매미를 열심히 먹어 치울 것이 분명하다. 생활 주기가 5년인 포식 동물을 예로 생각해 보자. 매미들이 15년마다 나타난다면 번번이 포식 동물에게 잡아먹히게 될 것이다. 매미는 큰 숫자의 소수를 주기로 택해 주기가 일치할 가능성을 극소화한다(이 경우에는 5×17, 85년). 13과 17년 주기는 그보다 작은 숫자로는 따라 잡히지 않는다.

다윈이 이미 밝힌 바 있듯이 생존이란 대다수의 생물에게 있어서 투쟁이다. 생존의 무기가 반드시 발톱이나 이빨일 필요는 없다. 번식 유형이 큰 몫을 할 수도 있다. 이따금씩 과잉 생산을 하는 것도 성공에 이르는 한 방법이다. 때로는 모든 알을 한 바구니에 담아 두는 게 이로울 수 있는데, 그때에는 알의 수가 반드시 넉넉해야 한다. 또 그처럼 한 바구니에 담는 일을 너무 자주 해서도 결코 안 된다.

12장

미끼물고기를 진화시킨 조개

　1802년 대집사 윌리엄 페일리(William Paley, 1743~1805년)는 생물이 자신에게 주어진 역할에 절묘하게 적응하는 현상을 예로 들어 하느님께 그 영광을 돌리는 작업에 착수했다. 그는 척추동물의 눈이 지니는 기계적인 완벽성으로부터 영감을 받아 하느님의 자비로움을 열렬히 주창했다. 어떤 곤충이 동물의 배설물과 기막히게 비슷하다는 사실 역시 그의 찬탄을 자아내기에 부족함이 없었다. 하느님은 크든 작든 그의 피조물들을 하나같이 보호해 주시는 게 틀림없다고 그는 생각했다. 결국 진화론이 대집사의 위대한 설계를 파헤쳐 버렸지만 그가 처음 펼쳤던 자연신학(natural theology)의 단편들은 아직도 살아 있다.

　현대의 진화론자들 역시 똑같은 각본과 연기자들을 인용하고 있다.

다만 그 법칙이 달라졌을 뿐이다. 요즘 우리는 자연 선택이 절묘한 설계의 집행인이라는 말을 들으며 그와 똑같은 경이와 찬탄을 보낸다. 다윈의 지성적 후손의 한 사람으로서 나는 자연 선택의 이러한 속성을 의심 없이 받아들인다. 하지만 자연 선택의 능력에 대한 나의 신념은 전혀 다른 곳에서 기인한다. 다윈이 말했던 '지극히 완전하고 복잡한 기관들(organs of extreme perfection and complication)'에 바탕을 두고 있지는 않다는 것이다. 그런데 사실은 다윈도, 일부 생물들에게서 관찰되는 절묘한 설계는 자신의 이론에 위협이 되는 문젯거리임을 알고 있었다. 그는 이렇게 기술했다.

눈은, 바라보는 거리가 달라지는 것에 반응하여 초점을 맞추고 밝고 어둠을 구별하여 적당한 양의 빛을 받아들이며 구면 수차와 색 수차를 수정할 수 있는 모방 불가능한 구조를 가지고 있다(렌즈를 통해서 물체의 상(像)이 만들어질 때는 원래의 모습이 그대로 재현되지 않는다. 빛이 렌즈를 통과할 때 각 파장별로 꺾이는 각도가 조금씩 다르고, 또 빛이 렌즈를 통과하는 부위에 따라 굴절률이 약간씩 달라지기 때문이다. 전자의 왜곡 현상을 색 수차(色收差), 후자의 현상을 구면 수차(球面收差)라고 한다. ─ 옮긴이). 이처럼 탁월한 기능을 지니는 눈이 자연 선택에 의해서 만들어졌다고 생각하는 것은 지극히 불합리함을 나는 고백하지 않을 수 없다.

앞의 10장에서 나는 이 경우와는 전혀 상반되는 적응의 문제, 즉 전혀 합리적이지 않은 것처럼 보이는 구조와 행동을 진화의 관점에서 제대로 설명하기 위해 혹파리를 인용했다. 그렇지만 그런 예와는 전혀 궤를 달리 해서 '지극히 완전한 기관들'은 그 고유한 가치를 명백히 보여 주고 있다. 그런 것들은 오히려 어떻게 해서 그것이 발달되었는가를 설명하는 것이 더 어려울 지경이다. 다윈의 이론에 의하면 복잡한 적응은 단번에 일어나지 않는다. 그렇게 된다면 자연 선택은, 보다 적응력이 뛰어난 생물이 갑자기 나타날 때마다 부적자를 제거하는 순전히 파괴적인 작업만을 수행할 것이기 때문이다. 그러나 실제로 자연 선택은 다윈의 이론 체계 안에서 건설적인 역할을 담당한다. 자연 선택은 최종 산물의 한 부분으로서만 의미를 지니는 요소들을 연속적으로 결집시키는 역할을 한다. 그런 중간 단계들이 점진적으로 축적됨으로써 적응이 이루어지는 것이다.

그렇다면 일련의 합리적인 중간 형태들은 도대체 어떻게 해서 만들어지는 것일까? 최초의 눈(目)을 탄생하게 했던 첫 단계의 형태는 그 소유자에게 과연 어떤 가치가 있었을까? 가축의 배설물 모양을 모방했던 곤충은 적으로부터 자신을 보호하는 데 성공했지만, 처음에 그 모습이 겨우 5퍼센트 정도만 똥과 비슷했을 때에도 이득을 얻을 수 있었을까? 다윈의 비판자들은 이런 딜레마를 가리켜 '유용한 구조의 초기 단계(incipient stages of useful structures)'에 적응적인 가치를 부여하는 데서 오는 문제라고 명명했다. 이에 다윈은 진화의 중간 단계를 찾아내서 그것들의 유용성을 구체적으로 제시하는 것으로 반격을 시도했다.

이성의 목소리가 나에게 이런 말을 하고 있다. 만일 단순하고 불완전한 눈에서 복잡하고도 완전한 눈으로 가는 수많은 단계가 있음을 보여 줄 수 있다면, 그 단계 하나하나가 소유자에게 유용하다는 것을 보일 수만 있다면……. 완전하고 복잡한 눈이 자연 선택으로 형성된다는 것을 믿기 어렵다고 해서 그것으로 진화론을 뒤엎어 버릴 수 있다고 생각해서는 결코 안 될 것이다. 설령 인간의 상상력으로는 그것을 제대로 설명해 내기가 대단히 어렵다 해도 말이다.

이 논쟁은 아직도 격렬히 계속되고 있으며 현대의 창조론자들은 지금도 진화론을 반박하는 귀중한 무기로 그런 극도로 완전한 기관들의 예를 자주 활용하곤 한다.

모든 자연사학자들에게는 저마다 즐겨 쓰는 거창한 적응의 사례가 하나씩 있기 마련이다. 내가 드는 예들 중 하나는 담수산 홍합류(freshwater mussel, *unionid*) 람프실리스(*Lampsilis*)속의 몇몇 종들이 가지고 있는 '미끼물고기'이다. 대부분의 조개들이 그렇듯이 람프실리스는 바닥의 퇴적물 속에 몸의 일부를 묻고 꽁무니를 밖으로 삐죽이 내놓은 채 살아간다. 그런데 그 내민 꽁무니의 끝이 영락없이 작은 물고기처럼 생겼다. 그것은 유선형의 몸매에다 잘 설계된 지느러미와 꼬리, 심지어는 몸체에 점점이 박힌 안점(eyespot)까지 완벽하게 갖추고 있다. 게다가 여러분이 믿건 말건 그 외투막 자락은 헤엄을 흉내 내며 율동적인 동작으로 흐느적거리기까지 한다.

대부분의 조개들은 주위의 물에다 바로 알을 낳아서 알들이 그 자리에서 바로 수정되어 배(胚)의 발달 단계를 거치게 한다. 반면에 담수산 홍합류의 암컷들은 몸속에 알을 그대로 품고 있으면서 수컷들이 근처의 물속에 정자들을 발산하도록 해 알을 수정시킨다. 이 수정란들은 육아낭(brood pouch) 구실을 하는 아가미 속의 관 내부에서 발생 단계를 거친다.

람프실리스의 경우에는 임신한 암컷의 부풀어 오른 육아낭이 바로 미끼물고기의 몸통이 된다. 좌우대칭으로 비어져 나온 외투막이 물고기의 양쪽을 에워싸고 있다. 이 외투막은 모든 조개들에서 '피부' 구실을 하며 몸체를 감싸고 있는데 대체로 조개껍데기의 가장자리까지 뻗어 있다. 람프실리스의 외투막은 뻗어 나온 부분이 물고기와 꼭 닮은 모양과 색깔을 하고 있는데, 그 한쪽 끝에는 어김없이 흐느적거리는 '꼬리'가 달

안점과 꼬리를 갖춘 '미끼물고기'가 람프실리스 벤트리코사(*Lampsilis ventricosa*) 위에 올라앉아 있다. 진짜 물고기가 가까이 오면 조개는 유생을 방출한다. 물고기가 유생 중 일부를 삼키면 그들은 물고기의 아가미 속으로 들어간다. 그들은 거기에서 어린 조개들로 성숙한다(존 웰시(John H. Welsh) 제공)

려 있고 다른 끝에는 '안점'이 박혀 있다. 외투막 가장자리 안쪽에 있는 하나의 특수 신경절(神經節, ganglion)이 이 외투막 자락에 자극을 준다. 이 자락들이 주기적으로 움직임에 따라 꼬리에서 시작된 파동이 천천히 앞으로 진행되고 온몸을 따라서 나와 있는 외투막 자락이 부풀어 오르게 된다. 육아낭과 외투막 자락으로 만들어진 이 섬세한 구조물은 그 전체적인 모습뿐만 아니라 움직임까지도 물고기와 흡사하다.

왜 람프실리스 조개들은 뒤꽁무니에 미끼물고기를 올려놓고 있는 것일까? 람프실리스의 별난 번식 생물학이 한 가지 답이 된다. 담수산 홍합류의 유생(幼生)은 성장 초기에 반드시 물고기의 몸에 무임승차해야만 자라날 수 있다. 대부분의 담수산 홍합류 유생들은 작은 갈고리를 두 개 가지고 있다. 그들은 어미의 육아낭에서 풀려나면 하천 바닥에 붙어서 지나가는 물고기를 기다린다. 하지만 람프실리스 유생들은 그러한 갈고리가 없어서 적극적으로 물고기에게 달라붙을 수가 없다. 그들이 살아남기 위해서는 물고기의 입으로 들어가 아가미 속 유리한 장소로 이동해야만 한다. 람프실리스의 가짜 물고기는 움직이는 미끼로서, 유혹하고자 하는 동물의 모양뿐 아니라 움직이는 모습까지도 모방하고 있다. 진짜 물고기가 다가오면 람프실리스는 육아낭에서 유생들을 내보낸다. 그러면 유혹당한 물고기가 그중 일부를 삼키고, 유생들은 물고기의 아가미에 안착하게 된다.

이들과 가까운 관계에 있는 키프로게니아(*Cyprogenia*)속 조개들의 전략은 숙주를 끌어들이는 행위의 중요성을 다시 한번 강조한다. 이들 홍합류는 아이작 월턴(Izaak Walton, 1593~1683년. 낚시광으로 더 널리 알려진 영국의 저명한 작가. ─옮긴이)의 제자들이 후에 다시 고안한 방식으로 '낚시'를 한다. 그들의 유생은 어미의 몸속에서 생성된 단백질로 이루어진 새빨간 빛깔의 '가짜 벌레'에 붙어 있다. '벌레들'은 출수관을 통해 밖으로 배출된다. 물고기들은 이 '벌레들'을 찾아서 먹어 치우는데, 벌레의 일부만 외부에 노출되어 있을 때에는 암컷의 출수관으로부터 그것을 끌어내는 경우도 자주 있다고 몇몇 관찰자들이 보고한 바 있다.

적응의 관점에서 이 '미끼물고기'가 얼마나 탁월한지를 의심하기는 어렵다. 하지만 그런 미끼물고기가 과연 어떻게 해서 진화할 수 있었을까? 어떻게 육아낭과 외투막 자락이 합쳐져 그런 놀라운 속임수의 효과를 내게 되었을까? 우리 인간의 직관으로는 우연히 나타난 행운 또는 미리 예정되었던 것이라고 하는 쪽이, 자연 선택에 의해 중간 형태를 거쳐 점진적으로 만들어졌다는 주장보다 훨씬 더 매력적으로 들린다. 그 중

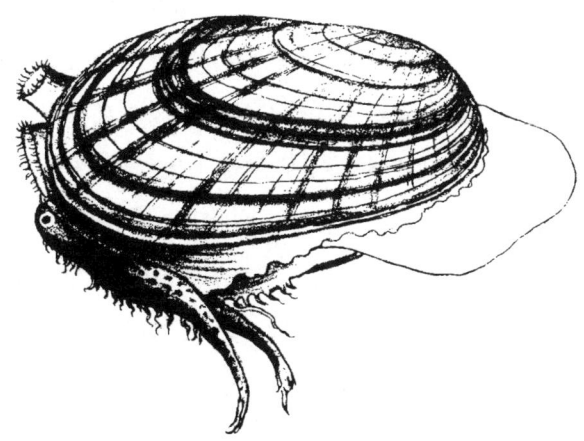

1838년 아이작 리(Isaac Lea)가 '미끼물고기'를 담은 이 그림을 발표했다. 이 그림을 내게 보내준 존 웰시에게 감사드린다.

간 형태가 적어도 진화 초기에는 물고기와 크게 닮지 않았을 것이기 때문이다. 람프실리스의 복잡한 미끼물고기는 다윈 이론의 심각한 딜레마를 설명하는 전형적인 실례가 된다. 우리는 이 유용한 구조의 초기 단계에서 어떤 적응상의 의미를 찾아낼 수 있을까?

이 딜레마를 해결하기 위해서 현대 진화론자들이 내놓은 일반 원칙은 '전(前)적응(preadaptation)'이라는 불행한 이름을 지닌 개념이다(내가 여기서 불행하다고 말하는 데에는 그만한 이유가 있다. 'preadaptation'이라는 용어는 그 단어 자체에 생물 종은 그들의 진화사에서 임박한 사태에 앞서 미리 적응을 도모한다는 뜻을 내포하고 있는데, 사실은 그와 정반대의 뜻으로 사용되어야 하기 때문이다.). 어떤 과학적 가설이 옳다고 인정받는 데에는 의외의 요소가 작용하는 경우가 종종 있다. 낡은 틀 안에다 새로운 정보를 부지런히 모음으로써가 아니라 질문을 미묘하게 재구성함으로써 해결 방안을 찾는 경우도 많다. 전적응의 경우, 정형화된 반론을 받아들이고 중간 형태가 후대의 개량된 형태와 똑같은 방식으로 쓰이지 않았다는 사실을 인정함으로써 초기 단계의 구조가 갖는 기능적 딜레마를 돌파할 수 있다. 다시 말해서 초기 단계의 눈(目) 구조물을 소유했던 생물은 그것을 사물을 보는 데 이용하지 않았다고 주장함으로써 '5퍼센트의 눈이 무슨 쓸모가 있느냐?'는 질문을 피해 갈 수 있다는 것이다.

그런 표준적인 예로서 초창기 물고기는 턱이 없는 모양이었다는 점을 들 수 있겠다. 그렇다면 서로 꽉 짜여 있는 몇 개의 뼈로 이루어진 복잡한 장치가 어떻게 처음부터 진화될 수 있었을까? 하지만 '처음부터'라는 말은 알고 보면 주의를 돌리려고 하는 말이다. 그 뼈들은 옛 조상 물고기들에게도 있었지만 다른 역할을 담당했을 뿐이다. 그것들은 입 바로 뒤에 자리 잡은 새궁(鰓弓, 아가미를 구성하는 반원형 모양의 연골. ― 옮긴이)을 지탱하고 있었다. 그것들은 호흡 작용을 하기에 좋도록 설계되어 있었다. 그것들은 이 역할만을 위해 선택되었으며 미래에 맡게 될 기능에 대해서는 전혀 '알지 못했다'. 그렇지만 그 이면을 살펴보면, 그 뼈들이 후에 턱이 될 수 있도록 매우 놀랍게 전적응되어 있었다는 사실을 알 수 있다. 그 복잡한 장치는 이미 조립되어 있었지만 단지 먹이를 먹는 데 사용되는 것이 아니라 호흡하는 데 쓰였을 따름이다.

그와 마찬가지 경우라고 생각할 수 있는데, 물고기의 지느러미는 어떻게 해서 땅 위를 걷는 사지로 진화될 수 있었을까? 대부분의 물고기들이 가지고 있던 지느러미는 가느다란 가시들이 나란히 배열해 있는 구조여서 땅 위에서는 동물의 무게를 지탱할 수 없었다. 그러나 강바닥에 살았던 민물고기의 특별한 한 무리 ― 인간의 먼 조상들 ― 가 강력한 중심축에 방사상 돌기 몇 개가 부착된 지느러미를 진화시켰다. 놀랍게도 그것은 땅 위의 발이 될 수 있도록 전적응되어 있었지만 당시에는 오로지 물속의 목적에 적합하도록 진화된 기관에 불과했다. 아마 그것은 지느러미의 중심축을 민첩하게 회전시켜 물밑을 기어 다니는 데 그 목적이 있었을 것이다.

간단히 다시 정리하자면 전적응의 원리는 어떤 구조물이 형태를 크게 바꾸지 않으면서 그 기능을 근본적으로 변화시킬 수 있다는 점을 강조한다. 우리는 생물이 기관의 새로운 기능을 발달시키는 도중에는 원래 가지고 있었던 기능을 그대로 유지한다는 주장을 내세워 진화 중간 단계의 망각 지대를 메울 수 있겠다.

그렇다고 하면, 람프실리스가 미끼물고기를 만들어 내는 과정을 이해하는 데 전적응의 개념이 도움이 될 수 있을까? 두 가지 조건을 충족시킬 수 있다면 그럴 수도 있으리라 생각된다. 첫째, 우리는 적어도 물고기의 일부분이 다른 목적을 위해 사용된 적이 있는 중간 형태를 찾아야만 한다. 둘째, 우리는 눈에 보이는 미끼 기능 외에도 물고기 비슷한 형태가 점진적으로 불가사의하게 닮아 가던 초기 단계에 해낼 수 있었던 다른 기능을 구체적으로 제시해야 한다.

람프실리스의 '사촌뻘'인 리구미아 나수타(*Ligumia nasuta*)가 첫째 조건을 충족시킬 수 있는 동물인 듯하다. 이 종의 임신한 암컷들은 외투막 자락이 없는 대신 약간 벌어진 조개껍데기 사이를 이어 주는 짙은 빛깔의 리본 모양을 한 피막을 가지고 있다. 리구미아는 그 피막을 기이하고도 율동적인 동작을 하는 데에 사용한다. 리본의 마주 보는 양쪽 가장자리가 열리면 조개껍데기 한복판에 수밀리미터 길이의 틈이 만들어지는데, 그 틈 사이로 조개 내부 연약한 부분의 하얀색이 리본의 짙은 색과 대조되어 두드러져 보인다. 그래서 물결이 피막을 가르며 퍼져 나갈 때 그 흰 점은 마치 조개껍데기 앞에서 뒤로 움직이는 것처럼 보인다. 그 물결은 2초에 한 번 정도로 반복된다. 존 웰시는 1969년 5월 호 《자연사》에 다음과 같은 글을 썼다.

그 파동의 규칙성은 놀라울 정도로 일정하다. 우리 사람에게, 그리고 아마도 물고기들에게도, 특별히 눈길을 끄는 대상은 짙은 빛깔의 조개와 그것이 반쯤 묻혀 있는 강바닥을 배경으로 마치 움직이고 있는 듯 보이는 흰 점들일 것이다. 그것은 분명히 그 홍합류 유생들의 숙주가 될 물고기를 끌어들이는 미끼가 될 수 있으며, 후에 좀 더 정교하게 물고기를 닮은 미끼로 진화할 가능성이 있는 특수한 적응을 대표한다고 할 수 있다.

우리는 지금 물고기를 유혹하는 장치를 다루고 있는데, 이 장치의 메커니즘은 시각적인 모방이 아니라 추상적이고 규칙적인 동작이다. 만일 외투막 자락이 서서히 진화되면서 물고기를 닮아 가는 동안 이러한 장치가 작용한다면 진화의 초기 단계 문제는 자연히 사라지게 된다. 외투막의 움직임이 처음부터 물고기를 유인할 수 있었기 때문이다. 단지 '대체 기술'(alternative technology, 효과는 좋지만 정밀하고 정교하기 때문에 큰 비용이 드는 기술에 대응해서 비록 효과는 다소 떨어지지만 저렴한 비용으로 쓸 수 있는 대용 기술을 의미한다. ―옮긴이)이 천천히 발달하는 동안 기능이 조금씩 더 향상되어 갔던 것이다.

둘째 조건은 람프실리스가 충족시킨다. 미끼로서 시각적 유사성이 지니는 중요성은 아무도 부정하지 않았지만, 람프실리스 연구의 최선봉에 서 있는 루이스 크레머(Louise Kraemer)는 몸의 '펄럭임(flapping)'이 물고기의 동작을 흉내 내는 데 지나지 않는다는 일반 가설에 의문을 제기했다. 그녀는 외투막 자락의 펄럭임은 육아낭에 있는 유생들에게 산소를 공급하는 역할을 하거나 유생이 방출된 후 물에 떠 있도록 하기 위해서 진화된 것일 수도 있다고 믿고 있다. 만약 그 펄럭임이 처음부터 이러한 이점을 제공하는 것이었다면 외투막 자락이 뜻밖에 물고기와 닮은 것은 정말로 전적응일 수 있다. 외투막 자락이 다른 중요한 기능을 수행하고 있는 동안 자연 선택에 의해 초기의 불완전한 모방이 점차 개선될 수 있었을 것이기 때문이다.

상식이란 것은 벌거벗은 임금님 앞에 선 꼬마의 천진한 정직성보다는 문화적 편견을 반영하는 경우가 더 많다. 따라서 그것은 과학 현상을 꿰뚫어 보는 길잡이가 되기에는 너무나 빈약하다. 다윈 비판론자들은 상식을 빌려서 형태의 점진적인 변화는 기능의 진보적인 발전을 수반해야만 한다는 주장을 내놓았다. 그들은 진화 초기 단계의 불완전한 기능에는 적응상의 가치를 부여할 수 없으므로 초기 단계들은 아예 존재하지 않았거나(즉, 완전한 형태가 일거에 창조되었다고 주장한다.) 혹은 있었다 해도 자연 선택에 의해 일어난 것은 아니라고 단정했다. 전적응의 원리 — 구조적인 연속성에 수반되는 기능의 변화 — 가 이 딜레마를 해결할 수 있다. 다윈은 '상식'에 대한 예리한 평가를 곁들여 눈(目)에 관한 자신의 논문을 다음과 같이 마무리 지었다.

태양이 정지해 있고 지구가 그 주위를 돌고 있노라고 처음 말했을 때 인류의 상식은 그 이론이 거짓이라고 선언했다. 하지만 모든 철학자들이 알고 있는 바와 같이, '백성의 소리는 하느님 소리(*Vox populi, vox Dei*)'라는 옛 속담을 과학에 적용할 수는 없다.

4부

생명의 역사

13장

생물의 5계

내가 열 살 적에 배우 제임스 아네스(James Arness)는 영화 「괴물(The Thing From Another World)」(1951년)에서 사람을 해치는 거대한 당근으로 변신해 나에게 커다란 공포감을 안겨 주었다. 그런데 몇 달 전에, 그때보다는 나이가 들어서 세상 물정을 제법 잘 안다고 할 수 있는 나는 약간 권태로운 기분으로 텔레비전에서 그 영화가 재방송되는 것을 지켜보다가 그만 울컥 화가 치미는 것을 느꼈다. 그 영화가 냉전 중에 미국인들이 가졌던 못된 감정을 그대로 표현하는 정치 선전물이라는 사실을 비로소 깨달았던 것이다. 영화 속 영웅은 적을 철저히 쳐부수기만을 원하는 억센 군인이었고, 악당은 적에 관해서 좀 더 알고 싶어 하는 천진하리만치 자유주의적인 과학자였다. 당근과 비행접시는 공산주의의 위협을 경고

하는 대역물임이 분명했다. 영화의 유명한 마지막 대사 — "하늘을 주의하라."라는 어느 기자의 열띤 호소 — 는 당시 미국 사회에 널리 퍼져 있던 공산주의에 대한 공포와 호전적인 애국주의에 대한 초대장이었다.

그런 내 기억 속에 과학적 사고방식이 유추를 통하여 파고들었고 마침내 이 글이 탄생하게 되었다. 절대적이라고 생각해 온 모든 분류학적 구획이 사실은 그 경계가 흐리멍덩하다는 사실에 주목하자. 우리는 이 세상에는 개념 언어를 가진 동물(인간)과 그렇지 못한 동물들(그 밖의 모든 동물들)이 살고 있다는 말을 곧잘 듣는다. 그러나 침팬지가 말을 한다는 사실이 밝혀졌다(5장을 볼 것). 모든 생물을 식물이나 동물로 나눌 수 있다고 하지만 영화 속의 아네스는 움직이는 대형 채소의 역할을 하면서도(비록 무시무시하기는 했지만) 인간미를 물씬 풍겼다.

식물 아니면 동물. 생물의 다양성을 바라보는 인간의 기본적인 시각은 이 이분법에 바탕을 두고 있다. 그렇지만 이런 생각은 땅 위에 사는 큰 동물로서 우리가 차지하고 있는 지위가 낳은 편견에 불과하다. (광합성을 하지 않는데도 불구하고) 뿌리를 가졌다는 이유만으로 균류를 식물로 분류해 버린다면, 사실 우리는 땅 위에서 살며 우리를 에워싸고 있는 눈에 보이는 생물들을 다 그런 식으로 명쾌하게 배정할 수 있다. 그러나 만약 우리가 플랑크톤의 일원으로 바다에서 떠다니는 생물 종이라면 그러한 구분은 하지 않게 될 것이다. 단세포 수준에서 본다면 어디를 살펴도 가름하기 어려운 생물 종들이 많다. 엽록체를 가져서 광합성을 하는 이동성 '동물'이 있고, 동물이나 식물 중 그 어느 쪽에도 속하기 어려운 박테리아 같은 단세포 생물들도 있다.

분류학자들은 일찍이 딱 두 가지 — 식물계와 동물계 — 만을 인정하여 생물계에 대한 인간의 편견을 법전으로 만들어 놓았다. 독자 여러분은 불합리한 분류 방법이 사소한 문제라고 생각할지도 모르겠다. 모든 생물의 성격을 명확하게 규정할 수만 있다면 설령 우리가 설정한 기본적인 분류가 생물의 풍요로움과 복잡성을 제대로 잘 표현하지 못한다고 해서 과연 누가 그것에 괘념할 것인가? 하지만 분류법이란 중립적인 모자걸이가 아니다. 그것은 인간의 개념들을 지배하는 관계 이론을 표현한다. 침대에다 사람의 몸을 맞추었다는 프로크루스테스(Procrustes, 그리스 신화에 등장하는 괴물이다. 자기 영지를 지나가는 나그네를 붙잡아 철침대에 눕히고는 그 몸이 침대보다 짧으면 잡아 늘이고, 침대보다 길면 긴 만큼 잘라 버렸다고 한다. ― 옮긴이) 적인 식물과 동물의 분류 방법은 인간의 생물관을 일그러뜨렸고 생물 역사에 있어서 중대한 사건 중 일부를 제대로 이해하지 못하게 가로막는 장애물이 되어 왔다.

몇년 전 코넬 대학교의 생태학자 로버트 하딩 휘태커(Robert Harding Whittaker, 1920~1980년)가 생물계 구성의 5계(界) 체제(five-kingdom system)를 제의했다(《사이언스》 1969년 1월 10일). 그의 도식을 최근에 와서 보스턴 대학교 생물학 교수인 린 마굴리스(Lynn Margulis)가 앞장서서 지지하고 확장시켰다(《진화 생물학(Evolutionary Biology)》, 1974년). 전통적인 이분법에 대한 그들의 비판은 단세포 생물에서 시작한다.

인간 중심주의는 노천 채굴에서 고래 남획에 이르기까지 눈에 띄게 광범위한 결과를 빚고 있다. 보통 사람들의 분류법은, 인간에 가까운 동물들은 아주 치밀하게 구분하지만 우리로부터 먼 것들에 대해서는 그저 '단순한' 생물로 간주하고 뭉뚱그려 취급해 버린다. 우리는 포유류의 경우에는 이빨에 새로운 혹 하나만 있어도 간단히 새로운 종으로 규정해 버리지만, 단세포 생물에 대해서는 '원시' 생물이라고 하나로 얼버무리고 만다. 그런데 전문가들은 이제 생물의 가장 근본적인 구분은 '고등' 식물과 '고등' 동물 사이에 있지 않다고 주장한다. 새로운 구분의 커다란 획은 단세포 생물들 사이에 그어진다는 것이다. 우리는 한쪽에 박테리아와 남조류(blue-green algae)를 두고, 그 반대편에 다른 무리의 조류(藻類, algae)와 원생동물(아메바, 짚신벌레 등등)을 둘 수 있다. 그리고 휘태커와 마굴리스에 따르면 그 어느 무리도 식물 또는 동물이라고 딱 잘라 구분할 수 없다. 단세포 생물을 구분하기 위해서는 두 개의 새로운 생물계를 추가해야 하는 것이다.

박테리아와 남조류에는 고등 세포의 내부 구조물, 즉 '세포 기관(organelle)'이 없다. 그들은 세포핵, 염색체, 엽록체, 미토콘드리아(고등 세포의 '에너지 공장') 등을 갖지 않는다. 그러한 단순한 세포들을 원핵생물(prokaryotes, '알맹이' 또는 '중핵'이라는 뜻의 그리스 어 'karyon'에서 비롯된 단어로 대략 '핵 이전 before nuclei'이라는 의미를 갖는다.)이라 부른다. 세포 기관들이 있는 세포는 '진핵생물(eukaryotes, 진실로 핵이 있는)'이라고 한다. 휘태커는 이런 식의 구분을 생물계를 "가장 명확하고 가장 효과적으로" 나눌 수 있는 방법이라 생각하고 있다. 이런 분류법을 뒷받침하는 별개의 주장이 세 가지 있는데 아래와 같다.

1. 원핵생물의 역사. 인간이 알고 있는 가장 오래된 생물의 증거는 약 30억 년 전의 암석으로 거슬러 올라간다. 그때부터 줄잡아 10억 년 전까지 일체의 화석 증거들은 원핵생물의 존재만을 나타내고 있다. 약 20억 년 동안 이 지구 위에서 가장 복잡한 생물 형태는 남조류였다. 그 뒤로는 의견이 갈라진다. 캘리포니아 대학교 로스앤젤레스 분교(UCLA)의 고생물학자 윌리엄 쇼프(William Schopf)는 오스트레일리아에 위치했던 약 10억 년 전의 바위에서 진핵 조류의 증거를 찾아냈다고 믿는다. 다른 과학자들은 쇼프가 발견했다고 주장하는 세포 기관들은 원핵 세포가 사후에 변질된 흔적에 지나지 않는다고 반박한다. 만약 그런 비판이 옳다면 6억 년 전 캄브리아기의 '대번성' 직전인 선캄브리아 말기까지 진핵

세포의 증거를 달리 찾을 수 없게 된다(14장과 15장을 볼 것). 그 어떤 경우에도 원핵생물들은 생물 역사의 3분의 2에서 6분의 5에 이르는 기간 동안 이 지구를 독점하고 있었다. 쇼프가 선캄브리아기를 '남조류의 시대'라고 지칭한 것은 그럴 만한 이유가 있다고 하겠다.

2. 진핵 세포 기원론. 마굴리스는 최근에 옛 이론을 새로이 지지하고 나서서 굉장한 관심을 불러일으켰다. 처음에는 그 발상이 매우 황당무계하게 여겨져서 많은 동의를 얻지 못했지만 그럼에도 불구하고 단기간에 커다란 주목을 끌게 되었다. 나는 정말로 그녀의 주장에 성원을 보내고 있다. 마굴리스는 진핵 세포들이 원핵생물의 집합체(colony)로서 출현한 것이라고 주장한다. 이를테면 인간의 세포핵과 미토콘드리아는 본래 독립적이었던 원핵생물들로부터 출발했다는 말이다. 어떤 현생 원핵생물은 진핵 세포 안으로 들어가서 공생자(symbiont)로서 생존할 수 있다. 대다수 원핵 세포들은 진핵 세포의 세포 기관들과 크기가 엇비슷하다. 광합성을 하는 진핵생물의 엽록체들은 어떤 남조류의 세포와 놀랄 만큼 유사하다. 결정적으로 미토콘드리아와 같은 일부 세포 기관들에는 자기 복제적인 유전자가 들어 있는데, 그것은 그들이 이전에는 완전한 생물로서 독립된 존재였다는 흔적을 보여 준다.

3. 진핵 세포의 진화적인 의미. 피임을 지지하는 사람들은 생물학을 자신들 편의대로 해석하여 성행위와 번식은 그 목적이 서로 다르다고 주장한다. 번식은 종을 증식시키는 수단이므로 원핵생물들이 활용하는 무성 출아법과 이분법보다 더 능률적인 방법은 없다. 반면에 성(性)의 생물학적 기능은 둘(또는 그 이상) 개체들이 서로의 유전자를 혼합하여 다양성을 증진시키는 데에 있다(자손에게 유전자를 혼합해 전하는 데 편리하기 때문에 성은 일반적으로 번식과 결합되어 있다.).

만약 생물들이 유전적인 다양성을 풍부하게 확보하고 그것을 유지하지 못한다면 중대한 진화적 변화들은 전혀 일어날 수 없을 것이다. 자연선택의 창조적 과정은 광대한 유전자 풀(gene pool)에서 유리하고도 다양한 유전자들을 동원할 수 있어야만 작용한다. 성(性)이 대규모 변이를 제공할 수도 있지만 효과적인 유성 생식을 위해서는 유전 물질을 별개의 단위체(염색체들)로 포장해 두는 것이 유리하다. 따라서 진핵생물의 성세포들은 정상 체세포가 갖는 염색체 양의 절반을 담고 있다. 자손을 생산하기 위해 2개의 성세포가 결합하면 비로소 본래 양만큼의 유전 물질이 모이게 된다. 반면에, 원핵생물의 성은 빈번하지 않으며 또 효과적이지도 못하다(원핵생물의 성은 하나의 세포로부터 다른 세포로 유전자 몇 개가 일방향으로 전달되는 현상이다.).

무성 생식은, 만약 새로운 돌연변이로 사소한 변화가 유발되지 않는다면 어미 세포와 동일한 복제품 세포를 만드는 과정이다. 그러나 새로운 돌연변이란 자주 나타나지 않는 것이 보통이어서 무성 생식을 하는 생물 종들은 의미 있는 진화적 변화를 일으킬 만큼 충분한 다양성을 지니지는 못한다. 따라서 20억 년 동안 원핵 세포인 남조류들은 남조류로 남아 있었다. 그런데 진핵 세포는 성(性)을 실현시켰다. 그리고 10억 년도 안 되는 짧은 기간 동안에 사람, 바퀴벌레, 해마, 페튜니아, 비늘백합(백합과의 조개) 등등이 있는 멋진 세상이 펼쳐졌다.

본질적으로 단세포 생물인 원핵 세포와 단세포 생물이지만 핵을 갖는 진핵 세포를 갈라놓기 위해서는 가장 윗단계의 분류학적 기준을 적용해야 한다. 그렇게 해서 단세포 생물들 사이에 2개의 생물계가 확립되었다. 우리는 이제 원핵생물(박테리아와 남조류)을 모네라(Monera)라고 하고, 진핵생물들을 원생생물(Protista)이라고 해서 두 생물군을 구분한다.

다세포 생물들 사이에서는 전통적인 의미의 식물계와 동물계가 그대로 존립한다. 그러면 제5의 생물계는 도대체 무엇일까? 곰팡이와 버섯으로 대표되는 균류를 생각해 보기로 하자. 인간이 사용하는 프로크루스테스적인 이분법은 그것들을 강제로 식물계에 집어넣었다. 아마도 그들이 한곳에 뿌리박고 살아가기 때문이리라. 하지만 실제 식물과 곰팡이의 유사성은 잘못 알려진 이 특징 정도에서 끝난다. 고등 균류는 식물처럼 외형상 도관 시스템(물관과 체관으로 이루어진다. — 옮긴이)을 유지하고는 있다. 하지만 식물에서는 도관을 통하여 영양소가 이동하는 데 비해 균류에서는 원형질 자체가 균류관을 따라서 이동한다. 대다수 균류들은 암컷과 수컷의 핵을 합치는 유성 생식 대신 여러 세포의 핵을 다핵 조직으로 결합시켜 생식한다. 균류의 특징을 열거하는 목록은 더 길어질 수도 있지만 그들이 광합성을 하지 않는다는 중대한 사실 앞에서는 그 모든 항목들이 빛을 잃고 만다. 균류는 먹이 공급원에 묻혀 생활하면서 영양분을 흡수한다(체외 소화를 위해 흔히 효소를 분비한다.). 이런 특징들로 인해 균류는 다섯째이자 마지막 생물계를 형성한다.

휘태커가 주장하는 바와 마찬가지로 다세포 생물의 3개 생물계는 형태학적인 분류로서뿐만 아니라 생태학적 분류로서도 합당하다. 이러한 분류는 지구상에서 행해지는 생존의 세 가지 주요한 방식을 식물(생산), 균류(환원), 동물(소비)로써 잘 표현하고 있다. 여기에서 나는 우리 인간의 약점인 자만심의 관(棺)에 또 하나의 못을 박아 두고자 하는데, 주요한 생명 순환은 생산과 환원으로 충분히 운영될 수 있다는 점을 서둘러 밝히는 바이다. 이 세상은 소비자들 없이도 얼마든지 잘 유지될 수 있다(동물들은 없어도 괜찮으며 여기에는 인간도 포함된다. — 옮긴이).

생물의 다양성을 조리 있게 설명해 준다는 점에서 나는 생물의 5계 분류법을 좋아한다. 그것은 복잡성의 정도에 따라 생물을 3단계로 배열한다. 원핵 단세포 생물(모네라/Monera), 진핵 단세포 생물(원생생물/Protista),

그리고 진핵 다세포 생물(식물/Plantae, 균류/Fungi, 동물/Animalia)이 그것이다. 나아가서 단계를 밟아 올라감에 따라 생물은 한층 더 다양해진다. — 이것은 설계의 복잡성이 증가하면 변이의 기회가 한층 늘어나기 때문에 예견될 수 있는 결과이다. 이 세상에는 모네라계보다는 원생생물계의 생물들이 훨씬 더 다양하게 존재한다. 제3단계에서는 다양성이 대단히 커져서 3개의 독립된 생물계가 그 안에 속하게 된다. 마지막으로 나는 한 단계에서 다음 단계로의 진화적 이행 과정이 진화 역사상 적어도 한 번 이상 일어났다는 점을 지적해 둔다. 복잡성의 증가에서 오는 이점이 매우 크기 때문에 수많은 계열의 생물들이 몇 가지 가능한 구조로 집중하게 되었다. 각 생물계의 성원들은 공통의 조상을 갖는다는 점에 서가 아니라 공통적인 구조를 지닌다는 점에 의해서 하나로 뭉쳐진다. 휘태커의 견해에 따르면 식물들은 조상인 원생생물에서 적어도 4차에 걸쳐 독립적으로 진화되었고, 균류는 줄잡아 5회, 동물은 최소한 3번에 걸쳐 진화되었다. 기이하게 보이는 중생대(中生代, Mesozoic Era) 동물과 해면동물, 그 밖의 모든 것들이 이렇게 수차례에 걸친 진화의 산물이라고 하겠다.

이런 3단계, 5계의 생물계 분류 방식은 첫눈에도 생물 역사의 필연적인 진보를 기록하고 있는 것처럼 보인다. 다양성의 증가와 수차에 걸친 변이(transition)가 보다 높은 수준을 향해 가는 명명백백한 진행 과정을 그대로 반영하고 있는 듯하다. 그러나 고생물학상의 기록들은 그러한 해석을 전혀 지지해 주지 않는다. 생물들이 더 높은 수준을 향해 지속적으로 진보하고 있다는 사실을 입증할 수 있는 증거는 어디에도 없다. 대신 우리는, 전혀 변화가 없거나 있다고 해도 아주 사소한 변화만 있는 기간이 오랫동안 지속되다가 갑자기 완전히 새로운 체계를 탄생시킨 엄청난 진화적 폭발이 한 차례 있었다는 것을 알고 있다. 생물 역사의 처음 3분의 2에서 6분의 5까지에 걸친 기간에는 모네라계 생물들만이 지구에 살았는데 그동안에는 '하등'에서 '고등' 원핵생물로의 지속적인 진보를 발견할 수 없다. 마찬가지로 캄브리아기의 대번성이 지구의 생물계를 모두 채우고 난 후에는 생물의 기본 설계에 더 이상 보태진 것이 없었다. 비록 제한적인 진보의 증거들 — 예를 들어 척추동물과 관다발 식물들의 출현과 같은 — 이 몇몇 기본 설계의 테두리 속에서 진행되었다고 주장할 수는 있겠지만 말이다.

오히려 그보다는 지금으로부터 약 6억 년 전 캄브리아기 대번성을 둘러싼, 생물 역사의 약 10퍼센트에 해당되는 기간 동안에 생물계 거의 전체가 출현했다고 인정하는 것이 한결 자연스럽다. 나는 이제 진화 역사에 있어서 가장 중요한 두 가지 사건을 지적하고자 한다. 그 하나는 진핵 세포의 진화로서, 이 사건으로 보다 효과적인 유성 생식이 가능해져 유전자의 다양성이 크게 증가했고 따라서 복잡성이 증진되었다. 둘째는 다세포 진핵생물의 폭발적인 대번성인데, 이 사건의 결과로 비로소 생태계가 가득 차게 되었다.

생물계는 그 이전까지 조용했고, 그 이후에도 비교적 조용했다. 만약 지질학적, 생태학적 효과를 고려한다면 최근에 일어났던 의식(consciousness)의 진화 정도가 캄브리아기 이후 가장 두드러진 대변혁이라고 할 수 있을 것이다. 진화의 중대한 사건들이라고 해서 반드시 새로운 설계의 출현을 수반하는 것은 아니다. 그 가장 최신 산물 중 하나인 인간이 세계의 미래를 보장할 만큼만 자신을 억제할 수 있다면, 유연성이 풍부한 진핵생물들은 앞으로도 계속 고상하고 다양한 생물 종들을 발전시켜 나갈 것이다.

14장
무명의 단세포 영웅들

　독일에서 진화론 대중화에 가장 큰 역할을 했던 위대한 생물학자 에른스트 헤켈은 새로운 단어를 만들어 내는 것을 무척 좋아했다. 그가 창작했던 수많은 단어들의 대부분은 반세기 전 그의 죽음과 더불어 세상을 떠났지만 '개체 발생(ontogeny)', '계통 발생(phylogeny)', '생태학(ecology)' 등의 용어는 지금도 여전히 사용되고 있다. 그런데 마지막의 생태학이라는 단어는 지금 전혀 상반되는 운명을 맞고 있다. 그 범위가 확대되고 지극히 과장되어 통용됨으로써 본래의 의미를 상실하고 있다는 말이다. 요즘 우리는 일반적으로 도시에서 멀리 떨어져 일어나는 어떤 좋은 일이나 그 속에 합성 화학 물질이 포함되지 않은 물건을 가리킬 때에 '생태' 또는 '생태학'이라는 단어를 마치 접두사처럼 붙여서 사용하고 있다(생태 관광, 생태 건축, 생태 도시 등이 그런 예가 될 것이다.). 보다 전문적이고 제한된 의미에서 생태학은 생물의 다양성을 연구하는 학문이다. 그것은 생물과 환경의 상호 작용에 초점을 맞추어 진화 생물학에 있어 가장 근본적인 질문이라고 할 수 있는 다음의 문제에 답을 구하도록 한다. "왜 세상에는 그렇게 많은 종류의 생물이 존재하는가?"

다윈주의 탄생 이후 약 1세기에 걸쳐서 생태학자들은 이 문제를 탐구했으나 거의 성공을 거두지 못했다. 생물계의 압도적인 복잡성에 직면해 있으면서도 그들은 단지 경험론적인 방법을 취해서 일부 제한된 지역의 비교적 단순한 생태계만을 연구 대상으로 삼아 자료를 수집하는 데에 그쳤던 것이다. 그런데 다윈의 『종의 기원』이 출판되고 나서 100주년을 맞고도 다시 20년 가까이 지난 이즈음, 그동안 진화학 분야의 빈약한 자매 학문에 불과했던 생태학이 단연 지도자적인 위치로 부상하고 있다. 수학적 재능을 지닌 과학자들의 노력에 힘입어 생태학자들은 이미 생물들 사이에서 벌어지는 상호 작용의 이론적 모델을 구축했으며, 그것들을 이용해서 현장에서 얻은 자료를 새롭게 해석하는 일에 성공하고 있다. 우리는 마침내 생물 다양성의 원인들을 이해하고 계량화하는 초입에 들어서고 있는 것이다.

중요한 과학적 발전은 통상 다른 분야에까지 영향을 미쳐서 각각의 분야가 안고 있는 고질적인 문제들을 해결하는 열쇠가 되곤 한다. 이론 생태학은 보통 '생태학적' 시간의 최소 단위 안에서 그 영향력을 발휘하는데 여기에서 말하는 최소 단위는 보통 한 계절 내지는 가장 길게 보아서 몇 년 정도의 시간을 의미한다. 그런데 이 분과가 매우 긴 시간 단위 — 생물 역사 중의 30억 년 — 의 관리자인 고생물학에 드디어 영향을 미치기 시작했다. 뒤에 나오는 16장에서 나는 이론 생태학이 어떻게 생물 다양성을 서식 지역에 연관시켜 페름기 대멸종이라는 커다란 의문을 해결할 수 있었는지 살펴볼 것이다. 그렇지만 여기에서는 먼저 고생물학에서 두 번째로 중대한 딜레마인 '캄브리아기의 생물 대번성'이라는 주제를 풀어내는 데 또 다른 생태학 이론이 어떻게 기여할 수 있는지를 먼저 알아보자. 나는 다양성과 포식 행위의 관계가 중요한 실마리를 제공할 수 있다는 주장을 펴고자 한다.

지금으로부터 약 6억 년 전, 지질학자들이 캄브리아기라고 부르는 시대의 초엽에 불과 수백만 년이라는 비교적 짧은 기간 동안 대부분의 무척추동물 문(門, phylum)이 일시에 출현했다. 그렇다면 그 이전의 지구 역사 40억 년 동안에는 도대체 무슨 일이 일어났던 것일까? 초기 캄브리아기 세계에 그와 같은 대단한 진화학적 사건을 촉발시킨 동인은 과연 무엇이었을까?

이런 질문들은 100여 년 전 진화론이 확립된 이후 지금까지 고생물학자들을 괴롭혀 왔다. 설령 다윈주의와 직접 충돌하지는 않는다 해도 진화학상으로 단기간에 걸친 대번성과 대멸종의 사태는 제대로 설명해 내기가 그리 쉽지 않기 때문이다. 게다가 서양 사상에 깊이 뿌리내린 편견은 우리가 계속성과 점진적인 변화를 찾는 쪽으로 주의를 기울이게끔 만들기 쉬운 것 또한 사실이다. 옛날 자연사학자들이 선포했던 '자연은 도약하지 않는다(*natura non facit saltum*).'라는 믿음이 우리 마음의 밑바탕에 깔려 있는 것이다.

캄브리아기의 대번성에 크게 당황한 찰스 다윈은 『종의 기원』 마지막 판(제6판, 1872년)을 다음과 같이 고쳐 썼다. "우리 앞에 놓인 이 사례(캄브리아기 생물의 대번성)는 설명할 수 없는 상태로 남아 있다. 이것이 이 책에서 제시하고 있는 관점을 부정하는 정당한 증거가 된다는 주장이 나옴 직도 하다." 사실 다윈이 살던 시대에는 사태가 훨씬 더 불리했다. 당시에는 선캄브리아기 화석이 단 한 개도 발견되지 않았으며, 따라서 캄브리아기의 대번성으로 등장한 복잡한 무척추동물들이 최초의 지구 생물이라는 주장이 제기되고 있었다. 그처럼 다양한 형태의 생물들이 처음부터 그와 같이 복잡한 구조를 갖추고 동시에 출현했다고 한다면 하느님이 캄브리아기를 창조의 순간(즉 6일 동안)으로 삼았다고 주장 못할 것도 없지 않은가?

다윈이 부딪쳤던 난관은 그 뒤 일부가 해결되었다. 우리는 이제 30억 년이 넘는 과거를 거슬러 오르는 선캄브리아기의 생물 기록을 손에 쥐고 있다. 박테리아류와 남조류의 화석들이, 전 세계 여러 곳에 있는 20억 년 전에서 30억 년 전까지의 것으로 추정되는 암석들에서 발견되었던 것이다.

선캄브리아기 고생물학의 커다란 업적인 이러한 발굴 성과는 사람들을 크게 흥분시켰지만 그럼에도 불구하고 캄브리아기 대번성에 관련된 의혹들을 완전히 불식시키기는 어려웠다. 당시 화석들에는 단순한 박테리아와 남조류(13장을 볼 것), 그리고 녹조류(green algae)와 같은 고등 생물에 속하는 일부 식물들이 들어 있을 뿐이었다. 따라서 복잡한 다세포 생물인 후생동물(後生動物, Metazoa. 동식물과 균류를 포함하는 무리를 총칭한다. ─ 옮긴이)의 진화 역시 갑작스런 출현으로 취급되었다(선캄브리아기의 것으로는 단 하나의 동물상(動物相, fauna)이 오스트레일리아 에디아카라에서 발견되었다. 그곳에서는 현존하는 부채산호, 해파리, 지렁이 비슷한 동물, 절지동물 등의 근연종들이 발견되었으며 또 오늘날 생존하는 어떤 생물들과도 전혀 닮지 않은 정체불명의 신비한 생물군 두 종도 발견되었다. 그런데 에디아카라 암석층은 캄브리아기층 바로 아래에 있어서 지극히 미미한 차이로 선캄브리아기에 편입된다. 그밖에도 세계의 몇몇 지역에서 이러한 고립된 동물군의 자취가 발견되었는데 그것들 역시 간신히 선캄브리아기의 것으로 분류되었다.). 선캄브리아기 암석이 보다 철저하게 연구되면서, 복잡한 후생동물들이 당시에 이미 실재하기는 했지만 우리가 아직 그 증거를 발견하지 못했을 뿐이라는 일부의 완고한 주장은 마침내 무너졌다. 하지만 문제는 한층 더 어려워진 셈이다.

지난 한 세기 동안 캄브리아기 대번성에 관한 논쟁이 진행되는 사이에 그것을 과학적으로 설명하기 위해서 다음과 같은 두 가지 기본 전략이 제시되었다.

첫째, 우리는 캄브리아기 대번성이 진실과는 거리가 먼 왜곡된 설명에 불과하다고 주장할 수 있겠다. 서구 학문의 편견에 따르면 진화란 아주 느리고도 점진적으로 진행되는 사건이다. 이른바 대번성이라는 것은 선캄브리아기에 오랜 기간 동안 생존하고 번성했던 동물들이 화석 기록상 단지 처음 출현했다는 것을 말할 따름이다. 그렇다면 무엇이 그와 같이 풍요로운 동물상의 화석화를 방해했을까? 이 부분에 대해서는 황당무계하고 임시변통적인 발상에서부터 지극히 가능성이 높은 제안에 이르기까지 다양한 가설들이 있다. 그 가운데서 몇 가지를 인용해 본다.

(1) 캄브리아기는 변성되지 않은 암석층이 처음으로 보전된 시대다. 선캄브리아기의 퇴적물들은 극도의 열과 압력을 받았으므로 그 안에 들어 있던 화석 잔해들은 모두 소멸되고 말았다는 주장이다. 하지만 그동안의 경험에 비추어 볼 때 이 논리는 완전히 틀렸다고 해도 좋을 것이다.

(2) 생물은 육지의 호수에서 진화되었다. 캄브리아기는 그 동물들이 호수에서 바다로 이동했다는 것을 의미한다(화석화는 대부분 바다에서 이루어진다. — 옮긴이).

(3) 초기의 모든 후생동물들은 연약한 몸체를 가졌다. 캄브리아기는 화석화될 수 있는 단단한 부분이 처음으로 진화한 시기였다.

첫 번째 가설은 조류보다 더 복잡한 생물이라고는 전혀 없었던 선캄브리아기의 화석이 풍부하게 발견됨에 따라 그 인기가 곤두박질치고 말았다. 그래도 단단한 부분만 남아 있을 수 있었다는 주장은 비록 완전하지는 않아도 그나마 한 가닥의 진실을 내포한다. 껍데기가 없는 조개란 생존 가능한 동물이 아니다. 단지 외피를 만들어 준다고 해서 연약한 몸체의 동물이 완전하게 되는 것은 아니기 때문이다. 섬세한 아가미와 복잡한 근육 조직은 단단한 겉껍데기와 연동해서 진화되었음이 분명하다. 연체동물의 단단한 부분을 만들기 위해서는 그 조상의 동시적이고 복잡한 변형이 요구된다. 따라서 캄브리아기의 갑작스러운 출현은 그 당시에 동물들이 매우 빨리 진화했음을 암시한다.

두 번째 가설로서 우리는 캄브리아기 대번성은 복잡한 구조들이 지극히 빨리 진화되었음을 보여 주는 실제적인 사건이라고 주장할 수 있겠다. 그런데 그와 같이 급속한 진화의 폭발이 일어났다면, 연약한 몸체를 가졌던 캄브리아기 후생동물의 선조들에게는 분명 어떤 중대한 사태가 일어났을 것이다. 여기에 대해서 우리는 서로 겹치는 두 가지 가능성을 제시할 수 있다. 물리적 환경 또는 생물학적 환경의 변화가 그것이다.

1965년 댈러스 대학교의 물리학자 로이드 버크너(Lloyd Berkner)와 로리스턴 마셜(Lauriston Marshall)은 지구 대기층의 산소량이 캄브리아기 생물 대번성에 직접적으로 물리적인 통제를 가했을 것이라는 유명한 논문을 발표한 바 있다. 지질학자들은 그동안 원래의 지구 대기 속에는 자유 산소가 극히 적었거나 전혀 없었다는 데에 의견을 같이하고 있었다. 산소는 생물 활동의 한 결과 — 선캄브리아기 조류들의 광합성 작용 — 로 점진적으로 축적되었다. 그런데 후생동물들은 두 가지 이유에서 다량의 자유 산소를 필요로 했다. 산소는 직접적으로는 호흡에 쓰였고 간접적으로는 오존 상태로 대기 상층부에 존재하면서 유독한 자외선이 지표면에 있는 생물들에게 도달하기 전에 흡수하는 역할을 맡았다. 버크너와 마셜은 캄브리아기에 이르러서야 비로소 공기 중의 산소 농도가 생물의 호흡과 유독한 방사능 차단 기능에 동시에 소용되기에 충분한 수준에 도달했다고 주장했다.

그러나 이처럼 그럴듯한 견해도 지질학적 증거에 의해 산산조각이 나고 말았다. 광합성 생물들은 25억 년 이전부터 풍부하게 존재해 왔을 가능성이 크다. 동물이 호흡하기에 충분한 산소가 축적되는 데에 약 20억 년이 소요되었다고 추정하는 것이 과연 합리적일까? 더욱이 지금으로부터 20억 년 전에서 10억 년 전까지의 기간에 형성된 광범위한 퇴적층들에서 고도로 산화된(oxidized) 암석들이 많이 발견되었다.

버크너와 마셜의 가설에는 비생물학자들 사이에서 너무도 흔히 발견되는 그릇된 태도가 담겨 있다. 그들은 생물계의 복잡성을 잘 이해하지 못하기 때문에 인간이 만든 기계가 생물의 모델로서는 빈약하기 짝이 없다는 사실을 잘 인정하지 않는다. 물리적 모형들은 흔히 물리력의 충격에 자동 반응하는 당구공처럼 자체 운동 능력이 없는 단순한 물체를 택해 만들어진다. 그러나 생물은 그와 같이 쉽게 휘두를 수 있는 대상이 아니다. 버크너와 마셜의 가설은 내가 '물리주의(physicalism)'라고 이름 붙인 당구공 사고방식에 바탕을 두고 있다. 그것에 따르면 후생동물들은 그들의 생존을 가로막는 장벽이 제거되자 즉각 자동적으로 출현하게 되었다. 그러나 충분한 산소가 있다고 해서 그것을 호흡할 수 있는 모든 생물들이 즉각 진화하리라는 보장은 없다. 산소는 후생동물들의 진화에 반드시 필요한 조건이지만 그것만으로는 한심할 정도로 충분하지 못하다. 사실 캄브리아기 대번성 이전의 약 10억 년 동안에도 산소는 충분히 존재했을 것으로 생각된다. 따라서 우리는 필시 생물학적인 제어 장치를 살펴봐야만 할 것이다.

존스 홉킨스 대학교의 스티븐 스탠리(Steven Stanley) 교수는 최근에 한 인기 있는 생태학 이론 — '수확 원리(cropping principle)' — 을 이용하면 그와 같은 생물학적 제어 기능을 제대로 설명할 수 있을 것이라는 주장을 펼쳤다(1973년 《미국 과학원 논문집(*Proceedings of the Vational Academy of Science*)》). 위대한 지질학자 찰스 라이엘은 과학적 가설은 상식과 상충되어야만 품위와 흥미가 있다고 주장했다. 이 수확 원리가 바로 그런 반직관적 관념의 실례라고 할 수 있다. 생물 다양성을 유발하는 원인에 대해서 생각할 때 우리는 수확자(cropper, 그것이 초식 동물이든 육식 동물이든 상관없다.)가 유입되면 주어진 지역의 생물 종 수는 감소될 것이라고 지레짐작하기 마련이다. 궁극적으로는 어느 동물이 이전까지 처녀지였던 곳에서 먹이를 거둬들이게 되면 생물 다양성이 감소하고 희귀한 종들 중 일부는 완전히 제거될 것이라고도 생각하기 쉽다.

그런데 자연에서 생물의 분포 상태를 연구해 보면 그런 기대와는 정반대의 현상이 일어난다는 것을 알 수 있다. 광합성을 해서 스스로 영양소를 만들어 내며 다른 생물을 포식하지 않는 일차 생산자들의 군집(community)에서는 하나 또는 극소수의 종들이 경쟁에 있어 우월한 지위를 차지하고 공간을 독점한다. 그와 같은 군집은 거대한 생물량(biomass)을 보유하고 있지만 대개 종의 수로 본다면 대단히 빈약하다. 이러한 시스템 안에서 수확자는 풍성한 종을 먹이로 하여 우점종으로서의 그들의 역할을 제한하고 다른 종들을 위해 공간을 마련해 주는 경향이 있다. 잘 진화된 수확자는 자신이 좋아하는 먹이가 되는 종들을 크게 감소시키지만 그것들을 완전히 파괴하지는 않는다(이것은 자신이 굶주리다 못해 결국 멸종에 이르는 일을 막기 위해서이다.). 수확자가 잘 발달된 생태계는 생물 종 각각의 개체 수가 적어지는 대신 다양성이 극대화된다. 바꿔 말하면 생태 피라미드에 새로 한 단계가 들어오면 그 아랫단계가 크게 넓어지는 것이다.

수확 원리는 많은 현장 연구에서 확인되었다. 포식성 물고기를 인공 연못에 넣으면 동물성 플랑크톤의 다양성이 증가한다. 다양한 해조류의 군집 속에서 생활하는 성게를 그곳에서 없애 버리면 단 한 가지 종이 군집을 지배하게 된다.

이제 26억 년 동안 지속적으로 생존했던 선캄브리아기의 조류 군집을 생각해 보자. 그들은 오직 단순한 일차 생산자들로만 구성되어 있었다. 아무에게도 잡아먹히지 않았던(수확당하지 않았던) 까닭에 그들은 생물학적으로 단조로웠다. 그들의 물리적 공간은 한두 종에 의해서 강력하게 지배되었으므로 진화는 지극히 완만한 속도로 진행되었고 결코 생물 종이 다양해질 수 없었다. 스탠리의 주장을 빌리면, 캄브리아기 대번성을 이해하는 열쇠는 수확성 초식 동물들 — 다른 세포를 잡아먹는 단세포 원생생물들 — 의 진화에 있다. 수확자들은 훨씬 다양한 생산자들에게 공간을 마련해 주었고 그렇게 해서 증가된 다양성은 한층 전문화된 수확자들을 진화시켰다. 생태 피라미드는 양쪽 방향에서 동시에 폭발하여 아래쪽 생산자 단계에는 많은 종들을 추가했고 꼭대기에는 새로운 차원의 육식 동물들을 보탰다.

그러면 우리는 이런 논리를 어떻게 증명할 수 있을까? 맨 처음에 나타났던 수확성 원생동물들은 생물사에 있어서 잘 알려지지 않은 영웅들임에 틀림없지만 필경 화석이 되기는 어려웠을 것이다. 하지만 이런 주장을 지지하는 암시적이고 간접적인 증거들이 몇 가지 존재한다. 선캄브리아기에 가장 풍부했던 생산자 군집인 스트로마톨라이트(stromatolite, 퇴적 침전물을 자신의 군집 속에 가두어 두었던 남조류의 집단)가 오늘날까지도 잘 보존되어 있는 것이다. 오늘날 스트로마톨라이트는 대체로 수확성 후생동물들이 거의 없는 살벌한 환경(예를 들면 염분의 농도가 아주 높은 석호)에서만 번성한다. 그런데 피터 가레트(Peter Garrett)가 남조류 군집들에서 수확성 생물들을 인위적으로 제거하면 그것들이 보다 정상적인 해양 환경에서도 생존할 수 있다는 것을 알아냈다. 따라서 스트로마톨라이트가

14장 — 무명의 단세포 영웅들

선캄브리아기에 풍성했다는 사실은 당시에 수확성 동물들이 전혀 없었음을 나타낸다고 할 수 있다.

스탠리는 선캄브리아기 생물 군집들을 연구한 결과를 근거로 자신의 이론을 전개하지는 않았다. 스탠리의 이론은 기존의 생태학적 원리를 바탕으로 하고 있는 바 선캄브리아 세계의 여러 사실들과 모순되지 않고 또 몇 가지 관찰 결과와도 특별히 잘 부합하는 연역적 논리이다. 스탠리는 자신의 논문 결말에서 왜 자신의 이론을 받아들여야 하는지 그 이유 네 가지를 솔직히 밝히고 있다. (1) "이 이론은 선캄브리아기 생물에 관해서 우리가 모은 사실들을 제대로 설명해 주는 듯하다." (2) "이 이론은 복잡하거나 꾸며 내지 않은 단순한 것이다." (3) "이 이론은 외부의 제어 기능을 임시변통으로 끌어들이지 않은 순전히 생물학적인 것이다." (4) "이 이론은 넓게 보아 확정된 생태학적 원리로부터 직접 도출한 연역적 사고의 산물이다."

이렇듯 정당한 주장은, 대다수 고등학교에서 가르치고 있으며 절대다수의 대중 매체들이 부추기고 있는 과학적 진보에 대한 지나치게 단순한 관념들과 전혀 상통하지 않는다. 스탠리는 부단한 실험을 통해서 얻어진 새로운 정보에 의거해 자신의 주장을 증명한 것이 아니다. 스탠리가 제시했던 두 번째 이유는 방법론적인 가정이요, 세 번째 이유는 철학적인 선택이며, 네 번째 이유는 종전의 이론을 응용한 것에 불과하다. 오직 그 첫 번째 이유만이 선캄브리아기의 사실을 거론하고 있으며, 이미 알려진 사실을 "설명"한다는 바로 그 점만이 그의 주장이 지닌 약점일 따름이다(수많은 다른 이론들 역시 그 정도의 약점은 가지고 있다.).

과학에서의 창조적 사고란 바로 이런 것이다. — 다시 말해 사실에 대한 기계적 수집이나 이론의 귀납이 아니라 직관과 편견, 그리고 다른 분야에서 빌려 온 통찰력을 포괄하는 복잡한 과정인 것이다. 과학은 그런 모든 절차에 인간의 판단과 창의력을 게재시키는 일이다. 결국 과학이란 인간에 의하여 집행되는 것이기 때문이다(비록 우리가 종종 그 사실을 잊어버리기는 하지만 말이다.).

15장
캄브리아기 대번성

로데릭 머치슨(Roderick Murchison, 1792~1871년)은 아내의 권고에 따라 여우 사냥의 즐거움을 버리고 대신 한층 숭고한 과학 연구의 기쁨을 누리기로 마음먹었다. 이 귀족 지질학자는 원시 생물의 역사를 기록하는 데 제2의 인생 대부분을 바쳤다. 그는 생물들이 점점 더 복잡해지면서 점진적으로 대양을 채워 나갔던 것은 아니라는 점을 발견했다. 그 대신 그는 주요 동물 집단들 중 대부분은 지금으로부터 약 6억 년 전, 이른바 캄브리아기 초기에 동시에 출현했을 것이라고 생각했다. 1830년대에 문필 활동을 했던 독실한 창조론자 머치슨에게 있어서 그와 같은 현상은 지구에 생물을 살게 하시려는 하느님의 원초적인 결정을 대변하는 것처럼 보였다.

찰스 다윈은 그러한 머치슨의 견해에 전율을 느꼈다. 그는 진화의 논리에 따라 캄브리아기 이전의 바다에도 "생물들이 득실거리고 있었다."고 단정하고 있었던 것이다. 그 결과 캄브리아기 이전의 지층에 화석이 존재하지 않는 이유를 설명하기 위해서 그는 선캄브리아기에는 지금 우리가 살고 있는 대륙을 덮었던 바닷물이 아주 청결해서 퇴적물이 거의 쌓이지 않았을 것이라고 변명을 겸한 추리를 내놓기도 했다.

현대의 우리 입장은 이 두 가지 견해를 종합한 것이다. 더 말할 필요도 없이 다윈은 그의 주장이 정당했음을 인정받게 되었다. 캄브리아기 생물들은 하느님 손에 의해서가 아니라 그들의 선조 생물들로부터 나타났다. 그러나 머치슨의 기본적인 관찰은 불완전한 지질학적 증거가 아닌 생물학적 사실을 반영하고 있다. 선캄브리아기의 화석 기록은 (마지막 시기를 제외하고) 25억 년이 조금 넘는 기간 동안을 박테리아와 남조류가 차지하고 있다. 그러다가 점차 초기 캄브리아기에 가까워지면서 복잡한 구조를 갖는 생물들이 놀라운 속도로 등장하기 시작한다(독자들은 지질학자들이 속도에 관해서 특별한 관념을 지니고 있다는 사실을 잊어서는 안 된다. 지질학적 기준으로 말할 것 같으면 한 시간대는 1000만 년 동안 아주 느리게 타들어 가는 도화선에 비유할 수 있다. 하지만 1000만 년이란 시간은 전체 지구 역사의 450분의 1에 지나지 않아서 지질학자들에게는 그야말로 한순간에 불과하다.).

고생물학자들은 이 캄브리아기 '대번성' — 캄브리아기 처음의 1000만 년에서 2000만 년까지의 기간에 일어났던 급격한 생물 다양성 증가 현상 — 을 설명하기 위해 애썼지만 아무런 성과 없이 지난 한 세기를 흘려보내고 말았다(14장을 볼 것). 통상 그들은 수수께끼의 사건은 바로 대번성 그 자체라고 단정해 왔다. 따라서 어떤 적합한 이론으로 초기 캄브리아기가 그처럼 비상한 연대였던 이유를 설명해야 한다고 생각했다. 그래서 그들은, 그 당시에 처음으로 호흡하기에 충분한 양의 산소가 대기권에 축적되었거나 복잡한 생물이 살기에는 너무 뜨거웠던 지구가 냉각되었던 것인지도 모른다(단순한 조류는 복잡한 동물들보다 훨씬 더 높은 온도에서도 살아남는다.), 그렇지 않으면 바닷물의 화학적 특성이 탄산칼슘을 가라앉혀 이전까지 연약한 몸체에 불과했던 동물들에게 외피를 제공해 그 골격이 지층 속에 남게 된 것일수도 있겠다는 식으로 추론을 계속해 왔다.

그런데 이즈음 나는 내가 몸담고 있는 학문 분야에서 어떤 근본적인 관점의 변화가 일어나고 있는 것을 느낀다. 우리가 지금까지 이 중대한 문제를 그릇된 각도에서 바라보지 않았나 하는 생각을 하게 되었다는 말이다. 캄브리아기 대번성 그 자체는 선캄브리아기에 일어났던 어떤 사건에 의해서 비롯된, 자연스럽고 예측 가능한 결과에 불과한 것인지도 모른다. 만약 그렇다고 한다면 어떤 관점에서 보더라도 우리가 초기 캄브리아기를 '특별'하다고 믿어야 할 이유가 아주 없어지는 것이 아닌가. 이제 우리는 대번성의 원인을 복잡한 생물의 진화를 가동시킨 그 이전의 어떤 사건에서 찾아야만 할 것이다. 최근 들어서 나는 이런 새로운 관점이 옳다는 쪽으로 마음이 기울었다. 캄브리아기 대번성의 양상은 아마도 성장의 일반 법칙을 따르고 있는 듯하다. 이 법칙은 성장의 가파른 가속 국면을 예측하고 있다. 대번성은 그에 앞서 나타났던 상대적으로 완만한 성장기나 이후에 등장하는 안정된 기간에 비해 더 중요하지(혹은 특별한 설명을 필요로 하지) 않다. 그 무엇이 사전에 그러한 사건을 부추겼든 간에 필연적으로 대번성을 불러오는 결과가 초래되었다는 것이다. 이런 새로운 관점을 뒷받침하기 위해서 나는 화석 기록의 계량화를 바탕으로 하는 두 가지 주장을 제시하고자 한다. 더 나아가 그동안 그런 시도를 회피해 왔던 고생물학과 같은 전문 분야들에서 계량적 방법이 가설 검증에 얼마나 유용하게 쓰일 수 있는지를 보여 주고자 한다.

현장 지질학은 사물의 세세한 점까지 신경 써야 하는 고생스러운 작업을 일상으로 한다. 지층 지도의 작성, 화석과 물리적인 '누중(疊重 superposition, 옛 지층 위에 보다 최근의 지층이 쌓이는 현상)'을 통한 시간 관계 규명, 암석의 종류 및 입자의 크기와 퇴적 환경의 기록 등이 모두 그런 일에 포함된다. 수완 있는 젊은 이론가들은 이와 같은 활동을 상상력이 빈곤한 게으름뱅이들의 천박한 일거리로 간주하며 곧잘 그러한 작업의 중요성을 외면하곤 한다. 그렇지만 그런 노력으로 얻어진 자료들이 제공하는 기초가 없다면 과학은 아예 존재할 수가 없다.

이번 경우에 있어서 우리는 캄브리아기 대번성에 대한 관점을 수정해야만 했는데 최근 몇년 동안 러시아 지질학자들이 일차적으로 확립해 둔 초기 캄브리아기의 층서학(層序學, stratigraphy) 연구가 그 근거가 되었다. 그들은 전기 캄브리아기를 4단계로 나누었으며 캄브리아기 화석이 언제 최초로 출현했는지를 매우 정확하게 기록했다. 이제 우리는 종전의 층서학자들이 '전기 캄브리아기'를 뭉뚱그려 기록했던 것과는 대조적으로 세밀하게 작성된 시대 구분 속에서 생물 출현의 연속적인 일람표를 만들 수 있게 되었다(또 그림으로써 명백한 대번성을 한층 더 강조할 수 있다.).

로체스터 대학교의 고생물학자 잭 존 셉코스키 주니어(Jack John Sepkoski Jr.)는 선캄브리아기 말엽으로부터 '대번성'의 종말에 이르는 기간 동안 나타나는, 시간 경과에 따른 생물의 다양성 증가가 가장 일반적인 생물 성장 모델 — 이른바 S자형 곡선(sigmoid curve) — 과 일치한다는 사실을 얼마 전에 규명했다. 이전에 아무런 생물도 서식하지 않은 배양 물질 위에 이식된 전형적인 박테리아 집단의 성장을 생각해 보자. 세포 하나하나는 매 20분마다 분열하여 각각 2개의 딸세포를 만든다. 박테리아 집단은 처음에는 서서히 그 규모가 증가한다(세포 분열 속도는 언제나 같지만 처음에는 세포들이 소수여서 집단의 규모가 천천히 증가하다가 점차 폭발적인 번성기로 치닫는다.). 이 '지체(lag)' 국면은 S자형 곡선이 서서히 상승하는 초기

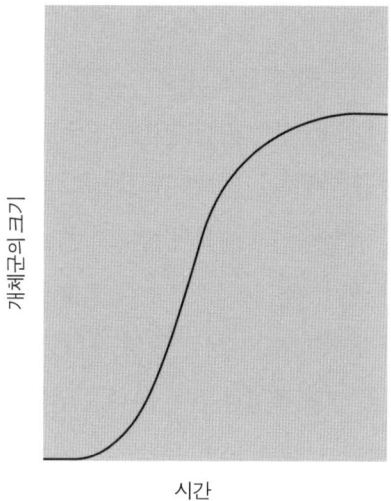

전형적인 S자형 곡선. 초기의 완만한 지체 국면과 성장이 급속히 증가하는 중기의 로그 국면, 그리고 마지막의 안정화 추세를 주목할 것.

부분을 형성한다. 어느 정도 규모가 커진 집단의 세포 하나하나가 20분마다 또다시 분열하는 딸세포 두 개씩을 만들어 냄에 따라 대번성 또는 '로그(log)' 국면이 등장한다. 그러나 이 과정이 무한정 계속될 수 없음은 명백하다. 만약 이러한 상황이 계속 진행된다면 전 세계가 박테리아로 채워질 수도 있다. 그러나 궁극적으로 박테리아 집단은 이용 가능한 공간을 모두 채우고 먹이를 바닥내며 노폐물로 생활 환경을 오염시키는 등의 활동으로 그 자체의 안정(또는 멸망)을 다지게 된다. 이와 같은 안정화 추세(leveling)가 로그 국면의 상한을 설정하고 S자형 분포 곡선의 S를 완성한다.

박테리아로부터 모든 생물의 진화에 이르는 길은 아주 멀지만, S자형 성장은 생물계의 일반적인 성질이며 이 속성은 우리가 거론하고자 하는 사례에도 유효해 보인다. 세포 분열에 종의 분화를 대입하고 실험실의 세균 배양기에 바다를 대입해 보라. 지체 국면은 선캄브리아 말기까지의 완만한 생물 출현에서부터 처음으로 출현 빈도가 증가하는 시기까지이다(우리는 이제 선캄브리아기 말기의 동물상 자료를 어느 정도 확보해 두었다. 연약한 몸체의 산호와 해파리 등의 강장동물, 그리고 벌레류가 대부분이다.). 저 유명한 캄브리아기 대번성은 다름 아닌 연속적인 과정의 로그 국면이며, 또한 후기 캄브리아기의 안정화 현상은 전 세계의 바다가 처음으로 생물들로 가득 차게 되었음을 알려 준다(지상 생물들은 그 뒤에 진화했다.).

만약 S자형 성장 법칙이 초기 생물 종의 분화를 조절한 것이라면 캄브리아기의 대번성은 하등 특별한 것이 아니게 된다. 단지 그것은 두 가지 요인에 의해 촉발되어 로그 국면을 맞도록 예정되었던 것에 지나지 않는다. 그 요인들 중 첫째는 선캄브리아기에 일찌감치 지체 국면을 시작하게 만든 어떤 사건이고, 둘째는 S자형 성장을 허용했던 환경적 특성들이다.

존스 홉킨스 대학교의 고생물학자 스티븐 스탠리는 최근 어느 잡지에 다음과 같이 썼다(《미국 과학 저널(American Journal of Science)》, 1976년). "우리는 캄브리아기 초기 즈음에 많은 화석 동물군들이 출현했다는 사실을 수수께끼로 생각한 전통적인 사고를 이제 포기할 수 있게 되었다. 단지 지구의 나이 40억 년이 지나서야 겨우 다세포 생물이 등장할 만큼 시간이 지체된 이유가 무엇인지만이 '캄브리아기의 문제'로 아직도 남아 있을 따름이다." 우리가 캄브리아기 이전의 사건에 그 원인을 미뤄 버린다면 이 문제를 부정할 수도 있겠지만 그리하면 사건의 본질과 원인은 여전히 고생물학적 수수께끼 중의 수수께끼로 남아 있게 된다. 나는 선캄브리아기 말기에 진핵 세포가 출현했다는 사실이 틀림없이 문제 해결에 중요한 열쇠가 될 것이라 믿는다(나는 13장에서 효과적인 유성 생식을 위해서는 염색체가 잘 포장되어 있는 진핵 세포가 있어야 한다는 점과 만약 유성 생식이 제공하는 유전자의 다양성이 없더라면 복잡한 생물이 진화될 수 없었음을 논증한 바 있다.). 그러나 우리는 원핵생물들이 진화한 후 약 20억 년이 지나서야 진핵세포가 출현하게 된 이유가 무엇인지를 전혀 알지 못한다. 14장에서 나는 진핵 세포의 진화에 뒤이어 S자형 증가 현상이 시작되었음을 주장하기 위한 시발점으로 스탠리의 '수확 이론'을 지지했다. 스탠리는 선캄브리아기의 원핵조류가 잠재적으로 생활 가능한 모든 공간을 독점하여 다른 어떤 경쟁자에게도 생존의 발판을 허용하지 않았고, 따라서 한층 더 복잡한 생물의 진화를 가로막았다고 주장했다. 그런데 최초의 진핵 초식 동물이 출연하자, 비록 그리 다양한 변화는 없었지만 전 세계적으로 풍성한 잔치를 벌이는 과정에서, 경쟁자들의 진화에 충분한 공간을 비워 놓게 되었다.

추리를 하자면 흥미진진하겠지만 내가 제시하는 제1요인 — S자형 증가 현상을 나타나게 했던 동인 — 에 관해서는 구체적으로 더 말할 거리가 별로 없다. 하지만 둘째 요인 — 대번성을 허용했던 환경적 본질 — 에 관해서는 좀 더 설명할 것이 많다. 사실 S자형 성장이 자연계의 보편적인 속성은 아니다. 그것은 특별한 환경에서만 나타나는 현상인 것이다. 실험실의 박테리아는 배양기가 다른 생물에게 이미 점유당해 있거나 영양물질이 부족하면 S자형 곡선의 형태로 성장하지 않는다. 영양소와 서식 공간이 풍부해 생물이 그들 스스로 포화 상태까지 성장할 수 있는, 개방적이고 제약이 없는 환경에서만 S자형이 나타난다. 선캄브리아기의 바다는 그와 같이 '텅 빈' 생태계 — 서식 공간이 얼마든지 있고 먹이가 풍성하며 경쟁이 없는 — 를 형성하고 있었음이 분명하다(초기 진핵생물들은, 직접 먹이를 제공했을 뿐만 아니라 광합성을 통해 대기에 산소를 공급해 준, 그들의 조상인 원핵생물들의 사전 봉사에 대해서 감사해야만 했으리라.). 이 S자형 곡선 — 캄브리아기 대번성을 로그 국면으로 삼는 — 은 전 세계 바다에 처음으로 많은 생물이 서식하게 되었다는 사실을 나타내며 이것은 곧 개방된 생태계에서 예측 가능한 진화 패턴이기도 하다.

로그 국면의 기간에 진화한 동물들은, 그 뒤에 오는 자가 규제의 평형 상태에 출현하는 생물들과는 다른 진화 패턴을 보여야 한다. 지난 2년 동안 나는 그 차이를 규명하는 데 연구의 상당 기간을 바쳤다. 나의 동료들(시카고 대학교의 토머스 쇼프(Thomas Schopf), 로체스터 대학교의 데이비드 라우프(David Raup)와 잭 셉코스키, 그리고 플로리다 주립 대학교의 다니엘 심버로프(Daniel Simberloff) 교수)과 나는 임의적 과정으로서의 진화 계통수(evolutionary tree) 모델을 발전시켰다. 우리는 한 나무를 '키운' 다음에 그것을 주요한 가지(limb)로 나누고 그 하나하나의 역사를 검토했다. 그런 가지를 전문 용어로는 '계통 분기군(clade)'이라고 한다. 우리는 이 각각의 계통 분기군을 이른바 방추형 그림(spindle diagram)으로 묘사했다. 방추형 그림은 오른쪽 면에 있는 것과 같은 방법으로 구성된다. 어느 시기에 살아 있는 종의 수를 계산하고 그 수에 따라서 도형의 넓이를 결정한다.

뒤이어 그림들의 몇 가지 성질을 측정한다. C.G.(center of gravity)라 부르는 한 측정값이 무게 중심의 위치(대체로 계통 분기군의 폭이 가장 넓은 곳 또는 생물상이 가장 다양했던 부분)를 결정한다. 만약 최고로 높은 다양성을 나타내는 곳의 위치가 계통 분기군 존속 기간의 중간점에 나타나면 우리는 C.G.의 값을 0.5로 정했다(계통 분기군 총 생존 기간의 중간). 만일 중간점 이전에 최고의 다양성에 도달했으면 C.G.는 0.5 이하가 될 것이다.

우리가 검토했던 대부분의 시스템들에서는 C.G.가 으레 0.5 — 이상적인 계통 분기군은 중심부가 가장 넓은 다이아몬드형이다. — 가 되었다. 하지만 그런 임의적 세계는 완전한 평형을 이룬 계(系)였다. 따라서 S자형 성장의 로그 국면이 이루어질 수 없었다. 멸종하는 비율이 새로운 종이 출현하는 비율과 거의 같았으므로 시간이 흘러도 종의 수는 일정한 수준을 유지했다.

나는 실제의 계통 분기군을 나타내는 방추형 그림을 작성하기 위해

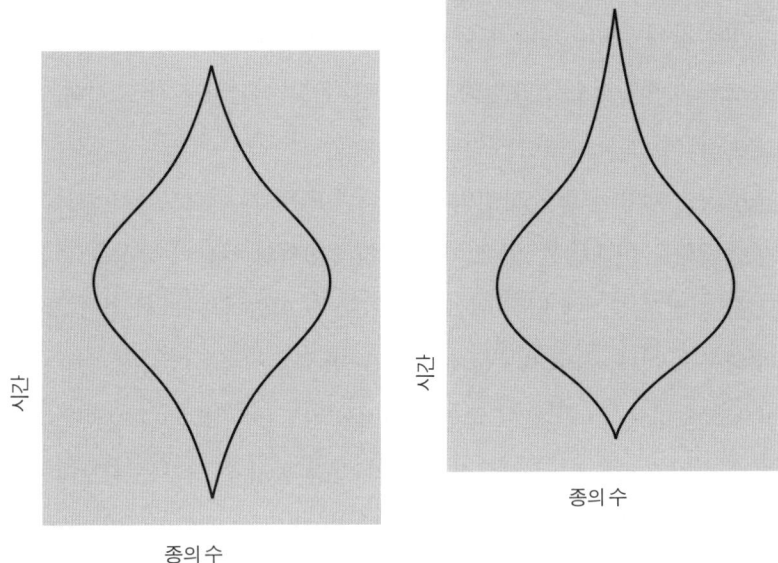

방추형 그림들. 왼쪽의 도형은 C.G.가 0.5(그 지속 기간의 중간점에서 넓이가 가장 넓다.)이고, 오른쪽 그림은 C.G.가 0.5보다 낮다.

서 화석의 생물 속(屬)을 가늠하고 그들의 수명을 기록하느라 1975년의 상당 부분을 보냈다. 그 결과, 현재 나는 캄브리아기 대번성의 로그 국면에 뒤이어 발생했다가 사라진 생물 집단을 토대로 하는 400개 이상의 계통 분기군을 확보하고 있다. 그것들의 중간값은 0.4993이다. 이상적인 평형 세계의 값인 0.5에 그보다 더 가깝기도 어려울 것이다. 나는 로그 국면에 발생했다가 나중에 소멸된 계통 분기군의 방추형 그림도 그에 못지않게 많이 가지고 있다. 그것들의 C.G.는 0.5보다 훨씬 작다. 그것들은 다양성이 급속히 증가하는 비전형적 세계를 기록하고 있으며, 그들의 값은 캄브리아기 로그 국면의 시기와 지속 기간을 계산하는 데 이용될 수 있다. 급속한 다양화의 시기에 많은 종들이 발생했지만 출현과 멸종의 속도가 느린 안정기에는 그들 대부분이 사라졌기 때문에 그 값이 0.5

이하가 되는 것이다. 그들의 첫 번째 대표자들이 무제한적 증가의 로그 국면에 참여했으나 뒤따라 나타났던 안정된 세계에서는 그 종들이 한층 느리게 점진적으로 소멸해 갔다. 그들은 자신들의 역사 초기에 다양성의 최고값에 도달했던 것이다.

우리는 계량적 접근 방법의 도움을 받아 두 가지 각도에서 캄브리아기 대번성을 이해할 수 있게 되었다. 첫째, S자형 성장의 특성을 인식하고 그 이전의 사건에 담긴 원인을 확인할 수 있었다. 따라서 캄브리아기의 의문은 이제 사라졌다. 둘째, 우리는 방추형 그림들의 통계치를 조사함으로써 캄브리아기 로그 국면의 시기와 강도를 규명할 수 있었다.

내 생각으로는 이런 정량적 조사의 가장 놀라운 성과는 캄브리아기의 계통 분기군들이 낮은 C.G.값을 갖는다는 것 자체가 아니라, 그 이후의 C.G.가 이상적인 평형 세계의 모델과 일치한다는 사실이다. 변화무쌍한 지구의 운동, 그 모든 대량 멸종, 대륙 충돌, 대양의 생성과 소멸 등의 사건에도 불구하고 어떻게 해양 생물의 다양성은 항상 평형을 유지할 수 있었을까? 캄브리아기의 로그 국면은 지구의 바다를 생물들로 가득 채웠다. 그 이후 진화는 한정된 기본 설계의 테두리 안에서 무한한 변형을 만들어 왔다. 해양 생물은 엄청나게 다양하고 적응력이 뛰어나며(인간 중심적인 평가가 허락된다면) 경이롭도록 아름답다. 그럼에도 불구하고 중요한 의미에서 캄브리아기 이후의 진화는 대번성의 기본 산물들을 재순환시킨 것에 불과하다고 볼 수 있다.

16장
페름기 대멸종

 지금으로부터 약 2억 2500만 년 전인 페름기 말, 해양 생물 중 전체의 절반을 훨씬 넘는 수가 불과 몇백만 년이라는 짧은 기간 — 어느 기준으로 보나 엄청나게 긴 시간이지만 지질학자들에게는 불과 몇분에 지나지 않는다. — 동안에 죽어 버렸다. 이 대량 멸종의 희생자들 속에는 그때까지 잔존하던 모든 삼엽충과 고대 산호류, 단 한 계열을 제외한 모든 암모나이트류, 그리고 대다수의 이끼벌레류와 완족류, 갯고사리류 등이 포함되었다.
 그 거대한 죽음은 과거 6억 년을 통틀어 생물의 진화를 단절시켰던 몇차례의 대량 멸종 중에서도 가장 심각한 사건이었다. 두 번째로 중요한 대멸종 사건은 지금으로부터 약 7000만 년 전인 백악기 말에 나타났

월트 디즈니가 만든 영화 「판타지아」의 한 장면. 공룡들이 메마르고 황량한 풍경을 가로질러 헐떡거리며 멸종을 향해 가고 있다.(© 1940년 Walt Disney Production)

다. 그 사건은 그때까지 살았던 모든 생물 과(科)의 25퍼센트를 파멸시켰으며 당시 지구의 지배자였던 공룡과 그 친족들을 포함하는 육상 동물 대부분을 제거해서 포유류가 세상을 차지하도록 했고 궁극적으로는 인간의 진화를 가능하게 만들었다.

이 멸종의 원인들을 규명하려는 노력보다 더 큰 주목을 받았거나 더 큰 좌절감을 안겨 준 고생물학상의 과제는 일찍이 없었다. 이 문제를 해결하기 위한 제안들을 목록으로 만든다면 뉴욕 시 맨해튼의 전화번호부를 가득 채울 정도인데, 상상할 수 있는 원인들은 거의 다 망라되었다 해도 과언이 아닐 것이다. 전 세계적인 조산 운동, 해수면의 변동, 대양의 염분 감소, 초신성(超新星, supernova)의 출현, 우주선(宇宙線, cosmic radiation)의 대량 유입, 전염병 발생, 환경의 제약, 기후의 급변 등등은 그 목록의 일부에 불과하다. 아울러 이 문제는 대중의 관심을 끄는 데에도 성공했다. 나는 불과 다섯 살 때 이 문제에 부딪쳤던 기억이 뚜렷하다. 그것은 「판타지아(Fantasia)」에서 이고르 스트라빈스키(Igor Stravinsky, 1882~1971년)의 「봄의 제전(Rite of Spring)」(1913년)이 흐르는 가운데 메마른 대지를 가로질러 헐떡이며 죽음을 향해 걸어가는 공룡의 영상으로 나타났다.

페름기의 대멸종은 그 밖의 모든 멸종들과는 비교가 안 될 만큼 엄청났으므로 오랫동안 조사 연구의 초점이 되어 왔다. 모든 대규모 멸종 가운데 가장 규모가 컸던 이 사건을 설명할 수 있다면 대멸종 사건 전반을 이해할 수 있는 열쇠를 찾게 될 것이다.

지난 10년 동안에 지질학과 진화 생물학의 두 분야에서 얻어진 중대한 발전들은 이 양자를 결합시켜 그럴듯한 해답을 만들어 냈다. 그런데 해답을 찾아내는 과정이 너무도 완만하고 점진적이어서 일부 고생물학자들은 그들의 가장 심각하고도 오래된 딜레마가 이미 해결되었다는 사실을 미처 깨닫지 못하고 있다.

지난 1960년대까지만 해도 지질학자들은 일반적으로 지구상의 대륙들이 지금 있는 그 자리에서 형성되었다고 믿었다. 거대한 땅덩어리가 위아래로 움직이고 그 가장자리에서 산맥들이 솟아올라 보태지는 방식으로 '확장'되기는 했지만 대륙이란 늘 제자리에 붙박여 있는 것이지 지구 표면을 이리저리 표류하거나 하는 것은 아니라고 생각했다. 그 대안이 되는 대륙 이동설(continental drift)이 벌써 20세기 초에 제안되었지만 대륙을 움직이는 메커니즘이 알려지지 않은 탓에 거의 모든 사람들이 거부 반응을 보였던 것이다.

요즘 들어 해저 연구가 크게 발달하면서 판 구조론(theory of plate tectonics)이라는 메커니즘이 등장했다. 지구 표면은 소수의 판(plate)으로 나뉘어 있는데 그 변두리에 해저 산맥과 침강 지대(subduction zone)가 위치한다. 대륙판들의 보다 오래된 부분이 양쪽으로 밀려 나감에 따라 해저 산맥을 중심으로 새로운 대양저(ocean floor)가 형성된다. 이처럼 추가된 부분의 균형을 맞추기 위해서 대륙판들의 오래된 부분은 침강 지대에서 지구 내부로 빨려 들어가게 된다.

대륙은 그 판들 위에 수동적으로 얹혀 있으며 그들과 함께 움직인다. 종전의 이론들이 제안한 바와는 달리 판들은 단단한 바다 밑을 '갈면서

(plow)' 나아가지는 않는다. 따라서 대륙 이동설은 판 구조론의 한 귀결에 불과하다. 그 밖의 중요한 결과로서 판 경계(샌프란시스코를 지나가는 샌안드레아 단층이 그 한 가지 실례가 된다.)에서 지진이 일어난다는 것과 대륙을 얹고 있는 2개의 판들이 충돌하는 자리에는 산맥이 형성된다는 사실을 들 수 있다(인도 '대륙판(raft)'이 아시아와 충돌했을 때 히말라야 산맥이 형성되었다.).

대륙 이동의 역사를 재구성해 보면 우리는 페름기 말에 한 가지 독특한 현상이 일어났음을 깨닫게 된다. 당시에는 모든 대륙들이 합쳐져서 단 하나의 초대륙, 판게아(Pangaea)를 형성하고 있었다. 지극히 간단한 논리인 이 대륙 집합의 결과로 페름기의 대멸종이 일어났던 것이다.

그러면 대륙 집합의 결과는 무엇이며 그 원인은 무엇이었을까? 대륙 조각들이 집합할 때에는 기후와 해류의 변화서부터 이전에는 고립되어 있었던 생태계의 상호 작용에 이르기까지 매우 광범위한 결과가 나타나게 된다. 여기에서 우리는 진화 생물학의 발전 — 이론 생태학과 생물계의 다양성에 관한 새로운 이해 — 에 주목하지 않으면 안 된다.

지난 수십 년 동안 지극히 서술적이고 비이론적 작업으로 간주되었던 생태학이, 최근 들어서 생물 다양성에 관한 일반 이론을 추구하는 계량적 접근 방법으로 인해 새로이 활기를 얻게 되었다. 우리는 이제 서로 다른 환경 요인들이 생물의 많고 적음과 그 분포에 어떻게 영향을 미치는지에 대하여 더욱 잘 이해하고 있다. 그런 많은 연구들에 힘입어 생물 다양성 — 어떤 주어진 지역에 살고 있는 서로 다른 생물 종의 수로 결정된다. — 이 비록 서식 영역의 넓이에 전적으로 지배되는 것은 아니지만 그래도 그것에 강하게 영향을 받는다는 것을 밝힐 수 있게 되었다. 예를 들어 기후, 식생, 본토와의 거리 등이 모두 같고 오직 크기만 서로 다른 섬들에 분포하는 개미의 종(種) 수를 조사했을 때 일반적으로 섬이 크면 클수록 종의 수가 많아진다는 사실을 알게 된 것이다.

열대 지방 섬들의 개미로부터 페름기의 전체 해양 생물군(biota)에 이르는 길은 물론 대단히 멀다. 그럼에도 불구하고 우리는 서식 영역의 크기가 대멸종에 중대한 역할을 했으리라고 믿을 수 있는 충분한 근거를 확보하고 있다. 만약 우리가 (대륙이 집합되었던) 페름기의 여러 시기에 걸친 생물 다양성과 그 서식 영역을 추정할 수 있다면 생존 영역에 의한 다양성 지배 가설을 시험해 볼 수 있을 것이다.

우리는 먼저 페름기 대멸종과 화석 기록 전반에 관해 두 가지를 이해하지 않으면 안 된다. 첫째, 페름기 대멸종은 해양 생물상에 커다란 영향을 미쳤다. 하지만 당시에 생존했던 비교적 소수의 육상 식물과 척추동물들은 그다지 큰 충격을 받지 않았다. 둘째, 화석 기록은 얕은 바다의 해양 생물을 보전하는 방향으로 아주 강력한 편향성을 보이고 있다. 현재로서는 깊은 바다에 살았던 생물의 화석은 거의 없는 실정이다. 따라서 우리가 만약 페름기 대멸종에 서식 영역의 감소가 주요한 역할을 했다는 이론을 시험하고자 한다면 얕은 바다 지대를 중점적으로 살펴보아야 할 것이다.

대륙 집합이 얕은 바다의 면적을 급격히 감소시킬 수 있었던 두 가지 이유를 정성적(qualitative)인 방법으로 확인할 수 있다. 기초 기하학이 그 첫째 근거를 제공한다. 선페름기(pre-Permian Period)에 서로 떨어져 있었던 대륙들 각각이 얕은 바다로 완전히 에워싸여 있었다면, 그들이 집합했을 때에는 봉합부의 모든 영역이 사라지게 된다. 네모난 크래커 4개로 하나의 정사각형을 만들면 가장자리의 전체 길이는 절반으로 줄어든다. 둘째로는 판 구조 역학이 등장한다. 해저 산맥이 바깥쪽으로 확장되면서 활발하게 새로운 대양저를 만들면 해저 산맥 자체는 대양의 가장 깊은 부분 위에 우뚝 솟아오르게 된다. 이렇게 되면 대양 분지(ocean basin)에서 물이 밀려 나가 세계의 해수면이 올라가고 대륙들 일부가 물에 잠긴다. 그와는 반대로 대륙 확장이 줄어들거나 중단되면 해저 산맥들이 가라앉아서 해수면이 내려간다.

페름기 말 대륙들이 충돌했을 때 대륙을 얹고 있던 판 구조들이 서로 '맞물리게 되었다'. 이것이 새로운 대륙 확장에 제동을 걸었다. 해저 산맥들이 가라앉고 대륙에서 얕은 바다가 물러났다. 이러한 얕은 바다의 급격한 감소 현상은 해수면이 내려간 데 따른 것이라기보다는 침강이 일어난 해저의 지형 변화에 기인한 것이다. 대양저는 해안선에서 깊은 바다까지 균일한 내리받이로 되어 있지 않다. 오늘날의 대륙들은 일반적으로 수심이 일정한 얕은 바다로 이루어진 아주 넓은 대륙붕(continental shelf)에 둘러싸여 있다. 대륙붕에서 더 바다쪽으로 나간 곳에는 훨씬 가파른 대륙 사면(continental slope)이 존재한다. 만약 해수면이 대륙붕 전부를 드러낼 만큼 내려간다면 지구상의 얕은 바다는 대부분 사라지게 된다. 바로 이런 현상이 페름기 말에 일어났을 가능성이 아주 크다.

시카고 대학교의 토머스 쇼프 교수는 최근에 영역 감소에 의한 멸종 가설을 실험한 적이 있다. 그는 얕은 바다와 육상의 암석 분포를 연구하여 대륙이 집합하던 페름기 여러 시기의 대륙 경계와 얕은 바다의 범위를 추정했다. 뒤이어 그는 고생물학 문헌을 철저히 파헤쳐 페름기 각 시기에 살고 있던 생물 종의 수를 계산했다. 그 후 플로리다 주립 대학교의 대니얼 심버로프 교수는 종 수와 서식 면적 사이의 관계를 나타내는 일반적인 수학 공식이 이 자료와 아주 잘 맞아떨어진다는 사실을 밝혀냈다. 나아가 쇼프 교수는 멸종이 각각의 생물 집단에 차등적으로 영향을 주지는 않았으며 얕은 바다에 살았던 모든 생물들에게서 골고루 그 결과가 나타났다는 사실을 입증했다. 서식 영역 감소의 효과는 보편적이었던 것이다. 얕은 바다가 사라짐에 따라서 페름기 전반(前半)의 풍요로운 생태계는 그 구성원 모두를 부양할 수 있는 공간을 상당 부분 잃고 말았다. 주머니가 점차 줄어들면 그 안에 든 공깃돌 가운데 절반을 버리지 않으면 안 되는 법이다.

생존 영역의 감소만이 그 해답의 전부는 아니다. 대륙들이 단 하나의 초대륙으로 집합했던 그 중대한 사건이, 페름기 전반에 간신히 균형을 유지하고 있었던 생태계에 또 다른 유해한 결과를 불러왔을 것이 거의 틀림없다. 쇼프와 심버로프는 다만 공간이라는 기본 요소에 중대한 역할을 부여할 만큼 설득력 있는 증거를 제시했을 뿐이리라.

이처럼 서로 관련이 깊은 2개 분과 — 생태학과 지질학 — 에서 획기적인 발전이 이루어져 그 결과 고생물학의 거창한 딜레마가 해결된 것은 대단히 만족스러운 일이다. 100년이 넘도록 풀기 어려웠던 문제라면 낡은 방법과 낡은 규칙에 따라 더 많은 자료를 모은다고 해서 해결될 가능성은 거의 없다. 이런 관점에서 이론 생태학은 우리에게 올바른 질문을 할 수 있는 길을 터 주었고 판 구조론은 그 문제들을 풀 수 있는 올바른 토양을 제공했다 하겠다.

5부

지구의 역사

17장

버넷 목사의 하찮은 행성론

"우리는 우리 조상들이 처음 살던 당시와 똑같은 세계에 살고 있지 않은 듯하다……. 한 사람을 편하게 하기 위해서는 열 사람이 일을 해야 하며 그것도 천한 고역을 감수해야만 한다……. 이 세상은 우리가 크게 고생하며 부지런히 일해야만 우리에게 양식을 제공한다……. 대기는 깨끗하지 못하고 전염병을 옮기는 경우가 많다."

이 글은 현대의 환경 보호주의자가 쓴 것이 아니다. 감상은 그들의 것이지만 문체는 그들의 것이 아니다. 사실 이것은 17세기에 가장 인기 있었던 지질학 문헌인 『지구에 관한 성스러운 이론(Telluris Theoria Sacra / The Sacred Theory of the Earth)』(1681년)의 저자 토머스 버넷(Thomas Burnet, 1635~1715년) 목사가 개탄하는 뜻으로 지은 글이다. 그는 탐욕스러운 인간이 너무 많아서 세상이 황폐해진 것이 아니라 인류가 에덴동산의 원초적 은혜를 저버렸기 때문에 우리 행성이 타락한 것이라고 묘사한다.

성서 지질학(scriptural geology) 관련 문헌들 가운데서도 버넷의 『지구에 관한 성스러운 이론』은 분명히 가장 유명하고 가장 비난과 오해를 많이 받은 책이다. 이 저서에서 그는 과거와 미래의 모든 성서적 사건들에 대한 지질학적 근거를 마련하려고 무던히도 애를 썼다. 이제 과학과 종교의 관계를 극히 단순화한, 일반에 널리 알려진 관점에서 살펴보자. 과학과 종교는 사실 적대 관계에 있는 것이 당연하다고 할 수 있는데, 그들의 상호 작용을 살폈던 과거 기록은 과학이 점차 발달함에 따라서 종전에는 종교가 차지하고 있던 지적 영역이 점차 과학의 영토에 편입되어 가고 있음을 보여 준다. 이런 맥락에서 본다면 버넷은 사실상 무너져 내리고 있는 제방에 손가락 하나를 꽂아서 그것을 막으려 했던 무모한 인물의 표상 정도에 불과하지 않겠는가?

그러나 종교와 과학의 실제 관계는 그보다 훨씬 더 복잡하고 훨씬 더 다양하다. 종교는 곧잘 과학을 적극적으로 고무했다. 만약 과학에게 집요한 적대자가 존재해 왔다고 한다면 그것은 종교가 아니라 비합리주의였다. 사실 성직자 버넷은 그로부터 약 3세기 뒤 미국 테네시 주의 과학 교사 존 스코프스(John Scopes)를 박해했던 바로 그 세력에게 희생당했다(스코프스는 창조론을 부정하고 진화론을 학생들에게 가르쳐 1925년 성서주의자들의 고발로 법정에 섰다. ─ 옮긴이). 지금과는 너무나 다른 시대와 다른 세계에서 발생했던 버넷 사건을 검토함으로써 나는 우리가 과학에 대항하여 포진하고 있는 완고한 세력들을 보다 폭넓게 이해할 수 있으리라 믿는다.

그러면 먼저 버넷 이론의 개요를 살펴보자. 현대인의 관점에서 본다면 그의 이론은 지극히 어리석고 조작된 인상을 주기 때문에 그를 교조적인 반과학자들의 대열에 넣지 않을 수 없다는 생각을 하게 된다. 하지만 나는 그의 탐구 방법을 검토한 결과 당시로서는 그가 대단한 과학적 합리주의자였다는 것을 발견했다. 그가 교조적인 신학의 박해를 받았다는 사실을 살펴보고 있노라면 헉슬리-윌버포스(Huxley-Wilberforce) 논쟁이나 캘리포니아의 창조론 분쟁 역시 똑같은 연기자들이 의상만 달리해서 그것을 재연한 것이라는 느낌을 금할 수 없다.(다윈이『종의 기원』을 출간한 이듬해인 1860년, 옥스퍼드에서 열린 영국 협회의 정례 회의장에서 토머스 헉슬리와 새뮤얼 윌버포스 주교 간에 진화론과 창조론을 둘러싼 유명한 논쟁이 벌어졌다. 연설 말미에 윌버포스 주교가 연단 위 옆자리에 앉은 헉슬리를 돌아보며 원숭이에서 시작하는 헉슬리의 가계가 할아버지에서 비롯된 것인지 할머니에서 비롯된 것인지 물었다. 다윈보다 더 다윈주의를 옹호했던 헉슬리는, 지력과 교육의 은총으로 중요한 과학적 사실을 조롱하려는 사람보다는 원숭이 조상을 택하겠다고 선언해서 윌버포스 주교를 여지없이 뭉개 버렸다. — 옮긴이)

버넷은 노아의 홍수를 야기한 물이 도대체 어디에서 왔는지를 결정하는 작업을 연구의 출발점으로 삼았다. 그는 현존하는 대양의 물이 지구의 산맥들을 모두 다 물속에 잠기게 할 수는 없을 것이라고 확신하고 있었다. 당대의 어느 필자는 이렇게 적었다. "세계가 그 안에 있는 물에 완전히 잠길 수 있다고 생각하는 것은 사람이 자기 타액 속에 빠져 죽을 수 있다고 믿는 것과 마찬가지이다." 버넷은 노아의 홍수가 널리 여행을 할 수 없었던 목격자들이 거짓으로 과장한 국지적 사건에 불과하다는 견해를 거부했다. — 그럴 경우 성서의 권위에 모순되기 때문이었다. 그와 동시에 그는 하느님이 일종의 기적으로 여분의 물을 만들어 냈다는 가설도 매우 강력하게 거부했다. — 그것은 합리적인 과학의 세계에 반하기 때문이었다. 따라서 그는 일종의 대안으로 다음과 같이 지구 역사를 새롭게 구성하게 되었다.

태초의 공허와 소용돌이치는 혼돈 속에서 지구는 완전히 체계가 잡힌 구(球)의 형태로 처음 탄생했다. 그 구성 물질들은 비중에 따라서 저절로 분류되었다. 무거운 암석과 금속들은 둥그런 구체를 형성하여 안쪽 중앙에 자리 잡았으며 그 위를 액체의 층이 덮고, 다시 그 위를 휘발성의 물질들이 에워싸게 되었다. 휘발성의 층은 대부분이 공기로 이루어졌지만 땅의 입자들도 일부분 포함하고 있었다. 그것들은 점차 시간이 지나면서 액체의 층 위에 부드럽고 아무런 굴곡도 없는 그런 지표층을 형성하게 되었다.

이 매끈한 지면이 바로 세계 최초의 풍경이었으며 이어서 인류의 제1세대가 등장하였다. 그곳에는 청춘의 아름다움과 오색 화초가 만발한 자연이 있었다. 신선한 대지에는 과실이 충만하였고 그 지면 어디에도 주름이나 상처나 균열은 없었다. 바위도 산도 깊은 동굴도 없었으며 지표는 어디에서나 평평하고 균일했다.

지축은 직립해 있었으며 따라서 계절의 변화란 존재하지 않았다. 에덴동산은 중위도의 편안한 곳에 위치하였으므로 영속적인 봄을 즐길 수 있었다.

그러나 지구 자체의 진화는 지상 낙원의 파괴를 초래했으며 그것은 신에게 불복종한 인간이 처벌받게 되었을 때 당연히 예상된 일이었다. 강수량이 줄어들자 지표는 바싹 말라서 틈이 벌어지기 시작했다. 강렬한 태양열로 인해서 지표 아래의 물 가운데 일부가 증발했다. 물은 땅의 갈라진 틈을 타고 올라가서 구름이 되어 비로 내리기 시작했다. 그러나 40일 밤낮으로 비가 내려도 물이 충분치 못하였으므로 땅속 깊이 있는 물이 좀 더 하늘로 올라가야 했다. 쏟아지는 비가 지표의 틈바구니를 메웠으므로 지하에서 증발하는 물이 계속 위로 치솟음에 따라 마치 안전판이 없는 압력솥과 같은 현상이 벌어졌다. 압력이 증가되어 드디어 지면이 갈라지고 터져 홍수와 해일이 일어났으며 지구 본래의 표면이 파열되어 대륙의 위치가 바뀌고 산맥과 대양 분지가 형성되었다. 지표면 파열의 기세는 더욱 더 강력해져서 지축이 흔들린 끝에 마침내 현재의 경사로 기울어지고 말았다(19장 벨리코프스키를 볼 것.). 마침내 물은 나락과 같은 동굴로 물러나고 "거대하고도 음산한 폐허…… 온통 부러지고 어질러진 시체 무더기들"만이 남았다. 아, 슬프다. 인간은 에덴에서 살도록 지음을 받았지만 구약 시대 장로들의 수명이었던 약 900년은 이제 10분의 1 이하로 줄어들고 말았다.

따라서 토머스 버넷 목사에 의하면 우리 "추한 소행성(dirty little planet)"의 주민들은 이제 성경이 약속한 바에 따라 지구의 변화를 기대하고 있으며 이것은 지구 물리학적으로 논리에 맞는 이야기이기도 하다. 지구의 화산들이 한꺼번에 폭발하고 전 세계적으로 지형 변화가 시작될 것이다. 대규모의 석탄 매장량(당시에는 대부분이 채굴되지 않고 땅속에 묻혀 있었다.)을 지닌 개신교의 나라 영국이 맹렬히 불탈 것인데 그 불은 틀림없이 반그리스도의 가톨릭들이 지배하는 고장, 로마에서 시작될 것이다. 그러면 숯이 되었던 입자들이 서서히 땅으로 떨어져서 다시 한번 빈 틈없는 구체를 이루게 되리라. 그리하여 이윽고 그리스도의 천년 왕국(the millennium)이 시작될 것이다. 그 천년 왕국이 끝날 즈음에 거인 곡과 마곡(Gog and Magog, 『구약 성서』「에스겔」 38장 2절과 『신약 성서』「요한 계시록」 20장 8절 참조. — 옮긴이)이 등장하여 새로이 선과 악의 싸움을 벌이게 되리라. 성도들은 하늘로 올라가 아브라함의 품에 안기고 운명을 다한 지구는 하나의 별이 될 것이다.

위의 이야기가 지극히 황당무계한가? 그렇다. 그러나 그것은 20세기 후반의 시점에서 그런 것이지 1681년의 판단에서는 아니다. 사실 당시 버넷은 합리주의자였으며 그는 기독교 신앙이 지배하던 그 시대에 뉴턴의 세계관이 우월하다는 사실을 인정하고 있었다. 버넷의 일차적인 관심사는 기적이나 하느님의 변덕이 아닌, 자연적이고 물리적인 과정을 통해서 지구의 역사를 해석하는 데 있었다. 버넷의 이야기는 비록 공상적일지 모르지만 그가 동원했던 배역들은 건조, 증발, 강우, 연소라는 일상적인 물리 현상들이다. 그는 지구 역사의 사실들이 성서에 분명히 기록되어 있으며 하느님의 말씀이 당신이 행한 일들과 상충되지 않으려면 과학과 일치해야 한다고 굳게 믿었다. 이성과 계시는 진리로 이끌어 주는 절대로 완벽한 안내자들이다. 심지어 그는 이렇게 지적하기도 했다.

자연계의 논쟁을 둘러싸고 이성에 대항하여 성서의 권위를 끌어들이는 것은 위험하다. 왜냐하면 시간이 지남에 따라 모든 사물의 진실이 밝혀졌을 때, 성서를 동원하여 주장했던 바가 명백한 허위임을 증거하는 일이 있어서는 안 되기 때문이다.

나아가서 버넷의 하느님은 과학 이전 시대에서의 연속적이고 기적적인 행위자가 아니라 물질을 창조하고 그 법칙을 세워 세상만사가 그에 따라 이루어지도록 한, 뉴턴의 완벽한 시계를 감아 주는 장인이었다.

우리는 매시간마다 타종하도록 손가락을 갖다 대야 하는 그런 시계를 만든 사람보다는 용수철과 톱니바퀴로 작동하며 매시간 규칙적으로 소리를 내는 시계를 만든 사람이 더욱 뛰어난 기술자라고 생각한다. 매시간마다 종을 쳐서 시각을 알리고 일정한 기간 동안 모든 작동을 규칙적으로 하다가 그 시기가 지나면 어떤 신호에 의해서나 용수철의 건드림에 의하여 저절로 산산조각이 나는 그런 시계를 누군가 만들었다고 가정하자. 이럴 경우 사전에 지정된 시간에 일꾼이 와서 큰 망치로 두들겨 부수어야 하는 그런 제품

보다는 그것이 훨씬 뛰어난 작품이라고 해야 하지 않을까?

물론 나는 버넷이 현대적인 의미의 과학자였다고 주장하는 것은 아니다. 그는 실험을 하거나 암석과 화석을 관찰한 적이 없었다(그러나 동시대의 몇몇 과학자들은 실험과 관찰을 한 바 있었다.). 그는 '순수' 이성의 방법을 사용했으며('탁상공론'이라고 해야 할지도 모르겠다.), 증명할 수 있는 과거를 기술하듯 그렇게 확신을 가지고서 미래의 관찰할 수 없는 현상을 글로 썼다. 내가 아는 한 현대의 어느 과학자도 그의 방법을 따르지 않았는데, 다만 그 예외로 임마누엘 벨리코프스키가 있을 뿐이다(19장을 볼 것). 버넷은 성서의 내용이 진리임을 전제하고 그 속에서 벌어졌던 사건들을 설명할 수 있는 물리적인 메커니즘을 꾸며 냈다. 마치 벨리코프스키가 고대의 기록을 문자 그대로 보전하기 위해서 지구 물리학을 새로이 창안해 냈듯이 말이다.

그럼에도 불구하고 버넷은 유신론적인 기존 체제를 떠받치는 기둥이 될 수 없었다. 사실 그는 그의 성스러운 이론 덕에 상당한 난관에 부딪혔다. 이단 심문소의 헤리퍼드 주교(the bishop of Hereford)는 확고한 자세로 버넷이 이성에 의지하는 것을 공격했다. "자신의 발명을 지나치게 사랑하는 나머지 그는 뇌가 터졌거나 아니면 어떤 흉악한 음모로 인해 심장이 썩었다." 다시 말해서 그가 교회를 전복하려는 모의를 했다는 뜻이었다. 종교계의 또 다른 비판자는 고전적인 반과학의 명제를 내놓았다. "우리에게 모세가 있기는 하지만 나는 지금도 창조와 대홍수의 참된 철학적 의미를 우리에게 제시할 엘리야를 기다려야 한다고 믿고 있다." (Elijah, 『구약 성서』 「말라기」 4장 5절에 관련 구절이 있다. 그는 다시 세상에 나와서 메시아의 출현을 알리게 된다. 따라서 이런 주장은 결국 과학은 이 문제를 논의할 수 없으며 우리는 이 문제에 해답을 줄 미래의 계시를 기다려야 한다는 말이나 마찬가지이다.) 옥스퍼드 대학교의 수학과 교수 존 킬(John Keill)은 버넷의 자연 과학적인 설명은 하느님이 불필요한 존재라는 믿음을 고취시키므로 위험하다는 반론을 제기하기도 했다.

그럼에도 불구하고 버넷의 이론은 적어도 얼마 동안은 상당한 명성을 누렸다. 그는 윌리엄 3세(William III, 1650~1702년, 재위 1689~1702년)의 궁정에서 밀실 집사(Clerk of the Closet)가 되었다(이는 궁전 화장실 청소부의 별칭이 아니라 왕의 고해 성사를 담당하는 자리의 직함이다. 여기서 밀실이란 임금이 홀로 은밀히 예배를 드리는 장소를 말한다.). 나아가서 그는 캔터베리 대주교(Archbishop of Canterbury)의 후계자로 물망에 오르기도 했다. 그러나 버넷는 끝내 당시로서는 분에 넘치는 행동을 하고 말았다. 1692년 그는 「창세기」의 6일을 우회적으로 해석하는 태도를 옹호하는 저서를 펴냈고, 그 뜻하지 않은 과오를 수없이 사과했음에도 불구하고 즉각 직위를 잃고 말았다.

결과적으로 버넷을 올가미에 가둔 것은 유신론자들이 아니라 교조주의자들과 반합리주의자들이었다(17세기 영국에서 공공연히 이름이 알려진 무신론자는 아무도 없었다.). 그로부터 100년 뒤 동일한 부류의 인간들이 조르주루이 르클레르 드 뷔퐁(Georges-Louis Leclerc de Buffon, 1707~1788년)으로 하여금 지구의 나이를 길게 잡은 그의 이론을 거두어들이게 했다. 그러고는 또 150년이 지난 뒤 그들은 그동안 세 번씩이나 패배했던 그 거만한 이론을 존 스코프스에게 들이댔다. 오늘날 그들은 동등한 대우(equal time, 대립되는 의견이 제시되었을 때 양쪽에 동일한 발언 시간을 허용하는 관례. 여기에서는 진화론과 창조론을 해설하는 데 교과서의 지면을 똑같이 배분해야 한다는 주장을 가리킨다. — 옮긴이)라는 자유주의적 수사를 사용해 미국의 교과서에서 진화론을 몰아내려 하고 있다.

분명히 과학도 그동안 과오를 저질러 왔다. 우리는 반대자들을 박해했고 연속적인 질문 공세에 의지했으며 또 관여하지 말아야 할 도덕적 영역에까지 우리의 권위를 확대시키려고 노력한 적도 있다. 그러나 정당한 영역에서조차도 과학과 합리성에 전적으로 의지하지 않는다면, 우리를 에워싸고 있는 문제들을 해결하는 것은 불가능하다. 그러므로 야후(Yahoo, 조너선 스위프트(Jonathan Swift, 1667~1745년)의 작품 『걸리버 여행기(*Gulliver's Travels*)』(1726년)에 등장하는 인간의 모습을 한 짐승. 여기서는 미련한 인간이라는 뜻. ─ 옮긴이)는 결코 휴식할 수 없는 것이리라.

18장

균일론과 격변론

집을 떠나온 미국인들에게 영적인 위로를 전달하고자 전국의 호텔과 모텔 방에 성서를 제공하는 국제 기드온 협회(The Gideon International)는, 「창세기」 1장의 난외주(欄外註)에다 지금도 끈덕지게 창조의 시점을 기원전 4,004년이라고 기록하고 있다. 지질학자들은 우리가 살고 있는 이 지구라는 행성은 그보다 줄잡아서 100만 배나 더 오래되었다 — 약 45억 년 — 고 믿는다.

주요 과학의 분과들은 각각 우리가 오랫동안 믿어 왔던 인류의 우주적 중요성을 약화시키는 데 크게 기여해 왔다. 천문학은 우리의 거처가 무수한 별들의 집합들 중의 하나인 평범한 은하계에 속해 있으며 그것도 그 한쪽 구석에 치우쳐 있는 작은 행성에 불과하다는 점을 분명히 했다. 생물학은 우리가 하느님의 형상대로 창조된 존재가 아님을 알게 하였다. 지질학은 거의 무한대의 시간을 제시하고 우리 인류가 그 중 얼마나 보잘것없는 기간을 점유하고 있는지를 가르쳐 주었다.

1975년에 우리는 지질학 혁명을 불러일으켰던 전설적인 영웅 찰스 라이엘(Charles Lyell, 1797~1875년) — 최근에 그의 전기를 쓴 한 저술가에 따르면 '지질학 사상(geologic thought)'에서 실제로 문제가 되었던 거의 모든 것을 다 반영했던 사람이라고 한다. — 의 사망 100주년을 맞았다. 라이엘의 업적을 공적인 관점에서 설명한다면 대략 다음과 같다. 18세기 초의 지질학은 격변론자들(catastrophists) — 지질학적 기록을 성서 연대기의 엄격한 틀 속에 압축해 놓으려 했던 신학적 변증론자들 — 의 독점적 무대였다. 그들은 자신들의 주장을 관철하기 위해 과거와 현재의 변화 양식 사이에는 심각한 불일치가 있다고 상상했다. 그들은 현대의 역사는 마치 물결이나 강물의 작용과 마찬가지로 느리고도 점진적으로 진행된다고 보았다. 그와는 달리 과거의 사건들은 돌발적이고 대규모적이었다고 생각했다. 그렇지 않았고서야 어떻게 그 수많은 사건들이 불과 몇천 년 속에 포함될 수 있겠는가? 하룻밤 사이에 산맥이 솟아올랐고 일시에 깊은 계곡들이 입을 벌렸다. 하느님은 자연법칙을 무너뜨리기 위해 자신의 의지를 개입시켰으며 따라서 과거를 과학적 설명의 영역 밖에 위치시켰다. 로렌 아이슬리(Loren Eisley)는 이렇게 적었다. "(라이엘은) 지질학이 대격변과 홍수와 초자연적인 창조와 생물 대멸종으로 혼미한 가운데 괴기한 풍경을 그리고 있을 때 그 분야에 뛰어들었다. 당시는 탁월한 인사들이 그러한 신학적 환상에 자신을 일치시키는 데에 온 정열을 다 쏟아붓던 시기였다."

1830년 라이엘은 자신의 혁명적인 저서 『지질학 원론(Principles of Geology)』 제1권을 출간했다. 권위 있는 소식통에 따르면, 그는 시간에는 경계가 없다고 대담하게 선언했다. 이 근본적인 제약을 내버림으로써 그는 '균일론(uniformitarianism)' — 지질학을 과학으로 가다듬은 학설 — 의 철학을 옹호했다. 자연법칙은 변하지 않는다. 오랜 시간의 흐름과 함께 단지 우리는 느리지만 꾸준히 작동되는 현재가 과거 사건의 전체 이야기를 연출하도록 자극할 뿐이다. 현재는 과거를 여는 열쇠다.

라이엘의 역할에 대한 이 이야기는 과학사에 등장하는 가장 표준적인 기록과 거의 다르지 않다. 그 기록들은 장황하게 과학자의 영감을 강조하고 있지만 정확성에 있어서는 오히려 부족하다고 하겠다.

몇달 전 나는 하버드 대학교 고문헌 도서실의 산더미 같은 자료를 뒤적이다가 장 루이 로돌프 아가시(Jean Louis Rodolphe Agassiz, 1807~1873년)가 주석을 단 『지질학 원론』을 발견했다(도서관에는 세상 사람들이 상상도 할 수 없는 자료들이 묻혀 있다.). 아가시는 미국의 대표적인 생물학자요, 동시에 가장 완강했던 격변론자였다. 아가시가 책의 여백에 남겼던 주(註)에는, 만약 우리가 라이엘의 업적을 기준으로 생각한다면 도저히 설명이 불가능한 그런 모순이 담겨 있었다. 아가시가 연필로 적어 놓은 주석은 격변론 지지파들이 으레 주장하던 일체의 비판을 포함하고 있었다. 특히 거기에는 설령 현재의 지질학적 작용들이 실제 지구의 역사만큼 오래 지속된다고 해도 일부 과거 사건들의 방대한 규모를 설명할 수는 없다는 아가시 나름의 확신이 기록되어 있었다. 여전히 대격변이라는 관념이 필요하다고 그는 믿었던 것이다. 그럼에도 불구하고 그는 다음과 같은 결론을 내렸다. "라이엘의 『지질학 원론』은 지질학이 그 이름에 합당한 상태에 도달한 이후 이 분야 전체에서 출간된 책 중 가장 중요한 저서임에 틀림없다."(나는 아가시가 다른 사람의 서평에서 이 문구를 인용하지 않았나 하는 생각이 들었다. 그런데 몇 명의 역사학자들과 토의한 결과 그 주석들은 아가시 자신의 견해를 반영하고 있다는 결론에 도달했다.)

만일 격변론자들은 검은 콧수염의 악당들이고 균일론자들은 흰색 모자를 쓰고 은 별을 단 정의한이라고 한다면, 그리고 라이엘이 읍내에서 모든 악당들을 몰아낸 명사수 보안관이라고 한다면 — 과학사의 마니교(Manichaeism)판 또는 서부 영화판이다. — 아가시의 진술은 조리에 맞지 않게 된다. 범법자가 어째서 그토록 침이 마르게 보안관을 칭찬할 수 있었을까? 서부 영화식 시나리오가 잘못되었거나 아가시가 미쳤다고 생각할 수밖에 없는 것이 아닌가?

그렇다면 왜 아가시는 라이엘을 칭찬했을까? 이 질문에 대답하기 위해서 나는 라이엘의 이른바 균일론을 분석하여 현대의 지질학이 사실은 라이엘의 주장과 격변론자들의 주장을 혼합한 것이라는 사실을 논증해야만 하겠다.

찰스 라이엘은 직업 변호사였다. 그의 책은 지금까지 발표된 가장 눈부신 요약서 중 하나로 꼽히며 정확한 문서 작업, 예리한 논증, 그리고 햄릿(Hamlet)이 무덤에서 어느 변호사의 두개골을 파내면서 변호사들의 속성으로 꼽은 "궤변, 핑계…… 그리고 몇 가지 책략"들을 혼합한 것이다. 라이엘은 자신의 균일론이 유일하고도 진실한 지질학이라는 근거를 제시하고자 두 가지의 교묘한 논리에 의지했다.

첫째, 그는 자신이 타도해야 하는 대상으로 가공의 허수아비를 내세웠다. 1830년에 이르자 과학계의 진지한 격변론자들 중 어느 누구도 지구의 대격변이 초자연적인 원인에 의한 것이라거나 지구의 나이가 6,000년이라는 주장을 믿지 않았다. 그렇지만 그러한 관념을 옹호하는 비전문인들은 많았고 과학을 흉내 내던 일부 신학자들 역시 변호하고 나섰다. 과학으로서의 지질학은 그들을 물리치지 않으면 안 되었지만 학계에서는 격변론자들과 균일론자들 모두가 논쟁을 회피하곤 했다. 이런 상황에서 라이엘의 허수아비는 누가 타도의 대상인지를 분명히 했고, 그런 관점에서 아가시는 라이엘이 지질학상의 합의를 일반 대중에게 강력하게 전달했다는 이유로 그를 칭찬했다.

후대의 인사들이 라이엘의 허수아비를 균일론에 대한 '과학적인' 반론으로서 받아들였던 것은 그의 잘못이 아니다. 그럼에도 불구하고 19세기의 위대한 격변론자들 모두 — 퀴비에, 아가시, 애덤 세즈위크(Adam Sedgwick)와 머치슨 — 는 지구의 생성 연대를 아주 길게 잡았고 또 과거에 일어난 지각 변동의 원인을 자연에서 찾으려고 노력했다. 지구의 나이가 6,000년에 불과하다면 지질학적인 기록을 그처럼 짧은 기간에 압축해 넣기 위해서 격변을 믿지 않으면 안 된다. 하지만 그 반대가 반드시 진실인 것도 아니다. 격변설에 대한 믿음이 반드시 지구의 나이를 6,000년으로 지정하는 것은 아니다. 지구는 나이가 45억 년 또는 1000억 년이라 해도 여전히 급격한 속도로 산맥을 형성하고 평야를 만들 수 있다.

사실 격변론자들은 경험주의적 사고에 있어서는 라이엘보다 훨씬 앞서 있었다. 지질학적 기록들은 대격변의 흔적을 담고 있는 듯이 보인다. 암석들은 일순간에 파열되고 일그러졌으며 모든 동물상이 일시에 멸종되기도 했다(16장을 볼 것). 이처럼 뚜렷한 현상을 설명하기 위해서 라이엘은 상상력을 동원했다. 그는 지질학적 기록들은 지극히 불완전하기 때문에, 합리적으로 추론할 수는 있으나 눈으로는 볼 수 없는 논리를 삽입하여 설명하지 않으면 안 된다고 주장했다. 격변론자들은 맹목적인 신학적 변증론자들이 아니라 그 시대의 콧대 센 경험주의자들이었다.

둘째, 라이엘의 '균일론'은 여러 가지 주장들의 잡탕이라고 할 수 있다. 그 주장들 중 하나는 모든 과학자들, 즉 격변론자와 균일론자들이 다 같이 받아들여야 할 방법론적 명제였다. 또 어떤 주장들은 시험대에 올랐다가 결국 폐기되기도 했다. 라이엘은 그것들에게 공통된 명칭을 붙여 주었고 절묘하고도 확고한 이론을 끌어냈다. 그는 "고대의 사변

(speculation) 정신을 되살리지 않고, 고르디우스의 매듭을 참을성 있게 푸는 대신 그것을 잘라 버리려는 욕망을 노출하지 않으려면" 그런 방법론적 명제를 받아들여야만 한다는 논거로 실체론적인 주장을 뛰어넘으려 했다(Gordian knot, 프리기아의 왕 고르디우스가 매어 두며 그것을 풀어내는 사람이 아시아를 지배하리라 예언했던 매듭. 알렉산더 대왕이 칼로 잘라 풀었다고 한다. — 옮긴이).

라이엘의 균일론 개념은 다음과 같은 4가지 아주 다른 주요 요소들로 구성된다.

1. 자연법칙들은 공간과 시간의 제약 없이 일정(균일)하다. 존 스튜어트 밀(John Stuart Mill, 1806~1873년)이 증명했던 것처럼 이것은 세상사에 관한 언급이 아니다. 오히려 과학자들이 과거를 분석하는 작업을 추진하기 위해서 연역적으로 주장하는 방법의 하나이다. 만약 과거가 변덕스럽다거나 정말로 하느님이 멋대로 자연법칙을 위배했다면 과학이 역사를 규명할 수는 없다. 아가시와 격변론자들도 여기에 의견을 같이했다. : 그러므로 그들 역시 지구의 대격변을 설명할 수 있는 자연적인 원인을 찾으려 했다. 그들은 또 신학의 개입을 반대하고 과학을 변호한 라이엘의 기본 자세에 대해 칭찬을 아끼지 않았다.

2. 현재 지구 표면에서 진행되고 있는 작용들로 과거의 사건들을 설명해야 한다(시간에 구애되지 않는 지질학적 작용의 균일성). 오직 현재의 과정만이 직접 관찰될 수 있다. 따라서 현재에도 진행되고 있는 과정의 결과로 과거의 현상들을 설명할 수 있다면 모든 것이 해결될 것이다. : 이것 역시 세상사에 관한 논리가 아니다. 다만 과학적 방법론에 관한 언급일 따름이다. 그리고 이 점에 있어서도 의견을 달리하는 과학자는 한 명도 없었다. 아가시와 격변론자들도 현재의 과정들을 과거에 적용하는 방법론을 선호했고 그러한 수단이 얼마나 많은 성과를 올릴 수 있는가를 정교하게 서술한 라이엘의 업적을 격찬했다. 그들이 의견을 달리했던 것

은 정작 다른 데에 있었다. 라이엘은 현재의 지질학적 작용만으로도 과거를 설명하기에 충분하다고 믿었다. 격변론자들도 언제나 현재의 작용들을 먼저 적용해서 설명해야 한다고 주장했지만 그러면서도 그들은 동시에 과거의 일부 사건이나 현상들에 있어서는 이제는 진행되지 않거나 현저히 느린 속도로 진행되고 있다는 점을 고려해서 그것들을 설명해야 한다고 믿었다.

3. 지질 변화는 격변이나 돌변이 아닌 느리고 점진적이며 지속적인 변화이다(속도의 균일성). : 이제야 비로소 우리는 시험 가능한 실체적인 주장과 맞닥뜨려 아가시와 라이엘의 실질적인 차이점을 발견하게 된다. 현대의 지질학자들은 비록 지질학적 작용의 속도가 예전이나 지금이나 거의 균일하다는 라이엘의 원래 주장이 상상력의 숨통을 죄고 있다는 점을 지적하기는 하지만 그래도 대체적으로는 그런 논리가 우위에 있다는 것을 인정하고 있다(예를 들어서, 라이엘은 아가시가 발전시킨 빙하설을 절대로 받아들이지 않았다. 그는 빙하의 양과 이동 속도가 과거에는 그처럼 달랐다는 것을 결코 시인하지 않으려 했다.).

4. 지구는 처음 만들어진 이래로 그 형태에 있어서 특별한 변화가 없었다(형태의 균일성). : 라이엘의 균일론에 담겨 있는 이 마지막 요소는 논의의 대상이 되는 경우가 사실 드물다. 결국 그것은 일종의 경험적 주장이며 크게 보아서 부정확한 것이기도 하다. 그러나 누가 영웅의 잘못을 폭로하고 싶어 하겠는가? 그렇지만 나는 이 균일성 이론이 라이엘이 진정 나타내고자 하는 바였거나 또는 그가 가졌던 지구관의 중심 개념이라고 믿고 있다. 뉴턴의 지구는 그 역사에 아무런 방향도 지시하지 않은 채 항성 주위를 끝없이 공전하고 있다. 어떤 한 순간도 다른 모든 순간과 똑같다. 그와 같은 거대한 시간 개념이 우리가 살고 있는 이 행성의 지질 기록에도 그대로 적용될 수 있지 않을까? 땅과 바다가 그 위치를 바꿀

수는 있지만 그것들은 시간의 흐름과는 관계없이 대체로 동일한 비율로 존재한다. 생물 종들은 나타났다가 사라지지만 그들의 다양성은 영원히 일정하다. 세부에 있어서는 끝없는 변화가 진행되지만 전체적으로는 별로 변함없이 일정한 상태를 유지한다. 현대의 정보 이론에서 나온 전문 용어를 써서 말한다면, 지구의 역사는 역동적 정상 상태(dynamic steady state)에 있다고 할 수 있다.

그동안의 모든 증거들과는 전혀 상반되겠지만 라이엘은 자신의 견해에 따라서 가장 오래된 화석층에서도 포유류를 찾아낼 수 있을 것으로 기대했다. 생물의 역사에서 나타나는 방향성과 역동적 정상 상태를 조화시키기 위해서 그는 화석 기록 전부가 어떤 '엄청난 시대(great year)'의 한 부분을 보여 주고 있다고 생각했다. 그 엄청난 시대란 "거대한 이구아노돈이 숲 속에서 어슬렁거리고 어룡이 바다에서 모습을 나타나며 익수룡이 나무고사리 덤불을 가르면서 활주하는" 시간으로, 언젠가는 다시 오게 될 대순환 주기를 가리킨다.

격변론자들은 이 견해를 글자 그대로 받아들였다. 그들은 생물의 역사에서 방향성을 보았으며 그것을 믿었다. 돌이켜 생각해 보면 그들의 태도는 옳았다.

대다수의 지질학자들은 자신들이 전공하는 과학에서 라이엘의 균일론이 비과학적인 격변론을 꺾고 완전한 승리를 거두었노라고 말하고 싶어 할지 모른다. 라이엘의 저서가 그의 이름을 걸고 커다란 승리를 거두었던 것은 사실이지만 현대 지질학은 사실상 2개 학파 — 라이엘의 독창적이고 엄격한 균일론과 퀴비에 및 아가시의 과학적 대격변론 — 의 균등한 혼합체라고 할 수 있다. 우리는 라이엘의 첫 번째와 두 번째 균일론 주장을 받아들이고 있으며 격변론자들도 그 점에 있어서는 마찬가지이다. 좀 더 융통성 있게 해석한다면 라이엘의 세 번째 주장, 즉 속도의 균일성 논리 역시 실질적으로는 그의 위대한 공적이라고 할 수 있다. 그의 네 번째 주장, (가장 중요하다고 할 수 있는) 형태의 균일성 논리는 지금까지 고맙게도 잊혀져 있었다.

그런데 라이엘의 정상 상태론에 대해서는 아직 할 말이 많다. 역동적인 항상성이란 생물 역사에서 나타나는 분명한 정향성과 지구 역사의 정향성에 근본적으로 배치되는 듯한 인상을 주고 있다. 하지만 중세 기독교는 그들의 역사관 속에 이들 두 가지 견해를 다 같이 포용할 수 있었다. 샤르트르 대성당에는 북쪽의 트랜셉트(transept, 수랑(袖廊))에서 시작하여 네이브(nave, 신랑(身廊))를 지나 남쪽 트랜셉트에 이르는 일련의 스테인드글라스에 인간의 역사가 그려져 있다. 천지 창조, 그리스도의 강림, 죽은 자의 부활 등 일정한 방향이 있는 순서로 말이다. 그러나 이 그림들 속에는 상응하는 장면이 여럿 나타나 역사의 방향은 정해진 그대로이지만 시간적으로는 무시간성(timelessness)를 보인다. 『신약 성서』는 『구약 성서』의 재현이다. 성모 마리아와 불타는 덤불(『구약 성서』「출애굽기」 3장 2절 참조—옮긴이)은 똑같이 하느님의 불을 안고 있으면서도 타서 없어지지 않기 때문에 동일하다. 그리스도(Christ)와 요나(Jonah)는 같다. 두 사람 다 똑같이 사흘 동안 죽었다가 다시 살아났기 때문이다. 앞서 말한 두 가지 시각 — 지향성과 역동적 정상 상태 — 은 조화될 수 없는 것이 아니다. 지질학의 역사는 그것들의 창조적인 종합(synthesis)을 추구하고 있는 것인지도 모른다.

19장
벨리코프스키의 좌충우돌

마치 제우스의 이마에서 지혜의 여신 아테나가 빠져나오듯이 그리 오래되지 않은 옛날에 금성(Venus)이 목성(Jupiter)으로부터 그 모습을 나타냈다. 문자 그대로 홀연한 출현이었다! 뒤이어 그것은 여느 혜성과 다름없는 형태와 궤도를 만들며 이동했다. 기원전 1,500년, 유태인들이 이집트를 탈출했던 이른바 출애굽 시기에는 지구가 금성의 꼬리를 두 번이나 통과하게 되어 축복과 혼란이 동시에 일어났다. 하늘(아니 오히려 혜성 꼬리의 탄화수소)에서 만나(manna)가 떨어지고, 모세가 불러온 큰 역병으로 인해서 강물이 핏빛(똑같은 혜성 꼬리에서 나온 철분)으로 물들었다. 금성은 불규칙적인 운동을 하다가 화성과 충돌하여(혹은 살짝 스쳐서) 그 꼬리를 잃어버리고는 현재의 궤도로 튕겨 들어갔다. 그 후 화성은 기원전 700년

경에 정상적인 위치를 이탈해 지구와 거의 충돌할 뻔했다. 당시의 공포가 얼마나 충격적이었던지, 그리고 그것을 잊어버리고자 하는 인류의 집단적인 갈망이 얼마나 강렬했던지 그 사실은 인간의 의식에서 영영 지워지고 말았다. 그럼에도 불구하고 그 일은 우리가 물려받은 무의식의 기억 속에 여전히 잠재해 있으면서 공포, 신경증, 공격성, 그리고 전쟁과 같은 사회적 양상으로 발현되고 있다.

이런 묘사는 어느 텔레비전 심야 영화의 빈약한 각본처럼 들릴지도 모르겠다. 하지만 그것은 임마누엘 벨리코프스키(Immanuel Velikovsky)의 저서 『충돌하는 세계(Worlds in Collision)』의 진지한 이론을 요약한 것이다. 게다가 벨리코프스키는 괴짜나 허풍선이가 아니다. 다만 내 심경을 고백하고 내 동료의 견해를 인용한다면, 적어도 그가 멋지게 빗나간 것만은 분명하다.

1950년에 발행된 그의 저서 『충돌하는 세계』는 계속해서 치열한 논쟁을 불러일으키고 있다. 아울러 그의 주장들은 순수하게 과학적인 논의는 아니지만 다소 주변적인 일련의 문제들을 낳고 있다. 벨리코프스키는 자신의 견해를 출간하려는 시도를 달가워하지 않던 학자들로부터 적잖이 냉대를 받았던 것이 분명하다. 하지만 박해를 받았다는 이유만으로 누구든 갈릴레오의 지위에 오를 수는 없다. 갈릴레오가 되기 위해서는 그 사람이 정당해야 한다. 과학적 쟁점과 사회적 쟁점은 전혀 별개의 것이다. 그리고 시대와 더불어 이단자들을 처리하는 방식은 바뀌어 왔다. 조르다노 브루노(Giordano Bruno, 1548~1600년)는 화형을 당해 목숨을 잃었다. 갈릴레오 갈릴레이(Galileo Galilei, 1564~1642년)는 고문 도구들을 살펴보고 난 뒤에 가택 연금 속에서 시들어 갔다. 벨리코프스키는 널리 알려져 명성을 얻었을 뿐만 아니라 인세를 벌어들였다. 토마스 드 토르케마다(Tomás de Torquemada, 1420~1498년. 스페인 세고비아의 산타크루스 수도원 원장. 1483년 이단 심문소의 대심문관이었다. — 옮긴이)는 악랄했지만 벨리코프스키의 학문적 적수들은 단지 어리석었을 뿐이었다.

그의 구체적인 주장이 놀랄 만한 것인지는 몰라도 나는 벨리코프스키의 비정통적 연구 방법과 물리학적 이론에 더 관심이 간다. 그는 고대의 기록들에서 직접적인 관찰 결과라고 보고된 모든 설화는 틀림없이 진실이라는 그런 실용적인 가설에서 출발했다. 만약 성경에 태양이 정지해 있었다고 기록되어 있다면 사실이 그러했다는 것이다(금성의 인력이 지구의 자전을 잠시 멈추게 했다고 해석할 수 있으리라.). 그리고 그는 그런 이야기들에 부합되며 사실에 입각한 물리학적 설명이라면 아무리 괴상한 것일지라도 찾아내려고 시도했다. 절대 다수의 과학자들이 고대의 전설 가운데 어느 것이 정말로 정확한 것인지를 판단하기 위해서 물리학적 가능성의 한계를 활용하지만 연구 자세에 있어서는 정반대의 입장을 취한다(나는 마지막으로 벨리코프스키의 방법을 따랐던 중요한 과학 서적 — 1680년대에 처음으로 발간된 토머스 버넷의 『지구에 관한 성스러운 이론』 — 을 검토하는 데 17장을 할애했다.). 다음으로, 벨리코프스키는 뉴턴의 만유인력 법칙이 우주 만물을 지배하기 때문에 행성이 제멋대로 떠돌아다닐 수 없다는 사실을 잘 알고 있었다. 그래서 그는 커다란 물체의 이동을 설명하기 위해 전자기력(electromagnetic)이라는 근본적으로 새로운 물리학을 제시했다. 요컨대 벨리코프스키는 고대 전설이 문자 그대로 정확하다는 것을 뒷받침하기 위해서 천체 역학을 다시 구축하려 했던 것이다.

인류 역사의 대격변설을 구상해 낸 뒤에 벨리코프스키는 그것을 지질 시대로까지 확장하여 자신의 물리학을 일반화하려고 했다. 1955년에 그는 지질학 논문집 『격변 속의 지구(Earth in Upheaval)』를 발표했다. 뉴턴과 현대 물리학을 이미 제압한 바 있었기 때문에 그는 찰스 라이엘과 현대 지질학을 공략했다. 방랑하는 행성들이 불과 3,500년 간격으로 두 번이나 지구를 찾아왔다면 지구 역사는 라이엘의 균일론이 요구하는 느리고 점진적인 변화가 아니라 대격변에 의해 만들어진 것이라고 그는 추론했다.

벨리코프스키는 지난 수백 년간의 지질학 문헌에서 대격변의 기록을 샅샅이 뒤졌다. 그는 홍수, 지진, 화산 활동, 조산 작용, 대량 멸종과 기후 변화 등을 수없이 찾아낸 뒤에 그것들의 공통된 원인을 추구했다.

그 원인이 된 무엇인가는 돌발적이고 격렬했음이 틀림없다. 그것은 반복적이었지만 반복의 간격은 지극히 불규칙했다. 그리고 그것이 거대한 힘을 지니고 있었을 것이라는 점에는 의심의 여지가 없다.

그가 지구 외부적인 원인으로 천체의 전자기력을 끌어들인 것은 조금도 놀라운 일이 아니었다. 특히 그의 논리에 따르면 이 물리력은 갑작스럽게 지구의 자전을 교란시켰고 극단적인 경우에는 글자 그대로 지구를 뒤집어서 극과 적도를 뒤바꿔 놓았다. 벨리코프스키는 그처럼 갑작스러운 지축의 변동을 수반하는 물리적 효과를 상당히 다채롭게 설명하고 있다.

바로 그 순간 지진이 일어나 지구가 온통 부들부들 떨며 공기와 물이 관성에 의해 계속해서 요동을 치게 된다. 태풍이 지구를 휩쓸고 바닷물이 대륙들을 덮치게 된다……. 높은 열이 생겨나 바위가 녹고 화산이 폭발하며 파열된 지표면의 균열을 통하여 용암이 흘러나와 광대한 지역을 덮는다. 평원에서는 산들이 불쑥불쑥 솟아오른다.

인간 화자들의 증언이 『충돌하는 세계』에 증거를 제공한다면 지질

기록은 『격변 속의 지구』의 증거로 충분하다고 해야 할 것이다. 벨리코프스키의 논리 전반은 그가 지질학 문헌을 읽어서 얻은 지식을 바탕으로 하고 있다. 그런데 나는 그가 그 작업을 상당히 서투르게, 그리고 경솔하게 했다고 생각한다. 여기에서는 구체적인 주장 하나하나를 논박하기보다 그의 연구 방법과 절차에 담긴 일반적인 과오에 초점을 맞추어 논의를 펴 나가고자 한다.

첫째, 형태의 유사성이 발생의 동시성을 반영한다는 가설. 벨리코프스키는 (4억 년 전에서 3억 5000만 년 전까지의 기간에 형성된) 영국의 데본기(Devonian Period) 지층인 올드 레드 샌드스톤(Old Red Sandstone)에서 발견된 물고기 화석을 검토했다. 그는 여기에서 격렬한 죽음의 증거로 몸통의 일그러진 형상, 포식 생물의 부재, 심지어 화석 표면에 영원히 새겨진 "놀람과 공포"의 징후까지 제시했다. 그는 어떤 돌발적인 격변이 그 물고기들을 일시에 멸종시켰으리라 추정하고 있다. 그렇지만 물고기 개체들의 죽음이 제아무리 불쾌한 것이었다 해도 그것들은 몇백만 년에 걸쳐서 형성된 수백 피트 두께의 퇴적층에 널려 있다. 마찬가지 예로 달 표면의 크레이터를 들 수 있다. 크레이터들은 외형이 거의 비슷하지만 그 하나하나는 운석의 돌발적인 충돌로 만들어졌다. 그리고 그 운석들의 낙하 기간은 수십억 년이었다. 달 표면이 아직 용융 상태였을 때 공기 방울이 생겨나서 모든 크레이터들이 일시에 만들어졌다는 벨리코프스키가 애용하는 가설은 아폴로 달 탐사로 인해 결정적으로 무너지고 말았다.

둘째, 그 효과가 엄청나다는 점으로 미루어 돌발적인 작용으로 지질학적인 사건이 발생했다는 가정. 벨리코프스키는 수백 피트의 바닷물이 증발하여 지금으로부터 100만 년 전 플라이스토세(Pleistocene Epoch, 홍적세(洪積世))에 거대한 빙하가 형성되는 장면을 회화적으로 묘사했다. 그는 그 과정을 대양이 증발하고 그 뒤를 이어서 지구 전역에 추위가 몰아쳤던 데에 따른 결과라고 상상할 수밖에 없었다.

일련의 비정상적인 사건들이 필요했으리라. 대양이 끓어올라 증발한 물이 온대 지방에 눈이 되어 내렸음이 분명하며, 그러한 더위와 추위는 아주 짧은 기간을 두고 잇달아 나타났음에 틀림없다.

하지만 빙하는 하룻밤 사이에 생기지 않는다. 지질학적 기준에 따른다면 매우 '급속히' 형성되는 것이지만 그렇다 해도 빙하가 커지는 데에는 무려 수천 년이 걸리기 때문에 해마다 공급되는 새로운 강수로 눈이 점진적으로 축적될 수 있는 충분한 시간이 요구된다. 빙하를 설명하기 위해 바다를 끓일 필요는 전혀 없다. 캐나다 북부 지방에는 지금도 여전히 눈이 내리고 있다.

셋째, 국지적인 격변으로부터 전 세계적인 사건을 추리하는 일. 어떤 지질학자도 지금까지 홍수와 지진과 화산 폭발로 국지적인 격변이 일어난다는 것을 부정한 적이 없다. 하지만 그런 사건들이 지축의 돌발적인 변동으로 인해 일어난 범지구적인 격변의 결과라는 벨리코프스키의 개념에 동조하는 연구자는 거의 없다. 벨리코프스키가 거론했던 '실례들' 중 대다수는 그것들을 바탕으로 해서는 전 세계적인 영향에 대해 추론할 수 없는 국지적인 현상들에 불과하다. 이를테면 그는 미국 네브래스카 주의 어게이트 스프링스(Agate Springs) 채석장 — (어느 학자의 추산에 따르면) 2만에 가까운 대형 동물의 골격들이 묻혀 있어 포유류의 '공동묘지'라고 불린다. — 에 관해서 설명하고 있는데, 동물의 집단 사멸이 반드시 격변적인 사건의 결과일 필요는 없다. 전혀 다른 원인으로도 나타날 수 있는 바, 강과 바다는 방대한 양의 뼈대와 조개껍데기를 점진적으로 축적할 수 있는 것이다(나는 온통 커다란 조개껍데기와 산호 조각으로만 이루어진 바닷가를 거닐어 본 적이 있다.). 또 국지적인 홍수가 이 동물들을 모두 물에 빠져 죽게 했다 해도 당시 다른 대륙에서 살고 있던 동료들까지 모두 피해를 입었다고 할 만한 증거는 없다.

넷째, 이미 한물간 자료를 독단적으로 사용하려는 태도. 1850년 이전에는 대다수 지질학자들이 지질 변동의 주요 동인으로 전면적인 대격변을 거론했다. 그들은 생각이 없는 사람들이 아니었으므로 자신들의 주장을 어느 정도 설득력 있게 논증했다. 만약 우리가 그들의 저술만을 읽는다면 그 결론을 인정할 수도 있을 것이다. 벨리코프스키는 유럽에서 나온 화석 물고기들의 극적인 죽음을 검토하면서 단지 휴 밀러(Hugh Miller)의 1841년 저서와 윌리엄 버클랜드(William Buckland)의 1820년과 1837년 저술만을 인용하고 있다. 하지만 지난 수백 년 동안 축적되어 온 방대한 연구 업적들 속에는 분명 주목할 만한 다른 무엇인가가 있을 것이다. 이와 비슷하게 벨리코프스키는 빙하 시대의 기원에 관한 기상학적 자료를 인용할 때 1883년에 발표된 존 틴들(John Tyndall)의 저서에만 의지하고 있다. 하지만 지난 1세기 동안 지질학계에서 이보다 더 활발하게 논의되었던 주제는 달리 없었다.

다섯째, 부주의함과 부정확성과 조작성. 『격변 속의 지구』에는 그 자체만으로는 그다지 중요하지 않지만 지질학 문헌에 대한 치밀하지 못한 자세, 간단히 말해 이해력 부족을 반영하는 사소한 오류와 어정쩡한 사실들이 곳곳에 산재해 있다. 벨리코프스키는 오늘날에는 화석이 형성되고 있지 않다는 이유를 들어서 현재의 현상들로 과거를 설명할 수 있다는 균일론자들의 주장을 공격한다. 그러나 호수 바닥에서 오래된 뼈를, 바닷가에서 조개껍데기를 파내 본 경험이 있는 사람이라면 누구나 이 주장이 터무니없다는 것을 알 것이다. 벨리코프스키는 "유공충(foraminifera)과 같은 일부 생물들은 진화에 참여하지 않은 채 지질 시대를 처음부터 살아 왔다."는 주장을 내세워 다윈의 점진론(gradualism)을 논박한다. 이 단세포 생물을 진지하게 연구한 사람이 전혀 없었던 시절의 오래된 문헌에서는 가끔 이러한 주장이 발견되기도 한다. 하지만 1920년대에 조지프 쿠시먼(Joseph Cushman)이 유공충에 대한 모든 것을 정리한 방대한 저서를 발표한 이후에는 아무도 그런 주장을 하지 않았다. 끝으로 화성암 — 화강암과 현무암 — 에 "무수한 생물들이 박혀 있었다."라고 그는 기록했다. 그런데 이것은 나뿐 아니라 고생물학계의 모든 학자들에게 도대체 낯선 이야기일 따름이다.

그러나 이런 모든 비판도 벨리코프스키가 들었던 실례들을 가장 결정적으로 반박하는 자료들 — 똑같은 예들을 대륙 이동설과 판 구조론의 결과로서 설명해 내는 — 앞에서는 대수롭지 않은 것이 되고 만다. 이 점에 있어서만큼은 벨리코프스키가 비난받을 이유는 전혀 없을지도 모르겠다. 그 역시 지질학 사상(思想)의 위대한 혁명의 시대에 태어난 희생양 중 하나에 불과하기 때문이다. 이전까지 가장 정통적인 이론이라고 인정받아 온 주장을 따랐던 많은 사람들이 그러했던 것처럼 말이다. 벨리코프스키는 『격변 속의 지구』에서, 대격변을 뒷받침하는 가장 중요한 현상을 설명하는 대안으로서의 대륙 이동설을 제법 그럴듯한 이유로 거부했다. 그는 지질학자들 사이에서 제일 흔히 인용되었던 바로 그 이유 — 대륙을 움직이는 메커니즘은 존재하지 않는다. — 를 들어서 새 이론을 부정하고 나섰다. 하지만 오늘날에는 해저의 확장 현상이 입증되어 그 메커니즘이 잘 밝혀져 있다(16장과 20장을 볼 것). 아프리카 지구대는 지구가 빠른 속도로 반전될 때 벌어진 틈이 아니다. 그것은 지각 균열 체계의 일부이며 2개 지각판 사이의 연결부이다. 히말라야 산맥은 지구의 축이 변동해서가 아니라 인도 대륙판이 아시아 쪽으로 서서히 밀고 들어오면서 솟아올랐다. '환태평양 화산대(ring of fire)'는 지구 최후의 지축 변동 시 나타났던 용해 작용의 산물이 아니라 2개 판 구조 사이의 경계선을 가리킨다. 극지방에서 나타나는 산호 화석, 남극의 석탄, 그리고 열대 남아메리카에 남아 있는 페름기 빙하의 증거를 설명하기 위해서 지구를 뒤집을 필요는 없다. 대륙들이 다른 기후대로부터 현재의 위치로 이동하기만 하면 되는 것이다.

역설적으로, 벨리코프스키는 자신의 지축 변동 메커니즘보다는 판 구조론으로 인해 잃어버린 바가 훨씬 더 컸다. 그는 자신의 격변론적 태도를 뒷받침하는 전반적인 논리를 상실하지 않았나 생각된다. 월터 설리번(Walter Sullivan)은 대륙 이동을 주제로 한 최근 저서에서 판 구조론이 과거 사건을 현재 요인에 기인시키는 균일론을 놀라우리만치 강력하게 지지한다고 주장했다. 현재의 요인들이 지금의 강도와 큰 차이 없이 과거의 사건들에도 작용했다는 것이다. 이는 판 구조가 오늘날에도 대륙들을 위에 얹고 활발히 움직이고 있기에 가능한 말이다. 대륙 이동에 수반되는 장엄한 사건들 — 전 세계적인 지진대와 화산대의 활동, 대륙 충돌, 동물상의 대량 멸종(16장을 볼 것) — 은 1년에 불과 몇 센티미터의 속도로 움직이는 이 거대한 판 구조물의 운동으로 충분히 설명될 수 있다.

벨리코프스키 사건은 과학의 사회적 충격을 둘러싸고 벌어질 수 있는 가장 곤혹스러운 상황을 보여 주었다고 할 수 있다. 이른바 전문가들의 상충되는 주장을 비전문가들이 어떻게 판정할 수 있겠는가? 글재주를 지닌 사람이라면 누구라도 독자들의 전문 분야가 아닌 주제에 관해서 설득력 있는 논리를 엮어 낼 수 있다. 『신들의 전차(Chariots of the Gods? : Unsolved Mysteries of the Past)』(1968년)를 읽어 보면 인류의 조상이 외계인이라는 에리히 폰 대니켄(Erich von Däniken)의 주장마저 그럴듯하게 들린다. 나는 『충돌하는 세계』에 대해서 그 내용을 심판할 만한 위치에 있지는 않다. 나는 천체 역학에 관해서 아는 바가 거의 없고, 이집트의 중왕국(Middle

Kingdom)에 관해서는 더더욱 아는 바가 없다(다만 나는 전문가들이 벨리코프스키의 비정통적인 연대(年代) 기술에 관해서 아우성치는 소리는 자주 들어 왔다.). 나는 비전문가들은 틀리기 마련이라고 단정하고 싶지도 않다. 그렇지만 내가 익히 알고 있는 자료들을 벨리코프스키가 얼마나 엉망으로 사용하고 있는지를 알았고, 따라서 내가 잘 알지 못하는 자료들을 처리할 때에도 그가 어느 정도나 정확하게 작업을 했을지 의심하지 않을 수 없게 되었다. 그러나 천문학도, 이집트학도, 지질학도 모르는 어떤 사람이 — 특히 우리 모두가 그 본질이 지극히 흥미롭다고 생각하는 가설과 경향을 앞에 두고 — 무엇을 해야 하겠는가, 상대방을 헐뜯기나 해야 할까?

현대 과학의 수많은 기본 개념들이 비전문가에 의하여 제기된 이단적인 사변으로부터 나타났다는 사실을 우리는 알고 있다. 그런데 역사는 우리의 판단력에 편향적인 여과 장치를 제공한다. 우리는 비정통적인 영웅들에게 찬사를 보내지만 그처럼 성공을 거둔 이단자 한 사람이 출현할 때까지 앞서 다른 수백 명이 기존 관념에 도전했다가 패배했다는 사실은 곧잘 잊어버린다. 독자들 가운데 과연 테오도르 아이머(Theodor Eimer), 뤼시앵 퀴에노(Lucien Cuénot), 아서 엘리자 트루먼(Arthur Elijah Trueman), 윌리엄 딕슨 랭(William Dickson Lang) 등 — 다윈주의의 대세에 반항하여 정향 진화를 앞장서서 지지했던 인물들 — 의 이름을 들어 본 사람이 있을까? 설령 그렇다 하더라도 나는 비전문가들이 설교하는 이단 찾기에 앞으로도 계속해서 노력을 기울일 작정이다. 다만 유감스럽게도, 승리를 거두기 지극히 힘겨운 이 경기에서 나는 벨리코프스키가 승자들의 대열에 참여하게 되리라고는 생각지 않는다.

20장

대륙 이동의 확실한 증거들

새로운 다윈의 정통론이 유럽을 휩쓸고 있을 때 가장 명석한 반대론자이자 나이 지긋한 발생학자였던 카를 에른스트 폰 베어(Karl Ernst von Baer, 1792~1876년. 독일 태생의 러시아 해부학자, 발생학자. — 옮긴이)가, 승리를 거둔 모든 이론들은 3단계의 과정을 거치면서 완성되었다고 쓴웃음을 머금으며 지적한 바 있다. 처음에 그것은 진리가 아니라고 멸시를 당한다. 다음으로 종교에 위배된다고 거부당한다. 마지막으로 그것이 정설로 받아들여지고 나면, 과학자들은 저마다 이미 오래전부터 그 진리를 알고 있었노라고 주장한다.

내가 대륙 이동설을 처음 알게 되었을 때 그 이론은 제2단계인 이단 심문을 받느라 곤욕을 치르고 있었다. 케네스 캐스터(Kenneth Caster)는 당시에 미국의 주요 고생물학자로서 감히 이 이론을 공개적으로 지지했던 거의 유일한 인물이었다. 그는 나의 모교인 앤티오크 대학교에 강의를 하러 왔다. 당시 우리 학교가 중무장한 보수주의의 요새로 알려질 만한 이유는 거의 없었지만 그래도 우리 중 절대다수는 그의 사상을 제정신이 아닌 인간의 넋두리로 치부하고 말았다(지금 나는 베어가 지적했던 제3단계에 들어와 있다. 그래서 나는 그 당시 캐스터가 내 마음속에 상당한 의혹의 씨앗을 뿌린 기억이 생생하다.). 그로부터 몇년 뒤 내가 컬럼비아 대학교 대학원생으로 있을 때, 한 탁월한 층서학 교수가 오스트레일리아에서 초빙 교수로 온 어떤 대륙 이동설 지지자를 조소했던 일이 기억난다. 그는 심지어 자신에게 아첨하는 한 무리의 충성스러운 학생들을 부추겨 야유의 대합창을 이끌어 내기까지 했다(다시 한번 말하지만 나는 제3단계의 유리한 고지에서 이 일화를 즐겁게 회상하고 있는데, 그래도 기분이 썩 좋지는 않다.). 그 교수에 대한 존경의 표시로 그가 불과 2년 뒤에 급히 자신의 입장을 바꾸었으며 그 후 기꺼이 자신의 연구를 재검토하며 여생을 보냈다는 사실을 덧붙여 둔다.

그로부터 꼭 10년이 지난 지금, 내가 지도하고 있는 학생들은 대륙 이동이라는 명백한 진리를 부정하는 사람을 10년 전 그때의 반대자들보다 더 격렬한 조소로 깔아뭉개려 든다. 예언자적인 광인은 적어도 재미있기라도 하지만 시대에 뒤떨어진 고루한 인간은 오직 가엾을 뿐이다. 10년이라는 짧은 기간 동안에 어떻게 해서 그토록 엄청난 변화가 일어난 것일까?

대부분의 과학자들은 자신들의 전문 분야가 '과학적 방법'이라는 완전무결한 절차의 인도를 받으면서 점차 많은 자료를 축적하여 진리를 향해 행진하고 있노라고 주장 — 적어도 대중 설득용으로라도 — 하고 있다. 이것이 진실이라면 내 질문에는 그리 어렵지 않게 해답을 얻을 수 있으리라. 10년 전에 알려졌던 과학적 사실들은 대륙 이동을 부정하는 내용을 담고 있었고, 그 이후 우리는 더 많은 것을 배웠으며 그에 따라 새로운 견해를 재구성해 왔노라고 말이다. 그러나 나는 이런 시나리오가 보편적으로 적용되기 어렵고 특히 이번 사례에 있어서는 지극히 부적절하다는 점을 지적하고자 한다.

대륙 이동설이 어디에서나 거부되던 그 시절에도 대륙이 이동한다는 직접적인 증거들은 어느 모로 보나 오늘날과 똑같이 훌륭했다. 다시 말해서, 지구상의 여러 대륙에 산재하는 노출 암석들에서 모은 자료들은 이미 대륙 이동설을 지지하기에 충분했다. 그럼에도 불구하고 그 이론이 무시당했던 이유는 대륙들이 단단한 대양저를 갈며 지나갈 수 있게끔 하는 물리적 메커니즘에 대해 아무도 제대로 된 설명을 하지 못했기 때문이었다. 대륙 이동에 대한 그럴듯한 메커니즘이 없는 상황에서는 그 이론이 터무니없는 것으로 치부되는 일이 당연했다. 그 이론을 뒷받침하는 것처럼 보였던 자료들은 사실상 얼마든지 달리 설명될 수 있었다. 설령 그런 설명들이 억지로 조작된 것처럼 생각된다 해도 그 대안에 비하면 비현실성은 절반도 되지 않았다. 그런데 지난 10년 동안에 우리는 새로운 자료를, 이번에는 대양저로부터 수집했다. 우리는 이 자료에다 강력한 창의적 상상력을 첨가하고 지구 내부에 대한 더 많은 지식을 동원하여 지구 동역학의 새로운 이론을 구성했다. 새로운 이론인 판 구조론에 따르면 대륙 이동은 필연적인 귀결로 등장하게 된다. 오래전에 대륙의 암석들로부터 얻어진 자료들은 한때 그 가치가 완전히 부정되기도 했지만 이제는 새삼 대륙 이동설의 결정적인 증거로 높이 평가되기에 이르렀다. 간단히 말하자면, 대륙 이동설에 새로운 정통론의 기대가 걸려 있는 까닭에 이제 우리는 그 이론을 받아들이고 있다.

나는 이 이야기가 과학 발전의 전형이라고 생각한다. 낡은 방식으로 수집된 새로운 사실들이 낡은 이론의 안내를 받아 어떤 사상을 근본적으로 수정한다는 것은 어려운 일이다. 사실들은 '스스로 말하지' 않는다. 그것들은 이론에 맞도록 읽힌다. 예술에서와 마찬가지로 과학에 있어서도 창의적인 사상은 이론을 변화시키는 동력이 된다. 과학은 객관적 정보의 기계적 축적이 아닌 인간 활동의 정수이며 필연적인 해석으로 귀결되는 논리 법칙을 따른다. 나는 이 명제를, 대륙 이동을 뒷받침하는 '전형적인' 자료에서 끌어낸 두 가지 실례를 사용하여 설명해 보려 한다. 그 두 가지는 대륙 이동설이 아직 인기가 없었던 시절에 그 가치를 폄하당해야 했던 오래된 이야기들이다.

I. 고생대 말기의 빙하 작용. 약 2억 4000만 년 전에는 빙하가 지금의 남아메리카 대륙, 남극 대륙, 인도, 아프리카, 그리고 오스트레일리아 지역을 덮고 있었다. 대륙들이 안정되어 있었다면 그런 빙하의 분포는 분명 설명 불가능한 난제로 남을 것이다.

A. 남아메리카 동부에서 발견되는 조선(條線, striae)들의 방향으로 미루어 볼 때 빙하들이 지금의 대서양에서 대륙으로 이동해 갔음을 알 수 있다(조선이란 빙하 바닥에 얼어붙은 암석들이 지각 위를 지나가면서 기반암에 남긴 자국을 말한다.). 세계의 대양들은 하나의 시스템을 이루고 있으며 열대 지방으로부터 열이 이동하기 때문에 대양의 주요 부분이 어는 일은 결코 없다.

B. 아프리카의 빙하들은 지금의 열대 지방을 덮고 있었다.

C. 인도의 빙하들은 북반구의 아열대에서 만들어졌던 것이 분명하다. 더구나 그 조선들은 인도양의 열대 수역이 빙하의 근원임을 가리키고 있다.

D. 북부 대륙들 어디에서도 빙하는 발견되지 않았다. 열대 아프리카가 얼어붙을 만큼 지구가 냉각되었다면 북부 캐나다나 시베리아에 빙하가 없었던 이유는 과연 무엇일까?

만약(인도를 포함하여) 남부 대륙들이 빙하기에 한데 모여 있었고 지금보다 훨씬 더 남쪽으로 내려가 남극을 덮고 있었다면 이 까다로운 문제들은 저절로 사라지고 만다. 남아메리카의 빙하들은 탁 트인 대양이 아닌, 아프리카로부터 이동했다. '열대성' 아프리카와 '아열대성' 인도는 남극 가까이에 위치했다. 북극은 대양의 한복판에 자리 잡고 있었으므로 북반구에서는 빙하가 발달할 수 없었다. 이렇게 되면 대륙 이동설은 그럴듯하게 들린다. 사실 오늘날 이 말을 의심하는 사람은 한 명도 없다.

II. 캄브리아기 삼엽충(6억 년 전에서 5억 년 전까지의 기간에 살았던 화석상의 절지동물들)의 분포. 유럽과 북아메리카의 캄브리아기 삼엽충들은 상당히 차이가 있는 두 개의 동물상으로 나뉘어 있는데, 현대의 지도에 옮긴다면 다음과 같은 특이한 분포를 보인다. '대서양형'의 삼엽충은 유럽 전역과 북아메리카의 동쪽 끝의 지극히 한정된 지역 — 예를 들면 동부 뉴펀들랜드(서부는 제외)와 매사추세츠 주 동남부 — 에서 생존했다. '태평양형' 삼엽충들은 아메리카 대륙 전역과 유럽의 서쪽 끝 해안 지대의 좁은 지역들 — 스코틀랜드 북부와 노르웨이 서북부 지역 — 에서 살았다. 이 두 대륙들이 지금과 마찬가지로 과거에도 3,000마일(약 4,828킬로미터)이나 떨어져 있었다면 그런 분포는 극도로 불가해한 현상이었을 것이다.

그러나 대륙 이동설은 경이적인 해결 방안을 제시한다. 캄브리아기에 유럽과 북아메리카는 분리되어 있었다. 대서양형 삼엽충들은 유럽 주변의 해역에 살고 있었다. 그리고 태평양형 삼엽충들은 아메리카 주위의 해역에 살고 있었다. (현재 삼엽충들이 포함된 퇴적층이 있는) 대륙들은 그 뒤 서로를 향해 이동해 가다가 마침내 하나로 합쳐졌다. 그 뒤 그들은 다시 떨어졌지만, 정확하게 그 이전에 접합부였던 선을 따라서 갈라진 것이 아니었다. 대서양형 삼엽충을 갖고 있던 옛 유럽 대륙의 조각들이 북아메리카의 동쪽 끝 경계 지대에 남게 되었는가 하면 고대 북아메리카 대륙의 일부 조각들은 유럽의 서쪽 끝 가장자리에 붙게 되었다.

이 두 가지 실례는 오늘날 대륙 이동의 '증거'로서 널리 인용되고 있지만 불과 몇 년 전까지만 해도 학계에서 명백히 거부당했다. 그 자료들이 지금보다 불완전했기 때문이 아니라 아무도 대륙 이동의 적절한 메커니즘을 고안하지 못했던 데에 그 원인이 있었다. 처음에는 모든 대륙 이동설이 대륙들은 고정되어 있는 대양저를 갈면서 나아가는 것이라고 가정했다. 대륙 이동설의 아버지 알프레트 로타르 베게너(Alfred Lothar Wegener, 1880~1930년. 독일의 기상학자, 지구 물리학자. 대륙 이동설을 구체화한 『대륙과 해양의 기원(Die Entstehung der Kontinente und Ozeane / The Origin of Contients and Oceans)』(1915년)의 저자. —옮긴이)는 20세기 초에 중력만으로도 대륙을 움직일 수 있다고 주장했다. 이를테면 그는 지구가 태양과 달의 영향을 받아 자전할 때 그 둘의 인력이 대륙을 들어올리기 때문에 대륙들이 천천히 서쪽으로 이동하는 것이라고 했다. 물리학자들은 이 주장을 비웃었고 중력이란 그와 같이 엄청난 움직임의 원인이 되기에는 너무 미약하다는 점을 수학적으로 입증했다. 그래서 남아프리카에서 베게너의 이론을 앞장서서 전파해 왔던 알렉시 뒤 투아(Alexis du Toit)는 다른 방식을 시도했다. 그는 대륙 경계 지대의 대양저에서 방사능 발열에 의한 용해가 국지적으로 진행되어 대륙이 미끄러져 나가게 되었다고 주장했다. 그러나 이러한 임기응변적인 가설도 베게너의 추론에 신빙성을 더하지는 못했다.

아무런 메커니즘이 없이 대륙이 이동하는 것은 부조리했으므로, 정통 지질학자들은 그 인상적인 증거들을 서로 관련이 없는 우연의 일치가 연속된 것으로 해석하려 했다.

1932년에 미국의 유명한 지질학자 베일리 윌리스(Bailey Willis, 1857~1949년)는 빙하 작용의 증거와 고정된 대륙을 서로 양립시키고자 무진 노력했다. 그는 '지협 연결(isthmian link)' —3,000마일의 대양을 가로

질러 대담하게 걸어 둔 좁다란 육교(land bridge) — 이라는 기계적으로 완벽한 장치를 끌어다 붙였다. 그는 동부 브라질과 서부 아프리카 사이의 제1육교와 아프리카에서 인도를 지나 말라가시 공화국(지금의 마다가스카르)에 이르는 제2육교, 그리고 베트남에서 보르네오와 뉴기니를 거쳐 오스트레일리아에 이르는 제3육교를 제시했다. 그의 동료인 예일 대학교 교수 찰스 슈헤르트(Charles Schuchert, 1858~1942년)는 오스트레일리아와 남극 대륙 사이에 하나, 남극 대륙에서 남아메리카를 잇는 또 하나의 육교를 설정하여 지구상의 다른 해역과 남부의 대양을 완전히 격리시켰다. 그와 같이 고립된 대양은 남쪽 가장자리를 따라 얼어붙을 것이고 거기서 발달된 빙하들은 남아메리카 동부로 흘러갈 터였다. 냉각된 바다는 또한 남부 아프리카의 빙하를 확대시키기도 했을 것이다. 남반구의 빙하로부터 북쪽으로 3,000마일이나 떨어져 적도 위쪽에 자리 잡은 인도의 빙하들을 위해서는 별도의 설명이 필요했다. 윌리스는 이렇게 적었다. "이 두 가지 현상의 직접적인 관련성을 합리적으로 제시하는 것은 불가능해 보인다. 이 사례는 전반적인 원인과 국지적인 지리 및 지형 조건을 고려해야 한다." 윌리스의 발명 정신은 그 과제를 해결하기에 딱 알맞았다. 그는 간단히, 남부에서는 지형이 대단히 높아서 따뜻하고 습기를 가득 품은 강우가 눈이 되었다는 가설을 제시했다. 온대와 극지방에는 빙하가 없었다는 전제하에 윌리스는 "따뜻한 심층수의 조류가 보다 차가운 표층수 아래에서 북쪽으로 흐르다가 극지방에 이르러서는 표층으로 솟아올라 주위의 온도를 높여 주는" 해류 이동 시스템을 구상했다. 슈헤르트는 지협 연결론이 마련해 준 해결 방안을 거의 그대로 받아들였다.

생물 지리학자 홀라르크티스(Holarctis)는 북아메리카와 브라질을 잇는 육교와 남아메리카에서 시작해 남극 대륙에 닿는 또 다른 육교(오늘날에도 이것은 거의 그대로 존재한다.), 그리고 이 극지방으로부터 오스트레일리아에 미치는 육교, 오스트레일리아에서 아라푸라 해(海)를 지나 보르네오와 수마트라를 거쳐 아시아에까지 이르는 육교들을 상정하고 바람과 해류와 철새에 의한 대륙붕 해역을 따른 분산 수단을 받아들였다. 따라서 그는 현재의 대륙 배치를 바탕으로 하더라도 지질 연대의 전 기간을 통하여 생물의 분산과 육지와 해양을 설명하는 데 필요한 모든 가능성이 다 열려 있다고 생각했다.

이런 육교 이론들이 지니고 있는 단 하나의 공통점은 바로 지극히 가설적인 지위에 있다. 그중 어느 것 하나도 뒷받침이 되는 직접적인 증거를 갖고 있지 않다. 그렇지만 지협 연결론이라는 무용담이 허약한 정통론을 떠받들기 위해 교조주의자들이 꾸며 낸 뒤틀린 동화로 읽혀서는 안 되겠기에, 나는 윌리스와 슈헤르트를 비롯하여 1930년대에 올바른 생각을 갖고 있던 지질학자라면 누구나 수천 마일에 달하는 가공의 육교보다 대륙 이동설을 10배나 더 터무니없는 것으로 생각했다는 사실을 지적해 두고자 한다.

이처럼 놀랍도록 풍부한 상상력 앞에서 캄브리아기 삼엽충 따위가 문제될 리 없었다. 대서양과 태평양은 서로 다른 곳이라기보다는 서로 다른 환경으로 해석되었다. 태평양은 얕은 바다이며 대서양은 한층 깊은 바다였다는 식으로 말이다. 캄브리아기의 대양 분지에 대해서는 가설적인 기하학을 고안해 내는 데에 거의 아무런 제한도 없었으므로 지질학자들은 그들의 정통론에 따라 지도를 조작해서 그려 넣곤 했다.

1960년대 말에 대륙 이동설이 유행하게 되었을 때 대륙의 암석들에서 얻어진 종래의 자료들은 사실상 아무런 역할도 하지 못했다. 대륙 이동설은 새로운 유형의 증거들에 의해서 정립된 새로운 이론의 옷자락에 묻어 등장했던 것이다. 베게너의 이론이 안고 있는 물리학적 비합리성은 대륙들이 대양저를 가르며 지나간다는 그의 신념에 기인한 것이었다. 하지만 그밖에 도대체 어떤 방법으로 대륙이 이동할 수 있겠는가? 지각의 일부인 대양저는 안정되어 있어야만 했다. 결국 지구 표면에 쩍 벌어진 틈을 남기지 않으면서 대륙들이 조각으로 나뉘어 움직이려면 도대체 어디에서 이동할 수 있을까? 이보다 더 명백한 답이 있을 수 있을까? 그렇지 않겠는가?

'불가능'이란 대체로 우리가 만들어 낸 이론에 의해서 정의되는 것이지 자연이 제시하는 규정은 아니다. 혁명적인 이론들은 전혀 예상치 못했던 논리를 수반한다. 만약 대륙들이 대양을 가르며 지나가야 한다면 대륙 이동은 결코 일어날 수 없을 것이다. 그러나 대륙들이 대양의 지각층에 붙박여 있으면서 지각의 일부분이 이동할 때 딸려 움직인다고 가정하자. 조금 전에 우리는 지각이 움직이면 으레 틈이 생기게 된다고 했다. 여기에서, 우리는 애팔래치아의 습곡 산맥에서 다시 한번 현장 연구를 수행하는 것으로는 해결되지 않는, 창의적인 상상력으로 돌파해 나가야만 하는 난관에 부딪친다. 우리는 근본적으로 전혀 다른 각도에서 지구 모델을 생각해야 하는 것이다.

우리는 타당성이 있을 듯한 대담한 가설을 제시하여 지각의 틈새 문제를 회피할 수 있다. 대양저가 두 조각으로 나뉘어 서로 떨어져 나갈 때 만약 지구 내부로부터 어떤 물질이 솟아올라 비는 공간을 메운다면 틈이 남지 않을 것이다. 그런데 이 말 속에 담겨 있는 원인과 결과를 뒤집어 생각해 본다면 한 걸음 더 나아갈 수 있다. 즉 지구 내부로부터 새로운 물질이 올라오는 것이 본래 해저를 움직이게 하는 동력일 수도 있다는 것이다. 지구가 팽창하고 있지는 않기 때문에 그렇게 융기하는 부분이 있다면 침강하는 부분도 있어야 할 것이다. 따라서 우리는 과거에 대양저였던 부분이 지구 내부로 빨려 들어가는 지역을 찾을 수 있어야 한다. 그렇게 되면 조성과 소멸 간의 균형을 유지할 수 있다.

실제로 지구 표면은 10개 미만의 주요한 '판 구조'로 나뉘어 있는 듯한데, 그들은 모두 좁다란 해저 조성 지역(해저 산맥)과 함몰 지역(해구)으로 둘러싸여 있다. 대륙들은 이 판 구조들에 붙박여 있으면서 해저 산맥의 조성 지대에서 해저가 확장됨에 따라 그것들과 함께 움직인다. 대륙 이동설은 이제 그 자체만으로는 훌륭한 이론이 아니다. 그것은 새로운 정통론 — 판 구조론 — 에 딸린 하나의 귀결에 불과한 것이다.

이제 우리는 이전의 대륙 정체론과 마찬가지로 결정적이고 전혀 타협의 여지가 없는 새로운 정통 이동론을 얻었다. 이렇게 되자 대륙 이동을 뒷받침할 수 있는 종전의 자료들이 발굴되어 긍정적인 증거로 널리 알려지게 되었다. 그 자료들은 방랑하는 대륙이라는 관념을 정당화하는 데에는 거의 아무런 역할도 하지 못했다. 대륙 이동설은 새로운 이론의 필연적인 귀결로 등장하게 되었을 때에야 비로소 승리를 거둘 수 있었던 것이다.

새로운 정통 이론은 우리가 자료를 검토하는 관점마저 바꾸어 놓고 있다. 불과 몇년 전에 고생물학자들은 남극 대륙에서 리스트로사우루스(*Lystrosaurus*)라는 이름의 파충류 화석을 발견했다. 그 동물은 남아프리카에서 생존한 적이 있었는데 아마 남아메리카에서도 살았을 것이다(남아메리카에서는 아직도 그 연대에 해당하는 암석층을 찾지 못했다.). 만약 누군가가 이 자료를 손에 들고 윌리스와 슈헤르트 앞에서 대륙 이동설을 지지하는 주장을 슬쩍 띄워 보았다면 그들은 호통을 쳐 그가 입을 다물도록 했을 것이다. 틀림없이 그랬을 것이다. 오늘날 남극 대륙과 남아메리카는 여러 개의 섬으로 거의 이어지다시피 되었는데 과거에는 여러 차례 서로 연결되어 있었던 것이 분명하다(지금도 해수면이 조금만 내려간다면 그 같은 육교가 드러날 가능성이 크다.). 따라서 리스트로사우루스는 그다지 멀지 않은 여행길을 편안히 걸어 다녔을 가능성이 높다. 그럼에도 불구하고 《뉴욕 타임스》는 단지 발굴 결과에만 근거해서 대륙 이동설이 입증되었다고 선언하는 사설을 실었다.

많은 독자들은 이론 우선을 주장하는 내 논리를 곤혹스럽게 여길 것이다. 그럴 경우 교조주의에 빠져 사실을 무시하게 되지나 않을까? 물론 그럴 수도 있지만 반드시 그렇게 된다고는 말할 수 없다. 정통 이론은 흔들리게 마련이며 한 이론은 상충되는 이론에 의해 전복된다는 것이 역사의 교훈이다. 한편 나는 판 구조론의 개혁적인 열정에 힘입어, 다음과 같은 두 가지 이유로 전혀 피곤한 줄을 모르겠다. 첫째, 내 직관은 확실히 문화적인 속박을 받고 있지만 나는 그 이론이 옳다는 것을 인정한다. 둘째, 내 직감은 이 판 구조론이 정말로 흥미진진하다고 말하고 있다. 그것은 그 어떤 폰 대니켄류의 창작물보다도 두 배는 재미있고, 대니켄뿐 아니라 이전 시대 사람들도 미혹되었던 그 모든 버뮤다 삼각 지대 이야기보다도 훨씬 더 흥미롭다.

6부

자연에 대한 오만과 편견

21장
크기와 형태

이론만으로 누가 개미가 가능하리라 믿겠는가?
청사진 속 기린을 어떻게 믿을 수 있을까?
무엇이 가능한지를 1만 명의 박사들이 따지려 든다면,
밀림 속 생물 중 절반은 사라지고 말리라.

존 앤서니 치아디(John Anthony Ciardi, 1916~1986년)의 이 시구는 생물의 풍요로운 다양성이 전지(全知, omniscience)를 주장하는 인간의 오만함을 영원히 꺾고 말 것이라는 신념을 반영하고 있다. 하지만 아무리 생물의 다양성을 찬양하고 동물들 각각의 특색을 즐긴다고 해도 우리는 생물의 기초 설계가 가지는 놀라운 '법칙성(lawfulness)'을 인정하지 않을 수 없다. 이 규칙성은 크기와 형태의 상관관계에서 가장 뚜렷이 드러난다.

동물들은 물리학적인 연구의 대상이 된다. 그들은 자연 선택에 의해 자신에게 유리한 모습이 되었다. 필연적으로 그들은 자신들의 크기에 가장 적합한 형태를 취하게 된다. 수많은 기본적인 힘(예를 들면 중력)의 상대 강도는 크기에 따라 일정하게 달라지고, 이에 동물들은 체계적으로 그들의 형태를 변화시킴으로써 대응한다.

바로 입체 기하학이 크기와 형태를 관련짓는 주요 역할을 한다. 모양은 그대로인 채로 단순히 커지기만 한다면 어떤 물체든 상대적으로 표면적이 계속 줄어들게 된다. 부피는 길이의 세제곱(길이×길이×길이)으로 늘어나는 반면에 표면적은 제곱(길이×길이)으로만 증가하기 때문에 이런 감소 현상이 일어난다. 바꿔 말하면 부피는 면적보다 더 빨리 늘어난다.

이런 점이 동물들에게 중요한 이유는 무엇일까? 표면적에 따라 결정되는 많은 기능들이 몸 전체에 작용하기 때문이다. 소화된 먹이는 내장의 표면을 거쳐 몸속으로 들어간다. 산소는 호흡 작용에 의해 허파의 표면으로 흡수된다. 다리뼈의 강도는 그 단면적에 따라 결정되지만 다리는 길이의 세제곱으로 늘어나는 몸체의 무게를 견뎌야 한다. 갈릴레오는 1638년에 출간한 『새로운 두 과학 : 고체의 강도와 낙하 법칙에 관한 대화(*Discorsi e dimostrazioni matematiche, intorno a due nuoue scienze*)』에서 처음으로 그 원칙을 인정했다. 이 저서는 그가 종교 재판소의 유죄 판결에 따라 가택 연금을 당하고 있던 중에 집필한 걸작이다. 그는 큰 동물의 뼈가 작은 동물의 가느다란 뼈와 상대적으로 같은 힘을 내기 위해서는 단순한 비례 관계 이상으로 굵어져야 한다는 주장을 내놓았다.

줄어드는 표면적을 해결하는 한 가지 방안이 크고 복잡한 생물의 점진적인 진화에 특별히 중요한 역할을 해 왔다. 바로 내부 기관의 발달이다. 근본적으로 허파는 기체 교환을 위하여 표면적이 무척 복잡하게 만

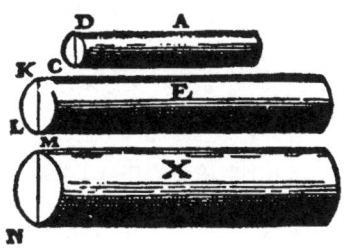

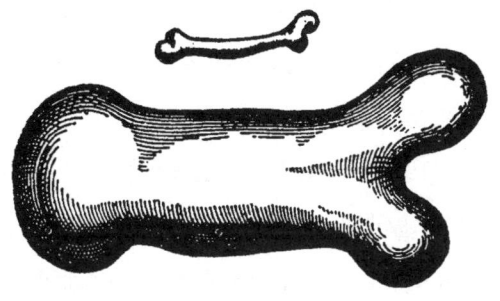

갈릴레오가 크기와 형태 사이의 관계를 독창적으로 설명한 그림. 동일한 강도를 유지하려면 큰 원통은 작은 것보다 상대적으로 더 굵어야 한다. 그와 똑같은 이유로 대형 동물들은 상대적으로 더 굵은 다리뼈를 필요로 한다.

들어진 주머니이며, 순환계는 대형 동물의 경우 체표면에서의 직접적인 확산으로는 도달하기 어려운 내부 공간에 물질을 전달하기 위한 기관이다. 인간의 소장에 있는 융모(villus)는 음식물을 흡수하는 표면적을 넓히기 위한 것이다(작은 포유류는 융모가 없고 또 필요하지도 않다.).

체형이 보다 단순한 일부 동물들은 아예 내부 기관이 없다. 만약 그들이 몸체를 키우고자 한다면 전체적인 모습을 과감하게 바꾸어 극단적인 전문화를 달성할 수는 있겠지만, 그 이상의 진화적인 변화를 추구할 수 있는 유연함은 단념해야만 할 것이다. 촌충은 20피트(약 6미터)까지 자랄 수는 있지만 먹이와 산소가 체표면으로부터 곧바로 신체의 각 부분에 전달되어야 하기 때문에 1인치(약 2.54센티미터)의 몇분의 1 굵기를 절대로 넘어설 수 없다.

다른 동물들은 작은 몸을 그대로 유지하도록 제약을 받는다. 곤충들은 외피의 함입부(invagination)로 호흡한다. 산소가 이 표면을 통해 내부로 들어가서 몸 전체에 도달하게 되는 것이다. 이러한 함입부는 몸체가 커지게 되면 그 수효와 함입 비율이 늘어나야 하기 때문에 곤충의 크기에 제한을 주게 된다. 곤충이 작은 포유류의 크기로 늘어나기라도 한다면 온몸이 '함입부'가 되어야 하므로 내부 기관이 들어갈 자리가 아예 없어져 버린다.

우리는 우리 자신의 크기 감각에 사로잡혀 있어서 작은 동물들에게는 세상이 얼마나 달라 보이는지 인식하기 어렵다. 몸체 크기에 비해 상대적으로 표면적이 아주 작기 때문에 우리는 몸무게에 작용하는 중력의 지배를 받고 있다. 그러나 부피에 대한 표면적의 비율이 아주 높은 소형 동물들은 중력의 영향을 사실상 무시한다. 그들은 표면력(surface force)이 지배하는 세계에 살고 있으며 따라서 우리의 경험과는 전혀 무관한 방식으로 그들의 환경이 주는 쾌감과 위험을 판단한다.

곤충이 자유자재로 벽을 기어오르거나 연못 위를 걸어 다니는 것은 기적이 아니다. 그들을 아래로 끌어당기는 미약한 중력의 힘은 표면 접착력에 의해 쉽사리 상쇄된다. 벌레 한 마리를 지붕에서 내던지면 표면에 작용하는 마찰력이 중력을 충분히 능가하기 때문에 두둥실 떠서 사뿐히 내려앉는다.

그런가 하면 곤충들은 상대적으로 미약한 중력의 영향 안에서 큰 동물들이 도저히 흉내 내기 어려운 성장 양식을 보여 준다. 곤충들은 외골격을 지니고 있는데 원래 것을 벗어던지고 좀 더 커진 몸체를 담을 수 있는 새로운 외피를 분비해야만 성장할 수 있다. 따라서 허물을 벗고 새 외

골격을 만들어 내는 사이에는 몸이 말랑한 채로 버텨야 한다. 커다란 포유류가 자신의 몸을 지탱하는 아무런 구조물 없이 곤충과 똑같이 하고자 한다면 중력의 영향으로 이내 허물어지고 말 것이다. 그러나 작은 곤충은 그런 응집 상태를 유지할 수 있다(외골격이라는 점에서 서로 연관이 있는 바닷가재와 게들은 무중력에 가까운 물속에 떠서 '보드라운' 단계를 거치는 까닭에 몸을 더 키울 수 있다.). 우리는 바로 이 점에서 곤충의 몸이 작아야 하는 또 하나의 이유를 알 수 있다.

공포 영화와 공상 과학 영화를 만드는 사람들은 크기와 형태 사이의 관계를 전혀 눈치 채지 못하는 것 같다. 이들 '가능성의 확대자'(expanders of the possible, 미국에서는 공상 과학 영화를 제작하는 사람들을 흔히 그렇게 부른다. — 옮긴이)들은 인식의 편견에서 벗어나지 못하고 있는 듯하다. 「키클롭스 박사(Dr. Cyclops)」(1940년), 「프랑켄슈타인 2 - 프랑켄슈타인의 신부(The Bride of Frankenstein)」(1935년), 「놀랍도록 줄어든 사나이(The Incredible Shrinking Man)」(1957년)과 「바디 캡슐(Fantastic Voyage)」(1966년) 등의 고전 공상 과학 영화에 나오는 축소형 인간들은 정상적인 크기의 인간들과 똑같이 행동한다(「애들이 줄었어요(Honey, I Shrunk the kids)」(1989년) 등 보다 후에 나온 영화들도 마찬가지라고 할 수 있다. — 옮긴이.). 그들은 낭떠러지에서 또는 계단에서 떨어지며 요란한 소리를 낸다. 가장 뛰어난 운동선수들처럼 민첩하게 무기를 휘두르고 헤엄을 치기도 한다. 그런가 하면, 이름을 나열하기에는 너무나 많은 영화 속 대형 곤충들이 공룡처럼 커진 다음에도 여전히 벽을 기어오르고 날아다닌다. 영화 「뎀(Them!)」(1954년)에 등장하는 순진한 곤충학자는 거대한 여왕개미가 교미를 하기 위해서 날아갔다는 사실을 알고는 즉시 간단한 비율 계산을 한다. 길이가 1인치의 몇분의 1밖에 안 되는 정상 개미가 몇백 피트를 날 수 있으니까 길이가 몇피트나 되는 이 개미는 줄잡아 1,000마일(약 1,609킬로미터)은 비행할 수 있다. 그렇다면 저

멀리 로스앤젤레스까지 날아갈 수 있지 않은가!(실제로 개미들은 그곳 시궁창을 어슬렁거리고 있었다.) 그러나 비행 능력은 날개의 표면적에 의해 결정되는 반면에 그 날개가 버틸 수 있는 무게는 길이의 세제곱에 비례해 증가한다. 설사 대형 개미들이 허물벗기로 호흡과 성장의 문제를 어떻게든 해결할 수 있다손 쳐도, 그 몸무게로는 영원히 땅 표면을 떠날 수 없을 것이다.

생물의 다른 중요한 특징 몇 가지는 크기가 증가함에 따라, 표면적과 부피의 비율보다 더 빨리 변화한다. 어떤 상황에서는 운동 에너지가 길이의 5제곱에 비례하여 증가한다. 어른 키의 절반이 되는 어린이가 높은 곳에서 떨어지면 머리가 바닥에 부딪치는 힘은 똑같이 떨어진 어른의 절반이 아닌 32분의 1이 된다. 어린이는 '말랑한' 머리 덕분이 아니라 그 크기로 말미암아서 보호받는 것이다. 반대로 어린이가 때리는 힘은 어른의 절반이 아니라 32분의 1이기 때문에 아이가 심통을 부리며 어른을 때리더라도 별로 아프지 않다. 나는 오랫동안 리하르트 빌헬름 바그너(Richard Wilhelm Wagner, 1813~1883년)의 '라인의 황금'(Das Rheingold, 바그너의 가극「니벨룽겐의 반지(Der Ring des Nibelungen)」(1848~1874년)의 서곡. 바이로이트 축제 극장의 신축 기념으로 1876년에 초연되었다. — 옮긴이)에 등장하는, 무자비한 알베리히의 채찍에 시달리는 가엾은 난쟁이들을 특히 불쌍하게 생각해 왔다. 비록 그들의 허망한 노력이 부지런함과 열성의 표현이라고는 해도 그들의 작은 몸집으로는 알베리히가 요구하는 귀금속을 캐낼 가능성이 거의 없기 때문이다.[4]

크기가 증가함에 따라 규격이 차등적인 비율로 적용된다는 단순한

---

4) 그 뒤 어느 친구가 이렇게 지적했다. 알베리히 역시 몸집이 상당히 작은 위인이라 회초리를 휘두르더라도 우리에 비해서는 그 힘이 몇분의 1밖에 안 되었을 테니까, 그의 부하들에게 그렇게 큰 고통을 주지는 못했을 것이라고 말이다.

원리가 생물의 형태를 결정짓는 가장 중요한 요인일지도 모른다. 존 스콧 홀데인(John Scott Haldane, 1860~1936년)은 한때 이런 글을 남겼다. "거시적으로 볼 때 비교 해부학이란 부피에 대응하여 표면적을 늘리려는 생물들의 투쟁사이다." 그런데 이러한 일반론은 생물의 영역을 넘어 다른 부문에도 적용된다. 입체 기하학은 동물뿐 아니라 선박과 건물, 기계들의 크기도 제한한다.

중세 교회들은 현대의 건축가들이 강철 대들보와 실내조명과 온도 조절 장치 등을 이용하여 크기의 법칙을 극복해 내기 이전에 세워졌다. 따라서 그 다양한 외형의 건축물들은 크기와 형태의 영향을 가늠해 볼 수 있는 훌륭한 자료가 된다. 영국의 에섹스 주 리틀 테이에 있는 12세기에 지어진 자그마한 교구 교회는 반원형 앱스(apse, 후진(後陳))가 달린 넓고 단순한 직사각형 건물이다. 빛은 외벽의 창문을 통해서 안으로 들어온다. 만일 이 설계를 단순히 확대하는 방식으로 대성당을 세운다면, 외벽과 창문의 면적은 길이의 제곱에 비례하여 늘어나겠지만 빛이 도달해야 하는 부피는 길이의 세제곱에 비례하여 증가하게 된다. 다시 말하면 창문의 면적은 조명을 필요로 하는 부피보다 훨씬 천천히 증가한다는 것이다. 촛불의 빛에는 한계가 있다. 그와 같은 대성당의 내부는 가롯 유다의 행실보다도 더 어둠침침했을 것이다. 촌충과 마찬가지로 중세 교회들은 내부 구조물이 없었으며 규모가 점차 커짐에 따라 표면적을 더 늘리기 위해 그 모양을 바꾸어야만 했다. 그리고 대형 교회는 천장이 석조 볼트(vault, 궁륭(穹窿))인데다 중간 지주 없이는 폭을 넓힐 수 없었던 까닭에 전체적인 형태가 비교적 좁고 길어질 수밖에 없었다. 포르투갈 바탈랴(Batalha)에 있는 수도원 수사회 건물 — 중세 건물 가운데서 석조 볼트의 폭이 가장 넓은 것 중 하나로 꼽힌다. — 은 건축 중에 두 번이나 무너져 결국에는 사형수들을 투입해 완성할 수밖에 없었다.

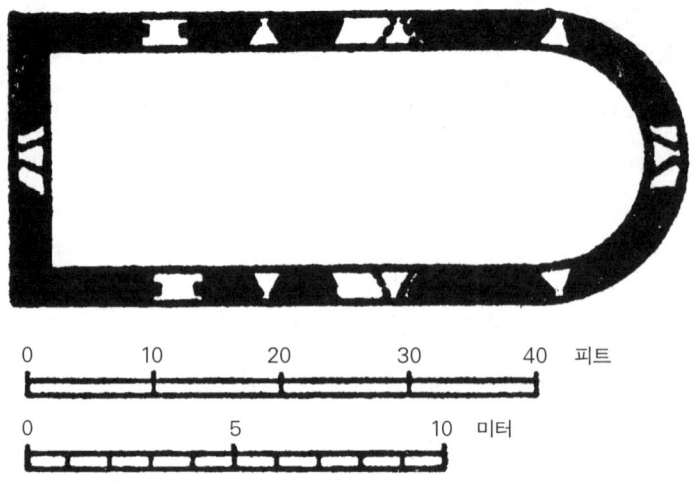

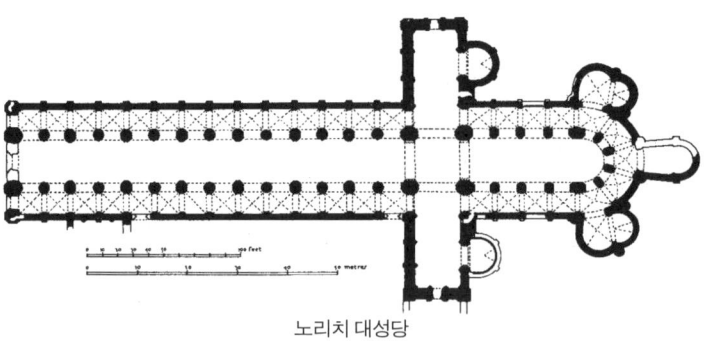

노리치 대성당

중세 교회의 매우 다양한 설계는 부분적으로는 각기 다른 크기에서 기인한 것이다. 영국 에섹스 주 리틀 테이에 있는 12세기의 교회(위쪽 그림)는 길이가 57피트(약 17.37미터)에 불과했으므로 평면도가 단순하다. 그와는 달리 역시 12세기에 세워진 노리치 대성당의 평면도를 보면 트랜셉트와 부속 예배실이 있는 등 변형이 많고 건물의 길이가 450피트(약 137.16미터)에 이른다. 이러한 건물은 조명과 지주가 필요하기 때문에 성당 내부의 배치가 매우 복잡하다(A. W. Clapham, *English Romanesque Architecture: After the Conquest*, Clarendon Press Oxford, 1934. 옥스퍼드 대학교 출판부의 허락을 받아 전재함).

12세기의 모습 그대로의 노리치 대성당을 생각해 보자. 리틀 테이의 교회에 비해 네이브의 직사각형이 훨씬 좁다. 부속 예배실이 앱스에 덧붙여졌고, 본체와 수직으로 트랜셉트가 놓이게 되었다. 이러한 일체의 '응용법'들이 내부의 부피에 대한 외벽과 창문의 비율을 증가시켰다. 트랜셉트는 라틴 십자형(요즘 교회에서 사용하는 십자 모양으로 세로의 아랫부분이 긴 형태의 십자. — 옮긴이)을 만들기 위해 의도적으로 추가되었다는 말을 흔히 듣는다. 신학적인 동기로 그와 같은 '바깥 주머니(outpouching)'들의 위치를 결정했을 수도 있지만, 크기의 법칙에 따르더라도 그러한 응용물은 필요했다. 작은 교회에는 트랜셉트가 거의 없다. 물론 중세 건축가들도 어떤 경험적 법칙을 터득하고 있었겠지만 우리가 아는 범위 안에서 말한다면 그들은 크기의 법칙에 대해서 뚜렷이 알고 있지는 못했다.

대형 교회와 마찬가지로 대형 생물들은 선택의 폭이 지극히 제한되기 마련이다. 지상의 커다란 동물들은 어떤 크기를 넘어서면 기본적으로 비슷한 모양을 하게 된다. 굵은 다리와 짧고 뚱뚱한 몸통을 갖게 되는 것이다. 중세의 대형 교회들은 비교적 긴 모양에다 튀어나온 외부 구조물들이 아주 많다. 동물들은 내부 기관을 '발명'함에 따라 커다란 내부 용량을 담을 수 있는 단순한 외형을 갖는 데 성공했다. 실내조명과 강철 구조물을 고안함으로써 현대의 건축가들은 정육면체 모양의 대형 건물들을 설계할 수 있게 되었다. 비록 제한이 완화되기는 했지만 그 법칙은 지금도 여전히 작용하고 있다. 대형 고딕 교회는 길이보다 폭이 짧다. 큰 동물들은 독일산 개 닥스훈트같이 허리가 잘록한 법이 없다.

언젠가 나는 뉴욕 시의 어느 운동장에서 어린이들의 대화를 엿들은 적이 있다. 소녀 둘이 개의 크기를 따지고 있었다. 한쪽이 물었다. "개가 코끼리만큼 자랄 수 있을까?" 다른 아이가 대꾸했다. "아니야, 코끼리만큼 커지면 모양이 코끼리 같을 거야." 정곡을 찌른 대답이었다.

22장

인간 지능의 잣대

인 체

줄리언 헉슬리는 한때 다음과 같이 평했다. "크기는 그 나름대로의 매력을 지니고 있다." 동물원에는 으레 코끼리와 하마, 기린과 고릴라가 있기 마련이다. 우리 중에 높은 건물 꼭대기에서 고군분투하는 킹콩을 성원하지 않은 사람이 과연 있을까? 사람들은 자신보다 더 큰 극소수의 동물에게만 관심을 집중해 왔기 때문에 인간의 크기에 대해 왜곡된 관념을 갖고 있다. 대다수의 사람들은 호모 사피엔스는 그다지 크지 않은 동물이라고 생각하고 있다. 하지만 사실 인간은 지구상에서 가장 큰 동물들 중 하나이며 지상에 사는 99퍼센트 이상의 동물 종이 인간보다 작다. 인간이 소속되어 있는 영장목에는 190종의 동물이 있는데 인간보다 몸집이 큰 종은 고릴라밖에 없다.

지구의 지배자로 자처하면서 인간은, 스스로를 고귀한 지위에 도달할 수 있게 한 특징들을 목록으로 작성하는 일에 커다란 관심을 보여 왔다. 나는 사람들이 인간의 두뇌, 직립 자세, 언어 발달과 집단 수렵을 곧잘 그 예로 들면서도(이상은 그 중 몇 가지에 불과하다.) 진화의 지배 요인으로 인간의 큰 몸집을 거론하는 경우는 극히 드물다는 사실에 늘 충격을 받아 왔다.

학계의 일각에서는 그다지 높이 평가하지 않지만 자기의식의 지성(self-conscious intelligence)이야말로 인간을 오늘날의 지위에 있게 한 필수 조건이었음이 확실하다. 그런데 지금보다 훨씬 작은 몸집으로도 그와 같은 지능을 진화시킬 수 있었을까? 어느 날인가 1964년에 열린 뉴욕 세계 박람회에서 나는 비를 피하려고 자유 기업 전시관으로 들어갔다. 그 안에는 눈에 띌 만큼 두드러지게 진열된 개미집 모형이 있었는데 다음과 같은 표지판이 붙어 있었다. "2000만 년에 걸친 진화의 정체(stagnation). 그 이유는? 개미 사회는 사회주의적이고 전체주의적 체제이기 때문이다." 그 문구에 심각하게 관심을 가질 필요는 없었지만, 나는 개미들 역시 저희 나름대로는 매우 잘 해 나가고 있으며 그들이 고도의 정신 능력을 갖지 못하는 것은 그들의 사회 구조 때문이 아니라 몸집의 크기 때문이라는 사실을 여기에서 지적해야만 하겠다.

트랜지스터가 흔하디 흔한 이 시대에는 라디오를 손목시계에 넣을 수도 있고 아주 작은 전자 장치로 전화 도청을 할 수도 있다. 그러한 소형화로 말미암아 우리는 절대적인 크기와 복잡한 기계의 작동은 서로 아무런 연관이 없다는 그릇된 사고를 하게 되었다. 그러나 자연은 뉴런을 소형화하지 않는다(크기에 관한 문제라면 다른 세포들도 마찬가지이다.). 생물에 있어서 세포 크기의 범위는 신체 크기의 범위와는 비교할 수 없을 만큼 작다. 작은 동물들은 큰 동물들보다 세포의 수가 훨씬 적다. 인간의 두뇌에는 수십억 개의 뉴런이 들어 있다. 개미는 몸집이 작아서 인간에 비교한다면 수천분의 1밖에 안 되는 뉴런을 담고 있다.

인간에 있어서는 두뇌의 크기와 지능 사이에 결정적인 관계가 없는 것이 분명하다(두뇌 용량이 1,000세제곱센티미터였던 아나톨 프랑스와 2,000세제곱센티미터를 훨씬 넘었던 올리버 크롬웰 이야기를 우리는 흔히 인용한다.)(아나톨 프랑스(Anatole France, 1844~1924년)는 1921년에 노벨 문학상을 수상한 저명한 작가이며 올리버 크롬웰(Oliver Cromwell, 1599~1658년)은 영국의 공화제를 선포한 혁명가이다. — 옮긴이). 하지만 이러한 관찰 결과를 생물 종 간의 차이에 확대 적용할 수는 없으며 특히 개미와 인간처럼 아주 동떨어진 경우에는 더욱 그러하다. 고성능 컴퓨터에는 수십억 개의 회로가 있어야 한다. 세포 크기는 상대적으로 변하지 않기 때문에 작은 뇌는 뉴런의 수가 적고 따라서 개미의 뇌는 고도의 지능을 계발하기에 충분한 양의 뉴런을 수용할 수 없다. 그러므로 인간의 큰 몸집은 자기의식이 가능한 지능을 발달시킬 수 있는 전제 조건이 된다.

우리는 인간이 현재의 기능을 수행하려면 지금과 같은 크기여야 한다는 논리와 주장을 한층 더 강력하게 제시할 수도 있다. 프리츠 워몰트 웬트(Frits Warmolt Went)는 한 재미있고도 도발적인 기사(《아메리칸 사이언티스트(American Scientist)》, 1968년)를 통해서 인간이 개미만 한 크기였다면 우리가 알고 있는 인간 생활은 불가능했을 것이라고 단언했다(앞에서 언급된 지능과 작은 두뇌의 문제를 벗어날 수 있다고 잠정적으로 가정해 보자. 물론 현실적으로는 그럴 수 없지만 말이다.). 생물의 몸체가 커짐에 따라 그 무게는 표면적보다 훨씬 더 빨리 늘어나는 까닭에 작은 동물들은 부피에 대한 체표면의 비율이 아주 높다. 따라서 그들은 인간에게는 거의 영향을 미치지 못하는 표면력이 지배하는 세계에서 살고 있다(21장을 볼 것.).

개미 크기의 인간이라면 옷을 입을 수는 있겠지만 표면 장력으로 인해서 옷을 벗을 수는 없을 것이다. 물방울 크기가 작아지는 데도 한계가 있으므로 샤워를 하는 것은 아예 불가능하다. 물방울 하나가 큰 바위 덩어리의 힘으로 내려칠 것이기 때문이다. 미세한 축소형의 인간은 젖은 몸을 타월로 닦으려 하다가는 타월에 영영 달라붙고 말 것이다. 정전기가 발생하기 때문이다. 그는 물을 부을 수도 불을 켤 수도 없다(안정된 불길은 그 길이가 적어도 수밀리미터는 되기 때문이다.). 그는 자신의 크기에 알맞은 책을 만들기 위하여 겉표지에 얇은 금박을 입힐 수는 있겠지만 표면 장력 때문에 결코 책장을 넘길 수 없으리라.

인간의 기술과 행동은 자신의 크기에 꼭 맞게 조율되어 있다. 인간의 키가 지금의 2배로 커진다면 공중에서 떨어질 때의 운동 에너지는 16배 내지 32배로 증가하고 원래의 다리로는 늘어난 몸무게(8배나 된다.)를 도저히 지탱할 수 없게 된다. 2미터를 훨씬 넘는 키였던 거인들은 대부분 젊은 시절에 죽거나 관절과 골격 이상으로 일찍 불구가 되었다. 인간의 키가 지금의 절반으로 줄어든다면 몽둥이를 휘둘러 큰 짐승을 잡을 만한 힘을 낼 수가 없다(운동 에너지는 16배 내지 32배로 줄어들기 때문이다.). 우리는 창과 화살에 그것을 움직일 만큼의 운동량을 가할 수 없고 원시적인 도구로 나무를 베거나 쪼갤 수도 없으며 곡괭이와 끌을 사용해서 광물을 캐낼 수도 없다. 이 모두가 인간의 역사 발달에 필요한 활동이었으므로 인간 진화의 길은 인간과 체격이 비슷한 동물의 그것과 같을 수밖에 없으리라는 결론에 도달하게 된다. 여기에서 나는 우리가 그 모든 일을 행할 수 있는 그런 세계에서 살고 있다는 것을 주장하는 것이 아니다. 단지 나는 인간의 크기가 인간의 활동을 제한했고 크게 보아서 인간의 진화를 규정했다는 점을 지적하고 있을 따름이다.

인간의 두뇌

인간 뇌의 무게는 평균적으로 약 1,300그램이다. 그처럼 커다란 뇌를 수용하기 위해서 우리 두개골은 다른 대형 동물들과는 아주 다르게 둥그런 전구 모양을 하고 있다. 그런데 우리는 뇌의 크기로 우월성을 측정할 수 있을까?

코끼리와 고래의 뇌는 사람보다 크다. 그러나 이 사실이 가장 큰 포유동물이 가장 뛰어난 지능을 갖는다는 뜻은 아니다. 몸체가 커지면 그 행동을 조정하기 위해서 뇌도 따라서 커져야만 한다. 그러므로 우리는 몸체의 크기가 미치는 영향을 배제해야만 동물들의 뇌 크기를 제대로 비교할 수 있다. 단순히 두뇌 중량과 체중 사이의 비율을 계산해서는 결코 답을 구할 수 없다. 일반적으로 아주 작은 포유류는 그 비율이 인간보다 높다. 다시 말해 그들은 단위 체중당 두뇌의 중량이 더 무겁다. 두뇌의 크기는 체격이 커짐에 따라 증가하지만 그 증가 비율은 상대적으로 낮아진다.

성숙한 모든 종의 포유류를 대상으로 두뇌 중량과 체중을 비교해 보면 우리는 두뇌 중량이 체중이 증가하는 것의 3분의 2의 비율로 늘어난다는 것을 알 수 있다. 체표 면적 역시 체중이 증가하는 것의 3분의 2의 비율로 증가하므로, 두뇌 중량은 몸무게가 아니라 일차적으로 수많은 신경 기능의 종단점의 구실을 하고 있는 체표 면적에 의해서 조절된다는 결론에 도달하게 된다. 따라서 대형 동물들은 인간보다 절댓값에 있어서 더 큰 두뇌를 가지고 있으며(왜냐하면 몸집이 더 크기 때문에), 작은 동물들은 흔히 인간보다 상대적으로 큰 두뇌를 가지고 있음을 알 수 있다(몸의 크기는 뇌의 크기보다 더 빨리 감소한다.).

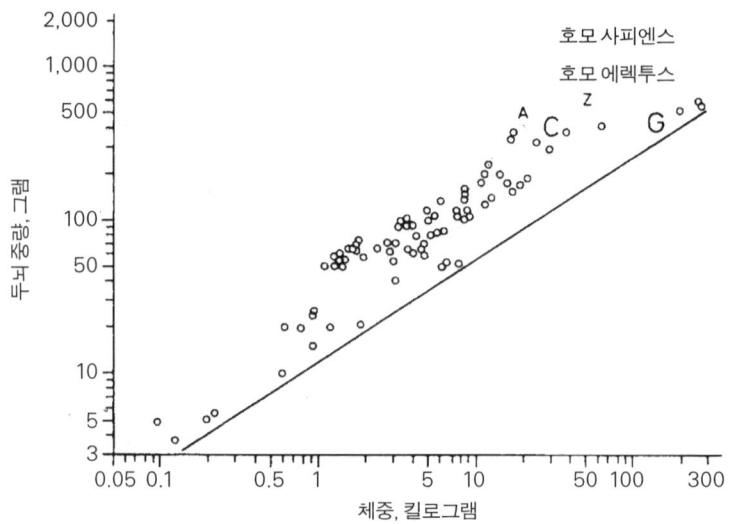

크기에 있어서 인간 두뇌의 우월성을 평가할 수 있는 정확한 방법. 그림의 직선은 포유류 일반의 모든 체중을 기준으로 뇌 중량과 체중의 평균적인 관계를 나타내고 있다. 크기의 우월성(다시 말하면 동일한 체중의 평균적인 포유류보다 뇌가 '큰' 경우)은 직선으로부터 얼마나 위쪽으로 치우쳐 있느냐 하는 것으로 측정된다. 띄엄띄엄 박혀 있는 동그라미는 영장류를 표시한다(그들은 예외 없이 포유류의 평균치보다 뇌가 크다.). C는 침팬지, G는 고릴라, 그리고 A는 사람과의 화석 오스트랄로피테쿠스를 가리킨다. '호모 에렉투스'는 자바 원인과 베이징 원인의 범위를 표시한다. '호모 사피엔스'는 현생 인류의 영역을 말한다. 인간의 뇌는 포유류 가운데서도 가장 높은 정(正)의 편차를 보여 준다.(F. S. Szalay, *Approaches to Primate Paleobiology*, Contrib. Primat Vol. 5, 1975, p. 267. 스위스 바젤 S. Karger AG 신문사의 허가를 얻어 복사함.)

성숙한 포유류의 뇌 중량과 체중과의 관계를 살펴보면 위에서 언급한 가설에서 벗어날 수 있는 길을 찾게 된다. 우리가 추구하는 정확한 기준은 절대적이거나 상대적인 뇌의 크기가 아니다. 그것은 주어진 체중에서의 예상되는 뇌 크기와 실제 뇌 크기 간의 차이에서 찾아야만 한다. 인간의 두뇌 크기를 제대로 평가하기 위해서는 우리와 체중이 비슷한 포유류들에게서 평균적으로 예상되는 뇌의 크기와 인간의 뇌의 크기를 비교해야 한다. 이 기준에 따른다면 이미 어느 모로나 우리가 예상하고 있듯이, 인간은 다른 포유류들을 월등히 앞서는 수치로 가장 큰 뇌를 가지고 있다. 평균적인 포유류의 예상 두뇌 크기보다 훨씬 높은 수치를 보이는 생물 종은 인간을 제외하고는 없다.

이러한 체중과 두뇌 중량과의 관계는 인간 뇌의 진화를 꿰뚫어 볼 수 있는 좋은 지표가 된다. 아프리카에서 출토된 인간의 조상(또는 최소한 인류의 근친)인 오스트랄로피테쿠스 아프리카누스는 성인의 뇌 용량이 450세제곱센티미터에 지나지 않았다. 고릴라의 뇌가 그보다 큰 경우도 흔히 있기 때문에 다수의 전문가들은 오스트랄로피테쿠스가 분명 선행 인류의 지능을 가졌으리라 추론한다. 최근의 어느 교과서는 다음과 같이 지적하고 있다. "남아프리카의 원시 직립 원인은 다른 유인원보다 별로 크지 않은 뇌를 가졌기 때문에 그들의 행동 능력도 유인원과 비슷한 수준이었을 것이라 생각된다." 그러나 오스트랄로피테쿠스 아프리카누스의 몸무게는 겨우 50파운드(약 22.67킬로그램)에서 90파운드(약 40.82킬로그램)(전자는 여성, 후자는 남성 — 예일 대학교 인류학 교수인 데이비드 필빔(David Pilbeam)의 추산에 의함.)까지에 불과했던 반면 고릴라의 수컷은 600파운드(약 272.15킬로그램)가 넘는다. 만약 몸무게에 대한 예상값과 비교하는 정확한 기준에 따른다면, 오스트랄로피테쿠스가 인간 이외의 그 어떤 영장류보다도 훨씬 더 큰 뇌를 가졌었다는 사실을 충분히 인정할 수 있을 것이다.

현존하는 인간의 뇌는 오스트랄로피테쿠스의 뇌보다 3배가량 더 크다. 이와 같은 증가 추세를 가리켜 흔히 진화 역사상 가장 빠르게 일어난 가장 중대한 사건이라고 말해 왔다. 그러나 우리의 몸집도 그와 동시에 크게 불어났다. 이러한 두뇌 크기의 증가는 단순한 신체 증대의 귀결일까, 또는 새로운 수준의 지능을 의미하는 것일까? 이 질문에 대답하기 위해서 나는 (아마도 인간의 진화 계통을 대표한다고 생각되는) 오스트랄로피테쿠스를 비롯한 사람과 화석들의 체중 추정치에 대한 두뇌 용량을 도표

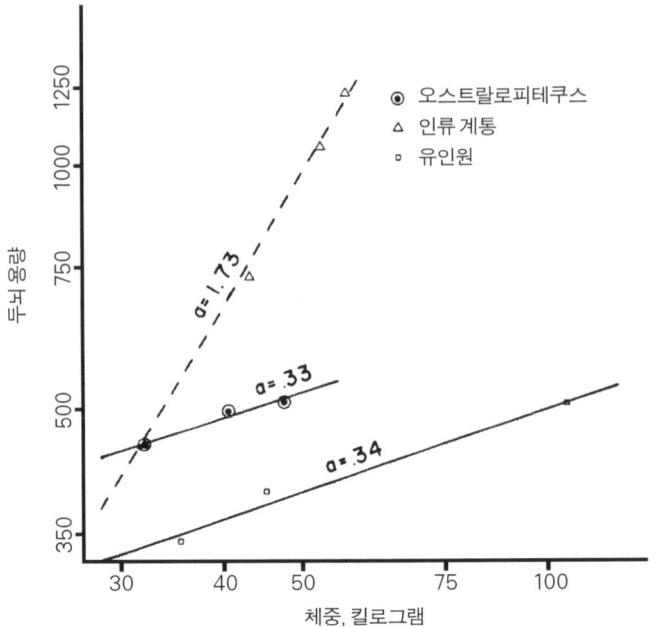

인류 두뇌 크기의 진화적 증가(점선). 4개의 삼각형이 대략적인 진화의 경로를 설명해 준다. 오스트랄로피테쿠스 아프리카누스, KNM-ER 1470(리처드 리키가 최근에 발견한 것으로 두개골 용량이 800세제곱센티미터에 약간 못 미친다.), 호모 에렉투스(베이징 원인)와 호모 사피엔스가 그 넷이다. 점선의 기울기는 진화 과정에 도출된 것들 중 가장 각도가 크다. 2개의 실선들은 오스트랄로피테쿠스(위)와 대형 유인원(아래)의 뇌의 크기를 보다 전통적인 방식으로 계측한 결과를 나타낸다.("Size and Scaling in Human Evolution," Pilbeam, David and Gould, Stephen Jay, *Science* Vol.186, pp.892-901. Fig.2, 6 December 1974. 저작권은 1974년 미국 과학 진흥회에 있음.)

로 그려 보았다. KNM-ER 1470은 뇌 용량이 800세제곱센티미터에 가까운데, 200만 년 전 과거로 거슬러 올라갈 수 있게 해 주는 리처드 리키의 놀라운 발굴이다.(데이비드 필빔이 넓적다리뼈를 기준으로 그 체중을 추산했다.) 중국의 저우커우뎬(周口店, Choukoutien)에서 발견된 호모 에렉투스(베이징 원인)와 현생 호모 사피엔스도 그 대상이 되었다. 이 그래프에 따르면 인간의 뇌는 몸집의 변화를 바탕으로 하는 예측값보다 훨씬 더 빨리 늘어났다는 것을 알 수 있다.

　이 에세이의 결론은 별로 참신한 구석도 없이 조금은 김을 빼야 할 우리의 자존심만 오히려 부풀리고 말았다. 하지만 어쨌든 인간의 뇌가 몸집이 증가함에 따라 요구되는 자연 증가율보다 훨씬 더 빠른 속도로 늘어났던 것은 사실이다. 그런 점에서 분명 오늘날의 인간은 과거의 인간보다 더 현명하다.

23장
척추동물 두뇌의 역사

자연은 과거의 비밀을 드러내는 것을 몹시 꺼린다. 우리 고생물학자들은 퇴적암의 불완전한 연속층 속에 보전되어 있는 빈약한 화석 조각들로부터 우리 이야기를 꾸며낸다. 대다수의 화석 포유류는 이빨 ─ 동물의 몸에서도 제일 단단한 부분 ─ 과 흩어져 있는 몇 개의 뼛조각들로만 알 수 있다. 언젠가 한 유명한 고생물학자는 화석에 의해 밝혀지는 포유류의 역사란 약간 수정된 후손의 이빨을 만들어 내기 위해서 선대 이빨의 짝을 맞추는 정도의 작업에 불과하다고 말한 일도 있다.

우리는 연약한 몸체 부분이 보전되어 있는 희귀한 장면 ─ 얼음 속에 냉동되어 있는 매머드나 셰일층에 탄화막으로 보전되어 있는 곤충의 날개 등 ─ 에 맞닥뜨리면 기뻐서 어쩔 줄을 모른다. 하지만 화석 동물의 부드러운 부분에 대한 정보들 중 대부분은 이처럼 희귀한 우연이 아니라 일반적으로는 뼈에 남아 있는 증거들 — 근육이 붙어 있던 흔적이나 신경이 관통했던 구멍 등 — 로부터 나온다. 다행히도 두뇌 역시 그것을 감싸고 있던 뼈에 흔적을 남겼다. 척추동물이 죽으면 뇌는 급속히 썩어 버리지만 그 빈 공간에 퇴적물이 들어가 굳으면서 자연적으로 석고상이 만들어진다. 이 주형(鑄型, 거푸집)은 두뇌의 내부 구조를 보전하지는 못하지만, 그 원형의 크기와 모양을 충실히 본뜨게 된다.

불행히도 화석 주형의 용량은 어떤 동물에 대한 믿을 만한 지능 측정치로 사용할 수 없다. 고생물학이란 어느 경우에나 그리 쉽지 않다. 우리는 두 가지 문제를 반드시 고려해야 한다.

첫째, 두뇌의 크기는 무엇을 의미하는가? 그것은 어느 모로든 지능과 연관이 있는가? 어떤 생물 종 내부에서 지능과 두뇌 크기의 정상적인 변화 범위(완전히 기능을 발휘하는 인간의 뇌는 1,000세제곱센티미터에서 2,000세제곱센티미터 이상에 이른다.) 사이에 상관관계가 존재한다는 증거는 없다. 그러나 어느 종 내부에서의 개체 간 차이는 여러 종 사이에서의 평균값의 차이와 동일한 현상이 아니다. 예를 들어 인간 뇌와 다람어 뇌 사이의 평균적인 크기 차이는 의미 있는 지능 개념과 연관성을 지닌다고 생각할 수밖에 없다. 고생물학자들이 그 외에 달리 무엇을 할 수 있을 것인가? 우리는 우리에게 있는 자료를 가지고 연구해야 한다. 그리고 뇌의 크기가 우리가 갖고 있는 자료의 전부이다.

둘째, 두뇌 크기의 일차적인 결정 인자는 정신 능력이 아니라 몸의 크기이다. 커다란 두뇌는 그것을 담고 있는 큰 몸집이 필요로 하는 것 이상을 반영하고 있지 않다. 나아가 두뇌의 크기와 몸의 크기의 관계는 그리 단순하지가 않다(22장을 볼 것). 동물의 몸집이 커지는 것에 따라 두뇌의 크기 역시 늘어나지만 그 증가 속도는 대체로 완만하다. 작은 동물들은 상대적으로 큰 뇌를 가지고 있다. 바꿔 말하면 그들은 체중에 대한 두뇌 용량의 비율이 높다. 우리는 몸 크기의 영향을 무시할 수 있는 길을 찾지 않으면 안 되었다. 이 작업은 두뇌 무게와 체중 사이의 '정상적인' 관계를 나타내는 방정식을 그래프로 그려 보임으로써 완성되었다.

우리가 포유류를 연구하고 있다고 가정하자. 우리는 가급적 많은 포유류 종들을 조사해서 성체의 평균 두뇌 중량과 체중 목록을 작성한다. 이 자료들이 그래프상의 점을 이룬다. 이 점들을 관통하는 수식에 따르면 두뇌의 무게는 체중이 늘어나는 것의 3분의 2가량의 속도로 증가한다. 그러면 주어진 종의 뇌 중량을 같은 체중의 '평균적인' 포유류의 뇌 중량과 비교한다. 우리는 이러한 비교로 몸체의 크기에서 비롯되는 영향을 배제할 수 있다. 이를테면 침팬지는 뇌 중량의 평균값이 395그램이다. 그런데 같은 체중의 평균적인 포유류 뇌를 우리의 방정식에 따라 계산하면 152그램이 된다. 따라서 침팬지의 뇌는 '정상값'보다 무려 2.6배나 무겁다(395/152). 실제의 뇌 크기와 예상치 간의 비율을 '대뇌화 지수(encephalization quotient)'라고 한다. 그 값이 1보다 크면 평균적인 뇌보다 더 크다는 뜻이다. 1보다 작은 값은 평균보다 작은 뇌를 가리킨다.

그러나 이 방법은 고생물학자들에게 또 다른 난제를 안긴다. 우리는 이제 두뇌 중량뿐 아니라 체중까지 추산해야 한다. 그런데 완전한 뼈대를 찾기란 아주 어려운 일이어서 흔히 몇 개의 주요한 뼈만 가지고 체중을 추산하게 된다. 엎친 데 덮친 격으로 조류와 포유류만이 두개강을 완전히 채우는 뇌를 가지고 있다. 이 무리들에서만 두개골 내부의 주형이 뇌의 크기와 모양을 충실히 재현한다. 어류와 양서류, 파충류 등에서는 뇌가 두개강의 일부만을 차지하고 있기 때문에 화석화된 주형이 실제의 두뇌보다 더 크다. 그래서 우리는 그 동물이 살아 있었을 때 뇌가 주형의 어느 부분에 위치해 있었는지를 추정해야 한다. 하지만 이처럼 난관과 가정과 추산에 겹겹이 둘러싸여 있음에도 불구하고 우리는 척추동물 뇌 크기의 진화에 관해서 일관성 있고 흥미로운 이야기를 엮어 낼 수 있었으며 또 그것을 입증까지 할 수 있었다.

캘리포니아 대학교의 심리학 교수 해리 제리슨(Harry Jerison)은 얼마 전에 『두뇌와 지성의 진화(The Evolution of the Brain and Intelligence)』(New York, Academic Press, 1973년)라는 제목의 저서를 발간했는데 이 책에서 그는 그 동안 얻어진 모든 증거들 — 그는 10년 여에 걸친 노력으로 그 대부분을 수집했다. — 을 총망라했다.

제리슨의 주요 목적은, 물고기에서 시작해 양서류와 파충류, 조류의 중간 단계를 거쳐 포유동물에 이르는 일련의 완성된 사다리로 척추동물을 배열할 수 있다고 하는 일반론을 공격하는 데 있었다. 그는 두뇌 용량을 진화 과정에서 예정되거나 내재된 증가 성향과 관련짓지 않고 대신 생활 양식의 구체적인 요구와 연관 짓는 기능적인 관점을 선호했다. 현생 척추동물계는 '뇌-신체 공간'의 비율을 가지고 구분할 때 두 영역으로 분명히 나뉜다. 그 한 영역은 척추동물(조류와 포유류)이, 다른 하나는 이들의 근친인 냉혈 동물(어류와 양서류, 현생 파충류)이 차지하고 있다 (상어는 이 일반 법칙에서 유일한 예외이다. 그들의 뇌는 너무나 크다. 이들은 보통 '원시적'이라고 생각되기에 놀라운 일이다. 이 점에 관해서는 뒤에서 좀 더 상세히 다루겠다.). 온혈 척추동물은 같은 몸집의 냉혈 친척들보다 분명히 큰 두뇌를 가지고 있지만 그것은 보다 높은 상태로의 계속적인 진보가 아니라 뇌 크기와 기본적인 생리 기능 사이의 상관관계를 나타낼 뿐이다. 사실 제리슨은, 공룡들이 지배하던 세계에서 그들과 경쟁하는 작은 동물로서 변두리에 살았던 초기 포유류들이 구체적인 기능상의 필요에 따라 커다란 두뇌를 진화시켰다고 믿고 있다. 그는 최초의 포유류는 야행성이었고 따라서 주행성 동물이라면 쉽게 탐지할 수 있는 공간 형태를 청각과 후각에 의

지해서 해석해야 했기 때문에 더 큰 두뇌를 필요로 하게 된 것이라고 주장한다.

제리슨은 이런 관점에서 다양하고도 흥미로운 단편적 자료들을 선보이고 있다. 나는 공인된 정설로서 편안히 자리 잡고 있는 항목을 논박하는 것이 그리 달갑지 않지만 그래도 공룡들의 뇌가 그리 작은 것만은 아니었음을 지적하지 않을 수 없다. 그들의 뇌는 엄청난 몸집을 지니고 살았던 파충류로서 적합한 크기였다. 큰 동물들은 상대적으로 뇌가 작기 때문에 브론토사우루스에게서 그 이상의 것을 기대해서는 안 되겠지만, 파충류들은 몸무게가 어떠하든 간에 포유류들보다 뇌가 작은 것이 사실이다.

현생 종 냉혈 척추동물과 온혈 척추동물 사이의 간격은 중간 단계의 화석으로 깔끔하게 메워진다. 최초의 새인 시조새($Archaeopteryx$)는 대여섯 개의 화석 표본으로 알려졌는데, 그중 하나가 뇌의 주형을 잘 간직하고 있다. 깃털과 파충류형의 이빨을 가진 이 중간형 동물의 뇌는 현생 파충류와 조류 사이의 아직 채워지지 않은 영역에 잘 맞아떨어진다. 공룡이 멸종된 뒤에 급속히 진화한 원시 포유류는 뇌 크기에 있어서 비슷한 체중의 파충류와 현생 포유류의 중간 단계에 위치한다.

우리는 두뇌 용량 증가의 원인이 되었던 피드백(feedback) 고리를 추적하여 두뇌 크기의 진화적인 증가 현상을 뒷받침하는 메커니즘을 이해할 수 있게 되었다. 제리슨은 4개의 독립된 집단에서 육식 동물과 그들의 먹이가 될 가능성이 있는 유제류 초식 동물들의 대뇌화 지수를 계산했다. 그 4개의 집단이란 제3기(Tertiary. 제3기란 종래에 일컬어지던 '포유류의 시대'를 의미하며 지구 역사에서 가장 최근의 7000만 년을 가리킨다.) 초기의 '원시(archaic)' 포유류, 제3기 초기의 고등(advanced) 포유류, 제3기 중기부터 말기까지의 포유류, 그리고 현생 포유류를 가리킨다. 여기에서 대뇌화 지수 1.0이라는 것은 평균적인 현생 포유류에게서 예상되는 두뇌 크기라는 것을 잊지 말기 바란다.

	초식 동물	육식 동물
초기 제3기(원시)	0.18	0.44
초기 제3기(고등)	0.38	0.61
제3기 중기~말기	0.63	0.76
현생	0.95	1.10

초식 동물과 육식 동물은 다 같이 그들의 진화 과정에서 뇌 크기의 지속적인 증가 현상을 보였지만 각 단계마다 육식 동물이 항상 앞섰다. 재빨리 움직이는 먹이를 잡아서 살아가는 동물들은 식물을 먹고 사는 동물들보다 더 큰 뇌를 필요로 했던 듯하다. 그리고 초식 동물들의 뇌가 커짐에 따라(그들은 아마도 육식성 포식 동물들이 강요하는 치열한 자연 선택적 압력의 영향을 받았을 것이다.), 육식 동물들 역시 그 격차를 유지하기 위해서 뇌를 더 크게 진화시킨 것이라고 할 수 있다.

남아메리카는 이런 주장을 시험할 수 있는 천연의 실험장이다. 불과 200만 년 전, 파나마 지협이 솟아오르기 전까지만 하더라도 남아메리카는 고립된 섬 대륙이었다. 고등 육식 동물은 전혀 그 섬에 도달하지 못했고 따라서 대뇌화 지수가 낮은 유대류 육식 동물들이 포식 동물의 역할을 맡고 있었다. 이곳에서는 시간이 경과해도 초식 동물들의 두뇌 크기가 늘어나지 않았다. 그들의 평균적인 대뇌화 지수는 제3기 전 기간을 통하여 0.5 이하에 머물러 있었다. 더구나 원래 살고 있었던 이들 초식 동물들은 고등 육식 동물들이 북아메리카로부터 파나마 지협을 통해 건너왔을 때 곧 멸종되고 말았다. 다시 한번 두뇌의 크기는 증가하려는 내재적인 성향을 지닌 양적인 문제가 아니라 생활 양식에 대한 기능적인 적응의 결과임을 알게 된다. 두뇌 크기의 증가 현상을 기록하게 되면 우리는 그것을 생태학적인 역할과 관련지을 수도 있다. 그러므로 '원시적'인 상어가 그처럼 큰 두뇌를 가지고 있다고 해서 놀라서는 안 된다. 따지고 보면 그들은 바다에서는 최고의 육식 동물이고 뇌의 크기는 진화의 기원을 알리는 시간적 지표가 아니라 생활 양식을 반영하는 것이기 때문이다. 마찬가지 이유에서 알로사우루스(*Allosaurus*)와 티라노사우루스(*Tyrannosaurus*)를 비롯한 육식성 공룡들은 브론토사우루스 같은 초식 공룡들보다 두뇌가 컸다.

그러면 인간이 스스로에 대해 갖는 선입관은 어떻게 해야 할까? 척추동물 역사의 어느 대목이, 특정 종의 생물이 그처럼 두뇌를 발달시켜야 할 이유가 무엇인지 밝혀 주고 있는가? 이 점에 있어서 우리가 심사숙고해야 할 마지막 항목이 있다. 영장류의 두뇌 주형들 가운데서 가장 오래된 것은 테토니우스 호문쿨루스(*Tetonius homunculus*)라는 5500만 년 전 동물의 것이다. 제리슨은 그 동물의 대뇌화 지수를 0.68로 계산한 적이 있다. 분명히 이것은 동일한 체중으로 '현존하는' 포유류 평균 두뇌 크기의 3분의 2에 불과하다. 하지만 그것은 당시의 다른 동물들을 월등히 앞서는 가장 큰 뇌였다(체중에 통상적인 수정을 가해서 보았을 때 그렇다는 말이다.). 사실 그 시기에 살았던 평균적인 포유류 두뇌 용량의 3배가 넘는 크기였다. 영장류는 분명 처음부터 앞서 나갔으며 우리의 큰 두뇌는 포유류의 시대 초입에 확정된 양상의 과장(exaggeration)에 불과하다. 하지만 그와 같이 큰 뇌가, 관습적으로 보다 고등 동물이라고 판단되었던 포유류들로부터가 아니라 쥐와 들쥐에 더 가까운, 작고 원시적이며 나무에 살고 있었던 포유류 집단 내부로부터 진화된 이유가 무엇일까? 이 도발적인 질문으로 나는 이 글을 맺으려 한다. 왜냐하면 우리는 스스로가 던질 수 있는 가장 중요한 질문 중 하나에 어떻게 답해야 할지 전혀 알지 못하기 때문이다.

24장

행성의 크기와 표면적

찰스 라이엘은 자신의 혁명적인 지질학 이론을 개념이 불분명한 용어들로 설명하지 않았다. 1829년 그는 동료이자 과학 연구의 적수였던 로데릭 머치슨에게 다음과 같은 서신을 보냈다.

내 일은…… 과학에서 논증의 원리(principle of reasoning)를 확립하고자 노력하는 것입니다……. 그 어떤 원인이라도 지금 그것이 작용하고 있다면 과거 우리가 되돌아볼 수 있는 가장 오랜 시점부터 현재에 이르기까지 계속 작용했을 것이 분명합니다. 또 그 원인이 작용하는 에너지 강도는 예나 지금이나 결코 변하지 않았을 것이라고 나는 확신합니다.

변화는 완만하고 장엄하게, 그리고 본질적으로 균일한 속도로 진행된다는 사고는 19세기 사상계에 심오한 영향을 끼쳤다. 그로부터 30년이 지난 후에 다윈이 그것을 받아들였고, 그 후 고생물학자들은 화석 기록에서 느리고도 지속적인 진화의 사례들을 찾아 왔다. 그런데 점진적인 변화를 선호했던 라이엘의 생각은 과연 어디에 뿌리를 두고 있었을까?

모든 우주적 일반론에는 복잡한 기원이 있기 마련이다. 어떻게 보면 라이엘은 자연에서 자신의 정치적 편견을 '발견'했을 뿐이다. 만약 이 지구가 변화란 느리고도 점진적이며 과거 오래전 사건의 무게에 방해를 받으며 진행되는 그러한 것이라고 선언한다면 필시 자유주의자들은 사회적 불안이 점증하는 이 세상에서 크게 위안을 받을 수 있으리라. 그러나 자연은 과학자들의 편견을 전시하는 텅 빈 무대가 아니다. 자연은 스스로 자기 입장을 밝힌다. 지표면의 형태를 결정짓는 수많은 힘들은 천천히 그리고 끊임없이 작용한다. 라이엘은 강바닥에 퇴적하는 실트(silt, 아주 가는 모래)의 양과 그 원인이 되는 언덕 경사면의 점진적인 침식 속도를 측정했다. 라이엘의 점진론은 그 이론을 만드는 과정이 다소 극단적이기는 했지만 그래도 지구 역사의 큰 부분을 그대로 반영하고 있다.

행성 지구에서 일어나는 점진적인 과정들은 내 동료 프랭크 프레스(Frank Press)와 레이먼드 시버(Raymond Siever)가 각각 외부 열기관(external heat engine)과 내부 열기관(internal heat engine)이라고 이름 붙인 두 가지 근원으로 설명할 수 있다. 태양은 외부 열기관에 동력을 제공하지만 그 영향력은 지구 대기권에 의해 결정된다. 프레스와 시버는 이렇게 기록했다.

태양 에너지는 공기층을 움직여서 복잡한 패턴의 바람을 일으키고 기후와 날씨를 결정하며 대기권과 연동해 대양을 순환시킨다. 대양과 대기 중의 물과 기체들은, 화학적으로는 딱딱한 지표면과 만나 반응을 수행하고 물리적으로는 한 장소에서 다른 장소로의 물질 수송을 담당한다.

이런 과정의 대부분은 라이엘의 고전적인 방식에 따라서 점진적으로 진행된다. 웅대한 결과는 결국 미세한 변화가 축적되어 나타나는 것이다. 흐르는 물은 대지를 깎아 낸다. 모래 언덕들은 사막 위를 이리저리 옮겨 다니고, 파도가 어떤 곳에서 해안선을 망가뜨리면 조류는 모래를 실어다가 다른 곳의 해안선을 넓힌다.

방사능 물질의 붕괴로 발생한 열이 지구 내부 기관에 동력을 제공한다. 그 결과의 일부 — 예를 들어 지진과 화산 폭발 — 는 돌발적이고 파국적이어서 충격을 주지만, 불과 10년 전에 발견된 그것들의 진행 과정을 알게 되면 라이엘의 영혼이 크게 기뻐할 것이다. 지구 내부의 열이 지각을 움직이고, 1년에 몇센티미터라는 완만한 속도로 대륙들을 떼어 놓는다. 이 점진적인 운동은 2000만 년 이상에 걸쳐 판게아라는 하나의 초대륙을 널리 분산된 현재 상태의 대륙들로 갈라놓았다.

그럼에도 불구하고 우리의 지구는 태양계의 다른 내행성들 즉 수성, 화성 그리고 지구의 달 등과는 닮지 않았다(금성에 대해서는 거의 알려진 바가 없기 때문에 논외로 한다. 현재까지는 구소련의 탐사선 하나만이 금성의 두꺼운 대기권을 통과하는 데 성공해 흐릿한 사진 2장을 보냈을 뿐이다. 아울러 목성과 그 너머에 있는 큰 행성들도 제쳐 둔다. 그들은 내행성계의 천체들에 비해 너무 크고 밀도가 낮아 전혀 다른 종류의 천체에 속한다.). 아무리 강력한 선입관을 갖고 있는 지질학자라 하더라도 지구 이외의 내행성들 표면에서 균일론을 설교할 수는 없을 것이다.

운석의 폭격을 받아 생긴 크레이터들이 화성과 수성, 달 표면을 차지하고 있다. 사실 수성의 표면은 크레이터들을 빽빽이 채우고 포개 놓은 들판일 뿐이다. 달 표면은 2개의 주요 부분으로 나뉜다. 크레이터가 밀

집한 고원과 크레이터가 훨씬 드물게 나 있는 바다(maria, 현무암의 '바다')가 그것이다. 라이엘의 점진론은 지구에서는 아주 적절히 응용될 수 있지만 그것으로 이웃 행성들의 역사를 서술하는 것은 불가능하다.

아폴로 계획에서 수집된 자료를 바탕으로, 컬럼비아 대학교의 지질학 교수인 이안 리들리(Ian Ridley)가 정리하고 요약한 달의 역사를 한 예로서 살펴보자. 달의 지각은 40억 년도 더 전에 굳었다. 39억 년 전에 이르자 운석 낙하의 최고 시기가 끝났는데 그때 달에는 이미 바다 분지가 파여 있었고 주요 크레이터들도 형성되어 있었다. 38억 년 전에서 31억 년 전까지의 기간에는 방사능 물질에서 방출된 열이 현무 용암을 생성해 바다 분지를 메웠다. 새로운 열이 발생했지만 그 에너지가 달 표면에서 잃어버린 열을 보충할 수 없게 되자 지각이 다시 굳어졌다. 31억 년 전에 이르자 지각이 아주 두꺼워져서 더는 현무 용암이 분출할 수 없게 되었고, 따라서 달 표면의 실질적인 활동은 끝나고 말았다. 그 이후 달 표면에는 이따금 대형 운석이 떨어졌고 아주 작은 운석들이 끊임없이 낙하하고 있는 것 외에는 별다른 현상이 일어나지 않은 채 현재 상태에 이르렀다.

오늘날 우리가 쳐다보는 달은 30억 년 전과 크게 다르지 않다. 그곳은 지표 물질을 침식하고 재순환을 일으키는 공기층이 없으며, 표면으로 분출해 나와 그 외형을 휘저어 바꿀 만큼 충분한 내부의 열도 없다. 달은 완전히 죽지는 않았으나 휴지(休止) 상태에 있는 것만은 확실하다. 달에서는 지하 800킬로미터부터 1,000킬로미터에 이르는 구간에 지진이 집중되어 있는 점으로 미루어 이 정도 두께의 단단한 지각이 있음을 알 수 있는데, 그것은 70킬로미터 남짓한 지구의 암석권(lithosphere)과 좋은 비교가 된다. 달의 지각 밑에도 부분적으로 광물이 용해된 지대가 있겠지만 지표에 영향을 주기에는 너무 깊이 있다. 달 표면은 아주 오래되었으며 따라서 그 기록은 대변동 — 대량의 운석 낙하와 용암 분출 — 을 말해 주고 있다. 그 초기 역사는 격렬한 변화의 흔적을 남겼다. 그러고 나서 지난 30억 년 동안에는 거의 변화가 없었다.

지구는 오랜 옛날의 대변혁에 의한 것이 아닌, 누적적이고 점진적인 과정을 큰 기둥으로 하는 역사를 기록하고 있다. 지구가 이웃 행성들과 이처럼 다른 역사를 갖는 원인은 무엇일까? 독자 여러분은 구성 물질의 복잡한 정도 차이에 그 해답이 있다고 생각하고 싶은 유혹을 느낄지도 모르겠다. 그러나 우리가 알고 있는 한 내행성계의 모든 천체들은 밀도와 광물질의 조성이 기본적으로 비슷하다. 나는 순진하게도 그 차이가 아주 단순한 사실 — 크기 이외의 아무것도 아닌 — 에서 비롯된다는 주장을 내놓고 싶다. 지구는 이웃 행성들에 비해 상당히 크다.

모든 물체의 형태와 작용을 결정하는 데 있어 크기가 지극히 중요한 역할을 한다는 점을 논한 최초의 인물은 갈릴레오였다(21장과 22장을 볼 것). 큰 물체가 같은 모양의 작은 물체와 똑같은 힘의 균형을 필요로 하지는 않는다는 사실은 기하학의 기본 원리이다(모든 행성들은 필연적으로 구체에 가까운 모양을 하게 된다.). 반지름이 서로 다른 두 구체의 표면적과 용적의 비(比)를 생각해 보자. 표면적은 반지름의 제곱에 상수를 곱해서 얻는다. 용적은 반지름의 세제곱에 다시 상수를 곱해야 한다. 따라서 동일한 모양의 물체가 커질 때, 용적은 표면적보다 훨씬 빨리 늘어난다.

나는 라이엘이 통찰력을 발휘할 수 있었던 것은 그가 주장한 것들이 모든 변화의 일반적인 속성이었기 때문이 아니라, 지구의 표면적/용적 비율이 비교적 낮다는 데서 우연히 얻어진 성과라는 점을 지적해 두고자 한다. 원시 지구의 역사가 이웃 행성들의 역사와 크게 다르지 않다는 것을 전제로 논의를 시작해 보자. 과거 어느 때 이 지구도 수많은 크레이터들로 상처가 나 있었음에 틀림없다. 하지만 그것들은 수십억 년 전에

2개의 지구 열기관에 의해 소멸되고 말았다. 내부 기관에 의해 휘저어 올려졌거나(산맥으로 솟아올랐거나, 용암에 덮였거나, 혹은 침강하는 암층판의 경계 부근에서 땅속 깊이 매몰되고 말았거나) 또는 외부 기관에 의해서 대기나 하천으로 인한 침식이 일어나 얼마 되지 않아 사라졌다.

이들 2개의 열기관은 지구가 작은 표면적에 비해 상대적으로 큰 중력장을 가지고 있기 때문에 작동할 수 있었다. 수성과 달은 대기층뿐 아니라 활동적인 지각이 없다. 외부 기관이 작용하기 위해서는 대기층이 있어야 한다. 뉴턴의 방정식에 따르면 중력은 두 물체의 질량에 비례하고 그 둘 사이 거리의 제곱에 반비례한다. 지구와 달 표면에 붙어 있는 수증기 한 분자의 중력을 계산하려면 그 행성의 질량과 행성의 표면에서 중심까지의 거리를 계산하기만 하면 된다(수증기 분자의 질량은 일정하기 때문이다.). 표면에서 중심까지의 거리의 제곱이 단순히 반지름의 제곱에 지나지 않는 반면에 행성의 크기가 커짐에 따라 질량은 반지름의 세제곱에 비례해 늘어난다. 그러므로 행성이 커질 때 대기권 입자에 작용하는 중력은 r^3/r^2의 비율로 증가한다(여기서 r은 행성의 반지름이다.). 달과 수성에서는 이 힘이 너무 작아 대기권을 형성할 수 없다. 그곳에서는 가장 무거운 입자라 하더라도 오래 잔존하지 못한다. 지구의 중력은 광대한 대기층을 영구히 붙잡아 두기에 충분할 만큼 크며 외부 열기관의 매체로 작용할 만큼 강하다.

지각 내부의 열은 방사능에 의해 발생하며 행성의 용적 전체에 미친다. 또한 행성의 표면에서 외부 공간으로 방출된다. 표면적/용적 비율이 높은 작은 행성들은 열을 빨리 잃어버리므로 상대적으로 아주 깊은 지층까지 외각이 굳어 버린다. 그러나 보다 큰 행성들은 열과 표면의 이동성을 보전할 수 있다.

이 가설을 이상적으로 시험할 수 있는 대상은 중간 크기의 행성이다.

그러한 천체는 초기의 변혁과 점진적인 과정을 혼합하여 보여 줄 것이기 때문이다. 이 기준에 따르면 화성이 지구와 달 또는 지구와 수성 사이의 중간 크기로 안성맞춤이다. 화성 표면의 절반가량은 크레이터로 덮여 있다. 나머지 부분은 내부 열기관과 외부 열기관의 상당히 제한된 활동을 반영하고 있다. 화성의 중력은 지구에 비하면 약하지만 약간의 대기층(지구의 200분의 1 정도)을 유지하기에는 충분하다. 화성의 표면에서 강풍과 모래 언덕이 있는 들판이 관찰되기도 했다. 화성 대기권에는 수증기의 양이 아주 적기 때문에 하천 침식의 증거는 훨씬 인상적이고 신비스럽기까지 하다(과거에 추측한 대로 화성의 극관(極冠, polar cap)이 이산화탄소가 아니라 주로 얼음으로 덮여 있다는 사실이 최근에 밝혀져 이제 신비감은 크게 줄어들었다. 아울러 화성의 흙 안에는 상당량의 물이 영구 동토층으로 얼어붙어 있는 듯하다. 칼 에드워드 세이건(Carl Edward Sagan, 1934~1996년)이 내게 사방으로 열편(裂片, lobate. 잎 둘레가 갈라진 작은 잎) 모양의 무늬가 뻗어 있는 비교적 작은 크레이터들의 사진을 보여 준 적이 있다. 그것은 외부의 충격에 의해 동토층이 국부적으로 용해됨으로써 액체화한 진흙이 크레이터로부터 흘러나간 흔적이라고밖에는 달리 해석하기가 어렵다. 그것들은 용암으로 만들어졌을 리 없다. 크레이터를 만든 운석들이 너무 작았기 때문에 암석을 녹일 만한 충격을 가하지는 못했을 것이다.).

내부 열의 증거 역시 아주 많은데(장관이기조차 하다.), 최근에 어떤 학자들은 지구의 판 구조를 움직이는 과정과 그것들을 관련지을 수 있지 않을까 하는 생각을 하기도 했다. 화성에는 지구상의 어떤 산보다도 거대한 산맥들이 많은 화산 지대가 있다. 커다란 화산인 올림푸스 산(Olympus Mons)은 바닥 너비가 500킬로미터, 높이가 8킬로미터에 이르는데, 지름 70킬로미터의 크레이터를 포함한다. 한편 이웃에 있는 매리너 계곡(Vallis Marineris)에 비한다면 지구의 그 어떤 계곡도 장난감에 불과하다. 그것은 너비 12킬로미터, 깊이 6킬로미터이며 길이는 5,000킬로미터가 넘는다.

그러면 추리해 보자. 다수의 지질학자들은 지구 깊숙한 곳(지하 3,200킬로미터 정도에 있는 핵과 맨틀의 경계까지 내려가지 않나 생각된다.)에서 솟아오르는 열기둥과 용해 물질들에 의해서 지구의 판 구조가 움직인다고 믿고 있다. 이 열기둥은 비교적 고정된 '열점(hot spot)'에서 지표 쪽으로 분출하며, 지구의 판 구조를 그 위에 얹고 있다. 이를테면 하와이 군도는 서북쪽으로 갈수록 생성 연대가 높아지는, 본질적으로 선형(linear)의 연쇄를 이루고 있다. 태평양 판 구조가 고정된 열기둥 위에서 천천히 움직이고 있다면, 하와이 군도는 하나씩 차례대로 조성되었을 가능성이 높다.

화성은 달과 지구의 중간 크기이므로 달보다는 훨씬 역동적이지만 지구보다는 그 정도가 덜 하리라 생각된다. 달의 지각은 너무 두꺼워 전혀 움직여지지 않는다. 그리고 내부의 열이 표면에 도달하지도 못한다. 지구의 지각은 판 구조로 갈라져 끊임없이 움직일 수 있을 만큼 얇다. 화성의 지각이, 열이 솟아오를 수 있을 만큼은 얇지만 갈라져서 멀리 이동하기에는 너무 두껍다고 가정해 보자. 또 열기둥이 지구와 화성에 다 같이 존재한다고 생각하자. 거대한 올림푸스 산맥은 고정된 지각 밑에서 열기둥이 솟아나는 위치라고 할 수 있을 것이다. ─ 그럴 경우 올림푸스 산은 하와이 군도가 하나씩 차곡차곡 쌓아 올려진 것이라고 설명할 수 있다. 그리고 매리너 계곡은 판 구조론이 '시험'되었으나 실패한 사례로 볼 수 있다. 그곳에서는 지각이 갈라지기는 했지만 이동하지는 못했음을 알 수 있다.

과학이란 기껏해야 통합하는 작업에 불과하다. 그것은 나의 지적 환상을 자극해 내 방 천장에 붙어 있는 파리에 적용되는 법칙이 내행성계의 혹성들 중에서 지구의 독특함을 결정짓기도 한다는 의식에 이르게 한다(작은 동물인 파리는 용적에 대한 표면적의 비율이 높다. 용적에 작용하는 중력은 천장에 달라붙은 파리의 발이 지니고 있는 표면 접착력을 이기지 못한다.). 언젠가 블레즈 파스칼(Blaise Pascal, 1623~1662년)은 지식을 행성에 비유해 우주 공간에 있는 구(球)와 같다고 말했다. 우리가 많이 배우면 배울수록 — 즉 그 구가 커지면 커질수록 — 미지(未知, 그 행성의 표면)와의 접촉은 더욱 커진다. 지당한 말이다. — 그렇지만 표면과 용적의 원칙을 잊지 말기 바란다. 그 구가 커지면 커질수록 앎(용적)과 모름(표면)의 비율은 더욱 커진다. 절대적으로 증가하는 무지(ignorance)가 상대적으로 증가하는 지식(knowledge)과 더불어 계속해서 융성하기를 나는 빌어 마지않는다.

7부

사회 속의 과학

25장
과학사의 영웅과 바보들

낭만적인 10대 시절, 나는 새로운 사실을 단 하나라도 발견하여 인간 지식의 전당에 벽돌 하나라도 보탤 수 있다면 과학자로서의 내 생애는 충분히 보람될 것이라고 믿어마지 않았다. 그러한 확신은 상당히 고귀한 것이 분명했지만 그 은유 자체는 어리석기 짝이 없었다. 그럼에도 불구하고 여전히 그러한 은유는 자신들의 전공과목에 대한 수많은 과학자들의 태도를 그대로 반영하고 있다.

과학적 '진보(progress)'의 고전적 모델에 따르면, 우리는 미신이라고 하는 무지에서 출발하여 계속해서 사실을 축적해 감으로써 궁극적인 진리를 향해 나아간다. 이와 같은 독선적인 관념으로 본다면 필경 과학사에는 흥미로운 사건이라고 해 봐야 겨우 일화 정도의 것들만 있게 될 것이다. 과학사 자체가 그동안의 실수와 과오를 연대기식으로 기록하는 데에 그쳐 결국 궁극적인 진리를 어렴풋이 깨닫는 공로는 맨 마지막에 벽돌을 쌓는 벽돌공에게 돌아갈 것이기 때문이다. 그렇게 되면 과학사란 유행 지난 멜로드라마처럼 그 내용이 뻔해질 것이다. (우리가 오늘날 지각하고 있는 바와 같은) 진리가 유일한 잣대로 작용해 과거 과학자들의 세계를 좋은 일을 했던 선인들과 그렇지 못했던 악인들의 두 집단으로 명확히 갈라놓을 것이기 때문이다.

하지만 과학사가들은 지난 10년 동안에 이러한 모델을 철저히 불신하게 되었다. 과학이란 객관적인 정보를 냉혹하게 추적하는 작업이 아니다. 그것은 창의적인 인간 활동이며, 과학계의 천재들은 정보 처리자라기보다는 차라리 예술가적인 역할을 담당하는 사람들이다. 이론의 변화는 단순히 새로운 발견에서 유도되는 결과가 아니라 당대의 사회적 정치적 상황에 영향을 받는 창조적인 상상력의 귀결이다. 우리는 과거가 아닌 현실의 확신에 의존해서 과거사를 심판해서는 결코 안 된다. 자신들의 관심사와는 전혀 관련이 없는 기준을 가지고 과학자들을 함부로 평가해서 누군가를 쉽게 영웅으로 내세워서는 안 된다는 말이다. 만일 아낙시만드로스(Anaximandros, 기원전 610~546년)를 진화론자라고 부른다면 그보다 어리석은 일은 없을 것이다. 하지만 그가 4원소 가운데 물의 중요성을 강조했으며 생물은 태초에 바다에서 살았다고 주장했다 해서 대다수 교과서들은 지금도 그의 공로를 크게 인정하고 있다.

이 글에서 나는 교과서에 등장하는 악한들 가운데서도 가장 악명 높은 인물들을 골라서, 그들의 이론이 당시로서는 대단히 합리적이었으며 따라서 오늘날 우리에게도 시사하는 바가 적지 않다는 것을 보여 주고자 한다. 악한들이란 바로 18세기의 '전성론자(前成論者, preformationist)'들로서 그들은 구닥다리 발생학 이론의 지지자들이었다. 여러 교과서들에

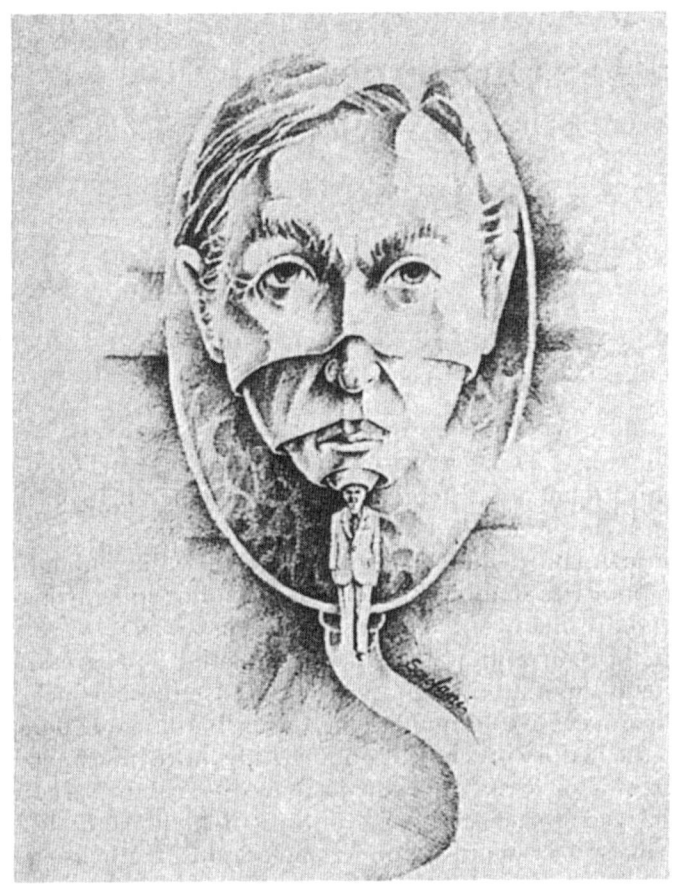

조지프 스크로파니(Joseph Scrofani). 1974년 8~9월 호《자연사》에서 허락하에 복사. © The American Museum of Natural History, 1974).

따르면 전성론자들은 인간의 난자(또는 정자) 안에 아주 작고도 완벽한 축소형 인간이 살고 있으며 따라서 발생학에서의 발달(development)이란 그 축소형 인간이 성장하는 것뿐이라고 믿었던 불행한 사람들이다. 교과서들은 계속해서 다음과 같이 지적하고 있다. 그런 주장의 불합리성은 '속에 담기(*emboitement*, encasement)'의 필연적인 귀결로 더욱 확대된다.

아담의 아내인 이브의 난자 안에 축소형이 담겨 있고, 다시 그 축소형의 난자 안에 그보다 더 작은 축소형이 들어 있다는 식으로 무한히 축소되어 나간다면 전자(electron)보다 더 작은 완전한 형태의 인간을 상정하지 않을 수 없게 된다. 분명 전성론자들은 오감이 제공하는 명백한 증거를 부정하고 선험적인 불변론을 지지하는, 맹목적이고도 반경험적인 교조주의자들이었을 것이다. 달걀 껍데기를 벗겨 보기만 해도 배(胚)가 단순한 상태에서 복잡한 상태로 발달한다는 사실을 쉽게 알 수 있기 때문이다. 사실 그들을 선도했던 그들의 대변인격인 샤를 보네(Charles Bonnet, 1720~1793년)는 "전성설(preformationism)은 이성이 오감을 극복하고 쟁취한 가장 위대한 승리"라고 선언한 바 있다. 반면에, 교과서에 등장하는 우리의 영웅은 바로 '후성론자(後成論者, epigeneticist)'들이다. 그들은 환상적인 이야기를 꾸며 내기보다는 달걀을 관찰하는 데 시간을 보냈다. 그들은 관찰을 통해서 성숙한 동물의 복잡한 형태는 배 안에서 점진적으로 발달한 것이라는 사실을 입증했다. 19세기 중엽에 이르러 그들을 마침내 승리를 거두었다. 편견과 교조를 누르고 순수한 관찰이 거둔 또 하나의 승리였다.

그러나 현실에 있어서는 이야기가 그처럼 단순하지 않다. 전성론자들은 후성론자 못지않게 경험적인 관찰에 있어 조심스럽고 정확했다. 진정 우리가 영웅을 내세우고자 한다면, 지금 우리의 견해와 비슷한 과학관을 옹호했으며 그 때문에 후성론자들에게 강력히 대항하고자 했던 전성론자들 역시 그런 명예를 누릴 자격이 충분하다고 하겠다.

별로 대단치 않은 몇몇 인물들이 만들어 낸 상상에 기대어 그것을 어느 학파 전체의 신념으로 받아들여서는 안 된다. 마르첼로 말피기(Marcello Malpighi, 1628~1694년), 보네, 할러 등 위대한 전성론자들은 한결같이 닭의 배가 단순한 튜브의 형태에서 시작해 달걀 안에서 기관이 분화하면서 점차로 복잡해진다는 사실을 완벽하게 이해하고 있었다. 그들은 당대의 후성론자들이 성취한 업적들에 못지않게 정밀한 관찰을 통해 닭의 발생을 면밀히 연구하고 그 발달 과정을 체계적으로 묘사했다.

전성론자들과 후성론자들은 관찰 결과에 대해서는 의견을 달리하지 않았다. 그러나 후성론자들은 관찰 결과를 문자 그대로 받아들였던 반면, 전성론자들은 '외양의 이면(behind appearance)'을 조사해야 한다고 주장했다. 그들은 발달 과정상의 가시적인 현상을 불신했다. 초기 상태의 배는 너무도 작고 젤라틴에 싸여 있으며 또 매우 투명해서 당시의 투박한 현미경으로는 전성된 구조들을 제대로 식별할 수 없는 것이라고 생각했다. 보네는 1762년에 다음과 같이 기록했다. "생물이 눈에 보이는 그 순간부터 생명이 시작된다고 생각지 말라. 그리고 극히 한정적인 인간의 감각과 도구로 자연을 제약하지 말라." 나아가 전성론자들은 전성된 구조들이 난자 속에 완벽한 축소형으로 들어가 있다고 믿은 것이 결코 아니었다. 그들은 정교한 축소형이 아닌 훨씬 단순하게 생긴 존재가 난자 속에 들어 있으며, 더욱이 그것의 전반적인 형태나 사지 비율은 성체의 것과는 거의 관련이 없을 것이라고 생각했다. 보네는 1762년에 다시 한번 이렇게 썼다. "닭이 배의 상태로 있을 때에는 그 모든 부분들이 발달 과정에서 도달하는 것과는 크게 다른 형태와 비례와 위치를 지니고 있다. 만약 우리가 아주 작을 때의 닭을 확대하여 볼 수 있다 해도 그것을 닭으로 인정하기란 불가능할 것이다. 그 배의 모든 부분들이 동시에 균일하게 발달하는 것은 아니다."

그렇다면 전성론자들은 '속에 담기' — 이브의 난소 안에 인류의 모든 역사가 응축되어 있다는 — 의 모순을 어떻게 설명할 수 있었을까? 그 개념은 아주 간단했고 18세기의 맥락에서는 결코 터무니없는 것도 아니었다.

먼저, 당시의 과학자들은 세계는 불과 몇천 년 동안 존속했고 또 앞으로도 몇천 년쯤 더 지속할 것이라고 믿었다. 따라서 20세기식 지질학 연대표에 따른다면 수백만 년의 인류 역사를 이브의 난자 속에 담아야만 하지만 당시 관념에 따른다면 훨씬 제한적인 세대만을 고려하는 것으로 충분했다.

둘째, 18세기에는 생물 크기에 하한(下限)을 설정하는 세포 이론이 존재하지 않았다. 지금에 와서는 세포 하나라는 최소한의 크기보다 더 작은 완전한 축소형 생물을 가정하는 것이 우스꽝스럽게 여겨진다. 그러나 18세기 과학자들에게는 그처럼 생물의 크기에 하한을 둘 하등의 이유가 없었다. 유럽 인들의 상상력을 크게 자극했던 단세포성 미생물 — 안톤 반 레벤후크(Anton van Leeuwenhoek, 1632~1723년. 네덜란드의 박물학자)의 극미 동물(animalcules) — 역시 축소된 기관들을 완전히 갖추고 있다고 믿는 사람들이 많았다. 따라서 입자설(corpuscular theory, 빛이 독립된 입자로 구성되었다는 이론)을 지지했던 보네는, 극미동물들이 가지고 있을 것이라 생각되는 눈(目) 속으로 한꺼번에 쏟아져 들어가는, 상상하기조차 어려울 정도로 극히 작은 수백만 개의 광입자들에 열광했다. "자연은 원하는 대로 얼마든지 작아질 수 있다. 우리는 물질 분할의 최소 한계에 대해 전혀 알지 못하지만 그것이 무한히 분할될 수 있다는 사실은 잘 알고 있다. 코끼리에서 진드기로, 고래에서 진드기보다 2700만 배나 더 작은 극미 동물로, 태양에서 광입자에 이르기까지 얼마나 많은 중간 단계가 있을 것인가!"

왜 전성론자들은 외부로 나타나는 것의 배후를 파고들어야 한다고 그처럼 절박하게 생각했을까? 어째서 그들은 자신들의 눈으로 확인한 것들을 직접적인 증거로 인정하려 들지 않았을까? 이제 다른 길을 생각해 보자. 문제는 생물체의 각 부분들이 처음부터 존재했는지 아니면 수정란이 아예 아무런 형태도 취하지 않는지 두 가지 중에서 하나를 선택하는 것이다. 그런데 만약 난자가 본래 아무런 형태를 지니지 않았다고 하면, 어떤 외부의 힘이 가해져서 생명이 설계되고 그것에 기초해 비로소 생물이 형태를 갖춘다고 해야 할 것이다. 그렇게 된다고 할 때 외적인 힘은 과연 무엇일까? 그리고 각각의 생물 종에게는 각기 다른 종류의 힘이 작용하는 것일까? 우리는 과연 어떤 방법으로 그것을 알고, 시험해 보고, 지각하고, 만지며, 이해할 수 있을까? 만약 그런 힘이 정말로 존재한다면 그것은 결국 불가사의한 생기론(生氣論, vitalism)을 인정하는 격이 되지 않을까?

전성론이야말로 진정 뉴턴 과학의 정수(精髓)를 대변하는 것이었다. 그것은 전적으로 감성에만 의존해 나온 생기론을 떨쳐 내고 오늘날 우리가 '과학적'이라고 부르는 그 합리성을 지켜 내기 위해 제안되었다. 만약 난자가 처음부터 그렇게 조직되어 있는 것이 아니라고 한다면, 다시 말해서 전성된 부분이 전혀 없는 균일한 물질에 불과하다면, 아무런 신비로운 힘에 의지하지 않고 어떻게 그토록 경이롭고 복잡한 형태가 나타날 수 있겠는가? 한 생명체가 제대로 탄생하기 위해서는 (난자 속에 이미 원재료가 모두 들어가 있어야 할 뿐만 아니라) 그런 복잡성을 형상화하는 데 필요한 구조 역시 반드시 미리 내장되어 있어야 한다. 이러한 각도에서 생각해 본다면 '감성을 누른 이성의 승리'라는 보네의 말이 한층 더 사리에 부합하는 것으로 여겨진다.

마지막으로, 지금 우리가 알고 있는 발생학이 후성설의 승리를 가리키고 있노라고 누가 과연 단언할 수 있을까? 중대한 논쟁들이 대개 아리스토텔레스의 황금률에 따라 결정되듯이 이 문제 역시 예외가 아니다. 지금 관점에서 본다면 후성론자들이 옳았다. 체내 기관들은 배 발달 과정에서 단순한 형태로부터 시작해 끊임없이 분화한다. 미리 모양이 결정된 부분들은 전혀 없다. 하지만, 복잡한 형태가 무형의 원재료로부터 생겨날 수는 없으며 따라서 난자 안에는 배의 발달을 조정하는 그 무엇이 반드시 있어야만 한다고 주장했다는 점에서는 전성론자들 역시 옳았다. (굳이 과오를 지적하고자 한다면) 그것은 그들이 그 '무엇'을 전성된 부분으로 파악했다는 데에서 찾을 수 있을 것이다. 우리는 지금 그것이 DNA 안에 들어 있는 유전 암호라는 사실을 잘 알고 있다. 그런데 컴퓨터 프로그램은커녕 자동 피아노조차도 생각할 수 없었던 18세기 과학자에게서 우리가 그 이상 무엇을 기대할 수 있을까? 암호화된 프로그램이란 그들이 지닌 지적 장비의 일부가 아니었다.

그러면 다시 한번 생각해 보자. 하나의 난자 속에 무수한 분자들의 배열로 암호화된 수천 가지 명령문이 내재하고 있어서, 그 명령에 따라 세포들이 일사불란하게 화학 과정의 속도를 조절해 복잡한 생명체가 탄생하게 되는 것이라는 주장보다 더 터무니없는 생각이 또 있을까? 내게는 전성된 부분이 난자 속에 내재하고 있다는 생각이 그보다 훨씬 더 자연스럽게 들린다. 암호화된 명령문의 존재를 뒷받침할 수 있는 유일한 근거로서 무엇인가가 처음부터 그 속에 들어 있으리라 가정했던 것이 그렇게 잘못된 일이었을까?

26장
직립의 의의

1920년대 고비 사막 원정보다 더 미국 자연사 박물관의 위신을 세우고 명성을 드높인 행사는 일찍이 없었다. 최초의 공룡 알들을 비롯해 당시 발견된 내용들은 대단히 풍성하고 호기심을 자극했으며, 숫제 낭만적인 그 사연들은 할리우드 영웅물의 소재로도 아주 그만이었다. 지금도 로이 채프먼 앤드루스(Roy Chapman Andrews, 1884~1960년)의 저서 『중앙아시아 신정복(*The New Conquest of Central Asia*)』(1932년)(그 제목에서 맹목적인 애국주의의 냄새가 풍긴다.)보다 더 멋진 모험담을 찾기는 어렵다. 그럼에도 불구하고 그 원정 활동은 중앙아시아에서 인간의 조상을 발견하겠노라고 공언한 애초의 목적을 달성하는 데에는 완전히 실패하고 말았다. 게다가 그들이 실패한 원인은 지극히 초보적인 것에 있었다. 다윈이 그보다

50년 전에 이미 예측한 것처럼 인류는 아프리카에서 진화했던 것이다.

아프리카의 인류 조상(또는 최소한도 인류와 가장 가까운 혈통)은 1920년대 어느 동굴의 퇴적층에서 처음 발견되었다. 그러나 그 오스트랄로피테쿠스는 사람과 유인원 사이의 '잃어버린 고리(missing link)'는 이러이러해야 한다고 규정한 사전적 개념에 거의 부합하지 않았기 때문에, 많은 과학자들이 그들을 인류의 진정한 구성원으로 받아들이는 데에 반대했다. 당시 인류학자들 중 절대 다수는 지능이 점차 발달함에 따라 유인원에서 인간으로의 극히 조화로운 변화가 일어났으리라 상상하고 있었다. 잃어버린 고리는 신체와 두뇌가 다 같이 중간 단계인 모습이어야 했다. 만화 주인공 원시인 앨리 우프(Alley Oop)의 꺼벙한 모습이나 또는 구부정한 어깨를 한 네안데르탈인의 오래된(잘못된) 초상처럼 말이다.

그런데 오스트랄로피테쿠스는 그런 요건에 꼭 들어맞지 않았다. 그들의 두뇌는 몸집이 비슷한 다른 어떤 유인원들의 뇌보다도 컸던 것이 분명하지만 그래도 만족할 만큼 커다란 것이라고는 할 수 없었다(22장과 23장을 볼 것). 진화에 의해 인류의 두뇌가 커진 것은 대부분의 경우 오스트랄로피테쿠스 단계에 도달한 이후의 일이다. 그렇지만 다소 작은 두뇌를 가진 오스트랄로피테쿠스들은 여러분이나 나와 마찬가지로 꼿꼿이 서서 걸어 다녔다. 어떻게 그것이 가능했을까? 인류 진화는 두뇌의 확장에 의해서 추진된 것이라고 흔히들 말하곤 하는데, 단순히 우발적으로 나타난 특징이 아니라 또 다른 '인류화의 각인(hallmark of hominization)'이라고 불러도 좋을 직립 자세가 어떻게 그보다 먼저 나타나게 되었을까? 조지 게일로드 심프슨은 1963년 어느 글에서 다음과 같이 기술한 바 있다.

비록 어떤 명백한 근거를 두고 예측한다고 해도 실제의 발견 결과를 짚어 내는 데에는 극적으로 실패하는 경우가 종종 있다. 진화학상의 예로는 직립 자세로 도구를 만들 수 있으면서도 유인원의 모습과 두뇌 용량을 그대로 가졌던, 지금은 오스트랄로피테쿠스라고 불리는 존재가 여기에 해당하는데 '잃어버린 고리'를 발견할 것으로 예상했다가 실패한 대표적인 경우라고 할 수 있다.

우리는 이 '극적인 실패'의 원인이 일차적으로는 우리가 가진 편견 때문이라고 생각한다. 잠재적인 선입관이 별로 합리적이지 못한 추측을 이끌어 냈던 것이다. 인간은 (다른 것은 별로 중요하지 않고) 특히 지능의 힘으로 다른 동물들을 지배하고 있다고 생각하기 쉬운데, 그러면 자연히 뇌 용량의 증가가 모든 단계에서 인류의 진화를 촉진시켰다고 말할 수 있게 된다. 직립 자세를 뇌의 확대에 종속시키려는 이러한 전통은 인류학사의 전 기간을 통해서 언제나 발견할 수 있다. (내가 개인적으로 구축한 과학 영웅들의 전당에서 다윈 외에는 그를 앞설 인물이 없는) 19세기의 가장 위대한 발생학자 카를 에른스트 폰 베어는 1828년에 이렇게 썼다. "직립 자세는 보다 높은 차원으로 뇌가 발달한 데 따른 결과 중 하나에 지나지 않는다……. 인간과 다른 동물들 사이의 모든 차이는 뇌의 구성에 따라 결정된다." 그로부터 100년 뒤 영국의 인류학자 그래프턴 엘리엇 스미스 (Grafton Eliot Smith, 1871~1937년)는 다음과 같이 지적했다. "유인원으로부터 인간이 발달한 것은, 직립 자세의 채택이나 음절로 된 언어의 발명이 아니라 뇌의 점진적인 완성과 그에 따라 진행된 사고 체계의 구성에 그 원인이 있었다. 그중에서도 직립 자세와 언어는 우발적으로 나타난 것에 불과하다."

뇌의 중요성을 강조하는 이런 합창에 대항하여 극소수의 과학자들이 직립 자세의 우월성을 강조하고 나섰다. 프로이트는 지극히 개성적인 문명 기원론을 주창하며 인류 문명의 상당 부분은 인간의 직립 자세로 인해 발달한 것이라고 했다. 그의 주장은 1890년대에 빌헬름 플리에스(Wilhelm Fliess)에게 보낸 서신에서부터 시작해 1930년의 평론『문명 속의 불만(Die Unbehangen in der Kultur / Civilization and Its Discontents)』에 이르러 절정을 이루었다. 프로이트에 의하면 인간이 직립 자세를 취함으로 해서 가장 중요한 감각 기능이 후각에서 시각으로 바뀌었다. 이처럼 후각이 평가 절하됨으로써 남성이 성적 자극을 느끼는 대상이 주기적으로 발정하는 여성의 암내로부터 항상 가시적인 성기로 대체되었다. 그렇게 되자 남성들의 지속적인 욕망이 여성의 상시 수용 자세를 진화시켰다. 대다수 포유류들은 배란기에만 교미를 한다. 그러나 인간은 언제나 성행위가 가능하다(이 점은 성 문제를 다루는 작가들이 즐겨 다루는 주제이다.). 상시적인 성행위가 인간 가족을 결속시켰고 문명의 탄생을 가능하게 했다. 완강하게 주기적 교미 성향을 고집하는 동물들은 안정된 가족 구조를 크게 필요로 하지 않는다. 프로이트는 이렇게 결론짓는다. "그러므로 문명의 과정은 숙명적으로 인간이 직립 자세를 취한 데에서부터 시작되었다고 할 것이다."

프로이트 사상은 인류학자들 사이에서 지지를 얻지 못했지만, 또 다른 소수의 학파들에서 프로이트와는 다소 다른 관점으로 직립 자세의 우월성을 강조하기도 했다(그런데 오늘날 우리는 이들의 이론을 오스트랄로피테쿠스의 형태와 인간 진화의 방향을 설명할 때 쓰고 있다.). 뇌가 아무런 이유도 없이 그냥 커질 수는 없다. 생활 양식이 변화하면서 지적 활동에 어떤 강력한 선택적 보상을 제공할 수 있는 그 무엇이 나타나 뇌의 증대에 기여했을 것이다.

직립 자세는 이동을 위한 움직임으로부터 손을 해방시켜 도구를 조작하는 것을 가능하게 한다(조작이라는 뜻의 영어 manipulation은 '손'이라는 뜻의 라틴 어 '*manus*'에 그 어원을 두고 있다.). 이에 따라 연장과 무기를 만들어 손쉽게 쓸 수 있게 된 것이다. 발달된 지능은 대체로 자유로워진 손이 여러 가지를 만들어 낼 수 있는 고유의 방대한 잠재력을 발휘하는 데 반응해서 나타난 것이다(더 말할 필요도 없지만, 뇌와 직립 자세가 서로 철저히 별개로 진화되었으며 어느 한쪽이 변화를 시작하기도 전에 다른 한쪽이 이미 완전히 인간의 수준에 도달했다고 주장할 만큼 그렇게 순진한 인류학자는 지금까지 단 한 사람도 없었다. 우리는 여기에서 상호 작용과 상호 강화의 문제를 논하고 있다. 인류 진화의 초기 과정에서는 뇌의 크기보다는 자세에 한층 급속한 변화가 있었다. 인간의 두 손이 완전히 해방되어 도구를 사용하게 된 뒤에야 비로소 인간의 뇌가 진화적으로 크게 커지는 현상이 나타나게 되었다는 뜻이다.).

냉철한 인간이 반드시 옳은 해답을 찾는 것은 아니다. 베어는 그 뒤 몇년 동안 틀린 길을 헤맸는데, 신비주의적이고 수수께끼 같은 인물이었던 그의 동료 로렌츠 오켄(Lorenz Oken, 1779~1851년. 독일의 박물학자이며 자연철학의 창시자. ― 옮긴이)은 1809년에 우연히도 '정확한' 이론을 내놓았다. 그는 이렇게 적었다. "인간의 특징은 직립 보행 자세로 결정되었다. 손이 자유로워짐에 따라 그 밖의 모든 기능들을 보다 용이하게 수행할 수 있었다……. 신체의 자유와 더불어 정신의 자유가 허용되기에 이르렀다."

그러나 19세기에 직립 자세를 가장 철저하게 옹호한 투사는 다윈을 총검처럼 비호했던 독일의 에른스트 헤켈이었다. 그는 직접적인 증거란 단 한 조각도 없이 인류의 조상을 재구성하고 그들에게 과학적인 이름까지 붙여 주었다. 이름하여 피테칸트로푸스 알라루스(*Pithecanthropus alalus*)는 직립 자세에 언어가 없었으며 뇌가 작은 원인(猿人)이었다(필시 피테칸트로푸스라는 학명은 그 동물이 발견되기도 전에 이름이 먼저 생긴 유일한 사례가 아닌가 생각된다. 네덜란드의 고생물학자 마리 외젠 프랑수아 토마 뒤부아(Marie Eugéne François Thomas Dubois, 1858~1940년)가 1890년대에 자바 원인을 발견했을 때, 그는 헤켈의 속명을 그대로 받아들이되 종명을 새로 부여하여 피테칸트로푸스 에렉투스(*Pithecanthropus erectus*)

라고 명명했다. 지금 우리는 이 원인을 당연히 우리가 속해 있는 사람속에 포함시켜 호모 에렉투스(*Homo erectus*)라고 부르고 있다.).

그런데 오켄과 헤켈 등이 그처럼 설득력 있는 반론을 제기했음에도 불구하고 어째서 두뇌 우월론이 튼튼히 뿌리를 내리게 되었을까? 한 가지 확실한 것은 그 이유가 직접적인 증거와는 전혀 관련이 없다는 사실이다. 실상 어느 의견을 지지하든 직접적인 증거를 찾아보기 어렵기는 마찬가지였지만 말이다. (대다수 인류학자들의 견해에 따라 현생 인류의 지리적인 변종이 되는) 네안데르탈인을 예외로 한다면 두뇌 우월론이 확립된 지 오래인 19세기가 끝날 무렵까지도 인간의 화석은 전혀 발견되지 않았다. 그런데 과학사에 있어서 가장 두드러진 현상 중 하나가 바로 그런 확실한 증거에 근거하지 않은 논쟁이 아닌가. 사실적인 증거로 인한 제약이 전혀 없는 상황에서는 (비록 과학자들은 그 존재를 끈질기게 부정하고는 있지만) 문화적 편견들이 노골적으로 그들의 사고에 영향을 미치기 마련이다.

사실 19세기에는 대다수의 독자들이 놀라지 않을 수 없는 이상한 출처로부터 폭로성 논문들이 튀어 나왔는데 그중 하나가 바로 프리드리히 엥겔스의 경우이다(그러나 조금만 생각해 보면 그런 놀라움은 이내 가신다. 엥겔스는 자연 과학에 비상한 관심을 가지고 있었으며 자신의 변증법적 유물론의 일반 이론을 '실증적(positive)' 근거에 기반해 서술하려고 노력했다. 그는 『자연 변증법(*Dialectics of Nature*)』(1883년)을 완성하기 전에 세상을 떠났지만, 『반뒤링론(*Herrn Eugen Dührings Umwälzung der Wissenschaft / Anti-Dühring*)』(1878년)과 같은 저서에서 자신의 과학론을 길게 피력하기도 했다.). 1876년 엥겔스는 「유인원에서 인간으로의 전이 과정에 노동이 담당한 역할(The Part Played by Labour in the Transition from Ape to Man)」이라는 논문을 집필했다. 이 글은 그의 사후인 1896년에 발표되었는데 불행히도 서구 과학사에는 이렇다 할 영향을 미치지 못했다.

엥겔스는 인간 진화의 3대 특징을 검토했다. 그것은 언어와 큰 뇌, 그리고 직립 자세를 가리킨다. 그는 진화의 제1단계는 인류 조상들이 나무에서 내려와 땅 위에서 살게 되면서 직립 자세를 취한 것이라고 주장했다. 이들 유인원들은 "평지에서 움직이게 되자 손을 써서 이동하던 습관을 버리고 점차 꼿꼿이 서서 걸어 다니게 되었다. 이것이 유인원에서 인간으로의 전이 과정에서 가장 결정적인 단계였다." 직립 자세는 손을 해방시켜서 도구를 사용할 수 있게 했다(엥겔스의 용어에 따르면 노동을 하게 되었다는 의미이다.). 지능의 증가와 언어의 발달은 그 이후에 나타났다.

그러므로 손은 노동의 기관일 뿐만 아니라 노동의 산물이기도 하다. 인간의 손은 오직 노동에 의해서, 끊임없이 새로운 기능에 적응하면서 자연히 고도의 복잡성을 더하게 되었다. 그런 손동작의 복잡성이 유전되고 그에 따라 사고의 유연성 역시 더해져서 높은 수준의 완성도를 자랑하는 산치오 라파엘로(Sanzio Raffaello)의 그림, 베르텔 토르발센(Bertel Thorvaldsen, 1770~1844년. 덴마크의 조각가로, 로마에서 1797년부터 1838년까지 작품 활동을 벌였다. '그리스도와 12사도' 등의 대작을 비롯한 많은 작품을 남겨 19세기 북유럽 최고의 조각가로 꼽힌다. ─ 옮긴이)의 조각, 니콜로 파가니니(Niccolò Paganini)의 음악 등이 마법처럼 가능해졌다.

엥겔스는 자신의 유물론적 철학의 전제로부터 그러한 논리가 연역적으로 나온 것인 양 위와 같은 결론을 내렸다. 하지만 나는 그가 헤켈의 이론을 훔쳐봤을 것이라 굳게 믿고 있다. 두 사람의 논리 구성은 거의 동일하고, 엥겔스는 그에 앞서 1874년 논문에서 헤켈이 집필했던 저서의 바로 그 페이지를 다른 목적으로 인용하고 있다. 하지만 그 점이 문제가 되지는 않는다. 이 논문의 중요성은 그가 내린 실질적인 결론에 있는 것이 아니라 서양 과학이 두뇌 우위라는 추측성 주장에 매달려 있는 이유가 무엇인지를 정치적으로 예리하게 분석한 데에 있다.

엥겔스는 이렇게 주장한다. 인간이 물질적인 환경을 극복하는 방법을 익히면서 원시적인 수렵 활동에 또 다른 기술들이 추가되기에 이르렀다. 농업, 방적, 도예, 항해, 예술과 과학, 법률과 정치, 그리고 마지막으로 "인간의 지성으로부터 우러난 인간성의 환상적 반영인 종교"가 그 예들이다. 점차 부가 축적됨에 따라 소수의 사람들이 권력을 잡고 다른 사람들에게 그들을 위한 노동을 강요했다. 그러자 자연히 모든 부의 원천이며 인간 진화의 가장 주요한 추진력이었던 노동은 지배자들을 위해 일하는 사람들의 신분과 마찬가지로 낮은 지위에 머물게 되었다. 지배자들은 자신들의 의지(다시 말하면 정신적 능력)로 피지배자들을 통치하고 있었기 때문에 두뇌 활동을 자신들의 힘의 원천으로 여기게 되었다. 철학의 직분은 순결한 진리의 이상을 따르는 것이 아니었다. 철학자들은 국가나 종교의 후원에 의지했다. 설사 플라톤(Platon, 기원전 427~347년)이라 하더라도 이른바 추상적인 철학으로써 지배 계급의 특권을 강화할 것을 의식적으로 획책하지는 않았으리라. 하지만 그 자신이 속했던 계급적인 위치는, 사상이 더 우월하고 지배적이며 어느 모로나 그것의 감독 대상이 되는 노동보다 더 고상하고 더 중요하다고 강조하도록 만들었을 것이다. 이와 같은 관념론적인 전통이 바로 다윈 시대에 이르기까지 철학을 지배했다. 그것은 지극히 교묘하게 널리 퍼져 있어서 실제로 다윈과 같이 비정치적인 과학적 유물론자들에게까지도 영향을 끼쳤다. 어떤 편견이든 그 정체를 인지한 다음에라야 그것에 도전할 수 있다. 두뇌 우위는 너무나 명백하고 자연스러워서, 그 자체가 전문적인 사상가들과 그 후원자들의 계층적 위치와 연관된 뿌리 깊은 사회적 편견으로 인식되기보다는 당연한 진리로 받아들여졌다. 엥겔스는 이렇게 쓰고 있다.

그동안 인류 문명의 급속한 진보에 따르는 모든 공적은 정신, 즉 뇌의 발달과 활동에 돌아갔다. 인간은 자신들의 행동을 자신의 필요에 의해서가 아니라 사상에 근거하여 설명하는 데 익숙해졌다……. 따라서 시간의 흐름에 따라, 특히 고대 세계의 몰락 이후로 관념론적 세계관이 인간의 정신을 지배하게 되었다. 그것은 아직도 우리를 강력히 통제하고 있어서 다윈 학파의 가장 유물론적인 자연 과학자들마저도 여전히 인류의 기원이 어떻게 이루어졌는지에 대해 뚜렷한 이론을 정립하지 못하고 있다. 왜냐하면 그와 같은 관념론적 세계관의 영향 때문에 그들은 인류 진화에 있어서 노동의 역할을 제대로 인식하지 못하고 있기 때문이다.

엥겔스의 논문은 오스트랄로피테쿠스의 발견이 그 자신이 제의했던 — 헤켈로부터 전수한 — 특정한 이론을 확증했다는 다행스러운 결과를 보여 주어서가 아니라, 과학의 정치적 역할 그리고 모든 사상에 필연적으로 영향을 끼치는 사회적 편견을 예리하게 분석했다는 데에 그 의의가 있다고 할 것이다.

실제로 엥겔스가 주창했던 머리와 손을 분리시키는 논리 전개 방식은 모든 역사를 통틀어 과학의 방향을 설정하고 제한하는 데에 커다란 공헌을 했다. 특히 지금까지 학문으로서의 과학은 '순수' 연구의 이상에 얽매여 왔고, 바로 그런 점이 과거에는 과학자들이 폭넓은 실험과 경험적인 시도를 제대로 하지 못하게끔 가로막는 구실을 하기까지 했다. 고대 그리스 과학은 귀족 사상가들이 평민 출신의 장인들이나 하는 육체적인 작업을 할 수 없었다는 제약으로 인해서 제대로 발전하기 어려웠다. 싸움터에서 사상자들을 다뤄야 했던 중세의 이발사 겸 외과 의사들은 상아탑의 의학자들보다 의술의 발달에 훨씬 큰 공헌을 했다. 학자 출신 의사들이 환자들을 실제로 검진하는 경우는 드물었으며 비록 환자를 대한다고 해도 그들은 갈레노스(Galenos, 129~199년. 고대 그리스의 의학자. 해부 및 생리학 이론에 조예가 깊었다. ─옮긴이)의 지식과 기타 비실용적인 교과서 지식에만 의존했기 때문이다. 심지어 오늘날에도 '순수' 연구가들은 실용적인 연구를 경멸하는 경향이 있고, 학계에서도 '농군 학교(aggie school)'니 '암소 대학(cow college)'과 같은 말들을 자주 들을 수 있어서 뜻있는 사람들의 마음을 어둡게 한다. 만약 우리가 엥겔스의 메시지를 가슴에 새기고 순수 연구의 근원적인 우월성을 믿는다면, 우리 태도 속에 감춰져 있는 바로 그것 ─ 다시 말해 사회적인 편견 ─ 을 제대로 인식할 수만 있다면, 벼랑 끝을 향해 위태롭게 돌진하고 있는 현 세계에 절실히 필요한 현실과 이론의 결합이 과학자들 사이에서 보다 용이하게 이루어지지 않을는지.

27장

인종 차별주의와 반복설

태아 또는 유아적 특징들을 보다 많이 보유하고 있는 성인은 그 이상으로 발달 상태가 진행된 사람보다 틀림없이 열등하다. 이런 기준에 따른다면 유럽 인종 또는 백인종들이 인종 목록의 가장 앞부분을 차지하고 아프리카 인종 또는 흑인종이 그 끝부분에 위치한다.

— 대니얼 개리슨 브린턴(Daniel Garrison Brinton), 1890년

나는 내 이론에 근거할 때 인종의 불평등성을 믿지 않을 수 없다……. 흑인은 태아의 발달 과정에서 백인에게 있어서의 마지막 단계를 통과한다. 만일 흑인들에게서 발달 지연이 계속 진행된다면 그 과정에서 보여지는 전이 단계가 그대로 마지막 단계가 될 것이다. 다른 모든 인종들도 언젠가는 백인

종이 지금 차지하고 있는 발달의 정점에 도달할 수 있다.

— 루이스 볼크, 1926년

흑인들은 유아기의 특성을 그대로 유지하고 있기 때문에 열등하다고 브린튼은 말한다. 흑인들은 백인들이 유지하고 있는 유아기의 형질을 좀 더 일찍 발달시키기 때문에 백인들보다 열등하다고 볼크는 주장한다. 동일한 의견을 뒷받침하기 위해서 이보다 더 상충되는 논리를 꾸며낼 수가 있을까?

이런 논쟁은 진화론에 있어서도 상당히 전문적인 과제, 다시 말하면 개체 발생(개체의 성장)과 계통 발생(계통의 진화적 역사) 간의 관계를 서로 다르게 해석한 데서 비롯한다. 이 글에서 나는 이 과제를 해석하려 들기보다는 비과학적인 인종 차별주의의 문제점을 지적하는 것에 그 목적을 두고자 한다.

우리는 과학의 진보가 미신과 편견을 몰아낸다고 생각하기를 좋아한다. 브린튼은 자신의 인종 차별주의를 반복설(theory of recapitulation)과 관련지었다. 반복설이란 개체가 태아기와 유아기의 성장 과정에서 조상들의 성인 단계를 되풀이한다는 것을 의미한다. 다시 말해 각 개체는 발달 과정에서 그 계통수(family tree)를 소급해 올라간다는 신념을 가리킨다(반복설의 지지자들은 인간 태아에게서 나타나는 새열(gill slit, 한 줄로 배열된 작은 구멍들로 아가미가 형성되기 전(前) 단계의 구조물이다. — 옮긴이)이 인류의 먼 조상이 되는 물고기의 성체를 나타내는 것이라고 생각한다. 인종 차별주의적인 해석에 의하면 백인 어린이들은 '하등' 인종들의 성인에 해당하는 지적 단계를 통과해서 그 이상의 단계로 나아간다.). 반복설은 19세기 말엽 인종 차별주의의 무기고 속에 자리 잡은 대표적인 두세 가지 '과학적' 논리들 중 하나로서 그 역할을 톡톡히 했다.

하지만 1920년대가 끝날 무렵에 반복설은 이미 완전히 몰락하고 말

에른스트 헤켈의 저서 『인류 기원론(Anthropogenie)』 1874년판에 진화에 관한 인종 차별주의를 드러내는 이 삽화가 실려 있다(미국 자연사 박물관 제공).

왔다. 사실은, 내가 7장에서 다뤘던 것처럼 인류학자들이 인류의 진화를 그와 정반대의 각도에서 해석하기 시작했던 것이다. 볼크는 이런 운동의 선봉에 서서 인간은 자기 조상의 유아 단계를 유지하며 이전 세대들이 성인으로서 지녔던 구조들을 잃어버림으로써 진화한 것이라고 주장했다. 바꿔 말하면 유형 성숙에 의해서 진화했다는 것이다. 그렇다면 우리는 이제 상황이 역전되었으므로 백인 우월주의가 패퇴했을 것이라 기대할 수 있으리라. 과학자들은 최소한 예전의 주장을 조용히 접어 두거나, 또는 잘하면 유형 성숙이란 새로운 이론에 따라 옛 증거를 다시 해석하여 (이제는 유아기의 특징을 보유하는 것이 진보적인 것이 되었으므로) 흑인의 우월성을 솔직히 시인할 수도 있었을 것이다. 그러나 그와 같은 일은 전혀 일어나지 않았다. 옛 증거를 소리 없이 묻어 버리고, 볼크는 예전 정보들과는 상충되는 새로운 자료를 찾아내어 그것들로 흑인 열등론을 다시 한번 뒷받침했다. 유형 성숙설에 따르면 '고등(advanced)' 인종은 성인이 되어서도 유아기의 특징들을 좀 더 많이 지니고 있어야만 했다. 그래서 볼크는 반복설 지지자들이 한때 사용했던 난처한 '사실들'을 모두 내버리고 대신 성숙한 백인들의 몇 가지 유아적 특징들을 집어내어 그것에 의존해서 자신의 주장을 다시 한번 부르짖었다.

    이 사례에 있어서는 과학이 인종 차별적인 태도에 대해 아무런 영향력을 미치지 못했던 것이 분명하다. 오히려 반대로 그런 사회 분위기가 과학에 영향을 끼쳤다. 흑인은 열등하다는 뿌리 깊은 믿음이 '증거들'을 편파적으로 선택하게 만드는 데에 결정적 역할을 했다. 그 어떤 인종에 관한 주장이라도 다 뒷받침할 수 있는 풍부한 자료들 가운데서, 과학자들은 당시에 유행하던 이론에 따라 자신에게 유리한 결론을 끌어낼 수 있는 사실들만을 선택했다. 나는 이 서글픈 이야기 속에 어느 경우에나 해당하는 메시지가 들어 있다고 믿는다. (두뇌 크기의 평균값, 지능, 도덕적 인식

등에 있어서의 인종 간의 차이 등을 비롯해서) 인종 차별적인 구분을 가능하게 하는 명백한 유전적 결정 형질은 이제까지 아무도 찾아내지 못했다. 과거에도, 그리고 현재에 이르기까지도 말이다. 이처럼 과학적인 증거가 전무함에도 불구하고 과학적 의견의 표출이라는 행위가 벌어졌다. 이러한 일이야말로 과학적인 행동이라기보다는 차라리 정치적인 행위라고 하겠다. 과학자들은 사회 전반이 듣기 바라는 것을 '객관적으로' 제공한다는 미명하에 보수적으로 행동하는 성향이 있다고 분명히 결론지을 수 있는 것이다.

다시 내 이야기로 돌아가 보자. 다윈의 이론을 대중화하는 데 가장 큰 공헌을 한 헤켈은 진화론이 사회적인 무기로 큰 역할을 할 수 있을 것으로 생각했다. 그는 이렇게 썼다.

> 진화(evolution)와 진보(progress)는 같은 편에 속하며 그것들은 과학의 찬란한 깃발 아래 도열해 있다. 그와는 달리 계급 제도의 검은 깃발 아래에는 영적인 예속과 허위, 이성의 결핍과 야만성, 미신과 퇴화가 모여 있다……. 진화론은 진리를 위한 투쟁에서 중요한 포병의 역할을 하고 있다. 마치 대포의 연속 사격 앞에서 그러하듯이, 모든 등급의 이원론적인 궤변은 모조리 다…… 그 앞에서 쓰러지고 만다.

반복설은 헤켈이 크게 애용한 논리였다(그는 이 논리에 "생물 발생 법칙(biogenetic law)"이라는 이름을 붙였고, "개체 발생은 계통 발생을 반복한다."라는 명제를 새로이 만들어 냈다.). 그는 이 명제로 특별한 신분을 주장하는 귀족을 공격하고 ― 태아기에 우리는 모두 물고기가 아니었던가? ― 영혼 불멸을 비웃곤 했다. ― 우리가 벌레와 같은 상태였던 태아기 그 어느 구석에 영혼이 깃들 수 있었겠는가?

그러나 헤켈과 동료들은 북유럽 백인들의 인종적 우월성을 강조하는 데에도 역시 반복설을 끌어들였다. 그들은 인간의 해부학적 구조와 행동상의 증거를 샅샅이 뒤져서 뇌에서 배꼽에 이르기까지 모든 것을 자신들의 논거로 삼았다. 허버트 스펜서(Herbert Spencer, 1820~1903년)는 "미개인의 지능적 특성은…… 문명인의 어린아이에게서 볼 수 있는 형질과 같다."고 주장했다. 카를 포크트(Karl Vogt, 1817~1895년)는 1864년에 그보다 더 혹독한 말을 했다. "성숙한 흑인이라 하더라도 지적 능력에 관한 한 어린이의 속성을 그대로 지니고 있다……. 일부 흑인 부족들이 국가를 건설하여 고유의 정부 조직을 구성하고는 있지만 나머지 모든 종족들은 과거에나 현재에나 인류의 진보에 이바지한 일도 없고 보전할 만한 가치가 있는 업적을 남긴 적도 전혀 없다고 확언해도 크게 틀리지 않는다." 그리고 프랑스의 해부학자 에티엔 세르(Etienne Serres, 1786~1868년)는 실제로 다음과 같은 이유를 들어서 흑인 남성들이 더 원시적이라고 주장했다. (신장을 기준으로 한다면) 그들의 배꼽과 성기 사이의 거리는 일생 동안 짧게 유지되는데, 백인 어린아이의 경우에는 처음에는 그 거리가 짧지만 성장함에 따라서 점차 늘어난다. — 배꼽이 올라간다는 것은 곧 진보의 증거가 된다고 말이다.

이런 일반론은 사회적으로 많은 쓸모가 있었다. 오스니얼 찰스 마쉬(Othniel Charles Marsh, 1831~1899년)와의 '화석 논쟁'으로 가장 잘 알려진 에드워드 드링커 코프(Eaward Drinker Cope, 1840~1897년)는 석기인의 동굴 미술을 백인 어린이 및 현존하는 '원시 부족' 성인들의 그것과 비교했다. "우리가 조금이라도 알고 있는 가장 오래된 부족들의 작품들은 교육을 받지 못한 어린아이가 서판에 휘갈겨 놓은 것이나 야만인들이 암벽에 그려 놓은 그림들과 비슷하다." '범죄 인류학(criminal anthropology)'을 연구한 학자(다음에 나오는 28장을 볼 것.)들은 불량한 백인들을 유전적 지진아로 낙인찍었으며, 다시 그들을 아프리카 인이나 인디언의 성인과 비교했다. 그 이론을 열렬히 지지하는 어느 인사는 다음과 같이 기록하기도 했다. "(백인 범죄자들의) 일부가 북아메리카 인디언 부족의 일원이 되었다면 필시 그들은 그 부족을 빛내는 인물이나 도덕적인 귀족이 되었을 것이다." 헨리 해블록 엘리스(Henry Havelock Ellis, 1859~1939년)는 백인 범죄자와 백인 어린이들, 남아메리카의 인디오들은 대체로 창피함을 모른다고 지적했다.

반복설은 제국주의를 정당화하는 논리로 가장 커다란 정치적 영향력을 행사했다. '백인의 부담(white man's burden)'을 소재로 한 그의 시에서 조지프 러디어드 키플링(Joseph Rudyard Kipling, 1865~1936년)은 정복당한 원주민들을 가리켜 "반은 악마요 반은 어린애(half devil and half child)"라고 폭언했다. 변방을 정복하는 것이 기독교적인 신념에 다소 위배된다는 말이 나오면 으레 과학이 나서서 원시인들은 백인 어린이와 마찬가지로 현대 세계에서는 자치가 불가능하다는 점을 지적해 주어 양심의 가책을 덜 수 있었다. 아메리카-스페인 전쟁(Spanish-American War, 스페인의 영향하에 있었던 쿠바와 필리핀을 둘러싸고 1898년 미국과 스페인 사이에서 일어난 전쟁. —옮긴이) 기간에 미국이 필리핀을 병합할 권리가 있느냐를 둘러싸고 미국 내에서 대대적인 논쟁이 벌어졌다. 반제국주의자들이 "하느님은 자치가 불가능한 인종을 창조하지 않았을 것이다."라는 헨리 클레이(Henry Clay, 1777~1852년)의 주장을 인용하자, 조사이어 스트롱(Josiah Strong) 목사는 이렇게 응수했다. "한 인간이 수년에 걸쳐 발달하듯이 인종도 수세기에 걸쳐 발달하며, 미개 인종은 하느님을 닮은 존재가 아니라 자치가 불가능하고 미숙한 아이들에 지나지 않는다. 클레이의 생각은 이러한 과학적 증명이 이루어지기 이전에 나온 것이다." 다른 인사들은 보다 '자유주의적'인 관점을 받아들여 자신들의 인종 차별주의를 가부장적인 논리에 담았다. "거시적으로 볼 때 원시인들이 없는 세계란 미시적으로 보아서 어린이들의 축복이 없는 세계와 흡사하다……. 우리는 집안의 '말썽꾸러기 머슴아이'에게 그러하듯이 해외의 '말썽꾸러기 인종'도 마찬가지로 대해야 한다."

하지만 반복설에는 치명적인 결함이 내포되어 있다. 만약 조상의 성인 특성들이 그 자손의 유아기 특성이 된다면, 그들의 발달 과정은 자손의 개체 발생 말기에 새로운 성인 형질들을 추가시킬 수 있는 여유를 두기 위해서 빨라지지 않으면 안 된다. 그런데 1900년에 그레고어 요한 멘델(Gregor Johann Mendel, 1822~1884년)의 유전학이 재발견됨에 따라서 이런 '가속 법칙(law of acceleration)'은 몰락했고 그와 함께 반복설도 송두리째 무너지고 말았다. 만약 유전자들이 효소를 만들고 효소들이 발달 속도를 조절한다면 발달 속도를 높이거나 늦추는 방향으로 진화할 수 있기 때문이다. 반복설에는 보편적인 가속화가 전제되어 있지만 유전학은 감속도 충분히 가능하다고 선언한다. 과학자들이 감속 현상의 증거를 찾기 시작하자 우리 인류 자체가 그 대상으로 각광을 받게 되었다. 앞서 7장에서 지적한 바와 같이 인간은 여러 모로 영장류, 심지어 포유류 전반에 걸쳐 공통적으로 나타나는 유아기의 특징을 그대로 보전함으로써 진화했다. 인간의 둥그스름한 두개골과 비교적 큰 두뇌, (직립 자세를 가능하게 만드는) 대후두공의 하향된 위치, 작은 턱, 비교적 털이 적은 신체 등의 특성을 그 예로 들 수 있다.

반세기 동안 반복설 주장자들은 인종 차별의 '증거들'을 꾸준히 수집했다. 그 모든 증거들이 '하등(lower)' 인종의 성인은 백인의 어린아이와 같다고 하는 논리를 지지했다. 그런데 반복설이 일거에 무너지자 인간 유형 성숙설의 지지자들이 똑같은 자료를 들고 나왔다. 그들이 객관적으로 자료들을 재해석했다면 '하등' 인종들이 우월하다는 결론에 도달했을 것이다. 유형 성숙설의 초창기 지지자였던 해블록 엘리스는 다음과 같은 글을 남겼다. "인류의 진보는 청춘의 진보였다." 이 새로운 기준은 실제로 받아들여졌고, 이후 어린아이에 보다 가까운 민족이 우월성의 휘장을 달게 되었다. 그때까지 쓰였던 오래된 증거들은 완전히 폐기되었으며 볼크는 백인 어른이 흑인의 어린아이와 유사하다는 것을 입증하기 위하여 반대 증거들을 찾아다녔다. 더 이상 말할 필요도 없이 그는 그런 증거들을 발견했다(무엇이든지 기를 쓰고 찾으면 나오게 마련이다.). 흑인의 어른은 두개골이 더 길고 피부가 더 검으며, 턱이 몹시 튀어나왔고 '옛조상들의 치열'을 하고 있다. 한편 성숙한 백인과 흑인 유아들은 두개골이 짧고 피부가 희며(적어도 상대적으로 더 희다.) 턱은 작고 튀어나오지 않았다(여기서 치아는 건드리지 말고 그냥 지나가기로 하자.). "백인종은 가장 뒤쳐져 있으므로 가장 진보된 듯하다."라고 볼크는 말했다. 해블록 엘리스도 1894년에 그와 비슷한 지적을 했다. "많은 아프리카 종족의 어린아이들은 유럽인의 어린아이들과 지능면에서 별 차이가 없으며 차이가 있더라도 그리 크지 않다. 그러나 아프리카 인은 성장함에 따라 점차 우둔해지고 감각이 무뎌지며 전체적인 사회생활이 편협하고 틀에 박힌 상태로 빠져드는 반면 유럽 인들은 어린아이와 같은 활기를 그대로 유지한다."

이와 같은 의견들을 지나간 시대의 과오로 가볍게 넘겨 버려서는 안 되겠기에 나는 1971년 한 대표적인 유전적 결정론자가 지능 지수(IQ) 논쟁에서 이 유형 성숙설을 들고 나왔다는 사실을 여기에서 다시 한번 밝혀 둔다. 한스 아이젠크(Hans Eysenck, 1916~1997년)는 아프리카 인과 미국 흑인의 유아들은 백인보다 감각 운동(sensorimotor)의 발달이 더 빠르다고 주장했다. 동시에 그는 출생 이후 첫 일 년 동안 감각 운동이 대단히 빨리 발달하는 현상과 그 뒤의 낮은 지능 지수 사이에는 어떤 상관관계가 있다는 논리를 폈다. 이것이야말로 잠재적으로 무의미하고 인과성 없는 상관관계의 전형이다. 지능 지수의 차이가 전적으로 환경에 의해 결정된다고 가정하자. 그러면 빠른 감각 운동 발달은 낮은 지능 지수의 원인이 되지 않는다. 그것은 인종 구분의 또 다른 척도에 불과하다(그리고 피부색보다는 빈약한 척도라고 하겠다.). 그럼에도 불구하고 아이젠크는 유형 성숙설을 끌어들여 자신의 유전학적 해석을 뒷받침하고 있다. "유아기가 연장되면 될수록 그 종의 인식력, 또는 지적 능력이 심화된다는 지극히 일반적인 생물학적 견해가 있기 때문에 이와 같은 발견은 중요하다."

그렇지만 유형 성숙설에는 아주 치명적인 약점이 하나 있는데, 백인종 우월론자들은 일반적으로 그 요소를 무시해 왔다. 유형(幼形)을 가장 많이 지니고 있는 인종은 백인이 아니라 황인종이라는 점을 부인하기 어렵다는 것이다(미군이 월남전에서 베트콩들은 '10대' 소년들 — 그 중 상당수가 30대 또는 40대였음이 밝혀졌다. — 을 군대에 동원했다고 주장했던 사실로 미루어 볼 때 이는 그들이 전혀 이해하지 못했던 현상이라고 하겠다.). 볼크는 이런 사실을 잽싸게 지나쳐 버렸고, 해블록 엘리스는 (비록 백인의 열등함을 인정한 것은 아니라 해도) 정면으로 부딪쳐 패배를 시인했다.

인종 차별적인 반복설의 지지자들이 그 이론의 기반을 상실한다면 인종 차별적 유형 성숙설의 지지자들 역시 사실에 입각한 근거를 상실하게 된다(역사에 비추어 보면 사실이란 전적으로 종전의 이론에 맞도록 선택되지만 말이다.). 유형 성숙설의 자료에는 그밖에도 곤혹스러운 문제점이 있다. 구체적으로 말하자면 여성의 지위에 관한 부분이 그렇다. 반복설 아래에서는 모든 것이 하등 문제 될 것이 없었다. 해부학상으로 여성은 남성보다 어린아이 같은 특성이 많은데, 코프가 1880년대에 요란하게 주장했던 것처럼 그것은 열등성을 말해 주는 확고한 징표가 된다. 그렇지만 유형 성숙설에 따른다면 바로 그런 증거들에 의해서 여성의 우월성이 명백해지게 된다. 볼크는 다시 한번 이런 쟁점을 무시하기로 했다. 그리고 해블록 엘리스는 또 한번 솔직한 자세로 그 문제와 맞서 사실을 그대로 인정하기로 했다. 엘리스의 견해는 뒷날 애슐리 몬터규(Ashley Montagu)가 발표한 기념비적인 저작인 '여성의 선천적 우월성(the natural superiority of women)'을 주제로 한 논문에 그대로 반영되었다. 1894년 엘리스는 이렇게 지적했다. "여성은 남성보다 높은 수준의 인간적 특성을 지니고 있다……. 이것은 신체적 특징에서도 사실로 나타난다. 머리가 크고 얼굴이 섬세하며 뼈대가 가느다란 도시 문명의 남성은 야만인보다는 전형적인 여성에 훨씬 가깝다. 큰 두뇌만이 아니라 골반 역시 커짐으로 해서 현대 남성은 여성이 이미 닦아 놓은 길을 그대로 따르고 있다." 나아가서 엘리스는 『파우스트(*Faust*)』(1808~1832년)의 마지막 문장에서 구원을 찾아야 한다는 암시를 서슴지 않았다.

영원한 여성이여
우리를 높은 곳으로 인도하소서.

28장
우리 안의 유인원

코믹 오페라의 거장 윌리엄 슈웽크 길버트(William Schwenck Gilbert, 1836~1911년)는 자신이 보기에 과도하다고 생각되는 모든 형태의 허례허식들에 대해 매서운 풍자를 퍼부었다. 우리는 지금도 그중 대부분에 관해 그에게 찬사를 보낸다. 오만한 귀족들과 잘난 체하는 시인들은 여전히 풍자의 대상이 되어 마땅하다. 그러나 길버트는 그 본성에 있어서 안락함을 추구하는 빅토리아 시대 사람이었고, 그가 허세라고 핀잔을 준 많은 것들이 오늘날에 와서는 계몽된 것이라는 인상을 준다. 특히 여성의 고등 교육에 대한 부분이 그렇다.

여자 대학이라! 미칠 대로 미친 바보짓이 벌어지고 있구나!

대학의 담장 안에서 처녀들이 알 가치가 있는 그 무엇을 배울 수 있단 말인가?

그가 각색했던 코믹 오페라 「아이다 공주(Princess Ida)」에서 캐슬 애더먼트의 인문학 교수는 "인간은 자연의 유일한 실수"라고 한 공주의 명제에 생물학적인 근거를 제공하고 있다. 공주는 어느 아름다운 여인을 사랑한 유인원의 이야기를 한다. 그녀의 사랑을 얻기 위해 유인원은 신사의 옷을 입고 신사의 행동을 하려고 노력하지만 결국 모든 것이 헛수고로 돌아가고 말았다.

아무리 행실을 가다듬는다 해도, 다윈의 인간은
기껏해야 면도를 한 원숭이에 불과하지 않느냐?

길버트는 1884년 「아이다 공주」를 무대에 올렸다. 그보다 8년 전에 이탈리아 법의학자 체사레 롬브로소(Cesare Lombroso, 1835~1909년)는 한 인간 집단에 대해서 그보다 더 심한 주장은 없을 정도로 극단적인 주장을 펼치면서 당대에 제일 강력했던 사회 운동에 착수했다. 그는 "선천성 범죄자들은 본질적으로 인간 속에 살고 있는 유인원이다."라고 선언했다. 세월이 상당히 흐른 뒤 롬브로소는 일종의 계시를 받았던 그 순간을 이렇게 회상했다.

1870년 나는 몇 달 동안 파비아의 교도소와 수용소에서 시체와 살아 있는 사람들을 대상으로 연구를 진행하고 있었다. 연구의 목적은 정신 이상자와 범죄자 간의 실질적인 차이점들을 확인하기 위함이었으나 이렇다 할 성공을 거두지는 못했다. 12월의 어느 우중충한 날 아침, 나는 불현듯 어느 강도의 두개골에서 아주 긴 일련의 원시적인 이형(異形)을 발견했다……. 범죄인의 본질과 기원에 관한 문제가 해결되었다는 생각이 들었다. 그것은 원시인과 하등 동물의 형질이 우리 시대에 재현된 것이 분명했다.

생물학적 범죄 이론은 별로 새롭다고 할 것이 없지만 롬브로소는 그 논리에 허구의 진화론적 조작을 추가했다. 그의 주장에 의하면 선천성 범죄자들은 단순히 미쳤거나 질병에 걸린 사람들이 아니라 문자 그대로 이전의 진화 단계로 퇴보한 존재이다. 우리의 조상인 원시 유인원들의 유전적 형질들은 오늘날 우리의 유전자 목록에 그대로 남아 있다. 불운한 사람들은 이러한 조상의 형질들을 이례적으로 많이 지니고 태어난다. 그들의 행동은 과거의 미개 사회에서라면 적절했을 것이다. 하지만 오늘날 우리는 그것을 범죄라고 낙인찍는다. 범죄자 자신들도 때로는 어쩔 수 없이 그런 일을 저지르는 까닭에 우리는 선천성 범죄자들을 동정할 수는 있다. 그러나 그들의 행동을 용인할 수는 없다(롬브로소는 범죄자의 약 40퍼센트가 이 선천성 생물학의 범주 — 타고난 범죄자들 — 에 들어간다고 믿었다. 다른 사람들은 탐욕, 시기, 극단적인 분노 등으로 비행을 저질렀으므로 우발적인 범죄자들이다.).

나는 세 가지 이유 때문에 여기에서 이 이야기를 꺼내고 있다. 다음과 같은 이치에서 이 논의는 19세기 말 잊혀진 역사의 작은 모퉁이를 파헤치는 고리타분한 작업 이상의 가치를 지닌다.

1. 사회 역사에서의 일반론. 이 이야기는 생물학의 주요 범주로부터 멀리 떨어진 분야에까지 진화론이 엄청난 영향력을 끼치고 있음을 잘 보여 준다. 가장 관념주의적인 과학자들이라 하더라도 그 영향으로부터 자유로울 수 없다. 주요한 사상들은 참으로 미묘하며 아주 널리 그 효과를 미친다. 원자력 시대를 살고 있는 우리는 이런 점을 아주 잘 알고 있어야 하지만 많은 과학자들이 아직도 그 메시지를 깨닫지 못하고 있다.

2. 정치적 관점. 인간의 행동을 생물학적 천성론에 호소해 설명하려는 시도는 흔히 계몽사상이라는 이름으로 빈번히 제기되어 왔다. 생물학적 결정론의 주창자들은 과학이 미신과 감상주의의 그물을 걷어 내고 인간의 진정한 본성을 우리에게 가르쳐 줄 수 있다고 주장한다. 하지만 그들의 주장은 전혀 다른 결과를 낳았던 것이 보통이다. 현대 계급 사회의 지도자들은 현행 사회 질서를 유지해야 한다는 주장을 뒷받침하기 위해서 자연법칙이라는 미명하에 그들의 주장을 이용하고 있다. 물론 우리는 그 속에 함축된 의미가 싫다고 해서 그런 견해 자체를 거부해서는 안 된다. 마땅히 진리만이 판단의 일차적인 기준이 되어야 한다. 그러나 결정론자들의 주장은 언제나 확인된 사실이 아닌 편향적인 추리 또는 사변임이 드러났다. 롬브로소의 범죄 인류학은 내가 알고 있는 실례들 가운데서도 가장 좋은 본보기이다.

3. 현대적인 의미. 롬브로소판 범죄 인류학은 이제 수명이 다했지만 그 기본적인 가설은 범죄형 유전자나 범죄형 염색체라는 이름으로 대중적인 관념 속에 아직도 살아 있다. 이와 같은 롬브로소 이론의 현대판 화신들은 롬브로소의 원형에 못지않은 심각성을 지니고 있다. 그런 것들이 여전히 우리들의 관심을 끌고 있다는 사실은 곧 우리 중 상당수가 범죄의 희생자들을 오히려 비난하고 있는 데에서도 잘 나타난다. 불행히도 그런 사람들에게는 생물학적 결정론이 여전히 설득력을 행사하고 있는 것이다.

1976년은, 롬브로소가 자신의 이론을 공표했던 저서이며 뒷날 증보판으로까지 발간되어 크게 이름을 날린 『범죄형 인간(*L'uomo delinquente*)』의 출간 100주년이었다. 롬브로소는 일련의 일화들로 시작해서 하등 동물의 일상적 행동이 인간의 기준에서는 범죄가 된다는 논리를 편다. 동물들은 자신들 집단 내에서의 반란을 진압하기 위해 살생을 한다. 그들은 성행위의 경쟁자들을 제거하고 화가 나면 상대방을 죽여 버린다(개미는 진딧물과 공생 관계이지만, 고집이 센 진딧물에 짜증이 난 개미는 그 진딧물을 잡아먹어 버렸다.). 그들은 범죄 결사를 만든다(공동생활을 하던 3마리의 비버(beaver)가 홀로 사는 비버와 울타리를 같이했다. 세 비버들은 그 이웃에게서 융숭한 대접을 받았다. 그러나 홀로 사는 비버는 그 답례로 그들을 찾아갔다가 죽음을 당했다.). 롬브로소는 식충 식물의 파리잡이마저도 '범죄와 동등한 행위'로 낙인찍는다(나로서는 그 행위가 다른 형태의 식사 습관과 어떻게 다른지 도통 모르겠지만 말이다.).

그 다음 절에서 롬브로소는 범죄자들의 해부학적 특징을 조사하여 그들의 원시적인 상태를 나타내는 신체적 표지(징후)를 발견하고, 그것을 진화학적 과거로 되돌아가는 퇴행 현상이라고 규정한다. 그는 동물의 정상적인 행동을 이미 범죄적이라 규정했으므로 살아 있는 원시인들(즉 범죄자들)의 행동은 당연히 그 본성으로부터 기인한다고 단언했다. 그에 따르면 선천성 범죄자들이 지닌 유인원적 특징들에는 비교적 긴 팔, 큰 엄지발가락을 사방으로 잘 움직여 물건을 쥘 수 있게 발달된 발, 낮고 좁은 이마, 큰 귀, 두께가 두꺼운 두개골, 툭 튀어나온 큰 턱, 남성의 가슴에 난 무성한 털, 통증에 대한 감각의 둔화 등이 포함된다. 그러나 이와 같은 퇴행적 현상은 영장류의 영역에서만 머물지 않는다. 커다란 송곳니와 편편한 입천장은 보다 멀리 떨어진 우리 조상들의 포유동물적 과거를 연상시킨다. 나아가서 롬브로소는 선천성 범죄자들의 극히 비대칭적인 안면 형상을 (두 눈이 머리의 한쪽에 있는) 넙치나 가자미의 정상 상태와 비교하기까지 했다!

그런데 범죄적 징후는 신체에만 한정되지 않는다. 선천성 범죄자의 사회적 행동 역시 유인원 및 현존하는 야만인들과 연관이 있다. 롬브로소는 원시 부족들과 유럽의 범죄자들 사이에 공통적인 관습이 되고 있는 문신에 특별히 역점을 두고 설명한다. 그는 범죄자들의 문신 내용에 대해 방대한 통계를 제시하고는 그것들이 음란하고 불법적이며 자기 변명적이라고 단정했다(그런 내용들 중에는 '프랑스와 프렌치프라이 만세(*Vive la France et les pommes de terres frites*)'라는 것도 있었음을 솔직히 시인해야겠지만 말이다.). 범죄자들의 은어에서 그는 의성어와 무생물의 의인화 등을 특징으로 하는 야만 부족의 언어와 흡사한 말들을 발견했다. "그들은 감정이 (일반인과는) 다르기 때문에 말하는 방법도 다르다. 그들은 유럽의 찬란한 문명 속에서도 본성을 숨길 수 없는 야만인들이기 때문에 야만인과 같은 말을 한다."

롬브로소의 이론은 과학상의 업적이 아니었다. 그는 '범죄 인류학' 학파라는 국제적인 조직을 창설하고 적극적으로 이끌었는데, 이 집단은 19세기 말 가장 영향력 있는 사회 운동의 선봉에 섰다. 롬브로소의 '실증적인' 또는 '새로운' 학파는 사법 제도와 행형 제도의 변혁을 위해 활발한 운동을 펼쳤다. 그들은 선천성 범죄자의 판단 기준을 개선했다고 믿으며 자신들의 활동을 사법 제도에 대한 중대한 공헌으로 평가했다. 롬브로소는 심지어 예방 범죄학을 발의하기까지 했다. 인간의 신체적 사회적 본성이 이미 잠재적인 범죄자를 규정하고 있기 때문에 사회는 범죄 행위가 발생할 때까지 기다릴 필요가 없다는 논리였다. 잠재적 범죄자는 어린 시절에 일찍이 확인할 수 있으므로 그들을 계속 감시하다가 회복 불가능한 본성이 처음으로 나타날 때 일찌감치 격리시켜야 한다(자유주의자였던 롬브로소는 사형보다는 유배를 지지했다.). 롬브로소와 제일 가까웠던 동료 엔리코 페리(Enrico Ferri)는 "문신, 신체 계측, 관상…… 반사 작용, 혈관 운동 신경 — 그의 주장에 따르면 범죄자들은 얼굴을 붉히지 않는다. — 과 좁은 시야"를 범죄자들의 판단 기준으로 이용할 수 있다고 건의했다.

범죄 인류학자들은 아울러 행형 제도의 근본적인 개혁을 위한 운동을 펴기도 했다. 낡은 기독교 윤리는 범죄자들에게 그 행위에 따라 형벌을 내려야 한다고 했으나 생물학은 그들을 본성에 따라 심판해야 한다고 선언하고 있다. 형벌은 범죄 자체가 아니라 범죄자에 따라서 정해져야 한다. 우발적인 범죄자들은 범죄의 성향이 없고 교정이 가능하므로 그들이 개심하는 데 필요한 기간 동안만 감금해야 한다. 그러나 선천성 범죄자들은 그들의 본성으로 말미암아 유죄 판결을 받게 된다. "기름이 대리석에 침투하지 못하고 흘러내리듯이 이론 윤리학은 병든 두뇌를 치료하지 못하고 그냥 지나치고 있다." 롬브로소는 뚜렷한 범죄 성향이 있는 상습 범죄자들을 (유쾌하지만 격리된 환경에서) 종신 구금할 것을 권고했다. 그의 일부 동료들은 그보다 덜 관대했다. 영향력 있는 어떤 법학자는 롬브로소에게 이런 편지를 보냈다.

선생님은 인간의 얼굴을 한 표독스럽고 음탕한 오랑우탄들을 우리에게 보여 주었습니다. 그들의 정체가 그러니만큼 달리 행동할 수 없을 것만은 분명합니다. 만약 그들이 강간과 절도와 살인을 한다면 그들의 본성과 과거에 그 원인이 있습니다. 그들이 언제까지나 오랑우탄으로 남아 있으리라는 것이 입증된 이상 그들의 목숨을 앗아야 할 이유는 충분하다고 하겠습니다.

그리고 롬브로소 자신도 '최후의 해결책'을 배제하지 않았다.

단순한 야만인이 아니라 생물학적으로 악마에 가까우며 가장 흉악한 동물의 원시적인 생식에나 합당한 선천성 범죄자라는 인간이 존재한다. 이러한 사실은 우리들로 하여금 그들에게 좀 더 자비심을 갖게 하기보다는 모든 연민의 정을 거두어 냉정한 인간으로서 판단하도록 한다.

롬브로소 학파가 사회에 던진 또 다른 충격 하나를 소개해야겠다. 선천성 범죄자들과 같이 야만인들이 유인원의 형질을 보유하고 있다면, 원시 부족들 — '무법적인 하등 종족들' — 은 본질적으로 범죄성이 있다고 볼 수 있다. 그러므로 범죄 인류학은 유럽의 식민지 확장 절정기에 인종 차별주의와 제국주의를 뒷받침하는 강력한 논리를 제공했다. 범죄자들의 통증에 대한 감각 둔화를 지적하며 롬브로소는 다음과 같이 기술했다.

> 그들의 신체적인 불감증은 백인으로서는 도저히 참을 수 없는, 고문이라고나 해야 할 성인식을 견뎌 내는 야만인들의 그것을 일깨워 준다. 여행가들은 누구나 아프리카 흑인과 아메리카 인디언들의 통증에 대한 무관심을 잘 알고 있다. 흑인들은 손을 잘리고도 일을 하지 않으려 웃어 댄다. 인디언들은 고문대에 묶여 서서히 불타면서도 즐겁게 그들의 부족을 찬양하는 노래를 부른다(여기에서 인종 차별주의자들이 얼마나 편파적인지를 지적해야 하겠다. 서양 역사의 무수한 영웅들이 뼈를 으스러뜨리는 고통을 참으며 용감하게 죽어 간 사실을 생각해 보라. 잔 다르크(Jeanne d'Arc, 1412~1431년)는 불에 타 죽었고 성자 세바스티아누스(Sebastianus)는 화살에 꿰뚫렸으며, 다른 순교자들은 형틀에 올려져 몸이 찢기거나 토막이 나서 목숨을 잃었다. 그런데도 인디언이 비명을 지르며 살려 달라고 간청하지 않았다 해서 그들은 고통을 느끼지 않는다고 풀이할 수 있을까.).

만약 롬브로소와 그의 동료들이 열성 나치의 원형(原形)이라고 한다면 우리는 그 모든 것을 의도적인 책략이라고 생각하고 가볍게 넘길 수도 있겠다. 그렇다면 과학을 악용하는 이데올로기의 광신자들을 경계하자는 호소로도 충분할 것이다. 그러나 범죄 인류학의 대표들은 '계몽적' 사회주의자이자 사회 민주주의자들로서, 그들은 자신들의 이론을 인간 본성에 바탕을 둔 합리적이고 과학적인 사회를 향한 선봉이라고 생각했다. 롬브로소의 주장에 따르면 범죄 행동에 대한 유전적 결정론은 자연법칙이자 진화의 법칙일 따름이다.

> 우리는 소리 없는 법칙의 지배를 받고 있다. 그 법칙은 절대로 작용을 멈추지 않으며, 우리 사회의 법전에 기록된 법률들보다도 더 큰 위력으로 사회를 다스린다. 범죄는 출생이나 사망과 마찬가지로…… 자연 현상인 듯하다.

되돌아보면 롬브로소의 과학적 '현실'은 사실을 고려하지 않은 채 가상의 객관적 연구에다 자신의 사회적 편견을 덮어씌운 것이나 마찬가지였다. 그 관념은 무고한 많은 사람들을 사전 심판에 회부해 유죄 선고를 내렸으며, 그 심판은 곧잘 자기 충족적인 예언의 역할을 했다. 인간의 신체에 나타나는 선천적인 잠재성을 확인해 인간 행위를 파악하려고 했던 그의 시도는 범죄자의 유전성에 모든 책임을 돌림으로써 사회 개혁을 가로막는 역할을 했을 뿐이었다.

더 이상 말할 필요도 없지만, 오늘날에 와서는 아무도 롬브로소의 주장을 진지하게 받아들이지 않는다. 그의 통계는 전혀 믿을 수 없는 엉터리였다. 필연적인 결론에 대한 맹목적인 신념만이 교묘하게 날조된 속임수를 이끌어 낼 수 있었으리라. 이제는 그 누구도 긴 팔과 튀어나온 턱을 열등성의 징후로 여기지 않을 것이다. 그러나 현대의 결정론자들은 지금도 유전자와 염색체에서 보다 근본적인 표지들을 찾고 있다.

롬브로소의 『범죄형 인간』 출간으로부터 미국 독립 200주년(미국은 1776년 7월 4일 대륙 의회가 독립 선언문을 공식 채택함으로써 독립했으므로 1976년을 말한다.—옮긴이)에 이르는 지난 100년 동안에 이 세상에서는 많은 일들이 일어났다. 선천적 범죄성을 진지하게 옹호하는 인사들 중 그 누구도 범죄형 형질을 많이 물려받은 불행한 범죄자에 대해 종신 구금이나 사형을 권고하지 않게 되었고, 또 선천적인 범죄 성향이 반드시 범죄 행위를 일으킨다고 주장하지도 않게 되었다. 그렇지만 롬브로소의 정신은 여전히 우리와 함께하고 있다. 1960년대 미국을 떠들썩하게 했던 희대의 살인마 리처드 스페크(Richard Speck)가 시카고에서 8명의 간호사를 살해했을 때 그의 변호사는 그가 Y염색체를 하나 더 가지고 있었던 까닭에 어쩔 수 없이 일어난 일이었다고 주장했다(정상적인 여성에게는 2개의 X염색체가 있고, 정상적인 남성에게는 X와 Y염색체가 각각 하나씩 있다. 극소수의 남성들은 Y염색체를 하나 더 가지고 있어 XYY가 된다.). 이 사실이 알려지자 온갖 추리가 잇달아 쏟아져 나왔다. '범죄형 염색체(criminal chromosome)'에 관한 기사들이 대중 잡지에서 홍수를 이뤘다. 결정론자들의 순진한 논리는 다음과 같이 요약된다. 남성은 여성보다 공격적인 성향이 더 크다. 이것은 유전의 결과이다. 그것이 유전에 의한 결과라면, 틀림없이 Y염색체에 그 요인이 들어 있다. 2개의 Y염색체를 가진 사람은 누구나 공격성이 2배가 되고 그만큼 폭력과 범죄에 기울 가능성이 크다. 그러나 XYY염색체를 소유한 교도소의 남성 수감자들에 관해서 급히 수집된 정보는 절망적일 만큼 모호했고, 문제가 된 범인 스페크도 결국 XY염색체를 가지고 있는 것으로 밝혀졌다. 생물학적 결정론은 다시 한번 학회와 칵테일파티에서 잡담이라는 물결을 일으켰지만 이렇다 할 증거가 없었던 고로 저절로 스러지고 말았다.

우리는 어째서 선천성에 관한 가설에 그토록 흥미를 느끼는가? 왜 우리는 폭력과 성 차별주의의 책임을 우리 자신의 유전자에 떠넘기려 하는가? 인간의 정신 능력뿐 아니라 그 정신의 유연성까지도 인간의 표상이라 할 것이다. 우리가 이 세계를 이룩했으니 또한 바꿀 수도 있지 않겠는가.

8부

인간 본성의 과학

8-1부

인종과 성과 폭력

29장
인종 구분의 무의미성

분류학(taxonomy)은 종의 분류(classification)를 연구하는 학문이다. 우리는 다른 생물들을 나눌 때에는 분류학의 규칙을 제대로 적용하지만, 우리가 제일 잘 알고 있어야 할 종에 이르면 특별한 문제에 부딪치게 된다.

일반적으로 우리는 우리 자신을 인종(race)으로 구분한다. 분류학의 규칙에 따라 종을 정식으로 다시 구분하면 이것은 예외 없이 아종(亞種, subspecies)으로 불러야 한다. 즉 인종은 호모 사피엔스의 아종들이다.

과거 10년 동안에 정량적 기법이 도입되면서 종 내부에서의 지리적 변이를 연구할 때 여러 다른 방법들을 사용하게 되었다. 그 결과 종을 아종으로 분할하는 관행은 여러 분야에서 점차 사라져 갔다. 인종을 지칭하는 일은, 인류 종에게만 관련이 있는 사회 및 윤리 문제와 분리할 수도 없고 또 분리해서도 안 되는 일이다. 그럼에도 불구하고 이 새로운 분류학적 절차는 오랫동안 있어 왔던 논쟁에 일반 생물학적인, 그리고 순수 생물학적인 논리들을 추가시켰다. 이제 나는 호모 사피엔스를 세분하여 인종으로 분류하는 것은 종 내부의 분화라는 일반적인 문제에 대한 낡은 접근법의 대표적인 사례라고 강조하고자 한다. 다시 말해서 나 자신의 연구 대상이기도 하며 놀랍도록 변이가 많은 서인도 제도의 육지달팽이(land snail)를 아종으로 구분하지 않는 것과 똑같은 이유로, 나는 인류를 인종으로 분류하는 것을 거부한다.

인종 분류를 반대하는 주장은 이전에도 여러 차례 있어 왔는데 특히 『인종의 개념(The Concept of Race)』의 저자 11명은 굉장한 주목을 끌었다. 이 책은 애슐리 몬터규가 1964년에 편집했다(1969년에 콜리어-맥밀런 사가 문고판으로 다시 펴냈다.). 그렇지만 1960년대만 해도 분류학의 관행이 여전히 통상 아종을 나눠 부르는 것을 선호하고 있었던 탓으로 그들의 견해는 전반적인 찬성을 얻지 못했다. 예를 들어서 1962년에 도브잔스키는 이렇게 놀라움을 표시했다. "일부 저자들은 인간 종 안에 인종이 존재한다는 사실을 전적으로 부정하고 있다……. 동물학자들이 지극히 다양한 동물들을 관찰하고 있는 바와 마찬가지로 인류학자들도 다양한 인간들을 앞에 두고 있다……. 인종이 존재한다는 것은 단순한 자연의 현실이기 때문에 인종은 과학적 연구와 분석의 대상이 되어야 한다."

이 논리에는 현란한 오류가 담겨 있다. 명백한 것은 인종이 아니라 지리적 변이이다. 호모 사피엔스가 지극히 분화된 종이라는 사실을 부정하는 사람은 아무도 없다. 피부색의 차이가 이 변이성의 가장 두드러진 외적 징표라는 관찰 결과에 의문을 제기하는 사람도 드물다. 그러나 변이가 사실이라고 해서 반드시 인종을 명명해야 하는 것은 아니다. 인류의 차이점을 연구하는 그보다 더 좋은 방법이 있기 때문이다.

종이라는 범주는 분류학의 위계 구조에서 특별한 지위를 차지한다. '생물학적 종 개념'은 종 하나하나가 자연의 실제적인 단위라고 규정한다. 종의 정의는 '공통적인 유전자 풀을 공유하며 실제적 또는 잠재적으로 교배가 가능한 생물 개체군'이다. 분류 단계가 종의 수준 이상으로 올라가면 우리는 분류의 임의성에 부딪치게 된다. 어떤 학자가 속(屬, genus)으로 명명한 분류군을 다른 사람이 과(科, family)로 지칭하는 경우도 흔하다. 그럼에도 불구하고 계층 구조를 구성하는 데에는 반드시 따라야 할 일정한 규칙들이 있다. 이를테면 동일한 분류군(예를 들어 속)의 두 구성원을 보다 높은 수준(예컨대 과 또는 목)에서 서로 다른 분류군에 넣을 수는 없다.

그런데 종의 수준 이하에는 단지 아종만이 있게 된다.『계통 분류학과 종의 기원(Systematics and the Origin of Species)』(컬럼비아 대학교 출판부, 1942년)에서 에른스트 마이어는 아종을 다음과 같이 정의했다. "아종(subspecies) 또는 지리적 품종(geographic race)은 종을 지리적으로 나누어서 분류한 것이며 그렇게 분류된 아종들은 저마다 유전자에 있어서 분명한 차이가 있다." 아종으로 분류되기 위해서는 다음과 같은 2개의 기준을 만족시켜야만 한다. (1) 아종은 그 형태적, 생리적 또는 행동상의 특징에 의해서 식별될 수 있어야 한다. 다시 말하면 그것은 '분류학상으로'(그리고 추정에 의하면 유전적으로) 다른 아종들과 달라야 한다. (2) 아종은 그 종이 지리적으로 차지하고 있는 전체 영역 중에서 일부 지역을 차지하고 있어야 한다. 우리가 아종을 확정해서 종 내부의 변이로 규정하고자 한다면, 명확한 지리적 경계와 식별 가능한 형질들을 기준으로 해서 변이의 스펙트럼을 분명하게 나눌 수 있어야 한다.

아종은 두 가지 근본적인 점에서 분류학상의 다른 모든 항목들과 다르다. (1) 아종을 구성하는 개체들은 그 종에 소속된 다른 아종의 개체들과 교배할 수 있다는 정의에 의해 나뉜 것이 아니기 때문에 그 경계가 일정하거나 절대적으로 고정된 것이 아니다(아주 가까운 다른 생물들과 교배할 수 없는 집단은 완전히 다른 종으로 분류된다.). (2)아종의 단위를 반드시 사용해야 할 필요가 없다. 모든 생물은 반드시 어느 종에 소속되어야 하고, 종은 속에 포함되고, 속은 다시 과에 귀속되며, 과는 다시 상위 항목에 포함된다. 그러나 우리는 어느 종을 아종으로 반드시 분할해야 할 이유가 전혀 없다. 아종이란 편의상 만들어 낸 분류 단위에 불과하다. 우리는 종 내부에서의 지리적인 분포를 따져서 종을 아종으로 나누고 그것이 종의 변이를 이해하는 데 도움이 될 때에만 그 단위를 사용한다. 이제는 많은 생물학자들이, 아종이라는 단위는 자연에서 관찰되는 역동적인 변이 패턴에 공식적인 명칭을 강제로 부여하는 것이기 때문에 불편을 초래할 뿐 아니라 자칫 진실을 완전히 잘못 읽게 만들 위험이 있다고 주장하고 있다.

우리는 인류를 비롯하여 수많은 종들을 특징짓는 자못 풍성한 지리적 변이를 과연 어떻게 다루어야 할까? 이 문제에 접근하는 낡은 방법의 좋은 본보기가 될 만한 논문 한 편이 1942년에 발표되었다. 그것은 하와이의 나무달팽이(tree snail) 아카티넬라 아펙스풀바(*Achatinella apexfulva*)의 지리적 변이를 주제로 삼고 있다. 논문의 저자는 놀랍도록 변이가 다양한 이 종을 78개의 정식 아종으로 구분하고 이에 덧붙여서(아종의 지위를 부여하기에는 약간 불분명한 단위인) '미(微)지리적 품종(microgeographic race)'으로 다시 60개를 갈라놓았다. 그리고 아종들 하나하나에 이름을 붙이고 정식으로 그 특성을 기술했다. 그 결과 논문은 읽기조차 어려운 방대한 저서가 되었고, 진화 생물학의 가장 흥미 있는 현상 중 하나를 무수한 명칭과 정적인 묘사라는 빽빽한 덤불 속에 묻어 버리고 말았다.

그렇지만 이 종의 내부에는 그 어떤 생물학자라도 사로잡을 만한 변이의 양상들이 존재한다. 예컨대 서식 지역의 고도 및 강수량과 껍데기 형태의 상관성, 기후 조건에 잘 조화되어 나타나는 변이, 이주 경로를 알려 주는 껍데기 색채의 분포 등이다. 그와 같은 변이에 대하여 반드시 위의 목록 작성자와 같은 방법으로 접근해야만 할까? 그처럼 역동적이고 연속적인 변화 양상에 꼭 형식적인 명칭을 붙여서 인위적으로 갈라놓아야만 할까? 아종의 명칭을 부여할 때 어떤 분류학자라도 사용하게끔 되는 형식적인 하위 단위의 주관적 기준을 강요하기보다는 차라리 그러한 변이를 객관적으로 지도에 표시하는 편이 훨씬 낫지 않을까?

내 마지막 질문에 대해서 대다수의 생물학자들이 이제는 '그렇다.'라고 긍정적인 대답을 할 것이다. 나는 30년 전에도 그들이 역시 똑같은 답을 했으리라 생각한다. 그렇다면 왜 그들은 계속해서 아종이라는 단위를 내세워 지리적 변이를 다루었던가? 그들이 그럴 수밖에 없었던 이유는 어느 종의 계속적인 변이를 조사할 수 있는 객관적인 분석 기술이 개발되지 않았던 데 있었다. 그들은 분명히 단 하나의 형질, 이를테면 몸무게의 분포도를 작성할 수는 있었다. 그러나 단일 형질의 변이는 동시에 수많은 특징에 영향을 주는 변이 양상의 희미한 그림자에 불과하다. 더욱이 여기에는 '불일치(incongruity)'라는 고질적인 문제가 나타난다. 서로 다른 단일 형질을 가지고 작성된 지도들은 거의 예외 없이 서로 다른 분포 상태를 보여 준다. 생물의 크기는 추운 기후 지방에서는 커지고 따뜻한 기후대에서는 작아진다. 한편 생물의 색깔은 막힘 없이 탁 트여 있는 땅에서는 옅어지고 삼림 속에서는 짙어진다.

그러므로 객관적인 분포도를 작성할 수 있게끔 하는 절차라면 많은 형질의 변이를 동시에 다룰 수 있어야 한다. 이러한 동시 처리 방식을 가리켜 통계학에서는 '다변수 분석(multivariate analysis)'이라고 부른다. 통계학자들은 이미 오래전에 다변수 분석의 기초 이론을 개발했지만 대형 컴퓨터를 발명하기 전에는 그 방법을 일상적으로 사용할 엄두조차 내지 못했다. 계산 과정이 지극히 복잡하기 때문에 탁상용 계산기와 인간의 인내력으로는 감당할 수 없기 때문이다. 그러나 요즘의 대형 컴퓨터는 그 계산을 불과 몇 초 안에 해낸다.

지난 10년 동안 다변수 분석법을 활용함으로써 지리적 변이의 연구는 급격한 변화를 겪게 되었다. 다변수 분석의 주창자들은 거의 예외 없이 모두가 아종들의 명명을 거부해 왔다. 만약 여러분이 모든 표본들을 먼저 독립된 하위 단위에 배정해야 한다면 연속적인 분포를 나타내는 지도는 아예 작성할 수 없게 된다. 반면에 국지적인 표본 하나하나에 대해서 그것이 갖는 형태와 특징을 간단하게 기록하고 그에 따라 작성된 지도에서 흥미로운 규칙성을 찾을 수 있다면 얼마나 편리한가?

한 가지 예를 들어 보자. 1850년대에 영국참새(English sparrow)가 처음으로 북아메리카에 들어왔다. 그 이후 이 참새들은 눈에 띄게 널리 확산되면서 형태상으로 커다란 분화를 거듭했다. 예전 같으면 이와 같은 변이를 아종으로 이름 붙여 처리하는 것이 당연했을 것이다. 그런데 리처드 존스턴(Richard Johnston)과 로버트 셀랜더(Robert Selander)는 그러한 방법을 거부하면서 이렇게 주장했다(《사이언스(Science)》, 1964년, 550쪽). "우리는 근본적으로 역동적인 생물계에 별도로 명칭을 부여하여 정지 상태로 묶어 두는 것이 바람직하다고 믿지 않는다." 그 대신 그들은 변이의 다변수적인 양상을 지도에 나타냈다. 나는 그들의 지도 가운데 하나를 여기에 싣는다. 이 지도는 참새의 크기를 나타내는 16개의 형태학적인 형질을 조합하여 작성한 것이다. 큰 참새들은 북부의 내륙 지방에서 살아가는 경향이 있는 반면 작은 참새들은 남부와 해안 지대에 살고 있다. 큰 몸집과 겨울의 추운 기후는 밀접한 관계가 있는 것이 분명하다. 반면에 그러한 연속성을 인위적으로 분할해서 그 변이를 형식적인 라틴 어

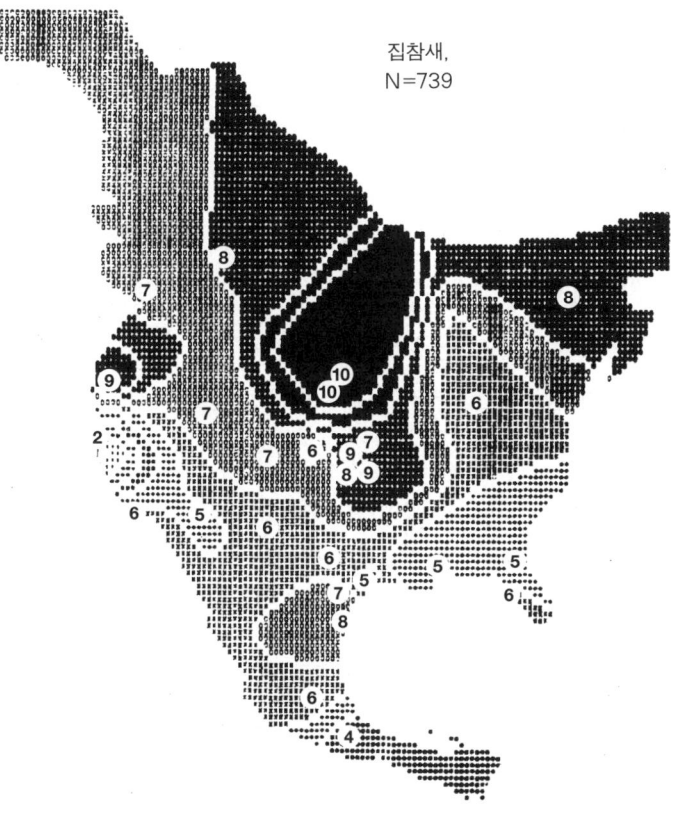

컴퓨터에 의해 작성된 지도가 북아메리카의 집참새(house sparrow, *Passer domesticus*) 수컷들의 몸 크기에 따른 분포도를 보여 주고 있다. 숫자가 클수록 큰 몸집을 나타낸다. 새의 크기는 골격에서 측정된 16개의 서로 다른 수치들을 복합적으로 계산한 결과이다.

학명으로 표현했다면 이처럼 선명하게 변이의 실상을 파악할 수가 있었을까?

나아가서 이와 같은 양상은 동물 분포의 중요한 원리가 변이에 작용하고 있음을 반영한다. 카를 베르크만(Carl Bergmann)이 제안한 베르크만 법칙(Bergmann's Rule)에 따르면 추운 기후대에 살고 있는 온혈 동물들은 상대적으로 몸집이 더 커지는 경향이 있다. 이 규칙성을 설명하는 표준 이론은 크기와 표면적의 상대적인 관계를 바탕으로 하고 있다(6부에서 검토한 바 있다.). 대형 동물들은 작은 동물들보다 상대적으로 표면적이 더 작다. 동물의 체온은 몸 표면을 통해서 발산되므로 표면적이 상대적으로 줄어든다면 체온을 유지하는 데에 도움이 된다. 물론 지리적 변이의 양상이 언제나 질서 정연한 것은 아니다. 많은 생물 종에 있어서 한 지역의 특정한 개체군이 바로 이웃에 있는 같은 종의 개체군과 아주 다른 모습을 보이곤 한다. 그러나 그들에게 고정된 명칭을 붙여 주기보다는 이러한 양상을 그대로 보여 주는 객관적인 지도를 작성하는 쪽이 여전히 더 낫다.

다변수 분석법은 인간 변이의 연구에서도 그와 비슷한 효과를 내기 시작했다. 이를테면 지난 수십 년 동안 조지프 벤저민 버드셀(Joseph Benjamin Birdsell)은 당시의 공인된 관행에 따라 인류를 인종으로 분류하는 탁월한 저서를 몇 권 내놓았다. 그런데 최근에 그는 오스트레일리아 원주민들의 혈액형에 관한 유전적 분포 조사를 하면서 다변수 분석법을 사용했다. 이 연구에서 그는 그들을 독립된 하위 단위로 구분하기를 거부하면서 이렇게 지적했다. "진화 동력의 본질과 강도를 조사하는 노력을 계속해 나가는 사이에 인간을 분류하는 즐거움이 점차로, 그리고 아마도 영원히 사라지고 말 것이라 믿는다."

30장
인간 본성 연구의 비과학성

17세기 미국 매사추세츠 주 세일럼(Salem)의 법정에서 마녀 재판이 열리던 중, 그 자리에 참석한 일단의 젊은 여성들이 기소당한 마녀 앞에서 일제히 발작을 일으키는 사건이 일어났다. 그 광경을 목격했던 당시의 재판관들은 정말로 마녀의 마술이 존재한다는 것 외에는 다른 설명을 내놓지 못했다(1692년의 이 특별 재판에서 당시 주 참의원이자 판사로 있었던 사무엘 시월(Samuel Sewall)은 마녀라는 죄목으로 19명의 여성에게 사형을 선고했다. 뒷날 그는 이 판결을 크게 뉘우치고 온 천하에 잘못을 고백했다. — 옮긴이). 1960년대 말엽에는 찰스 맨슨(Charles Manson)을 두목으로 하는 한 때의 히피들이 연속으로 집단 살인을 자행해서 미국 사회에 커다란 충격을 주었다. 그 추종자들은 두목 맨슨에게 주술의 힘이 있다고 주장했지만 판사들은 그 말을 전혀 진지하게 받아들이지 않았다. 이 두 사건 사이의 약 300년 동안에 우리는 집단행동의 사회적 경제적 심리적 결정 요인들에 관해서 어느 정도 그 정체를 파악하게 되었던 것이다. 그와 같은 사건들을 조잡하게 문자 그대로 해석하는 것은 이제 웃음거리에 지나지 않는다.

역시 마찬가지의 조잡한 문자 해석주의가 인간 본성을 설명하는 데, 그리고 인류 집단 간의 차이를 해석하는 데에 커다란 역할을 했다. 과거에는 대부분의 인간 행동을 선천적인 생물학적 특성에 의한 것이라고 간주했다. 우리가 그런 행동을 하는 것은 처음부터 그렇게 만들어졌기 때문이라는 것이다. 18세기의 초급 교과서 제1과에는 아담이 타락하면서 우리 인류 모두가 죄를 짓게 되었다고 하는 식의 사고가 명백하게 묘사되어 있다. 이러한 생물학적 결정론에서 이탈하려는 운동이 20세기의 과학과 문화의 주류를 이루어 왔다. 그래서 이제 우리는 인간을 학습하는 동물로 보기에 이르렀다. 아울러 학교 수업과 문화의 영향이 인간의 유전적 조성이 가지는 허약한 성향보다 훨씬 더 큰 역할을 한다고 믿게 되었다.

그럼에도 불구하고 지난 1960년대와 1970년대에는 '통속적 행태학(pop ethology)'에서 노골적인 인종 차별주의에 이르기까지 생물학적 결정론이 되살아나 홍수를 이루었다.

콘라트 로렌츠(Konrad Lorenz, 1903~1989년)를 대부로 삼고 로버트 아드리(Robert Ardrey)가 연출을, 데즈먼드 모리스(Desmond Morris, 1928년 영국 출생. 옥스퍼드 대학교에서 생물학과 동물학, 철학을 연구했다. 그의 명저 『벌거벗은 원숭이(The Naked Ape)』(1967년)는 전 세계적으로 1000만 부 이상이 팔리는 인기를 누렸다. 이밖에도 여러 편의 명저가 있으며 우리나라에서도 그중 다수가 번역 출간되었다. — 옮긴이)가 대본을 맡아 '벌거벗은 원숭이'로서의 인간상을 우리에게 제시해 주었다. 그들에 따르면 인간은 선천적인 공격성과 굳건한 텃세 성향을 지닌 아프리카 육식 동물의 후손이라고 한다.

라이어넬 타이거(Lionel Tiger)와 로빈 폭스(Robin Fox)는 공격적이고 외향적인 남성과 얌전한 여성이라는, 시대착오적이고 서구적인 이상(理想)을 지탱할 생물학적 기반을 찾으려 노력하고 있다. 남성과 여성의 비교문화적 차이를 논하면서 그들은, 그 차이가 수렵 집단으로서의 남성과 육아 집단으로서의 여성 각각에게 요구되었던 사회적 역할에 따라 호르몬 조성이 바뀌어 유전된 결과라고 했다.

칼튼 스티븐스 쿤(Carleton Stevens Coon, 1904~1981년)은 인류의 5대 인종들이 호모 에렉투스('자바' 원인과 '베이징' 원인)로부터 호모 사피엔스에 이르는 과정에서 독자적으로 진화했으며, 흑인종이 마지막으로 그 전이 과정을 거쳤다는 주장(『인종의 기원(The Origin of Races)』, 1962년)을 내놓았다. 이 제의를 계기로 일련의 사건들이 잇따랐다. 더 최근에 와서는 지능 검사를, 아서 젠센(Arthur Jensen)과 윌리엄 쇼클리(William Shockley)는 인종 간 지적 능력의 유전적 차이를 추론하는 데에, 리처드 헤른스타인(Richard Herrnstein)은 사회 계층 간의 유전적 차이를 추정하는 데 활용하기도 했다. 이런 일련의 사태들은 예외 없이 그 작가들이 소속된 특정 집단에 유리한 해석을 내놓았음을 다시 한번 지적해 두고자 한다(31장을 볼 것.).

그런 모든 견해들은 개별적으로는 논리 정연한 비판을 받아 왔지만 '조잡한 생물학적 결정론'이라는, 하나의 공통된 철학에 입각한 표현으로 함께 다루어진 경우는 극히 드물었다. 물론 누구든지 그런 주장들 중에서 어느 한 부분은 받아들이고 다른 부분은 배척할 수 있다. 누군가가 인간 폭력의 선천성을 믿는다고 해서 그 사람을 즉각 인종 차별주의자로 낙인찍어서는 안 된다. 그러나 생물학적 결정론의 모든 주장들은 공통적으로 인간의 가장 근본적인 형질에는 직접적이고 유전적인 기반이 존재한다는 가설을 제시해 왔다. 만약 우리가 태어날 때에 이미 프로그램되어진 존재라면 그런 형질들은 결코 바뀔 수가 없다. 우리는 기껏해야 누군가를 어느 한 방향으로 선도할 수 있을 뿐 인간의 의지나 교육, 문화의 힘, 그 어느 것으로도 그 사람 자체의 본성을 변화시킬 수는 없게 된다.

만약 우리가 '과학적 방법'이라는 틀에 박힌 말을 액면 그대로 받아들인다면, 생물학적 결정론이 일제히 되살아나고 있는 요즘 세태의 원인은 20세기 현대 과학이 발견한 사실들에 상반되는 어떤 정보들이 최근 새롭게 나타났기 때문이라고 생각할 수도 있겠다. 우리는 새로운 정보를 축적하고 그것을 이용함으로써 낡은 이론을 개선하거나 또는 그것을 대체하면서 과학이 발전한다는 말을 금과옥조로 믿는 경향이 있다. 그러나 새로운 생물학적 결정론은 의지할 만한 새로운 근거가 전혀 없으며 또한 그것을 유리하게 뒷받침해 주는 명백한 사실 역시 전무하다. 따라서 그들이 요즈음 새로이 세력을 규합하고 있는 데에는 분명 그 본질에 있어서 무엇인가 다른 배경, 아마도 사회적이거나 정치적인 기반이 있는 것이 틀림없다.

과학은 항상 사회의 영향을 받고 있지만 그와 동시에 사실의 강력한 제약 속에서 존재한다. 지구가 태양의 주위를 돌고 있는 것이 분명하기 때문에 로마 가톨릭 교회는 결국 갈릴레오와 화해하게 되었다. 그러나 인간의 지능이나 공격적 성향과 같은 복합적인 인간 형질의 유전적 성분을 연구할 경우에는 우리가 실제로 알고 있는 것이 거의 없는 까닭에 사실의 제약에서 해방된다. 이런 문제에 부딪칠 때 '과학'은 사회적, 정치적 영향력에 (노출되어) 그것들을 그대로 따르기 십상이다.

그렇다면 생물학적 결정론이 다시 부활하게 된 비과학적 이유란 과연 무엇일까? 베스트셀러 과학 책을 써서 높은 인세나 받겠다는 시시

한 작가의 의도를 비롯해 인종 차별주의를 무게 있는 과학으로 다시 도입하려는 일부 과학자들의 파멸적인 시도에 이르기까지 다양한 종류의 원인이 있다고 나는 믿는다. 하지만 그 공통 분모는 필시 지금 인류가 빠져 있는 불안감에서 찾아야 할 것이다. 전쟁과 폭력의 책임을 이른바 우리의 육식성 조상들에게 떠넘길 수 있다면 얼마나 속 편한 일인가. 가난한 사람과 굶주린 사람들에 대한 책임을 그들의 태생 조건에 돌릴 수 있다니 이 또한 얼마나 편리한가. 따라서 우리는 이 사회가 모든 인간에게 인간다운 생활을 보장하는 데에 철저하게 실패한 책임을 우리 사회의 경제 체제나 정부에 물어야 할 필요가 없게 된다. 더욱이 그런 주장은 정부를 지배하고 결국 과학의 존립에 필요한 자금을 제공하는 사람들에게는 그 얼마나 편리한 논리인가.

결정론을 주장하는 사람들은 다음과 같은 2개 그룹으로 분명하게 나뉜다. 그 하나는 대략 인류의 본성에 근거하여 자신들의 주장을 펼치고 있으며, 다른 하나는 호모 사피엔스의 각 '인종 집단' 사이에는 분명히 어떤 차이점들이 존재한다는 주장을 하고 있다. 나는 여기에서는 그 첫 번째 주장에 대해서 논하고, 두 번째 주장에 대해서는 다음 장에서 다룰 것이다.

간단히 요약하자면 통속적 행태학의 주류파들은 플라이스토세에 사람과(科)의 두 계통이 아프리카에서 생존했다고 주장한다. 그중 하나는 몸집이 작고 텃세를 부리는 육식 동물들로서 나중에 인간으로 진화했다. 다른 하나는 그보다 몸집이 크고 유순한 초식 동물들로 추정되며 후에 멸종되고 말았다. 어떤 사람들은 카인과 아벨의 관계를 극단적으로 빗대서 우리 조상들에게 동족 살해(fratricide)의 죄명을 씌우기도 한다. 사냥을 선호하게 된 포식적 성향(predatory transition)이 선천적 폭력성의 틀을 확립하고 인간의 텃세 성향을 자극했다는 것이다. "이제 막 출현한 사람과의 동물들은 수렵 생활을 하게 됨으로써 그들의 영토 확보에 몰두하게 되었다."(아드리, 『영토 명령(The Territorial Imperative)』, 1966년). 인류는 의복을 걸치고 도시를 만들고 문명을 세웠지만 그 내부 깊숙한 곳에는 우리 조상들이 가졌던 유전적 행동 양식, 다시 말하면 '살인자 유인원(killer ape)'의 성향이 그대로 남아 있다. 『아프리카 창세기(African Genesis)』(1961년)라는 저서에서 아드리는 레이먼드 다트(Raymond Dart)의 주장을 앞장서서 지지하고 있다. 다트는 이렇게 지적했다. "우리의 포식적 성향과 무기에 대한 애착심을 통해 피비린내 나는 인류 역사, 영원한 공격성, 죽음을 위한 죽음이라는 비이성적이고 자기 파괴적이며 무자비한 목적을 추구하는 성향을 설명할 수 있다."

타이거와 폭스는 집단 수렵의 주제를 확대하여 서양 문화가 전통적으로 중요시해 온 남녀 차이에 대한 생물학적 근거를 주장했다. 남성은 사냥을 했으며 여성은 아이들과 함께 집을 지켰다. 남성은 공격적이고 전투적이지만 동시에 큰 짐승을 죽일 때 필요했던 옛날의 협력 관계를 지금도 형성하고 있으며, 그것은 현대의 럭비와 로터리 클럽으로 나타난다. 여성은 얌전하고 자녀들을 위해 헌신한다. 그들의 조상은 가정과 남편들을 돌보는 데에 다른 사람의 도움이 필요 없었으므로 그들 사이에는 긴밀한 유대가 형성되지 않는다. 친밀한 자매 관계란 일종의 환상이다. "인간은 사냥을 하도록 조율되어 있다……. 인간은 짐승을 효율적으로 추적할 수 있도록 설계된 정밀 기계로서 전기 구석기 시대 사냥꾼의 상태에 머물러 있다."(타이거와 폭스, 『제왕적 동물(The Imperial Animal)』, 1971년).

통속적 행태학의 이야기들은 가상적인 두 가지 계통의 증거에 바탕을 두어 왔는데 그 둘 다 논란의 여지가 적지 않다.

1. 다른 동물들과의 상사성(자료가 풍부하지만 불완전하다.). (전부는 아니지만 일부 영장류를 포함하는) 많은 동물들이 공격성과 텃세 성향의 선천적인 행

동 패턴을 보여 준다는 점을 의심하는 사람은 없다. 인간 역시 그와 유사한 행동을 나타내므로 그 원인이 비슷하다고 유추할 수 있지 않을까? 이 가정의 오류는 진화론에서 나온 근본적인 문제를 반영하고 있다. 진화론자들은 2개 생물 종 사이에서 관찰되는 유사성을 두 가지로 구분하는데, 동일한 조상과 동일한 유전적 조성을 가지는 상동성(相同性, homology)과 두 생물 종이 독자적으로 진화시킨 특성들에 대한 상사성(相似性, analogy)이 곧 그것이다.

인간과 다른 동물들을 비교할 때 상동적인 형질에 그 바탕을 두어야만 인간 행동의 유전학에 관한 인과적인 확신이 가능하다. 그렇지만 그런 유사성이 과연 상동적인지 아니면 상사적인지를 어떻게 알 수 있을까? 근육이나 뼈와 같이 구체적인 대상을 가지고 논한다고 해도 양자를 구별하기는 어렵다. 사실 과거 계통 발생학 연구에서 제기되었던 대부분의 문제들은 상동성과 상사성을 혼동하는 데에서 비롯했다. 상사적 구조물들이 놀랄 만큼 흡사한 경우도 있기 때문이다(우리는 이런 현상을 진화적 수렴(evolutionary convergence)이라 부른다.). 만약 유사성의 형질이 어떤 구체적인 형태를 갖는 구조물이 아니라 정량적인 판단이 쉽지 않은 행동 특성이라면 그 차이를 구분하기가 얼마나 어려울 것인가. 개코원숭이는 텃세를 부리므로 그 수컷들은 지배형 계층 구조(dominance hierarchy)를 이룬다고 할 수 있다. 그러면 인간의 생활권(Lebensraum, living space) 확보 노력과 군대의 계급 구조는 동일한 유전적 조성의 표현일까, 아니면 순수하게 문화적 전통에서 기인한 것일까? 로렌츠가 인간을 거위나 물고기 등과 비교하는 것을 보면 우리는 그가 과학적인 논증에서 크게 이탈하여 순전히 억측에 의존한다고 생각할 수밖에 없다. 거기에 비한다면 개코원숭이는 적어도 인간의 6촌쯤은 된다.

2. 사람과(科)의 화석으로부터 얻는 증거(단편적이지만 직접적인 자료). 텃세

성향을 둘러싼 아드리의 주장은 아프리카에서 출현했던 인간의 조상 오스트랄로피테쿠스 아프리카누스가 육식성이었다는 가정에 근거를 두고 있다. 그는 남아프리카의 동굴 유적에 무더기로 쌓여 있던 뼈와 도구들, 그리고 그곳에서 발견된 이빨들의 크기와 모양에서 자신의 '증거'를 이끌어 냈다. 하지만 그런 뼈 무더기들은 이제 더 이상 진지한 연구 대상이 되지 못한다. 그것들은 사람과의 동물들보다는 아마도 하이에나가 남긴 자취일 가능성이 더 높기 때문이다.

이빨은 더 탁월한 증거물이라 할 수 있지만 그것들 역시 모순적이거나 그렇지 않으면 빈약하다는 것이 내 생각이다. 그들의 주장은 어금니의 상대적인 크기에 바탕을 두고 있다. 초식 동물들은 모래 같은 것들과 더불어 많은 양의 먹이를 되새기기 위해서 어금니의 면적이 상대적으로 커야만 한다. 온순한 초식성 동물로 간주되는 오스트랄로피테쿠스 로부스투스는 그의 육식성 근친이며 인간의 조상인 오스트랄로피테쿠스 아프리카누스보다 상대적으로 더 큰 어금니를 가지고 있었다.

하지만 오스트랄로피테쿠스 로부스투스는 오스트랄로피테쿠스 아프리카누스보다 더 큰 동물이었다. 몸집이 커지게 되면 신장의 제곱 비율로 늘어나는 이빨 면적으로 먹이를 갈아서 신장의 세제곱 비율로 불어나는 몸집을 먹여 살려야 한다(6부 참조). 그렇지만 그렇게 해서는 제대로 영양을 섭취할 수 없으므로 상대적으로 몸집이 큰 포유류들은 그보다 작은 근친들보다 월등히 큰 이빨을 갖추게 된다. 나는 지금까지 (설치류, 돼지 같은 초식 동물, 사슴, 그리고 영장류 등) 몇몇 포유류 집단들에서 이빨 면적과 몸집의 크기를 측정해 이 주장을 시험한 바 있다. 그 결과 나는 큰 몸집의 동물들은 예외 없이 비교적 큰 이빨을 가지고 있다는 것을 밝혔는데 그것은 그들이 다른 음식을 먹기 때문이 아니라 오로지 몸집이 크다는 데 원인이 있었다.

나아가서 오스트랄로피테쿠스 아프리카누스의 '작은' 이빨은 결코 작은 것이 아니었다. (우리는 그들보다 3배나 몸이 무겁지만) 그들의 이빨은 현대인의 것에 비교한다면 절댓값에 있어서 더 크고 오히려 몸무게가 그들보다 10배나 더 무거운 고릴라의 이빨과 비슷하다. 나는 이빨 크기에 따른 증거로 미루어 판단할 때 오스트랄로피테쿠스 아프리카누스는 기본적으로 초식 동물이었을 것이라고 생각한다.

생물학적 결정론이라는 쟁점은 학계의 밀실에서나 논해야 할 추상적인 문제가 아니다. 이 사상은 사회적으로 중대한 결과를 빚고 있으며 이미 대중 매체에 깊숙이 파고들었다. 아드리의 모호한 이론이 스탠리 큐브릭(Stanley Kubrick) 감독의 영화 「2001 스페이스 오디세이(2001: A Space Odyssey)」(1968년)의 주요 테마로 등장한다. 그 첫 장면에서는 유인원처럼 생긴 인간의 조상이 나와 뼈로 만든 연장을 던지는데, 그것은 맥(tapir, *Tapirus*)의 두개골을 박살 낸 다음 공중에서 빙글빙글 돌아가다가 인간 진화의 다음 단계에서 우주 정거장으로 변한다. 이때 음악은 리하르트 게오르크 슈트라우스(Richard Georg Strauss, 1864~1949년)의 작품 「차라투스트라는 이렇게 말했다(Also Sprach Zarathustra)」(1896년)의 초인(superman) 주제로부터 시작해 요한 슈트라우스 2세(Johann Strauss II, 1825~1899년)의 「아름답고 푸른 도나우(An der schönen blauen Donau)」(1867년)로 바뀐다. 큐브릭의 다음 영화 「시계태엽 오렌지(A Clockwork Orange)」(1971년)가 그 주제를 계속해서 다루며 인간의 선천적인 폭력성으로 인한 딜레마를 파헤친다(과연 우리 인간은 집단적 계몽이라는 전체주의적 통제를 받아들일 것인가, 아니면 민주주의 체제 안에서 추잡하고 타락한 상태로 남아 있을 것인가?). 그렇지만 생물학적 결정론의 가장 직접적인 영향은, 최근 부상하고 있는 여성 운동에 대항하여 남성의 특권이 목소리를 높일 때 극명하게 드러난다. 케이트 밀렛(Kate Millett)은 자신의 저서 『성의 정치학(*Sexual Politics*)』에서 이렇게 지적

한다. "가부장제는 스스로 자연의 원리인 체하는 습성을 정착시키는 데 성공하여 여전히 끈덕지고 강력한 지배력을 행사하고 있다."

31장
인종 차별주의와 지능 지수

19세기 중엽 미국에서 가장 존경받는 생물학자였던 루이 아가시는 하느님이 흑인과 백인을 별개의 종으로 창조했다고 주장했다. 노예 제도의 지지자들은 이 주장에 큰 위로를 받았다. 자애와 평등이라는 성서의 규범을 굳이 생물 종의 경계를 넘어서까지 확대 적용할 필요가 없었기 때문이다. 노예 제도 폐지론자들이 무슨 말을 할 수 있었을까? 과학이 그 문제에 대해서 그처럼 냉철하고 공평한 판단을 내려 주었으니 기독교적인 희망과 동정심이 어찌 그것에 대해 제대로 논박할 수 있었으랴.

그와 비슷한 주장들이 과학계의 확실한 승인에 힘입어서 끊임없이 제기되었으며 그 결과 만민 평등주의는 희망적인 감상과 맹목적인 정서로 매도되곤 했다. 이런 역사의 패턴을 제대로 알지 못하는 사람들은 그러한 일이 벌어질 때마다 현실을 쉽게 액면 그대로 받아들이는 경향이 있다. 다시 말해서, 그들은 그러한 주장이 모두 실제의 '자료'에 근거하여 제기된 것으로 생각해 버린다. 그러나 실상인즉 모두 그러한 일을 충동질하는 사회적 여건들에 의해서 비롯된 것이다.

19세기에 횡횡했던 인종 차별적 논리는 일차적으로 두개골 측정법(craniometry)에 근거를 두고 있었지만 오늘날 그런 주장은 완전히 무시되고 있다. 그런데 두개골 측정법이 19세기에 했던 역할을 20세기에는 지능 검사가 수행하고 있다. 1924년 미국의 이민 제한법(Immigration Restriction Act)을 둘러싸고 벌어진 논쟁에서 우생학(eugenics) 운동이 승리를 쟁취한 것이, 그런 잘못된 주장이 야기한 불행한 영향이 처음으로 모습을 드러낸 예이다. 비유럽 인과 동부 유럽 인, 남부 유럽 인들에 대한 엄격한 이민 제한 조치가 미국에서 최초로 실시된 광범위하고도 일관된 시험 ― 제1차 세계 대전 당시 미 육군 지능 검사 ― 결과에 의해 크게 뒷받침되었던 것이다. 이 검사를 고안하고 시행했던 사람이 바로 심리학자 로버트 먼스 여키스(Robert Mearns Yerkes)였다. 그는 "교육만으로는 흑인종을 백인 경쟁자들과 동등한 수준으로 올려놓을 수 없다."라고 결론지었다. 지금에 와서 돌이켜 보면 여키스와 동료들은 지능 검사 성적에 차이를 가져오는 환경적 요인들로부터 유전적 요인을 분리해 내는 방법을 몰랐던 것이 분명하다.

이와 같이 극적인 사건이 재현된 실례가 1969년에도 있었다. 당시 아서 젠센은 《하버드 교육 평론(Harvard Educational Review)》에 「지능 지수와 학습 성적을 어느 정도까지 향상시킬 수 있는가?(How Much Can We Boost IQ and Scholastic Achievement?)」라는 글을 발표했다. 또다시 처치 곤란한 정보가 새로이 빛을 보게 되었고, 과학은 비록 자유주의적 철학이 소중하게 간직해 온 사상 중 일부를 부정하는 한이 있더라도 반드시 '진실'을 말해야만 한다고 주장되었다. 그러나 나는 다시 한번 주장한다. 젠센은 새로운 자료를 전혀 확보하지 못했다. 그리고 그가 제시한 내용들은 서로 상충되는 비논리적인 주장들이 마구 얽혀 있어서 도저히 바로잡을 수 없을 만큼 결함투성이였다.

젠센은 지능 검사가 이른바 '지능'이라는 것을 적절히 측정할 수 있다고 단정했다. 그래서 그는 지능 검사 성적에 차등을 가져오는 유전적 요소와 환경적 요소들을 분리하려고 노력했다. 일차적으로 그는 우리가 할 수 있는 한 가지 자연적인 실험을 통해서 그 작업을 진행하고자 했는데, 그것은 서로 떼어 놓고 기른 일란성 쌍둥이에 대한 관찰이었다. 그는 유전적으로 동일한 사람들이 보이는 지능 지수의 차이는 환경적인 요소에 그 원인이 있을 수밖에 없다는 전제에서 출발했다. 일란성 쌍생아에게서 나온 지능 지수 차이의 평균값은, 그와 유사하게 각기 다른 환경에서 키워졌으나 혈연관계가 전혀 없는 두 사람의 지능 지수 차이의 평균값보다는 작았다. 이 쌍둥이들의 자료에서 젠센은 환경 영향의 추정치를 얻었다. 그는 미국 백인과 유럽 백인들의 유전성(heritability)은 약 0.8(80퍼센트)이라는 결론을 내렸다. 그런데 미국 백인과 미국 흑인 사이의 평균적인 차이는 지능 지수 점수로 따져서 15점(표준 편차)이다. 그는 지능 지수의 높은 유전성으로 미루어 볼 때 환경에 그 원인을 돌리기에는 차이가 너무 크다고 주장했다. 독자들 가운데 행여나 젠센이 이론적 학문의 전통을 따르는 사람이라고 생각하는 이가 있을까 봐 그의 유명한 논문 첫 줄을 여기 인용해 둔다. "보상 학습을 시도했지만, 분명히 실패하고 말았다."

나는 이 논리를 '단계적인' 방식으로 반박할 수 있다고 믿는다. 바꿔 말하면 우리는 한 단계에서 그 논리를 무너뜨릴 수 있으며, 비록 그 다음 단계에서 같은 논리에 패하더라도 다시 그보다 더 포괄적인 다음 단계에서 그 논리를 반박할 수 있다.

제1단계: 지능 지수와 지능의 등식화. 지능 지수가 무엇을 의미하는지 누가 알고 있을까? 그것은 학교에서는 '성공' 가능성을 예측하는 수단이 되지만, 그와 같은 성공이 실제의 지능과 치맛바람 그리고 사회 지도층이 선호하는 가치의 습득 가운데 어느 쪽에 의한 성과인지는 알 수가 없다. 어떤 심리학자들은 지능을 '지능' 검사에서 얻은 점수라고 작위적으로 정의하여 이 난관을 우회하고 만다. 아주 얄팍한 수법이다. 그러나 이 정도쯤 되면 지능의 전문적인 정의가 일상적인 것과는 너무 동떨어져 우리는 그것 자체를 규정할 수 없게 된다. 하지만 논쟁을 이어가기 위해서 (나는 믿고 있지 않으나) 지능 지수가 보통의 일상적인 의미로 지능의 의미 있는 어느 측면을 측정할 수 있다고 치자.

제2단계: 지능 지수의 유전성. 여기서 또 한번 같은 낱말을 두고 일상적인 의미와 전문적인 의미 사이에서 혼란이 재현된다. 일반인들에게 '유전적'이란 '고정된 것', '어찌할 수 없는 것' 또는 '불변성'을 의미한다. 그러나 유전학자에게 있어서 '유전적'이란 공통적인 유전자를 바탕으로 친족 관계에 있는 개체들 사이에 나타나는 유사성을 의미한다. 거기에는 환경의 영향이 해결할 수 없는 필연성이나 불변성을 가리키는 의미는 포함되지 않는다. 안경은 시력상의 다양한 유전적 문제를 개선한다. 인슐린은 당뇨병을 억제할 수 있다.

젠센은 지능 지수가 80퍼센트의 유전성이 있다고 주장한다. 프린스턴 대학교의 심리학 교수인 레온 카민(Leon Kamin)은 이 추산의 기초가 되었던 쌍둥이 연구를 치밀하게 검토했다. 그는 젠센의 연구 속에 서로 상충하는 내용과 아주 부정확한 자료가 많은 데 놀랐다. 예를 들어 보자. 이미 고인이 된 시릴 로도윅 버트 경(Sir Cyril Lodowic Burt, 1883~1971년)은 서로 격리된 채 성장한 일란성 쌍둥이에 관한 자료를 제일 많이 수집했으며, 40년이 넘도록 지능 연구를 계속한 학자이다. 그런데 그의 연구가 다양하게 진행될수록 표본의 수는 계속 증가했지만 상관 계수 가운데 일부는 소수점 이하 셋째 자리까지 전혀 변화가 없었다. 이는 통계학적으로 불가능한 현상이다.[5] 지능 지수는 부분적으로 성(性)과 나이에 따라 좌우된다. 그러나 많은 연구들은 이를 적절히 표준화하지 못했다. 표본에 부적절한 수정을 가하면 상관 계수의 값이 높아지게 된다. 쌍둥이들은 꼭 공통된 지능 유전자를 가지고 있어서가 아니라 성과 나이가 같다는 단순한 이유만으로도 그런 결과를 낼 수 있다. 이러한 자료들은 결함이 많기 때문에 그것에 근거하여 지능 지수의 유전성을 추정할 수는 없다. 그러나 이 논의를 진행시키기 위하여 (아무런 자료상의 뒷받침이 없지만) 지능 지수의 유전성이 최고 80퍼센트라고 가정하도록 하자.

제3단계: 집단 내 변이와 집단 간 변이의 혼동. 젠센은 자신의 두 가지 주요한 확신들 사이에서 원인과 결과를 이끌어 냈다. 지능 지수의 집단 내 유전성이 미국 백인은 0.8이고, 미국 흑인과 백인 사이의 평균적인 지능 지수의 차이는 15점이었다. 그는 지능 지수의 유전성이 대단히 높기 때문에 흑인의 지능 지수가 그처럼 낮은 것은 그 원인이 대체로 유전에 있다고 단정한다. 이것은 그릇된 결론치고도 최악의 실례라고 하겠다. 어느 집단 내부의 유전성과 2개 독립된 집단의 평균값의 차이에는 필연적인 관련이 있을 수 없다.

젠센의 논리에 담겨 있는 이러한 오류들을 설명하는 데에는 간단한

---

[5] 나는 이 글을 1974년에 썼다. 그 후 버트 경에 대한 반론은 그가 경솔했다는 추론에서 강력한(그리고 그럴 만한 근거가 있는) 허위 혐의가 있다는 단계로 발전했다. 런던의 《타임스(Times)》지 기자들은 버트 경이 주장하는 (악명 높은 쌍둥이 연구의) 공동 저자는 그의 상상의 산물일 뿐 실존하지 않는다는 사실을 밝혀냈다. 카민이 규명한 바에 비추어, 그가 인용한 자료들 역시 그 이상의 실재적인 근거가 있다고 보기는 힘들다.

실례를 드는 것만으로도 충분하다. 지금까지 지능 지수에 관해서 누가 어떤 주장을 했든 간에 집단 내부에서는 키의 유전성이 그보다 훨씬 높다. 영양실조 상태에 있는 인디언 농민 집단에서의 신장의 평균값이 5피트 2인치(약 157.48센티미터)이고 유전성이 0.9(현실적인 수치이다.)라고 가정하자. 유전성이 높다는 것은, 키가 작은 농민은 키가 작은 자손을 낳고 키가 큰 농민은 키가 큰 자손을 낳는 경향이 있다는 것 이상의 의미가 없다. 그 수치는 그들에게 영양을 적절히 공급할 경우 키의 평균값을 6피트(약 182.88센티미터)(이 수치는 미국 백인들의 평균값보다 크다.)로 향상시킬 수 있는 가능성이 있는지에 관해서는 전혀 알려 주는 바가 없다. 오히려 그것은 영양 상태가 개선된다고 해도 평균 키 이하의 농민(평균키가 6피트라면 5피트 10인치(약 177.8센티미터)의 키를 갖는 사람)은 여전히 평균 키 이하의 자식을 낳을 가능성이 많다는 뜻에 불과하다.

나는 지능을 어떻게 정의하든 그것에 유전적인 기반이 전혀 없다고 주장하려는 것은 아니다. 나는 단지 설사 그런 근거가 있다고 해도 그 의미는 보잘것없고 또 관심을 끌 수 있는 자료가 아니며 실제로 그리 중요하지도 않다고 말하려는 것뿐이다. 어떤 형질이 나타나는 것은 유전과 환경 사이의 복잡한 상호 작용의 결과이다. 우리의 임무는 오로지 모든 개인들이 그들의 잠재력을 충분히 실현할 수 있도록 가장 유리한 환경을 조성하는 데에 있다. 나는 이 자리에서 미국 흑인들의 지적 능력에 유전적인 결함이 있다고 하는 주장들은 그것이 어떤 것이든 모두 새로운 사실이나 유효한 근거가 없다는 점을 분명히 지적하고자 한다. 흑인들이 백인들보다 유리한 유전적 형질을 가지고 있을 가능성도 없지 않다. 그리고 어느 쪽이든 그런 것은 조금도 문제 되지 않는다. 어느 개인을 그 사람이 속한 집단의 평균에 의거해 판단해서는 안 된다.

인간 지능의 연구를 둘러싸고 일어나는 생물학적 결정론이 새로운 사실을 근거로 하고 있지 않다면(실제로 아무런 증거도 없다.), 요즘에 와서 그것이 왜 그렇게도 인기를 모으게 되었는가? 그 해답은 반드시 사회 및 정치적인 측면에서 찾아야 한다. 1960년대 미국 사회는 자유주의에 유리한 시대였다. 정부는 빈곤 퇴치를 위한 복지 사업에 상당한 예산을 투입했으나 그 효과가 별로 없었다. 그런데 새로운 지도자가 등장하면 국가 또는 사회 활동의 우선 순위가 새로이 정립되는 것이 보통이다. 그러자면 자연히 이전의 활동 계획이 어째서 제구실을 못했던가를 따져볼 필요가 있다. 두 가지가 원인이 될 수 있었다. 첫째, 정부와 사회가 자금을 충분히 투입하지 않았거나, 창의적인 노력을 충분히 하지 않았거나, 또는(바로 이 점이 어떤 기성 지도자든 간에 그를 초조하게 만드는 원인이 되지만) 사회 경제적으로 이 사회를 근본적으로 개혁하지 않는 한 그런 문제들은 해결할 수 없는 성질의 것이라는 견해가 있다. 둘째, 복지 사업의 대상이 되는 사람들이 선천적으로 그렇기 때문에 그 계획은 실패했다고 하는 설명이 있다. 이런 해석은 희생자들에게 책임을 돌리자는 논리이다. 그러면 예산 감축이 대세인 이 시대의 집권자들은 과연 어떤 식의 설명을 선택하고자 할까?

나는, 생물학적 결정론은 칵테일파티 같은 데서 인간이라는 동물에 대하여 떠들어 댈 때 화젯거리가 될 만한 재미있는 소재가 아니라는 사실을 여러분이 인식했으면 하는 마음이 간절하다. 그것은 중요한 철학적 의미를 함축하고 있으며 중대한 정치적 결과를 불러올 수 있는 보편적인 개념이다. 존 스튜어트 밀은 다음과 같이 반대파의 표어가 됨 직한 글을 남겼다. "인간 정신에 어떤 영향을 미치는지, 그런 사회적 도덕적 효과를 전혀 고려하지 않고 행해지는 몇 가지 천박한 방법들이 있다. 그 중에서도 가장 천박한 짓은 개개인의 행위와 성격의 다양성을 선천적이고 자연적인 차이에 돌려 버리고자 하는 일이다."

8-2부

사회 생물학

32장
생물학적 잠재력과 생물학적 결정론

1758년 칼 폰 린네(Carl von Linne, 1707~1778년)는 자신의 저서 중 결정판이라고 할 수 있는『자연의 체계(*Systema Naturae*)』에서 인간이라는 종을 어떻게 구분해야 하는가 하는 어려운 문제를 정면으로 다루었다. 그는 호모 사피엔스를 다른 동물들과 마찬가지로 취급해서 동등하게 나열했을까, 아니면 별도의 독립된 지위를 부여했을까? 린네는 그 중간을 취했다. 그는 인간을 (원숭이와 박쥐에 인접한) 분류 체계 안에 두었지만 설명을 통해 그 독특한 지위를 밝혔다. 그는 크기와 형태, 손가락과 발가락의 숫자 등 실제 특징들에 따라 인간의 근친 동물들을 정의했다. 하지만 호모 사피엔스에 대해서만은 소크라테스(Socrates, 기원전 470~399년)의 경구 "너 자신을 알라(*nosce to ipsum*)." 한마디로 서술을 끝마쳤다.

린네에게 있어서 호모 사피엔스는 특별하면서도 동시에 특별하지 않았다. 그러나 불행히도 그가 그처럼 고도의 분별력을 발휘하여 제시했던 해결 방안은 심각한 파벌을 불러일으켰고, 결국 훗날 대다수 해설자들에 의해서 극도로 왜곡되어 버렸다. 특별한 존재인지 특별한 존재가 아닌지에 관한 논의는 결국 생물적인지 비생물적인지, 또는 양육(nurture)인지 천성(nature)인지에 관한 논쟁으로 변질되었다. 하지만 이런 2차적인 양극화 논쟁은 전적으로 비이성적이다. 인간은 결국 동물이며 우리가 행하는 모든 일은 인간의 생물학적 잠재력의 범위 안에서 일어나는 것이 분명하다. 본래가 뉴욕 시 출신인 나는 일단의 자칭 '생태주의자'들을 혐오하는데, 그들은 대도시는 필경 머지 않아 밀어닥칠 인류 멸망을 예고하는 '비자연적' 조짐이라는 식의 말을 쉽게 하곤 한다. 그렇지만 — 여기서 나는 더할 수 없이 강하게 힘을 주어 '그렇지만'을 강조한다. — 인간이 동물이라고 해서 우리의 특수한 행동 패턴과 사회 구성 양식이 전적으로 우리 유전자에 의해서 결정된다는 뜻은 결코 아니다. 잠재성(potentiality)과 결정론(determination)은 서로 다른 개념인 것이다.

윌슨의 『사회 생물학(Sociobiology)』(하버드 대학교 출판부, 1975년)이 불러일으킨 뜨거운 논쟁으로 말미암아 나는 여기에서 이 문제를 다루게 되었다. 윌슨의 저서는 찬사와 환호의 합창 속에 등장하여 인기를 누렸다. 그러나 나는 그의 저서를 비판하는 소수의 집단에서 한 자리를 차지하고 있다. 『사회 생물학』의 내용 가운데 대부분은 거의 보편적으로 찬양을 받고 있으며 나 역시 찬사를 보내는 바이다. 진화의 원리를 명쾌하게 설명하고 있다는 점과 불굴의 의지로 모든 동물 집단의 사회적 행동에 대해 그처럼 철저하게 파헤쳤다는 부분에 있어서 『사회 생물학』은 앞으로도 오랫동안 선구적인 문헌으로 남을 것이다. 그러나 그 책의 마지막 장(章) '사회 생물학에서 사회학으로(From Sociobiology to Sociology)'는 내게는 지극히 언짢은 대목이었다. 26개 장에 걸쳐서 인간 이외의 동물들을 면밀하게 기록한 뒤에 윌슨은 인간 행동이 지니는 이른바 보편적 양상의 유전적 기반에 관해서 광범위한 숙고 후에 결론을 내린다. 그런데 불행히도 이 장이 가장 인간의 감성에 호소하는 주제를 다루고 있기 때문에 대중 매체의 온갖 논평 가운데 80퍼센트 이상이 바로 이 대목에 집중되었다.

그동안 이 마지막 장을 비판했던 우리에게는 생물학과 인간 행동의 상관성을 전적으로 부정하고 다른 '신의 피조물들'과는 별개의 존재로서 인간의 좌표를 설정해 낡은 미신을 되살렸다는 비난이 연일 쏟아졌다. 그렇다면 우리는 순수한 '양육론자(nurturist)'들인가? 우리는 인간의 생물적 본성에서 기인하는 명백한 제약들을 보지 못하는 장님이 되어 인간의 완벽성이라는 정치적 이상을 허용하고자 했던가? 이 두 가지 명제에 대한 대답은 똑같이 '아니요.'이다. 여기에서 쟁점으로 부각되는 문제는 보편적인 생물학 대 인간 유일성의 싸움이 아니라, 생물학적 잠재성 대 생물학적 결정론의 대립이다.

《뉴욕 타임스 매거진(New York Times Magazine)》에 실렸던 그의 글에 대한 비판(1975년 10월 12일)에 윌슨은 이렇게 응수했다.

> 이타적 행동들을 비롯한 인간의 모든 사회적 행동 양상은 흰개미나 침팬지나 기타 다른 동물 종들의 행동 양상과는 아주 다르며 여러 가지 가능한 행동 양상들 중에서 제한된 일부분만을 대표한다는 점에서, 의심할 여지 없이 유전적 통제를 받고 있다.

이것이 윌슨이 의미하는 유전적 통제라고 한다면 우리가 동의하지 않을 이유는 거의 없다고 해도 좋다. 인간이 다른 동물들의 행동을 모두

다 따르지 않는 것이 분명하고, 그와 마찬가지로 인간의 잠재적 행동 영역은 인간의 생물학적인 특성에 의해 제한되는 것 또한 명백하다. 만일 인간이 광합성을 하거나(그러면 인간의 사회적 진화에 있어 결정적 요인들인 농경이나 채집 또는 수렵이 필요 없게 된다.), 또는 앞의 10장에서 검토한 바 있는 혹파리와 같은 생활사를 갖고 있다면 지금과는 전혀 다른 사회생활을 영위할 것이다.(혹파리는 듬성듬성 나 있는 버섯을 먹고 자랄 때에는 애벌레 또는 번데기 단계에서 번식을 한다. 어린 새끼들은 어미의 몸 안에서 자라며 속에서부터 모체를 먹어 치우고 껍질만 남은 어미를 빠져 나오는데, 이때에는 이미 자신이 다음 세대를 먹여 키울 채비가 되어 다시 극단적인 희생을 치른다.).

그러나 윌슨은 한층 더 강력한 주장을 하고 있다. 마지막 27장은 잠재적인 인간 행동의 범위에 관해 논하는 장이 아니다. 또, 다른 어떤 동물들보다 인간의 행동 범위가 훨씬 더 넓음에도 불구하고 결국은 그 범위에 제한이 있을 수밖에 없다는 그러한 주장도 아니다. 일차적으로 27장은 인간 행동의 특별한 변이적 형질 — 악의, 공격성, 외국인 혐오증, 복종성, 동성애, 그리고 서양 사회에 있어서 남녀 간의 특징적인 행동상의 차이 등을 포함하여 — 들을 나타내는 유전자의 존재에 관한 추리의 연장에 불과하다. 물론 윌슨은 인간 행동에 있어서 비유전적 학습의 역할을 부정하지는 않는다. 심지어 그는 어느 시점에 가서 "유전자들은 그렇게 절대적인 것이 아니다."라고 지적하기도 했다. 그러나 그는 유전자들이 "적어도 문화권들 사이의 다양성을 뒷받침하는 행동적 속성들에 대해서만큼은 어느 정도 영향력을 행사한다."라고 서둘러 덧붙이고 있다. 그리고 다음 문단에서 그는 "인류 유전학(anthropological genetics)"이라는 새 학문 분과가 필요하다고 역설한다.

생물학적 결정론은 윌슨이 인간 행동을 논하는 데 있어서 으뜸가는 주제이다. 그 점을 제한다면 27장은 아무런 의미가 없어진다. 내가 그 책에서 읽은 바 그대로라면, 윌슨의 일차적인 목표는 다윈의 이론이 이전에 여러 많은 생물학 분과들을 변화시켰던 것처럼 인간 과학에 대해서도 그렇게 재구성할 수 있다는 점을 시사하는 데에 있을 것이다. 그러나 다윈의 진화는 선택의 대상인 유전자 없이는 작동하지 않는다. 만약 인간 행동의 '흥미로운' 속성들이 특정한 유전자의 통제를 받지 않는다고 한다면, 사회학은 그 영역을 생물학에 침범당할까 두려워할 필요가 전혀 없다. 내가 '흥미로운'이라고 지칭했던 속성들은 사회학자들과 인류학자들이 가장 빈번히 논쟁을 벌이는 대상들 — 공격성, 사회 계층화, 남녀 행동상의 차이 — 을 의미한다. 오직 유전자들만이 인간을 중력의 세계에서 살 수 있을 만큼 크게 하고 수면을 통해 신체를 쉬도록 하며 광합성을 하지 않도록 지시한다고 한다면, 유전적 결정론은 전혀 흥미를 불러일으킬 만한 영역이 못 된다고 하겠다.

그러면 유전자가 인간의 사회적 행동을 유전적으로 통제한다고 말할 수 있는 직접적인 증거에는 어떤 것들이 있을까? 지금으로서는 그 해답을 찾아내기 어렵다(이론상으로는 표준적이고 인위적인 양육 실험을 통해서 그와 같은 증거를 찾을 수 있는 가능성이 아주 없는 것은 아니다. 하지만 인간을 초파리 병에 넣어 키워서 순수 혈통을 확립한다거나 환경 조건을 일정하게 해서 변이를 억제하는 실험을 시행하는 것은 전혀 불가능하다.). 따라서 사회 생물학자들은 그럴듯한 가설을 바탕으로 한 간접적인 논리를 제시할 수밖에 없다. 윌슨은 보편성(universality), 계속성(continuity), 그리고 적응성(adaptiveness)이라는 3대 주요 전략을 채택했다.

1. 보편성 : 만약 어떤 일정한 행동 양상이 인간과 인간에 제일 가까운 영장류에서 똑같이 발견된다면 공통적으로 물려받은 유전자에 의한 통제라는 정황적 논거를 제시할 수 있다. 27장에는 인간의 보편성에 대한 가상의 서술이 풍성하다. 예를 들어서 "인간은 터무니없이 남에게 교

화되기 쉽다. — 그들은 오히려 그것을 바라고 있다." 또는 이런 대목도 나온다. "인간은 알려고 하기보다는 차라리 믿으려고 한다." 나로서는 이런 지적과 관련해서 나 자신의 경험이 윌슨과 일치하지 않는다는 말을 할 수 있을 뿐이다.

윌슨은 다양성을 인정하지 않을 수 없는 경우에 곧잘 그것들을 '예외'라고 하여 일시적이고 중요하지 않은 탈선으로 취급하곤 한다. 그는 반복적이고 때로는 대량 학살까지 유발하는 전쟁이 인간의 유전적 운명을 결정지어 왔다고 믿기 때문에 비공격적인 인간들의 존재를 곤혹스러워 한다. 하지만 그는 이렇게 지적한다. "일부 고립된 문화권들은 몇세대에 걸쳐 연속적으로 그러한 살상 과정을 면하므로 사실상 민족학자들이 평화 국가로 분류하는 상태로 일시 회귀할 수도 있을 것이라 예상한다."

어쨌든 인간이 제일 가까운 영장류와 공유하고 있는 형질들의 목록을 작성할 수 있다고 해서 그것이 공통적인 유전적 통제를 입증할 만한 자료가 되는 것은 아니다. 결과가 비슷하다고 해서 원인이 반드시 같지는 않기 때문이다. 실제로 진화론자들은 그런 점을 예민하게 의식하고 있었기 때문에 그 문제를 표현하는 전문 용어를 이미 만들어 놓았다. 공통적인 유전적 조상을 가짐으로써 나타나는 동일한 특징들은 '상동' 형질이라고 부른다. 진화의 역사는 다르지만 공통적인 기능을 가지고 있는 유사성은 '상사'라고 한다(이를테면 새의 날개와 곤충의 날개는 같은 목적을 위해 발달했지만 이 두 집단의 오랜 공통 조상은 날개가 없었으므로 이들은 상사의 예가 된다.). 나는 다음으로 인간 생물학의 기본 특징이, 인간과 다른 영장류 사이에서 보이는 많은 행동상의 유사성이 상사적임을 뒷받침한다는 점과 그러한 행동들이 인간에서 직접적인 유전적 설계도를 갖는 것은 아님을 주장하고자 한다.

2. 계속성 : 윌슨은 윌리엄 도널드 해밀턴(William Donald Hamilton)이

1964년에 발표한 '혈연 선택(kin selection)' 이론에 담긴 이타주의(altruism)에 대한 다윈주의적 해석이 동물 사회에 관한 진화 이론의 바탕을 이룬다고 주장했는데, 여기에는 충분히 정당한 근거가 있다고 나는 생각한다. 이타적 행동은 안정된 사회의 접착제이지만 그것들은 다윈주의적 해석을 거부하고 있는 것처럼 보인다. 다윈의 원칙에 따르면 모든 개체들은 미래 세대들에게 그들 자신의 유전자를 최대한 많이 물려주는 방향으로 선택된다. 그렇다면 어떻게 그들은 기꺼이 자신을 희생하거나 스스로를 위험에 빠뜨리면서까지 남들에게 이익을 주는 이타적 행동을 할 수 있는 것일까?

그 해답은 전문 용어로 설명하기에는 다소 복잡하지만 개념상으로는 아주 매력적이고도 단순하다. 자신의 친척들에게 이득을 줌으로써, 이타적 행위자 스스로는 자신의 유전자를 영원히 보전하지 못해도, 이타적 행동 자체의 유전자는 보전하게 되는 것이다. 이를테면 대다수 유성생식 생물 한 개체는 형제들과 절반의 유전자를, 사촌들과 8분의 1의 유전자를(평균적으로) 공유한다. 그러므로 자신만이 살아남느냐 혹은 형제들 중 2개체 이상이나 사촌들 중 8개체 이상을 살아남게 할 것인가 하는 문제에 직면하게 될 때 다윈식 계산법은 이타적인 희생을 선호한다. 그렇게 함으로써 이타적 행위자는 실제로 다음 세대에서 자신의 유전적 표현을 확대시킨다.

자연 선택은 그와 같이 자신에게 봉사하는 이타적 유전자들을 보전하는 편을 좋아한다. 그렇지만 근친이 아닌 개체들에 대한 이타적 행동은 어떻게 해석해야 하는가? 여기서 사회 생물학자들은 이것을 유전학적으로 설명하기 위해 '호혜적 이타주의(reciprocal altruism)'라는 개념을 끌어와야만 한다. 이타적 행동은 어느 정도 위험이 따르고 비록 당사자에게 즉각 이익을 주지는 못하지만, 미래의 어느 시점에 이르러 과거에 혜택을 받은 개체가 호혜적인 행동을 하도록 고무한다면 장기적인 관점에서 그 성과를 기대할 수 있다. "네가 내 등을 긁어 주면 내가 너의 등을 긁어 주겠다."라는 오랜 격언이 유전적으로 부활하게 되는 것이다(설사 그 양자가 인척 관계가 아니라 해도 말이다.).

이어서 계속성 이론은 이렇게 전개된다. 다른 동물 사회의 이타적 행동은 다윈주의의 혈연 선택 실례로 그럴듯하게 설명할 수 있다. 인간도 이타적 행동을 하는데 그것들은 앞서 말한 바와 같이 직접적이고 유전적인 기반을 갖고 있을 가능성이 있다. 하지만 여기에서도 마찬가지로 결과의 유사성이 원인의 동일성을 의미하지는 않는다(생물학적 결정론이 아니라 생물학적 잠재력에 바탕을 두는 다른 설명을 다음에서 살펴보자.).

3. 적응성 : 적응이란 다윈주의의 가장 중요한 상징이다. 자연 선택은 생물들이 환경에 잘 적응하도록 계속적으로 끊임없이 작동한다. 빈약한 설계에 따른 형태적 구조물들과 마찬가지로 부적당한 사회적 조직들 또한 오래 지속하지 못한다.

인간의 사회적 관행들은 분명히 적응적이다. 마빈 해리스(Marvin Harris)는 자기만족에 빠져 있는 서양인들에게는 기괴해 보이는 다른 문화권의 사회적 관행들이, 그 나름의 논리와 타당성을 지니고 있음을 입증하는 작업을 즐겨 해 왔다(『문화의 수수께끼(Cow, Pigs, Wars and Witches : The Riddles of Culture)』, 랜덤하우스, 1974년). 인간의 사회적 행동들은 이타주의로 점철되어 있는데 그러한 행동들은 분명히 적응성이 있다. 이 말은 인간 행동에 대하여 직접적인 유전적 통제가 있을 수 있다는 것을 명백히 뒷받침하는 주장이 아닌가? 이 질문에 대한 내 대답은 분명히 '아니요.'이다. 내가 얼마 전에 저명한 인류학자와 벌였던 논쟁을 인용하면 위의 대답을 가장 잘 설명할 수 있으리라 믿는다.

나의 동료 교수 중 하나는 부빙(浮氷) 위에 살고 있는 에스키모들의 예가 혈연 선택에 의해 유지되는 이타적 유전자들의 존재를 뒷받침하는 적절한 증거가 된다고 주장한 바 있다. 일부 에스키모 부족들은 분명히 가족 단위로 사회 집단을 이룬다. 식량 자원이 줄어들어 가족들이 생존을 위해 이동해야 할 시기가 오면, 나이 많은 노인들은 고되고 위험한 집단 이주의 속도를 더디게 하여 온 가족의 생존을 위태롭게 하기보다는 기꺼이 뒤에 남는(죽는) 쪽을 택한다. 이타적 유전자를 갖지 못하는 집단들은 늙고 병든 가족이 이주를 방해하여 온 가족을 죽음에 이르게 하기 때문에 결국 자연 선택에 굴복해 온 것이다. 이타적 유전자를 가진 조부모들은 동일한 유전자를 가진 근친의 생존 가능성을 높여 주기 위해 자신들을 희생하여 후세의 적응도를 강화시키는 것이다.

그런데 내 동료 학자가 내놓은 설명이 분명 그럴듯하기는 하지만, 지극히 간단하고 비유전적인 다른 설명 역시 가능하기 때문에 결정적이라고 단정하기는 어렵다. 실제로는 이타적 유전자란 존재하지 않고 에스키모의 가족 집단들 사이에서는 그러한 유전적 차이가 전혀 없을 수도 있다. 조부모들의 희생은 적응적이기는 하지만 비유전적이고 문화적인 형질이다. 그런 희생의 전통이 없는 가족들은 오랜 세대에 걸쳐 살아남지 못한다. 그렇지 않은 가족들의 경우에는 노래와 설화를 통해 희생을 찬양한다. 뒤에 남은 나이 많은 조부모들은 그 씨족의 가장 위대한 영웅이 된다. 어린아이들은 그와 같은 희생의 영광과 명예를 최초의 기억으로 간직하고 사회인으로 성장한다.

내 동료가 자신의 시나리오를 증명하지 못하는 것과 같이 나 역시 내 각본을 증명할 길이 없다. 그렇지만 증거가 없다는 현재의 맥락에서 볼 때, 최소한 둘 다 그럴듯하다. 마찬가지로 호혜적 이타주의가 인간 사회에 존재한다는 것을 부정할 수는 없지만 그 밑바닥에 유전적 근거가 있다는 증거를 찾을 수는 없다. 벤저민 프랭클린(Benjamin Franklin, 1706~1790년)

은 이렇게 말했다. "우리는 하나로 뭉쳐 있어야 한다. 그렇지 않으면 모두가 뿔뿔이 떨어져 있게 될 것이다." 제 기능을 하는 사회에서는 호혜적 이타주의가 요구된다. 그러나 이러한 행동이 유전자에 의해, 우리 의식 속에 암호로 보존되어 있을 필요는 없다. 그것들은 학습을 통해서 그에 못지않게 훌륭히 발현될 수 있을 것이다.

그래서 나는 인간은 평범한 동시에 특별하다고 하는 린네의 중간적 입장으로 되돌아간다. 인간이 생물학적으로 독특하다는 것을 보여 주는 핵심적인 특징들 역시, 인간의 행동은 특정한 유전자에 의해 직접적으로 통제되고 있다는 주장을 의심하게 만드는 중요한 원인이 된다. 더 말할 나위도 없이 인간의 특징은 커다란 두뇌이다. 크기 그 자체가 어떤 물체의 기능과 구조를 결정하는 주요 요인이 된다. 큰 것과 작은 것은 똑같은 방식으로 주어진 역할을 수행하지 않는다(6부를 볼 것). 크기가 증가하는 데에 수반되는 변화를 연구하는 학문을 '상대 성장학'이라고 부른다. 그중 가장 잘 알려진 예는 커다란 동물들에서 나타나는, 부피에 대한 표면적 비율의 감소를 보상하는 구조적인 변화들이다. 고등 동물들에게서 나타나는 상대적으로 굵은 다리와 복잡하게 접히고 감긴 내부 표면이 실례가 된다(예를 들면 폐와 소장의 융모가 그렇다.). 그런데 나는 인간의 진화 과정에서 두뇌 크기가 현저하게 증가했다는 것이 무엇보다도 뜻깊은 상대 성장의 귀결이 아니었을까 하는 생각을 한다. 늘어난 두뇌 용량은 신경 연결을 극대화시켜 융통성 없고 경직되었던 프로그램 장치(두뇌)를 이내 가변적인 기관으로 바꿀 수 있었다. 커진 인간의 두뇌는 충분한 논리 회로와 기억 회로를 가져서 인간 행동의 직접적인 세목을 저장하는 대신 비계획적인 학습을 가능케 했고, 그것이 사회적 행동 수행의 근거가 되게끔 했다. 융통성은 아마도 인간 의식을 규정하는 가장 중요한 결정 인자일 것이다(7장을 볼 것). 행동의 직접적인 프로그램화는 필시

비적응적인 일이었을 것이고 말이다.

펑장히 융통성이 높은 뇌로 말미암아 인간은 공격적이거나 평화적이거나 지배적이거나 순종적이거나 또는 원한을 품거나 관대하거나 그 어느 쪽의 성격도 다 지닐 수 있음을 알면서도 굳이 공격성, 지배성, 분노 등을 일으키는 특정한 유전자를 상정해야만 할까? 폭력성과 성 차별주의, 그리고 음란성 등은 인간에게서 가능한 행동 범주의 한 부분을 대표하기 때문에 생물학적이라 할 수 있다. 하지만 평화 지향성과 평등주의, 친절함 역시 그와 마찬가지로 생물학적이다. ─ 그리고 만일 우리가 그런 것들이 번창할 수 있는 사회 구조를 만들어 낼 수만 있다면 그것들의 영향력은 커질 것이다. 그러므로 나의 윌슨에 대한 비판론은 구태여 비생물학적인 '환경론(environmentalism)'을 끌어올 필요까지도 없다. 나는 다만 특정한 행동이 나타날 때는 그것을 유발하는 특정한 유전자가 존재해야 한다고 믿는 생물학적 결정론이라는 관념을, 인간 두뇌는 인간 행동의 범주를 어느 한 방향으로 고정시키지 않고 무슨 일이든지 가능하게 할 만큼 그 역량이 지대하다고 보는 생물학적 잠재력 개념과 대치시켰을 뿐이다.

그런데 이런 학문적인 논점이 왜 그렇게도 민감하고 파급력이 큰 것일까? 사실 논쟁의 당사자인 쌍방 어느 쪽도 구체적인 증거를 가지고 있지는 못하다. 따라서 예를 들어 순응성 유전자(conformer gene)가 진화적으로 선택되었건, 인간의 일반적 유전자 조성이 여러 전략 가운데 하나로 순응성(conformity)을 강조했건 간에 무슨 차이가 있냐는 의문이 제기될 수 있겠다.

생물학적 결정론을 둘러싸고 장기간에 걸쳐 치열하게 논쟁이 진행되고 있는 이유는 그것이 사회적 정치적 메시지를 전달하기 때문이다. 이미 앞의 몇 개 장에서 내가 주장한 바와 같이 생물학적 결정론은 언제나 기존의 사회 체제가 생물학적으로 필연적이라고 옹호하는 주장들의 논리적 근거가 되었다. 그런 주장들은 "가난한 자들은 항상 너희와 함께 있느니라."(『신약 성서』 「마가복음」 14장 7절 — 옮긴이)에서부터 19세기의 제국주의를 거쳐 현대의 여성 차별론에 이르기까지 얼마든지 찾아볼 수 있다. 만약 그런 이유가 아니라면 어떻게 기성 언론 매체들이 사실상 근거가 전혀 없는 논리들을 수세기에 걸쳐 그토록 호의적으로 보도할 수 있었겠는가? 생물학적 결정론은 때로는 좋은 목적으로 갖가지 이유를 달고 제안되었지만 이런 관행은 그것을 발의한 각각의 과학자들조차 그것을 통제할 수 없게끔 만들었다.

나는 생물학적 결정론을 주장하는 윌슨이나 그밖에 어떤 과학자라 하더라도 그들이 불순한 동기가 있었다고 보지는 않는다. 나 역시 그런 정치적인 이용을 혐오하며 결정론을 거부하는 것만도 아니다. 우리가 이해하고 있는 바와 같이, 우리는 과학적 진리를 일차적인 판단 기준으로 삼아야 한다. 우리는 몇 가지 유쾌하지 못한 생물학적 진리와 더불어 살고 있는데 그 중 가장 부정할 수 없고 불가항력적인 것이 바로 죽음이다. 만약 유전적 결정론이 진리라면 우리는 그것과 함께 살아가는 법을 배우게 될 것이다. 하지만 나는 그것의 논리를 뒷받침할 증거들이 존재하지 않으며 지난 여러 세기에 걸쳐 나왔던 조잡한 설명들은 결정적으로 논박당하고 말았다는 것을 여기에서 분명히 강조하는 바이다. 또 그 이론이 계속해서 인기를 누리고 있는 것은, 현상 유지로 인해 가장 커다란 혜택을 누리는 사람들이 자신들의 사회적 편견을 호도할 목적으로 그것을 이용하기 때문이라는 점도 되풀이해서 강조하고자 한다.

그렇지만 사회 생물학에다가 과거의 결정론자들이 저질렀던 죄를 모조리 뒤집어씌우지는 말자. 처음에 아주 훌륭한 홍보의 물결을 타고 등장한 그 이론이 즉각 불러일으킨 결과가 무엇이었던가? 우리는 직접적이고 비유전적 요인들을 고려하지 않아 황당무계한 결론에 도달할 것이 뻔한, 그런 일련의 사회 조사 연구가 시작되는 광경을 구경만 하고 있어야 했다. 1976년 1월 30일에 발행된 《사이언스》(미국의 대표적인 과학 전문지)에는 만일 《내셔날 램푼(National Lampoon)》이라는 풍자 잡지에 그대로 실렸더라면 익살이라고 받아들여질 법한, '구걸'을 소재로 한 기사가 게재되었다. 그 기사의 공동 필자들은 다양한 '고객(target)'들로부터 동전을 얻어 오라고 일단의 '동냥치'들을 거리에 내보냈다. 그러고는 오늘날 미국 도시의 현실을 철저히 배제한 채 혈연 선택, 호혜적 이타주의, 그리고 침팬지와 개코원숭이들의 먹이 분배 습성이라는 맥락에서 그 구걸의 결과를 검토했다. 그들은 주요한 결론의 하나로 다음과 같이 지적했다. "남성 동냥치들은 남녀가 함께 있는 경우보다 혼자 또는 둘이 있는 여성에게 접근할 때 구걸의 성공률이 훨씬 높았다. 그들이 혼자 또는 둘이 있는 남성에게 접근했을 때에는 그 성공률이 크게 떨어졌다." 그러나 이 글은 도시인들이 가지게 마련인 낯선 사람에 대한 두려움이나 성적인 동기에 관해서는 일언반구도 없이 침팬지와 이타주의 유전학을 둘러싼 몇 가지 설명만을 제시했을 따름이다(비록 그 저자들도 마지막에 가서는 호혜적 이타주의를 적용해서 설명할 것까지는 없지 않느냐고 솔직하게 시인했지만 말이다. 필시 고객들은 동냥치에게서 어떠한 미래의 혜택도 기대하기 어려웠을 것이라고 그들은 주장했다.).

『사회 생물학』에 대해 최초로 부정적인 논평을 내놓은 사람은 경제학자 폴 새뮤얼슨(Paul Samuelson)이었다. 그는 사회 생물학자들에게 인종과 성(性)의 영역에 관해서는 문제를 신중하게 다루라고 권고했다(《뉴스위크》, 1975년 7월 7일자). 나는 아직까지 그들이 그 충고에 주의를 기울이고 있다는 증거를 발견하지 못했다. 윌슨은 1975년 10월 12일자 《뉴욕 타임스 매거진》에 실린 글에서 다음과 같이 기술했다.

수렵 채취 사회에서 남성은 사냥을 하고 여성은 집에 머물러 있었다. 이런 습관에 대한 강력한 집착은 대다수의 농업 사회 및 산업 사회에도 끈덕지게 남아 있으며 그런 사실에만 근거한다고 해도 유전적인 기원이 있음이 분명해 보인다……. 그런 유전적인 편향은 대단히 강력해서 가장 자유롭고 평등주의적인 미래 사회에서도 실질적인 분업의 원인이 될 것이라고 나는 생각한다……. 동일한 교육과 평등한 직업 선택권이 보장된다 해도 남성들은 정치계, 기업계, 과학계 등에서 불균형적인 역할을 계속할 듯싶다.

인간은 다른 동물들과 비슷한 동시에 다른 점이 있다. 서로 다른 문화적 맥락에서 보면 이런 기본적인 진실의 어느 한쪽 편 또는 그 반대쪽 편을 번갈아 가면서 강조하는 것이 사회적으로 유용하다. 다윈의 시대에는 동물과의 유사성을 강조하는 주장이 나타나 수세기에 걸쳐 해독을 끼쳤던 미신을 타파했다. 이제는, 방대한 잠재적 행동 가능 영역을 보유하는 유일한 동물로서 우리는 다른 동물들과 구분된다는 사실을 강조해야 할 필요가 있다고 나는 생각한다. 인간의 생물학적 본성이 사회 개혁을 가로막는 것은 아니다. 시몬 드 보부아르(Simone de Beauvoir, 1908~1986년)가 말했던 것처럼, 우리는 "본질이 없음을 본질로 하는 존재(l'être dont l'être est de n'être pas)"인 것이다.

33장
참으로 영리하게 친절한 동물

지그문트 프로이트는 자신의 저작 『문명 속의 불만』에서 인간 사회생활의 고질적인 딜레마를 진단했다. 인간은 본질적으로 이기적이고 공격적인 존재이다. 하지만 어떤 문명이든 성공한 곳에서는 각 구성원들에게 공익과의 조화를 위해 생물학적인 성향을 억제하고 이타적인 행동을 할 것을 요구한다. 한 걸음 더 나아가 프로이트는 문명이 복잡해지고 '현대화'할수록 우리는 점점 더 인간의 선천적 자아를 포기해야만 한다고 주장했다. 인간은 죄의식과 고통을 느끼며 그 작업을 힘겹게 수행하지만 결과는 항상 불완전하다. 문명의 대가(代價)는 개인의 수난인 것이다.

문명은 인간 본능의 포기라는 기초 위에 건설되었으며, 정확히 말해서 강력한 본능을…… 채울 수 없음이 커다란 전제라는 사실을 간과할 수 없다. 이와 같은 '문화적 욕구 불만'이 인간들 사이의 사회관계를 지배하고 있다.

프로이트의 논리는 어디에나 있는 '인간 본성'에 관한 고찰을 특별히 설득력 있게 변형시킨 것이다. 우리는 우리 내부에 존재하는 비판의 대상들을 모두 동물이었던 과거의 탓으로 돌려 버린다. 그것들은 인간의 조상이었던 유인원이 물려준 족쇄로서 잔인함, 공격성, 이기심 등 간단히 말해서 인간적인 비열함이다. 이에 반해 우리가 소중히 여기며 달성하고자 하는 대상은 인간의 이성(理性)으로 간주되어, 내켜 하지 않는 신체에 떠맡겨진 일종의 독특한 포장으로 생각된다(이런 이상의 달성에 인류는 지극히 보잘것없는 성공을 거두었을 뿐이다.). 보다 나은 미래에 대한 인간의 희망은 이성과 친절에 바탕을 두고 있다. 그것은 인간의 생물학적 한계를 초월하는 정신적인 힘이다. "오 나의 영혼이여, 더욱 장엄한 전당을 지어라."(미국의 소설가이자 의학자였던 올리버 웬들 홈스(Oliver Wendell Holmes, 1809~1894년)의 시 「선실이 있는 앵무조개(The Chambered Nautilus)」(1858년)에서 인용한 구절. — 옮긴이)

그렇지만 이런 일반적인 신념을 뒷받침하는 것은 낡아빠진 편견 외에는 거의 없다. 그리고 과학이 정당한 근거를 제시하지 못하리라는 점만은 확실하다. 인간 행동의 생물학에 관해서 우리는 지극히 무지하다. 그러한 신념은 인간 영혼의 신학 그리고 정신과 신체의 영역을 분리시키려는 철학자들의 '이원론(dualism)'에서 우러난다. 그것은 내가 이제까지 앞의 몇 개 장에서 공격한 바 있는, 생물 역사를 진보로 간주하고 그 진보의 꼭대기에 인간의 좌표를 설정하고자 하는 태도에 뿌리를 두고 있다(그래서 인류에게 다른 동물을 지배하는 일체의 권리를 부여하려 드는 것은 더 말할 필요조차 없다.). 우리는 인간의 유일성을 가늠할 척도를 찾고, (자연 현상의 하나로서) 독립된 정신의 존재를 인정하며, 생물학에서 거리를 둔 채 어떤 존재로서 인간 의식의 고매한 성과를 규정하고자 한다. 하지만, 왜? 어째서 우리의 비열함은 과거 유인원 시절의 낡은 인습이어야 하고 또 우리의 친절함은 인간만의 독특한 속성이어야 하는가? 우리가 인간의 '고매한' 형질에 관해서도 다른 동물들과의 연속성을 찾아서는 안 될 이유가 무엇이란 말인가?

과학적 주장 하나가 이런 유서 깊은 편견을 끈질기게 뒷받침하는 듯하다. 인간이 지니고 있는 친절의 본질적인 요소는 이타주의이다. 다른 사람의 이익을 위해서 자신의 안락함을 포기하고, 극단적인 경우에는 자신의 생명마저도 희생하는 그런 자세 말이다. 그러나 만약 우리가 다윈의 진화 메커니즘을 받아들인다고 할 때, 그런 이타주의를 생물학의 한 현상으로 받아들일 수 있을까? 자연 선택은 생물들에게 자신의 이익을 위해서 행동할 것을 지시한다. 하지만 생물들이 '종의 이익(the good of the species)'과 같은 추상적인 개념을 알고 있을 리는 없다. 단지 그들은 동료들을 희생시키면서까지 후대에 그들의 유전자가 더 많이 발현되도록 지속적으로 '투쟁할 따름'이다. 노골적이기는 하지만 그 외의 다른 해석이란 있을 수 없다. 바꿔 말해서, 우리는 지금까지 자연에서 그 이상의 원칙을 발견하지 못했다. 자연에서 통하는 성공의 기준은 오직 하나 '개체의 이익'뿐이라고 다윈은 주장한다. 생물계의 조화는 더 이상의 이론을 필요로 하지 않는다. 자연의 균형은 생물들이 제한된 자원을 고르게 나누어 가짐으로써 이루어지는 것이 아니라, 각자 그 열매를 홀로 차지하겠다고 투쟁하는 경쟁 집단 간의 상호 작용 속에서 생겨난다.

그렇다면 이기주의 말고 다른 어떤 것이 행동 양식의 생물학적 특징으로서 진화될 수 있었다는 말인가? 만일 이타주의가 안정된 사회의 접착제라고 한다면 인간 사회는 근본적으로 자연에 속하는 것이 아니게 된다. 그런데 이런 딜레마를 우회할 수 있는 길이 하나 있다. 명백하게 이타주의적인 행동이라도 그것이 다원주의적인 시각에서는 '이기적'일 수 있다면 그것이 가능하다. 혹시 어느 한 생물 개체의 희생이 그 자신의 유전자를 보전시키는 수단이 되는 것이 아닐까? 얼핏 보기에 대단히 모순적인 이 질문에 대한 대답은 '그렇다.'이다. 우리는 영국의 이론 생물학자 해밀턴이 1960년대 초에 제안한 '혈연 선택' 이론에서 이 역설의 해답을 찾을 수 있다. 혈연 선택은 윌슨의 저서 『사회 생물학』에 담겨 있는 사회생물학적 이론을 밑받침하는 주춧돌로서 지금까지 강조되어 왔다(나는 앞의 32장에서 윌슨의 인간 행동에 관한 사고들에 내재하는 결정론적인 측면들을 비판했다. 나는 또한 이타주의에 관한 그의 일반론을 칭찬했고 그 주제를 지금 계속하고 있다.).

탁월한 인물들의 유산에는 미처 알려지지 않은 통찰력이 포함되어 있기 마련이다. 영국의 생물학자 홀데인은 진화론자들이 20세기에 이르러서야 제안한 훌륭한 아이디어들을 빠짐없이 예상하고 있었던 듯한데 그 증거는 이러하다. 전하는 이야기에 따르면 홀데인은 어느 날 저녁 술집에서 이타주의를 둘러싼 논쟁을 하다가 종이봉투 뒤쪽에다 잽싸게 계산을 하더니 이렇게 단언했다고 한다. "나는 내 형제 2명 혹은 내 사촌 8명을 위해서라면 내 목숨을 바치겠소." 홀데인이 이와 같이 불가사의한 말 속에 담으려 했던 의미는 과연 무엇이었을까?

인간의 염색체들은 쌍으로 이루어져 있다. 그 염색체 쌍의 한편은 어머니의 난자로부터 오며, 다른 한편은 아버지의 정자로부터 온다. 그러므로 우리는 유전자 하나하나에 아버지 쪽의 복사판과 어머니 쪽의 복사판을 함께 가지고 있다(이 말은 성 염색체에 들어 있는 유전자와 관련지어 생각할 때 남성에 대해서는 적용되지 않는다. 여성을 결정짓는 X염색체는 남성을 결정짓는 Y염색체보다 훨씬 길고, 그에 비례하여 유전자의 수도 월등히 많다. X염색체에 있는 대다수의 유전자들은 짧은 Y염색체에서 상응하는 복사판을 찾을 수 없다.). 인간의 유전자를 예로 들어 보자. 형제가 동일한 유전자를 갖고 있을 확률은 얼마인가? 그 유전자가 어머니로부터 받은 염색체 속에 있다고 가정해 보자(아버지로부터 온 염색체 속에 있다고 가정해도 계산법은 같다.). 난자 세포 하나에는 염색체 각 쌍의 한쪽 — 다시 말하면 어머니 유전자의 절반 — 이 들어 있다. 형을 이루는 난자 세포는 아우가 받은 염색체와 같은 것이거나 또는 어머니 염색체 쌍의 다른 한쪽이다. 따라서 형과 아우가 동일한 유전자를 가지고 있을 확률은 50대 50이 된다. 형과 아우는 유전자의 절반을 공유하고 있으므로 다윈의 계산에 따르면 그들의 절반은 똑같다.

그렇다면 4형제가 길을 가고 있다고 가정해 보자. 어떤 괴물이 살의를 품고 다가온다. 그중 한 사람을 제외하고는 그 괴물을 보지 못한다. 이럴 경우 괴물을 본 사람에게는 오직 두 가지 선택이 있을 뿐이다. 괴물에게 다가가 요란한 야유를 보내며 대항해 다른 형제들은 도망가서 숨게 하고 자신은 목숨을 버린다. 반대로 혼자 달아나 숨어 버리고 다른 3형제가 그 괴물에게 잡아먹히는 광경을 바라보고만 있을 수도 있다. 이럴 경우 다윈식 게임 이론에 능통한 사람은 어떻게 해야 할까? 답은 하나다. 용감하게 앞으로 나가 맞서는 것이다. 그렇게 하면 자기는 목숨을 잃지만, 대신 자신의 1.5배를 의미하는 그의 3형제는 살아남는다. 형제들이 생존함으로써 목숨을 바친 그 사람의 유전자 150퍼센트를 후대에 전달하는 편이 낫다는 말이다. 외관상 이타적인 그 사람의 행동은 유전적으로 보아서는 지극히 '이기적'이다. 그 사람은 자신의 유전자가 다음 세대에 전달될 가능성을 극대화하기 때문이다.

혈연 선택 이론에 따르면 동물들은, 이타적인 행동이 그들의 친족에게 혜택을 주어 자신의 유전적 잠재력을 높일 때에만 스스로 모험을 하거나 희생을 무릅쓰는 행동 양식을 진화시키게 된다. 따라서 이타주의와 친족 사회는 손을 맞잡고 나아가지 않으면 안 된다. 혈연 선택이 주는 이득이 사회적 상호 작용의 진화를 가속화할지도 모르겠다. 내가 앞에서 든 4형제와 괴물이라는 터무니없는 예는 지나치게 사태를 단순화시킨 감이 있는데, 4단계를 건너뛰는 12촌 형제에 이르면 사정은 훨씬 더 복잡해진다. 해밀턴의 이론은 뻔한 사실을 어렵게 설명하는 그러한 것만은 아니니 말이다.

지금까지 해밀턴의 이론은 개미, 벌, 말벌 등 벌목 곤충들이 보이는 사회적 행동의 진화에 관한 난해한 생물학적 수수께끼들 가운데 일부를 설명하는 데에 특히 놀라운 성공을 거두었다. 왜 다른 곤충들에게서는 단 한번만 진화한 진(眞)사회성(eusociality)이 벌들에게 있어서는 줄잡아 11번씩이나 진화하게 되었는가? 벌목에서는 새끼를 낳지 못하는 일꾼들이 언제나 암컷인데, 흰개미의 경우에는 그런 일꾼들에 암수가 다 있는 이유가 무엇인가? 그 해답은 벌목의 이례적인 유전 체계 안에서 나타나는 혈연 선택의 역할에서 찾을 수 있다.

대다수의 유성 생식 동물들은 이배체(diploid)이다. 그들의 세포에는 한쪽은 모체에서, 다른 하나는 부체에서 온 두 벌의 염색체가 들어 있다. 거의 대부분의 곤충들이 그렇듯 흰개미들도 이배체이다. 그와는 달리 사회생활을 하는 벌목은 반수이배체(haplodiploid)이다. 암컷들은 모계와 부계에서 염색체 한쪽씩을 받아 쌍을 이루는 정상적인 이배체 수정란에서 만들어진다. 그러나 수컷들은 미수정란에서 나오고, 따라서 모계 쪽의 염색체만을 가지고 있다. 전문 용어로는 그들을 (정상 염색체의 절반을 가지고 있는) 반수체(haploid)라고 한다.

이배체 생물의 경우에는 자손과 부모와의 유전적 관계가 대칭적이다. 부모들은 자녀와 유전자의 절반을 공유하고, 자녀들도 각자 자매 또는 형제인지에 관계 없이 다른 자녀와 (평균적으로) 유전자의 절반을 공유하게 된다. 그러나 반수이배체의 경우에는 유전자 관계가 비대칭적이어서 혈연 선택이 이례적으로 강력하게 작용한다. 여왕개미와 그 암수 자손들, 그리고 그 암컷 자손들과 형제자매의 관계를 생각해 보자.

1. 여왕은 아들딸 둘 다와 1/2의 관계가 있다. 그 자손은 각기 1/2의 염색체, 따라서 1/2의 유전자를 갖고 있다(여왕개미는 수개미와 수정하여 자손을 만든다.).

2. 자매들은 그들의 형제들과 이배체 생물들처럼 1/2이 아닌, 1/4의 연관 관계를 가지게 된다. 자매의 유전자 가운데 하나를 선택하여 검토하기로 하자. 그것이 부계의 유전자일 확률은 1/2이다. 그렇다면 그 암컷은(부계의 유전자를 가지고 있지 않은) 수컷 형제와 동일한 유전자를 갖지 않는다. 만일 그것이 모계의 유전자라면 수컷 형제가 그것을 보유하고 있을 확률은 1/2이다. 따라서 암컷과 수컷 형제의 전반적인 관계는 0(부계의 유전자일 경우)과 1/2(모계의 유전자일 경우)의 평균인 1/4이 된다.

3. 자매들끼리의 관계는 3/4이다. 여기에서도 다시 아무 유전자나 하나를 뽑아서 생각해 보자. 그것이 부계의 것일 경우 자매들은 반드시 그것을 갖고 있다(아버지는 단 한 벌의 염색체를 가지고 있으며 그것을 딸들에게 예외 없이 전해 준다.). 만약 그것이 모계로부터 온 것이라면 자매가 공유할 수 있는 확률은 앞에서도 지적했듯이 50대 50이다. 자매들은 1(부계의 유전자)과 1/2(모계의 유전자)의 평균인 3/4의 유전자를 공유할 확률을 가진 셈이다.

이러한 비대칭성이 동물들의 가장 이타적인 행동을 간단명료하게 설명해 주는 것처럼 보인다. 예컨대 불임성의 일벌이나 일개미들에서 관찰되듯이, 어미가 보다 많은 자매를 낳도록 돕기 위해서 자신들의 생식 기능을 기꺼이 포기할 수도 있는 것이다. 일벌이나 일개미가 자매에게 편중해서 투자를 하는 경우, 그렇게 함으로써 자신의 어미에게 가임성 자매(3/4의 관계)를 더 많이 낳도록 해서 스스로 가임성 딸(1/2의 관계)을 양육하는 것보다 더 많이 자신의 유전자를 영속시킬 수 있다. 그러나 수컷은 불임과 노동에 대한 지향성이 없다. 그는 불과 1/2의 유전자를 공유하는 자매들보다는 자신의 유전자를 모두 갖고 있는 딸들을 키우려 할 것이다(나는 극히 원시적인 두뇌를 가지고 있는 곤충들에게 스스로 그러고자 하는 의지가 있다고 말하는 것이 아니다. 나는 다만 '진화 과정에서 이런 방식으로 행동하지 않은 수컷들은 선택적으로 불리한 위치에 놓여 점차 제거되었을 것이다.'라는 뜻을 전하기 위해서 편의상 '그는 오히려……하려 한다.'라는 표현을 사용하고 있을 뿐이다.).

내 동료 로버트 트리버스(Robert Trivers)와 하이디 헤어(Heidi Hare)는 최근 《사이언스》(1976년 1월 23일자)에 다음과 같은 중요한 발견을 발표했다. 그들은 여왕과 일꾼들이 원하는 가임성 새끼들의 암수 비율이 서로 다르다고 주장한다. 여왕은 암수 양쪽의 새끼들에게 똑같은 연관 관계(1/2)를 갖고 있기 때문에 암수의 비율이 1대 1이 되기를 바라고 있다. 그러나 일벌이나 일개미들은 새끼를 직접 키우기 때문에 알을 선택적으로 양육하여 여왕에게 그들의 선호 경향을 전달할 수 있다. 그들은 형제(1/4의 관계)보다는 가임성 자매(3/4의 관계)를 더 많이 키우고자 한다. 하지만 그들은 자신의 자매들이 짝을 찾지 못하는 일이 없도록 형제들을 어느 정도는 키워야 한다. 따라서 그들은 자매들과 더 강한 관계를 유지하기 위한 한도 내에서 형제 쪽과도 타협한다. 그러나 형제보다는 자매와의 관계가 3배나 가까우므로 그들은 자매를 양육하는 데에 3배의 힘을 기울인다. 일꾼들을 형제자매들을 먹이는 일에 힘을 쏟는다. 먹이는 노력의 양은 가임성 암컷이 성숙했을 때의 몸무게로 나타난다. 그래서 트리버스와 헤어는 21종류의 서로 다른 개미집에서 모든 가임성 새끼들을 잡아서 암수의 몸무게 비율을 측정했다. 몸무게 비율 — 혹은 투자 비율 — 은 놀랍게도 3대 1에 가까웠다. 이 자체로도 충분히 인상적이지만 이 주장의 결정적인 증거는 노예를 부리는 개미에 대한 연구에서 나왔다. 여기에서 일꾼들은 붙들려 온 다른 종류의 개미들이다. 그들은 자신들을 정복한 여왕의 딸들과는 유전적 관계가 일절 없는 까닭에 그 여왕의 딸들에게 아들들에게 하는 것보다 더 큰 호의를 베풀 이유가 없다. 아니나 다를까, 이러한 상황에서는 암컷과 수컷의 몸무게 비율이 1대 1이 된다. 그러나 그 일개미들이 노예 상태에서 벗어나 자신들의 여왕을 위해 일하게 되면 그 비율은 다시 3대 1로 돌아간다.

반수이배체의 특이한 유전 법칙에 따라 작용하는 혈연 선택은 개미, 벌, 말벌들의 사회적 행동에서 나타나는 핵심적인 특성들을 어느 정도는 설명할 수 있는 듯하다. 그런데 이런 현상이 인간에게는 어떠한 의미를 가지는 것일까? 그것이 우리의 자아를 형성하는 이기주의와 이타주의가 뒤섞인 모순적 충동을 이해하는 데 과연 어떤 공헌을 할 수 있을까? 이 이론을 뒷받침하거나 또는 제한할 수 있는 사실적인 증거가 없는 상황이어서 아직은 내 직관에 불과하지만, 나는 혈연 선택이 이 에세이의 첫 문단에서 언급한 프로이트의 딜레마를 해결할 것이라고 망설임 없이 인정하려 한다. 인간의 이기적이고 공격적인 충동은 개체의 이익이라는 다윈식 진화 과정을 거쳐 진화했을 가능성이 크다. 하지만 그렇다고 해서 인간의 이타적 성향을 구태여 문명의 요구에 의해 억지로 둘러쓴 유난한 허울이라고 간주할 필요는 없다.

그러나 나는 여기에서 멈추려 한다. '특정한' 행동의 원인을 특정한 이타적 유전자 또는 기회주의적 유전자에게 돌리는 결정론적 추리를 피하기 위해서이다. 인간의 유전자 구조는 폭넓은 행동 양식을 허용한다. 개심하기 전의 스크루지와 개심한 후의 스크루지에서 볼 수 있듯이 말이다. 나는, 구두쇠는 기회주의적 유전자 때문에 재산을 긁어모으는 것이고 자선가는 선천적으로 정상 수준 이상의 이타적 유전자를 타고났기 때문에 재산을 나누어 주는 것이라고 믿지 않는다. 교육, 문화, 계층, 지위 그리고 우리가 '자유 의지(free will)'라 부르는 온갖 무형의 요소들이 인간의 유전자가 허용하는 광범위한 행동 영역 — 극단적인 이타주의에서 극단적인 이기성에 이르는 — 에서 어떻게 우리의 행동을 제한할지를 결정하는 것이다.

이타주의와 혈연 선택을 바탕으로 하는 결정론적 추론 중 하나로 윌슨은 동성애에 대해서 유전적인 해석을 하나 내놓았다(《뉴욕 타임스 매거진》1975년 10월 12일자). 동성애만을 하는 사람들은 자녀를 낳지 않는데 다윈의 세계에서 동성애 유전자들은 어떻게 선택될 수 있었을까? 우리 조상들이 근친으로 구성된 소규모의 경제 집단들을 이루고 있었다고 가정하자. 어떤 집단에는 오로지 이성애자들만 있었다. 다른 집단에는 사냥이나 양육을 도우며 '보조자' 구실을 하는 동성애자들이 끼어 있었다. 그들은 비록 자녀를 낳지는 못했지만 유전적으로 아주 가까운 혈연을 양육하는 친족들을 도왔다. 동성애를 하는 보조자들이 있는 집단이 이성애자들로만 구성된 집단과의 경쟁에서 이길 수 있었다면, 동성애의 유전자들은 혈연 선택에 의해 유지되었을 것이다. 이런 해석에는 비논리적인 요소가 별로 없지만 그것을 뒷받침할 만한 사실이 없다는 점도 부인하기 어렵다. 우리는 아직 동성애를 발현시키는 유전자들을 확인하지 못했고, 우리 조상들의 사회 조직에서 앞서의 가설을 입증할 만한 증거도 찾지 못하고 있다.

윌슨의 의도는 칭찬할 만하다. 그는 동성애가 어떤 사람들에게는 자연스러운 일이며 적어도 고대의 사회 조직에서는 일정 부분 허용되기도 했다고 주장하여 현재 격렬한 비난을 받고 있는 동성애의 성행위가 일반적인 성행위와 똑같이 존엄성을 갖는다는 것을 확언하고자 했다. 그러나 만약 위의 유전자적인 추론이 빗나간다면 그런 전략은 반격을 당할 위험이 있다. 가령 사람들이 어떤 행동을 하는 것을 보고 그들은 그런 방향으로 행동하도록 미리 설계된 것이라며 그 행동을 옹호하게 되면, 그 추론이 일단 어긋났을 경우 그 행동은 부자연스럽다고 비난받아 마땅하게 되기 때문에 더 이상 그 정당성을 주장할 수 없게 된다. 그럴 바에야 차라리 인간의 자유라는 철학적 자세를 확고하게 유지하는 편이 낫다. 자유로운 성인들이 사생활에서 벌이는 행위는 남들이 관여할 일이 아니라는 입장을 고수하면, 유전적 추리에 의해 그 정당성을 입증할 필요도 없고 또한 지탄을 받지도 않는다.

나는 혈연 선택의 결정론적 용법에 관해서는 이미 오래전부터 심각한 우려를 표하고 있지만, 내가 즐겨 다루는 생물학적 잠재력이라는 주제를 위하여 그것이 제공하는 통찰력에는 찬사를 보내고 있다. 왜냐하면 그것은 한때 인간 문화의 고유한 특질로 여겨졌던 친절을 베푸는 행위를 포괄하여 유전적 잠재력의 영역을 한층 더 넓혀 주기 때문이다. 프로이트는 인간의 가장 위대한 과학적 통찰력의 역사는 역설적이게도 인간이 우주의 중심 무대에서 점차 후퇴하고 있는 상황을 반영해 왔다고 말했다. 니콜라우스 코페르니쿠스(Nicolaus Copernicus, 1473~1543년)와 뉴턴 이전에 우리는 인간이 우주의 중심축에 살고 있다고 생각했다. 다윈 이전에 우리는 자비로운 신이 인간을 창조했다고 믿었다. 프로이트 이전에 우리는 인간을 이성적 동물이라고 상상했다(이는 분명 인간 지성사에 있어서 가장 겸허한 주장 중 하나일 것이다.). 혈연 선택이 이런 후퇴 과정의 또 다른 한 단계를 증명한다면, 그것은 인간의 사고방식을 지배적인 위치에서 밀어내어 다른 동물들에 대한 존경과 통일적 유대 관계를 자각하도록 유도하는 긍정적 효과를 제공하게 될 것이다.

맺음말

다윈주의는 어디로 가고 있는가? 다음 세기에의 전망은 어떠한가? 내게는 천리안은 없고 과거에 대한 지식만이 얼마쯤 있을 뿐이다. 그러나 나는 미래에 나아갈 바를 판단하기 위해서는 지금까지 무엇이 있어 왔는가 — 특히 다윈의 세계관을 구성하는 3대 요소 — 를 이해하고 그것을 미래에 대한 판단과 관련지어 생각해야 한다고 믿는다. 그 3대 요소란 진화의 일차적인 요소로서 개체를 중시하고, 자연 선택을 적응의 메커니즘으로 여기며, 진화적 변화는 점진적으로 이루어진다고 믿었던 그의 신념을 의미한다.

다윈이 자연 선택을 진화적 변화 과정의 유일한 작용 인자라고 주장했던가? 그가 진화의 모든 산물들은 충분히 적응적이라고 믿었던가?

19세기 말 생물학계에서는 누가 '다윈주의자(Darwinian)'라고 불릴 자격이 있는지를 두고 격렬한 논쟁이 벌어졌다. 아우구스트 바이스만(August Weismann, 1834~1914년)은 자연 선택 외의 다른 어떤 메커니즘도 인정하지 않는 엄격한 자연 선택론자로서 다윈의 진정한 후계자임을 자처했다. 조지 존 로마네스(George John Romanes, 1848~1894년)는 라마르크를 비롯한 수많은 위인들에게도 자연 선택의 공적을 동급으로 돌리며 그 호칭은 자신이 차지해야 한다고 나섰다. 양쪽 모두 옳았고, 동시에 어느 쪽도 옳지 않았다. 다윈의 견해는 다원적이었고 폭넓은 수용력을 가지고 있었다. 복잡한 세상에서 취할 수 있는 유일하게 합리적인 자세가 바로 그런 것 아니겠는가. 그는 (바이스만처럼) 확실히 자연 선택에 압도적인 중요성을 부여했지만 (로마네스처럼) 다른 요소들의 영향력을 배제하지도 않았다.

최근 몇년 사이에 가장 널리 논란이 된 두 가지 운동이 과거의 지지자들 집합시키면서 바이스만-로마네스 논쟁은 또다시 극을 향해 치닫고 있다. 나는 쌍방의 극단적인 논리 체계는 자연의 다양성 앞에서 후퇴할 것이므로 다윈의 중립적인 자세가 다시 한번 승리할 것이라 예상한다. 한쪽에서는 인류 '사회 생물학자들'이 인간 행동의 모든 주요 양상들은 자연 선택의 산물로서 적응성을 지니고 있다는 전제하에 일련의 정교한 추론들을 내놓고 있다. 나는 심지어 남성을 통한 재산과 소유권의 세습이나 상류층에서 구강 성행위 빈도가 높은 현상 등에 대해서까지 그것들이 적응성을 가진다는(심지어 유전적이라는) 주장을 들은 적이 있다.

사회 생물학자들은 보편적인 적응성에 대해서 더할 수 없이 확신을 가지고 궁극적으로는 원자론(atomism)을 지지하고 있다. 다윈의 이론에서 본다면 외형상 분할이 불가능한 개체 수준 이하로 환원시키고자 한다는 뜻이다. 새뮤얼 버틀러(Samuel Butler, 1835~1902년)는 어느 때엔가 다음과 같은 명구를 남겼다. "닭은 달걀이 다른 달걀을 만들어 내는 수단에 지나지 않는다." 어떤 사회 생물학자들은 이 경구를 문자 그대로 받아들여 개체란 유전자들이 그들과 똑같은 유전자들을 더 많이 만들어 내기 위해서 이용하는 도구에 불과하다고 주장한다. 개체들은 진화의 '실제적' 단위를 담는 임시적인 수용체에 불과하다는 것이다. 그러나 다윈의 세계에서 개체들은 그들의 종족을 영속시키기 위해 분투한다. 여기서 유전자들은 생존 경쟁의 지휘관들이다. 이처럼 치열한 싸움에서는 적자만이 승리한다. 모든 변화는 당연히 적응성을 지니고 있어야 한다.

볼프강 비클러(Wolfgang Wickler)는 이렇게 말하고 있다. "유전자들이 자신들의 이익을 위해서 개체를 경영한다는 것이 진화론의 귀결이다." 솔직히 말해 나는 이러한 선언을 은유적인 헛소리 이상으로 생각하지 않는다. 나는 다분히 의도된 효과가 가져오는 부작용에 대해 신경 쓰지 않는다. 이것은 문필가들의 관례이고, 나 역시 그런 잘못을 저지르고 있다. 나는 유전자들이 서로 독립되어 있고 분할 가능한 입자들이며 자신들의 개별적인 유전을 목적으로 생물체를 이루고 있는 형질들을 이용한다는, 그런 그릇된 생각에 곤란을 겪었다. 생물 개체는 유전 암호의 독립된 조각으로 분해될 수 없다. 이 조각들은 개체라는 환경 밖에서는 아무런 의미가 없으며 몸체의 어느 한 부분을 구획 짓거나 어느 구체적인 행동 하나하나를 직접 암호화하지는 않는다. 외형과 행동은 서로 투쟁하는 유전자들에 의해 엄격하게 형성되는 것이 아니다. 또 그것들은 모든 경우에 적응력을 지니고 있어야 할 필요도 없다.

사회 생물학자들이 탈(脫)바이스만적 방식으로 바이스만을 앞지르려고 애쓰는 반면에, 많은 분자 진화론자들(molecular evolutionists)은 상당한 진화적 변화가 자연 선택의 영향을 받지 않을 뿐만 아니라 사실은 그 방향에 있어 임의적이라는 전혀 상반된 견해를 가지고 있다(다윈의 논리에 따르면 변이의 재료는 임의적이지만 진화적 변화는 결정론적이며 자연 선택의 지시를 받는다.).

이를테면 유전 암호는 중복적이다. 하나 이상의 DNA 가닥이 동일한 아미노산을 만들어 낸다. 중복적인 하나의 가닥에서 다른 가닥으로 유전적 변화가 일어나는 현상을 자연 선택이 어떻게 통제할 수 있는지 상상하기란 쉬운 일이 아니다(그 선택은 두 경우에 다 같이 동일한 아미노산을 '발현시키기' 때문이다.).

우리는 그처럼 '눈에 보이지 않는' 유전적 변화를 무관한 것으로 보아 넘길 수도 있다. 왜냐하면 만일 변이가 생물의 형태나 생리에서 발현되지 않는다면 자연 선택이 그것에 작용할 수 없기 때문이다. 그렇지만 (나는 그렇다고 믿지 않지만) 만일 대다수의 진화적 변화가 이러한 의미에서 중립적이라면 다윈의 영향력을 설명하기 위한 새로운 은유가 필요하게 될 것이다. 우리는 자연 선택을, 생물에서 적응적 의미가 있는 부분으로 해석할 수 있는 몇 개 안 되는 유전적 변이 — 숨어 있는 변이성의 망망대해에서 고작 겉으로 드러난 표면에 불과한 — 만을 다루는 부수적인 현상으로 보아야 할는지도 모른다.

그러나 분자 진화론자들의 도전은 이보다 훨씬 심각하다. 그들은 지금까지 자연 선택을 바탕으로 만들어진 모델들이 한 개체군을 유지하기 위해 허용했던 것보다 더 많은 변이성을 단백질(다시 말하면 눈에 보이는 유전적 산물) 안에서 발견해 냈다. 나아가 그들은 단백질 내부에서 장기간에 걸쳐 거의 시계와 같이 놀랍도록 규칙적으로 진화적 변화가 일어났을 것이라고 추측했다. 자연 선택의 강도는 환경이 변화하는 속도를 나타내며 기후도 메트로놈과 같이 규칙적으로 바뀌지 않는다. 만약 자연 선택과 같이 결정론적 과정의 지시를 받는다면 진화가 어떻게 시계와 같이 작동할 수 있겠는가? 아마도 이러한 유전자 변화는 문자 그대로 중립적이고 임의적이면서 일정한 속도로 축적되는 것인지도 모른다. 이 문제는 아직 정립되지 않았다. 방대한 변이성과 시계와 같이 정확한 속도는 황당무계하지 않은 어떤 잠정적 가설의 도움을 받으면 자연 선택이론에 포함될 수도 있다. 나는 다만 우리가 아직 궁극적인 해답을 찾지 못했음을 주장하고자 할 따름이다.

나는 다원주의적 다원주의(pluralism)가 승리하리라고 예상한다. 자연 선택은, 몇몇 분자 진화론자들이 상상하는 것 이상으로 훨씬 중요하다는 사실이 밝혀지겠지만, 일부 사회 생물학자들이 주장하는 것처럼 전능한 것은 아니다. 사실 유전적 변이에 바탕을 두고 있는 다윈의 자연 선택 이론은, 지금 그 이론의 증거로 아주 열렬히 인용되고 있는 바로 그 사회적 행동들과는 별로 상관이 없다고 나는 생각한다.

나는 무조건적인 편애, 낡은 습관, 또는 사회적 편견으로 인해서 여전히 경직된 교조가 지배하고 있는 진화 사상의 넓은 영역에 다윈의 저술에 담겨 있는 다원주의적 정신이 보다 깊숙이 스며들기를 바라마지 않는다. 내가 즐겨 겨냥하는 표적은 대다수의 고생물학자들이 강론하는, (그리고 다윈 자신도 좋아했음이 분명한) 완만하고 지속적인 진화적 변화에 대한 믿음이다. 화석 기록은 그것을 뒷받침하지 않는다. 화석은 대량 멸종과 돌발적인 생물 발생이 지배적인 현상이었음을 보여 준다. 언덕 비탈을 올라가면서 차례로 발견되는 완족류들의 점진적인 변화를 기록한다고 해서 그것으로 진화론을 입증할 수는 없다. 이 거북한 진실을 피하기 위해서 이제까지 고생물학자들은 지극히 부적합한 화석 기록에만 의존해 왔다. 우리의 지질학 교과서 몇페이지, 몇줄, 몇마디 속에 담겨 있는 기록 속에는 일체의 중간 단계들이 빠져 있다. 그들은 화석 기록이 자신들이 연구하길 원하는 바로 그런 현상을 거의 보여 주지 않음을 인정하는 엄청난 대가를 치르고서야 그들의 점진론적 정통 이론을 얻을 수 있었다. 그러나 나는 그 점진론이 전적으로 타당한 것은 아니라고 확신한다(실상 그것이 타당한 경우는 극히 드물다고 생각한다.). 자연 선택 이론은 진화의 속도에 대해서는 언급하지 않는다. 그것은 전체 생물 계통에서 나타나는 지극히 완만한 전통적 변화뿐만이 아니라 소규모 개체군에서 나타나는 급속한(지질학적으로는 순간이라고나 할) 종 분화를 다 같이 포용할 수 있다.

아리스토텔레스(Aristoteles, 기원전 384~322년)는 가장 중대한 논쟁은 황금률(*aurea mediocritas*), 다시 말하면 중용의 원칙에 따라 해결해야 한다고 말했다. 자연은 경이롭도록 복잡하고 다양하여 가능한 거의 모든 것이 그 안에서 일어난다. 코코란 선장(Captain Corcoran, 1970년대 미국의 유명한 텔레비전 프로그램인 「길버트 설리번 쇼(the Great Big Gilbert & Sullivan Show)」에서 소개되어 유명해진 한 코믹 오페라의 등장인물이다. — 옮긴이)이 한 말, "아직도 멀었다(hardly ever)."는 자연사학자가 할 수 있는 가장 강력하고도 적절한 선언이다. 생물의 문제에 대해 깔끔하고 결정적이며 보편적인 해답을 구하고자 하는 사람은 자연이 아닌 다른 곳을 찾아야 한다. 사실 나는, 정직한 연구라면 어느 곳에서나 그러한 해답을 찾아낼 것이라는 말이 오히려 더 의심스럽다. 우리는 작은 문제에 한해서라면 명확한 답을 내놓을 수 있다(나는 이 세상에는 왜 길이 25피트(약 7.62미터)의 개미가 존재할 수 없는지를 잘 알고 있다.). 우리는 중간 정도의 문제라면 웬만큼은 다룰 수 있다(나는 라마르크설이 설득력 있는 진화 이론으로 되살아날 수 있을 것이라고는 생각지 않는다.). 그러나 참으로 큰 문제들은 풍요로운 자연 앞에 무릎을 꿇는다. 변화는 일방향적이거나 무방향적이며 점진적인가 하면 돌발적이고 선택적인가 하면 중립적이다. 나는 앞으로도 자연의 다양성을 만끽할 것이지만, 확실성이라는 갈피를 잡기 어려운 괴물은 정치가와 목사들의 몫으로 남겨 두고자 한다.

참고 문헌

Ardrey, R., 1961. *African genesis*. 1967 ed. Collins: Fontana Library.

———. 1967. *The territorial imperative*. 1969 ed. Collins: Fontana Library.

Berkner, L.V., and Marshall, L. 1964. The history of oxygenic concentration in the earth's atmosphere. *Discussions of the Faraday Society* 37: 122-41.

Bethell, T. 1976. Darwin's mistake. *Harpers* (February).

Bettelheim, B. 1976. *The uses of enchantment*. New York: A. Knopf.

Bolk, L. 1926. *Das Problem der Menschwerdung*. Jena: Gustav Fischer.

Burstyn, H.L. 1975. If Darwin wasn't the Beagle's naturalist, why was he on board. *British Journal for the History of Science* 8: 62-69.

Coon, C. 1962. *The origin of races*. New York: A. Knopf.

Darwin, C. 1859. *The origin of species*. London: John Murray. (Facsimile edition, E. Mayr (ed.) Harvard University Press, 1964.)

―――. 1871. *The descent of man.* 2 vols., London: John Murray.

―――. 1872. *The expression of the emotions in man and animals.* London: John Murray.

―――. 1887. Autobiography. In F. Darwin (ed.), *The Life and Letters of Charles Darwin.* Vol. 1. London: John Murray.

Dybas, H. S. and Lloyd, M. 1974. The habits of 17-year periodical cicadas (Homoptera: Cicadidae: Magicicada spp.). *Ecological Monographs* 44: 279-324.

Ellis, H. 1894. *Man and woman.* New York: Charles Scribner's Sons.

Engels, F. 1876. On the part played by labor in the transition from ape to man. *In Dialectics of Nature.* 1954 ed. Moscow: Foreign Languages Publishing House.

Eysenck, H. J. 1971. *The IQ argument: race, intelligence and education.* New York: Library Press.

Freud, S. 1930. *Civilization and its discontents.* Translated by J. Strachey. 1961 ed. New York: W. W. Norton.

Gardner, R. A., and Gardner, B. T. 1975. Early signs of language in child and chimpanzee. *Science* 187: 752-53.

Geist, V. 1971. *Mountain sheep: a study in behavior and evolution.* Chicago: University of Chicago Press.

Gould, S. J. 1974. The evolutionary significance of "bizarre" structures: antler size and skull size in the "Irish Elk," *Megaloceros giganteus. Evolution* 28: 191-220.

Gould, S. J.; Raup, D. M.; Sepkoski, J. J., Jr.; Schopf, T. J. M.; and Simberloff, D. S. 1977. The shape of evolution-a comparison of real and random clades. *Paleobiology* 3, in press.

Gruber, H. E., and Barrett, P. H. 1974. *Darwin on man: a psychological study of scientific creativity*. New York: E.P. Dutton.

Gruber, J. W. 1969. Who was the Beagle's naturalist? *British Journal for the History of Science* 4: 266-82.

Hamilton, W. D. 1964. The genetical theory of social behavior. *Journal of Theoretical Biology* 7: 1-52.

Harris, M. 1974. *Cows, pigs, wars and witches: the riddles of culture*. New York: Random House.

Huxley, A. 1939. *After many a summer dies the swan*. 1955 ed. London, Penguin.

Huxley, J. 1932. *Problems of relative growth*. London: Mac-Veagh.(Reprinted as Dover paperback, 1972.)

Janzen, D. 1976. Why bamboos wait so long to flower. *Annual Review of Ecology and Systematics* 7: 347-91.

Jensen, A. R. 1969. How much can we boost IQ and scholastic achievement? *Harvard Educational Review* 39: 1-123.

Jerison, H. J. 1973. *Evolution of the brain and intelligence*. New York: Academic Press.

Johnston, R.F., and Selander, R.K. 1964. House sparrows: rapid evolution of races in North America. *Science* 144: 548-50.

Kamin, L. 1974. *The science and politics of IQ*. Potomac, Md.: Lawrence Erlbaum Associates.

King, M. C., and Wilson, A. C. 1975. Evolution at two levels in humans and chimpanzees. *Science* 188: 107-16.

Koestler, A. 1967. *The ghost in the machine*. New York: Macmillan.

———. 1971. *The case of the midwife toad*. New York: Random House.

Kraemer, L. R. 1970. The mantle flaps in three species of Lampsilis (Pelecypoda: Unionidae). *Malacologia* 10: 225-82.

Krogman, W. M. 1972. *Child growth*. Ann Arbor: University of Michigan Press.

Lloyd, M., and Dybus, H. S. 1966. The periodical cicada problem. *Evolution* 20: 133-49.

Lockard, J. S.; McDonald, L. L.; Clifford, D. A.; and Martinez, R. 1976. Panhandling: sharing of resources. *Science* 191: 406-408.

Lombroso, C. 1911. *Crime: its causes and remedies.* Boston: Little, Brown and Co.

Lorenz, K. 1966. *On aggression.* 1967 ed. London, Methuen.

Lull, R.S. 1924. *Organic evolution.* New York: Macmillan.

MacArthur, R., and Wilson, E. O. 1967. *The theory of island biogeography.* Princeton: Princeton University Press.

Margulis, L. 1974. Five-kingdom classification and the origin and evolution of cells. *Evolutionary Biology.* 7: 45-78.

Martin, R. 1975. Strategies of reproduction. *Natural History* (November), pp. 48-57.

Mayr, E. 1942. *Systematics and the origin of species.* New York: Columbia University Press.

Montagu, A. 1961. Neonatal and infant immaturity in man. *Journal of the American Medical Association* 178: 56-57.

——— (ed.). 1964. *The concept of race.* London: Collier Books.

Morris, D. 1967. *The naked ape.* New York: McGraw-Hill.

Oxnard, C. 1975. *Uniqueness and diversity in human evolution: morphometric studies of australopithecines.* Chicago: University of Chicago Press.

Passingham, R.E. 1975. Changes in the size and organization of the brain in man and his ancestors. *Brain, Behavior and Evolution* 11: 73-90.

Pilbeam, D., and Gould, S. J. 1974. Size and scaling in human evolution. *Science* 186: 892-901.

Portmann, A. 1945. Die Ontogenese des Menschen als Problem der Evolutionsforschung. *Verhandlungen der schweizerischen naturforschenden*

Gesellschaft, pp. 44-53.

Press, F., and Siever, R. 1974. *Earth.* San Francisco: W. H. Freeman.

Raup, D. M,; Gould, S. J.; Schopf, T. J. M.; and Simberloff, D. 1973. Stochastic models of phylogeny and the evolution of diversity. *Journal of Geology* 81: 525-42.

Ridley, W. I. 1976. Petrology of lunar rocks and implication to lunar evolution. *Annual Review of Earth and Planetary Sciences,* pp. 15-48.

Samuelson, P. 1975. Social Darwinism. *Newsweek,* July 7.

Schopf, J. W., and Oehler, D. Z. 1976. How old are the eukaryotes? *Science,* 193: 47-49.

Schopf, T. J. M. 1974. Permo-Triassic extinctions: relation to sea-floor spreading. *Journal of Geology* 82: 129-43.

Simberloff, D. S. 1974. Permo-Triassic extinctions: effects of area on biotic equilibrium. *Journal of Geology* 82: 267-74.

Stanley, S. 1973. An ecological theory for the sudden origin of multicellular life in the Late Precambrian. *Proceedings of the National Academy of Sciences* 70: 1486-89.

―――. 1975. Fossil data and the Precambrian-Cambrian evolutionary transition. *American Journal of Science* 276: 56-76.

Tiger, L., and Fox, R. 1971. *The imperial animal.* New York: Holt, Rinehart and Winston.

Trivers, R., and Hare, H. 1976. Haplodiploidy and the evolution of the social insects. *Science* 191: 249-63.

Ulrich, H.; Petalas, A.; and Camenzind, R. 1972. Der Generationswechsel von *Mycophila speyeri* Barnes, einer Gallmücke mit paedogenetischer Fortpflanzung. *Revue suisse de zoologie* 79 (supplement): 75-83.

Velikovsky, I. 1950. *Worlds in collision.* 1965 ed. New York: Delta.

―――. 1955. *Earth in upheaval.* 1965 ed. New York: Delta.

Wegener, A. 1966. *The origin of continents and oceans*. New York: Dover.

Welsh, J. 1969. Mussels on the move. *Natural History* (May): 56–59.

Went, F. W. 1968. The size of man. *American Scientist* 56: 400–413.

Whittaker, R. H. 1969. New concepts of kingdoms of organisms. *Science* 163: 150–60.

Wilson, E. O. 1975. *Sociobiology*. Cambridge, Mass.: Harvard University Press.

———. 1975. Human decency is animal. *New York Times Magazine*, Oct. 12.

Young, J. Z. 1971. *An introduction to the study of man*. Oxford: Oxford University Press.

옮긴이 해제

현대 진화 생물학과 스티븐 제이 굴드

1. 진화와 진화 생물학

'Evolution'은 우리말로 '진화' 또는 '진화론'이라고 번역된다. 국어사전에서는 '진화'의 의미를 '① 생물이 오랜 시간에 걸쳐 조금씩 변화하여 보다 복잡하고 우수한 종류의 것으로 되어 가는 일, ② 사물이 보다 좋고 보다 고도(高度)의 것으로 발전하는 일'이라고 풀이하고 있다(『동아 새 국어사전』, 두산동아, 2006). '진화론'에 대해서는 '모든 생물은 원시적인 종류의 생물로부터 진화해 왔다는 다윈의 학설'이라고 설명해 놓았다. 결국 한 사전 안에서도 같은 영어 단어에 대해서 조금씩 다른 세 가지의 의미를 부여하고 있는 셈이다.

Evolution의 사전적 의미를 다시 말한다면 첫째, 생물에게 있어서 세월의 흐름에 따른 변화, 둘째, 세월이 흐르면서 사물이 보다 나아지는 현상, 마지막으로 이런 생물의 변천을 연구하는 학문 자체를 지칭하는 단어라고 요약할 수 있다. 그런데 위의 첫 번째 설명과 두 번째 설명 사이에는 어떤 차이가 있을까? 만약 '생물'이라는 단어와 '사물'이라는 단어를 맞바꾼다면 이 두 문장은 실질적으로 동등한 의미라 할 수 있을까?

'진화'라고 하면 일반 대중은 흔히 생물의 진화를 연상한다. 그런데 국어사전의 정의에서도 알 수 있듯이 다른 한편으로 진화는 세월의 흐름에 따른 '진보' 또는 '발전'을 의미하기도 한다. 따라서 일반인들이 생물 진화를 '세월의 흐름에 따라서 진행되는 생물들의 진보 또는 발전'으로 이해하는 것도 무리는 아니다. 바로 이런 오해로 말미암아 무수히 많은 잘못된 이해가 생겨났지만 말이다(과거 백인들로 하여금 흑인들을 노예로 부릴 수 있게 한 주된 논리는 흑인들이 백인들에 비해서 진화적으로 열등하다는 것이었다. 유태인들의 선민의식이나 나치의 게르만 우월주의의 배후에도 역시 그런 논리가 숨어 있었다. 설령 진화를 통해서가 아니라 신의 뜻으로 그런 민족 간의 우열이 갈렸다 해도 결과는 마찬가지이다.).

그런가 하면 Evolution을 '진화론'으로 번역하고 있는 것에서도 많은 오해가 발생하고 있다. 진화 생물학(evolutionary biology)이 생물의 진화를 연구하는 생물학의 한 분과로 어엿이 자리 잡고 있음에도 불구하고 일반에게는 이 학문이 여전히 미성숙한 과학 이론 중 하나로 인식되고 있는 데에는 이렇게 잘못된 학문 명칭이 기여한 바가 크다고 하겠다.

이처럼 진화와 진화 생물학에 대한 일반의 오해가 적지 않다. 그럼에도 이 학문에 대한 대중적 흥미와 관심은 사실 상당한 수준이다. 여기에는 그 나름의 타당한 이유가 있는데, 이제 그 이유에 해당하는 몇 가지를 짚어 보도록 하자.

먼저, 우리 인간이 자신의 근원을 따지며 그 근원에서부터 현재의 자신에 이르기까지 어떻게, 어떤 경로를 거치면서 혈통이 이어져 왔는지에 대해서 관심을 가지는 것은 본연의 욕구이자 호기심의 발로라는 관점이 있다.

이런 견해는 적지 않은 사람들이 족보에 깊은 애착을 보이는 것이나 역사에 대한 대중의 관심이 커지고 있는 데에서도 그 예를 찾아볼 수 있다. 특히 국민 소득이 일정 수준에 이르러 먹고사는 문제가 일단 해결된 이후에 자신의 뿌리 찾기에 대한 관심이 더욱 고조되어 온 것은 자연스러운 현상이라고 하겠다. 우리나라에서도 얼마 전까지 텔레비전 프로그램 「역사 스페셜」이 상당한 인기를 끌었던 것이나 역사학, 인류학, 고고학 등 인류 역사와 한민족의 과거사를 되돌아보는 다양한 내용의 책들이 점점 더 많이 출간되고 있는 것도 같은 맥락이라고 볼 수 있다.

둘째로, 과학의 급속한 발달과 함께 생물의 기원과 진화에 대한 지식과 정보가 계속해서 축적됨에 따라 일반의 관심 역시 높아지고 있기 때문이라는 해석도 가능하다. 얼마 전까지만 해도 생물 진화는 현대 과학의 힘이 별로 미치지 않은 미지의 영역으로 간주되었다. 일반인들은 진화를 과거 수천만 년 전이나 수억 년 전에 벌어진 사건으로 생각해 왔다. 때문에 제아무리 무소불위한 현대 과학이라 하더라도 진화의 비밀을 다 밝히지는 못할 것이라는 은근한 기대(?)를 가질 수 있었던 것이라고 한다면 너무 외람된 견해일까?

그런데 근래 들어 과학 도서의 출간이 늘어나면서 진화 생물학의 최근 업적을 소개하는 책들이 증가하고 있고, 케이블 텔레비전 방송의 디스커버리 채널이나 내셔널지오그래픽 채널 등에서 생물 진화에 관한 최근의 업적들을 소개하는 시간이 부쩍 잦아진 것이 눈에 띈다. 이런 진화와 진화 생물학 관련 지식의 보급이, 대중의 진화에 대한 관심을 키우는

데 큰 역할을 했다고 할 수 있겠다.

　세 번째로, 보다 실질적인 차원의 주장도 설득력을 가진다. 환경 오염과 환경 파괴에 대한 우려가 커지고 덩달아 인류 미래에 대한 불안감 역시 증가하면서 진화와 진화 생물학에 대한 사람들의 관심이 증폭되고 있다는 관점이다. 이는 현대 문명이 발전할수록 인류의 과거 찾기가 더욱 집요해지고 있다는 논리와도 상통하는데, 요컨대 과거를 살펴 미래를 예지할 단서를 얻고자 하는 실용적인 차원에서도 현대인들이 진화와 진화 생물학에 관심을 갖는 것은 자연스런 현상일 수 있다는 주장이 그것이다.

　마지막으로, 상당히 지엽적인 현상인 듯하지만 기독교 근본주의에 지나치게 집착하는 창조 과학이라는 사이비 과학이 끊임없이 전파되고 있는 것도 진화와 진화 생물학에 대해서 대중들이 관심을 갖게 하는 데에 일조를 했다는 생각이다. 무릇 손뼉도 마주쳐야 소리가 난다고 했듯이 창조 과학이 성행함으로 해서 진화 생물학도 자연스레 대중의 관심 영역으로 들어설 수 있게 되었다는 것이다.

　이와 같이 진화와 진화 생물학에 대한 대중적 관심은 점점 더 고조되고 있는 듯하며 이는 시대적 흐름이자 근원적인 인간 호기심의 발로에서 비롯된 현상이라고 볼 수 있다. 그런가 하면 여전히 많은 사람들이 진화와 진화 생물학에 대한 적지 않은 오해와 편견에 사로잡혀 있는데, 그 좋은 실례가 바로 전 세계에서 창조 과학이 가장 번성하고 있는 우리나라이다. 역자가 장문의 해제를 덧붙이는 이유가 여기에 있다. 이 글이 독자 여러분들이 굴드의 에세이를 즐기는 데에 도움이 되는 것은 물론, 현대 진화학에 대한 이해의 폭을 넓히는 데에 다소나마 기여할 수 있기를 바라는 마음 간절하다.

2. 스티븐 제이 굴드 – 20세기 진화 과학의 수호천사

국내 언론이 한 외국 과학자의 부음을 소상히 전달하는 것은 참으로 드문 경우이다. 그런데 2002년 5월 22일, 국내 대부분의 신문들이 "과학 대중화 기여 스티븐 굴드 별세", "인간 복제 반대에 앞장선 석학 굴드 교수 사망" 등의 굵직한 제목을 달아서 스티븐 제이 굴드의 사망 소식을 보도했다(그의 사망일은 5월 20일이다.). 그가 자신이 몸담고 있었던 진화 과학이라는 과학 분야에서는 물론이거니와 전 세계적으로 널리 알려진 지성이었음을 여실히 보여 주는 일이었다.

세계적으로 유명한 과학 주간지 《네이처》는 다음과 같은 추모 기사를 실었다.

> 전 세계적으로 가장 저명한 진화 생물학자 중 한 사람인 스티븐 제이 굴드가 지병인 암으로 60세에 생을 마감했다. 굴드의 친근하면서도 유려한 글들은 대중들에게 진화론을 전파하는 데에 지대한 공헌을 하였지만 그에 못지않게 그의 도발적인 사고는 적지 않은 학문적 논쟁을 불러일으켰다……. 굴드는 20권이 넘는 저술을 남겼는데 그중의 9권은 시리즈로 이어진 에세이 모음집이다. 이 에세이들은 진화를 주제로 하는 것이지만 그 속에는 그와 더불어 그가 일생 동안 사랑했던 예술, 역사, 야구 등에 대한 열정 또한 가득하다…….

굴드는 미국식 실천적 과학자의 표상으로 삼을 만하다. 그는 우리가 흔히 위대한 과학자상으로 떠올리는, 연구실에 틀어박혀 연구에만 몰두하는 은발의 고매한 인격자가 아니었다. 또 신물 날 정도로 매스컴을 타거나 돈을 벌기 위해서 아무 책이나 써 대는 그런 팔방미인식의 대학

교수도 아니었다. 그는 진화 생물학을 연구하는 성실한 연구자로서 획기적인 진화 이론을 제시했는가 하면, 탁월한 글 솜씨로 1970년대 이래 가장 저명한 과학 저술가 중 한 사람으로 인정받아 왔다. 이처럼 과학자로서의 커다란 업적과 대중에게 과학을 소개하는 놀라운 열정을 함께 지녔다는 점에서 굴드는 종종 칼 세이건과 비교되기도 한다(세이건 역시 60을 겨우 넘긴 나이에 암으로 타계했다.). 그렇지만 세이건의 저작이 과학적 지식의 산뜻한 나열로 폭넓은 독자층을 확보하는 데에 성공했다면, 굴드의 저작은 날카로운 지적 주관을 포함하고 있어서 주로 지적 수준이 높은 계층에서 더 많은 호감을 샀다고 할 수 있다.

굴드는 가난한 헝가리 출신 이민자의 아들로 뉴욕에서 나고 자랐다. 1967년 컬럼비아 대학교에서 고생물학으로 박사 학위를 취득하고 같은 해부터 줄곧 하버드 대학교에서 진화 생물학을 가르쳐 왔다. 하버드 대학 생물학과에는 굴드 이외에도 에드워드 윌슨과 리차드 르원틴 등 탁월한 과학 저술가로 필명을 날리는 교수들이 재직하고 있는데, 이들은 각자의 전공 분야가 조금씩 다르기는 하지만 학문적으로나 대중적 과학 저술가로서나 서로 좋은 경쟁자이자 협력자였다.

과학 저술가로서 굴드의 명성이 높아지게 된 직접적 계기는 1977년에 발간한 두 권의 저서 『개체 발생과 계통 발생(Ontogeny and Phylogeny)』과 『다윈 이후(Ever Since Darwin)』에서 비롯된다. 전자의 책은 당시까지만 해도 일반인들은 물론 최고 지식인들조차도 이해하기가 쉽지 않았던 진화 이론을 명쾌하게 소개한 책으로 커다란 성공을 거두었다. 『다윈 이후』는 이후 2~3년의 간격을 두고 연속적으로 발간된 총 10권에 달하는 과학 에세이집 중 첫 번째로서 새로운 과학적 글쓰기의 탄생을 알리는 신호탄이 되었는데, 지금까지도 지성인들의 대화에 오르내리는 명저이다. 마지막 에세이집은 그의 사망 직후에 발간된 『I Have Landed: The

End of A Beginning in Natural History』(2002년)로, 조만간 우리나라에서 번역본이 출간될 예정이다.

굴드는 뉴욕에 소재한 미국 자연사 박물관이 발간하는 월간 잡지 《자연사》에 27년 동안 단 한번도 거르지 않고 에세이를 연재했다. 이처럼 오랜 세월에 걸쳐서 한 잡지에 연재를 했다는 것도 전무후무한 기록이거니와, 편당 200자 원고지 수십 매에 이르는 그 에세이들 대부분이 최고 수준의 지성을 담고 있다는 점도 그가 과학 저술가로서 어떤 존재인지를 새삼 깨닫게 한다. 한 굴드 연구가에 의하면 그는 300여 편의 에세이에서 성경 내용을 53차례나 인용했으며 자신이 애청하는 텔레비전 프로그램인 「길버트 설리번 쇼」를 21번, 셰익스피어를 19번, 영국의 시인 알렉산더 포프를 8번 언급했다고 한다. 이밖에도 라틴 어 구절을 16회, 프랑스 어 구절을 9회, 독일어 구절을 6회, 심지어 이탈리아 어 구절까지도 인용했다고 하는데, 이처럼 풍부한 교양과 유려한 문체로 인해서 굴드의 에세이들은 대학 인문학 강좌의 교재로도 널리 사용되고 있다. 요컨대, 최고 수준의 지성미를 갖춘 과학 에세이 작가라는 것이 굴드에 대한 첫 번째 평가라고 하겠다.

굴드는 1990년대에 들어서 저술 활동의 범위를 더욱 넓혔는데 우리나라에서도 출간된 『생명, 그 경이로움에 대하여(Wonderful Life: The Burgess Shale and the Nature of History)』(1989년), 『새로운 천년에 대한 질문(Questioning the Millennium)』(1997년) 등에서는 진화 문제를 넘어서는 과학과 인류 전반에 대한 굴드의 문제의식을 엿볼 수 있다. 이런 탁월한 저술들에 힘입어 굴드는 수많은 수상의 영예를 안았다. 그는 자신의 두 번째 에세이집인 『판다의 엄지(Panda's Thumb)』(1980년)로 1981년 미국 출판협회가 수여하는 최고 저술상을 받았으며 『인간에 대한 오해(The Mismeasure of Man)』(1981년)로 1982년에는 미국 비평가협회상을, 1983년에는 미국 교육연합협회에서 주는 최우수 도서상을 수상했다. 그리고 『생명, 그 경이로움에 대하여』로 1990년에는 다시 한번 최우수 도서상을, 1991년에는 영국 왕립 협회가 선정하는 론풀랑 과학상을 탔다. 1992년에는 고생물학회가 수여하는 최고 저술상을 받기도 했다.

진화 과학자로서 굴드는 자신의 평생에 걸친 연구를 갈무리하는 작업으로 사망하기 직전인 2002년 3월에 무려 1,500쪽에 달하는 『진화 이론의 구조(The Structure of Evolutionary Theory)』를 발간했다. 이 책의 출간을 기념하는 사인회장에서 굴드는 1982년에 자신이 희귀한 암에 걸렸다는 사실을 알았다고 밝히며 의사로부터 사망 선고에 가까운 말을 들었을 때 이 책의 집필에 착수했다고 고백한 바 있다. 모든 과학자들의 귀감이 될 만한 참으로 놀라운 과학적 열정의 소유자라 하겠다.

과학 저술가로 활동하는 한편으로 과학자로서도 그는 대단한 명예를 누렸는데, 1981년 과학 잡지 《디스커버(Discover)》에 의해 '올해의 과학자'로 선정된 것을 필두로 해서 여러 대학과 학회로부터 각종 메달과 상을 받았다. 그가 얻은 명예박사 학위만 해도 무려 40여 개에 이른다.

굴드는 진화론을 열렬히 신봉했던 과학자로 유명하다. 사실상 그의 저술 대부분이 다윈주의를 설명하고 옹호하는 데에 바쳐졌는데, 여기서 한 걸음 더 나아가서 그는 창조론자들을 질타하는 선봉에 서기도 했고 같은 진화론 진영의 에드워드 윌슨이나 리처드 도킨스와도 기꺼이 논쟁을 벌이기도 했다.

창조론자들에게 있어서 굴드는 언제나 가장 성가신 존재였다. 굴드는 동료 과학자들이 창조론자들과의 논쟁에 소극적으로 임하거나 아예 토론을 회피하는 자세를 보였던 것과는 달리 대담하게 이들을 공박하는 데에 앞장섰다. 심지어 그는 1980년대 초 공립 학교에서 창조론과 진화론을 동등하게 가르칠 것인지의 여부를 놓고 미국 아칸소 주에서 진행된 재판에 당당히 증인으로 나서 창조론의 비과학성을 공격했다. 이런 굴드의 증언에 힘입어 연방 순회 재판소는 소위 과학적 창조론으로 불리는 창조론자들의 이론을 공공교육 현장에 받아들일 것을 거부하는 역사적인 판결을 내렸다.

1990년대에 이르러 창조론자들이 자신들의 새로운 무기로 지적 설계론(intelligent design theory)을 들고 나왔을 때에도, 굴드는 그들에 대항해 그 어떤 진화 과학자들보다도 더 열성적으로 예리한 필봉을 마음껏 휘둘렀다. 이런 굴드를 가리켜 언론은 그에게 '진화론의 불독'이라는 별명을 붙여 주었다.

그렇지만 굴드의 활달한 성격과 유려한 글 솜씨는 때로 동료 진화 과학자들과의 관계를 불편하게 만들기도 했다. 그는 같은 대학 선배 교수인 저명한 사회 생물학자 에드워드 윌슨의 논리를 반박하는 데에 있어서도 전혀 거리낌이 없었다. 가장 유명한 신다윈주의자 중 한 사람인 리처드 도킨스의 이기적 유전자론에 대해서도 거침없이 공격하곤 했다. 굴드와 도킨스는 둘 다 진화 생물학을 대중적으로 알리는 데 큰 역할을 했지만 학자적 견해에는 차이가 있다. 이들 사이의 흥미로운 논쟁을 정리한 책 『Dawkins Vs. Gould : Survival of the Fittest』(2001년)가 최근 우리나라에서 『유전자와 생명의 역사』라는 제목으로 번역되어 출간된 바 있다.

3. 다윈, 최초로 진화의 메커니즘을 설명하다

진화에 관련된 문제를 논의하는 데에 있어서 사람들이 곧잘 잊어버리는 사항이 하나 있다. 바로 생물 진화가 우주 진화 – 태양계 진화 – 지구 진화 – 생물 진화 – 인류 진화 – 인류 미래로 이어지는 일련의 전 우주적 진화 과정의 한 부분이라는 점이다.[1] 과학계에 이런 진화의 개념을 소개한 것은 생물 진화가 그 시초였는데, 생물 진화의 개념과 메커니즘을 논리적으로 설명해 낸 최초의 연구자가 바로 찰스 다윈이었다. 지난 100여 년 동안 진화 생물학은 전적으로 다윈에 의존해 왔다고 해도 과언이 아닐 것이다. 그것은 다윈에 의해서 시작되었고 적자생존과 자연 선택이라는 다윈이 세운 논리의 울타리 안에서 성장하고 발전해 왔다.

물론 다윈이 생물 진화를 처음으로 주장한 사람은 아니다. 다윈이 태어나기 이전인 18세기에도 프랑스인 조르주루이 르클레르 드 뷔퐁이 천지 창조에서 유래된 동물들 이외에 "자연에 의해 착상되고 시간에 의해 다듬어진" 생물 집단들이 소규모로나마 존재한다고 주장한 바 있다. 뷔퐁의 수제자 장 바티스트 라마르크는 한 생물 종으로부터 다른 생물 종이 나타날 수 있으며, 따라서 인간도 다른 생물에서 생겨났다고 강력히 주장했다. 특히 라마르크는 그러한 진화의 메커니즘으로 용불용설(the theory of use and disuse)을 제창하여 유명해졌다.

다윈의 할아버지인 에라스무스 다윈은 1794년에 이미 『동물 생리학 또는 생물의 법칙(Zoonomia or the Laws of Organic Life)』이라는 저서에서 진화에 대한 생각을 발표했으며, 찰스 다윈과 동시대 인물인 앨프리드 러셀 월리스도 다윈과는 별도로 자연 선택설에 기초한 진화 이론을 확립했다. 당시 월리스와 경쟁 관계에 있었던 다윈은 월리스가 보내 온 논문에 큰 충격을 받았다. 그래서 그때까지 미발표 상태에 있었던 진화론 논문을 서둘러 완성하여 월리스의 것과 함께 1858년 7월에 린네 학회에 보냈다. 린네 학회는 월리스의 것보다 더 실증적인 증거를 제시한 다윈의

---

[1] A. C. Fabian ed., *Origins: The Darwin College Lecture*, Cambridge Univ. Press, 1988.
Scientific American Special Issue, Life in the Universe, *Scientific American*, October, 1994.

논문을 최초의 것으로 인정하여 급기야 다윈은 유명 인사가 되었는데, 그 전말은 과학사의 유명한 일화로 남아 있다. 이어서 다윈은 자신의 연구 내용들을 급히 요약하여 1859년에 저 유명한 『종의 기원』을 출간했다. 그 초판 1,250부는 당일에 매진되었다고 한다. 따라서 과학자로서의 다윈의 위대함은, 생물 진화의 발견자로서가 아니라 그가 제안했던 적자생존과 자연 선택 이론이 가지는 진화 메커니즘으로서의 탁월성에서 찾아야 할 것이다.

다윈은 1831년부터 1836년까지 근 5년 동안 영국의 군함 비글호를 타고 세계 전역을 일주하면서 생물 진화의 증거들을 풍부히 수집했다. 그래서 1837년 초에는 《종의 변환(Transmutation of Species)》이라는 전문 잡지에 「나의 이론(My Theory)」이라는 논문을 발표했는데, 이 논문을 통해서 다윈은 자연 선택 이론을 처음으로 제안하게 된다.

원래 다윈은 시골에서 어린 시절을 보냈기 때문에 농사일이나 가축 사육에 대해서 많은 지식을 가지고 있었다. 유능한 농부는 농작물과 가축을 기를 때 각 세대에서 가장 생산성이 양호한 개체를 선택하여 다시 길러 냄으로써 품종을 개량한다. 다윈은, 이러한 인위 선택의 과정을 통해서 품종이 개량되는 것처럼 자연계에도 일종의 선택 과정이 있어 생물 종이 변화하는 것이라고 생각했다. 하지만 그는 자연에서의 선택이란 인위 선택과는 달리 항상 개선을 전제로 하는 것은 아닐 것으로 추정했고 도대체 어떤 요인이 선택을 일으키는지에 대해서 많은 생각을 거듭했다.

다윈은 토머스 로버트 맬서스가 1798년에 발표한 『인구론』에서 해결의 실마리를 발견했다. 맬서스에 의하면 모든 생물 종은 기하급수적으로 번식할 수 있는 능력을 가져서 만약 기아나 질병과 같은 재해에 의해서 억제되지 않으면 그 수가 무한정 늘어날 수 있다. 그렇지만 우리가 알고 있는 것처럼 자연의 생물들 대부분이 안정된 개체수를 유지하고 있는 이유는 각 세대에서 소수의 자손을 제외한 대다수 개체들이 강제로 죽음을 맞기 때문이라고 맬서스는 부연했다.

이런 맬서스의 이론에서 다윈은 각 세대에서 도태되는 자손들은 아마도 환경에 제대로 적응하지 못하는 열등한 개체들이 아닌가 하고 생각하게 되었다. 가축이나 작물들이 인간에 의해 선택됨으로 해서 점진적으로 종자가 개량되는 것과 마찬가지로, 자연계에서도 어떤 선택의 메커니즘이 작동해서 생물 종을 변화시키는 것이라고 생각했던 것이다. 다윈은 자신이 생각했던 자연 선택의 메커니즘을 다음과 같이 네 가지 과정으로 정리했다.

첫째, 자연계에서는 기하급수적 증가의 원리에 따라 항상 생존 가능한 개체수보다 더 많은 개체가 탄생한다. 둘째, 대부분의 자연 개체군에는 변이가 존재하며 변이 중에서 어떤 것은 유전된다. 셋째, 개체들 사이에서는 생존을 위한 투쟁이 벌어지고 각 생물들은 서로서로 경쟁하게 된다. 넷째, 이러한 생존을 위한 경쟁이 약간이라도 이로운 특성을 계속 누적시켜 새로운 종이 생겨나도록 작용한다.

다시 말해서 다윈은, 생물들은 자연적인 여건에 의해 상당수의 자손들을 잃거나 번식률을 억제당하고, 그 결과 남길 수 있는 수보다 훨씬 적은 수효의 자손들만이 살아남는다는 사실에 주목했던 것이다. 주위 환경의 여러 조건들은 그 속에서 번식을 계속할 수 있는 개체들을 선택한다. 그리하여 생존에 직접적으로 영향을 주는 좋은 형질들은 집단 내에서 더욱 뚜렷이 나타나며, 그 반대로 생존에 긍정적인 영향을 미치지 않는 형질들은 사라지게 될 것이다.

다윈이 진화의 메커니즘으로 자연 선택 이론을 완성한 것은 1842년 경이라고 한다. 그렇지만 다윈은 자신의 이론을 오랫동안 출간하지 않았다. 그는 자신의 이론이 그 당시의 사회 통념과 일치하기 않기 때문에 만약 발표된다면 엄청난 저항을 불러일으킬 것이라는 점을 잘 알고 있었다. 따라서 다윈은 그러한 저항을 완화시키기 위해서라도 완벽한 증거들을 모아야만 한다고 생각하고 그러한 증거의 수집에 추후 20년의 세월을 바쳤다(굴드는 본문 첫번째 에세이에서 이 부분에 대한 자신의 다른 견해를 밝히고 있다.).

그러나 예상과 달리『종의 기원』발표 후 가장 다윈을 괴롭힌 것은 종의 불변을 믿는 사회 통념과의 대결이 아니었다. 과학자들 사이에 격렬한 논쟁을 불러일으켜 다윈을 한없이 불편하게 만들었던 것은 진화 자체보다는 그가 진화의 메커니즘으로 제안했던 자연 선택의 개념이었다.[2]

역사적으로 뉴턴의 광학 이론이나 아인슈타인의 상대성 이론 등이 비교적 짧은 기간 동안 논란을 일으켰던 것에 비하면 다윈의 이론은 그야 말로 오랫동안 토론의 대상이 되어 더욱 유명해졌다.

4. 다윈 이후의 진화 생물학

다윈은 자연 선택의 개념으로 진화를 설명함으로써 현대 생물학의 기초를 마련했다. 그러나 자연 선택 이론은 실험으로 증명할 수 없는 것이었기에 그는 자연 선택과 진화의 관계를 동료 과학자들에게 설명하는 데에 많은 곤란을 겪었다. 19세기의 대다수 과학자들은 진화가 일어난다는 사실은 선뜻 받아들일 수 있었으나 그것이 자연 선택과 어떤 관련이 있는지는 이해하지 못했다. 심지어 다윈조차도 자연 선택의 구체적인 메커니즘을 몰랐기 때문에 그들을 납득시키는 데에 큰 어려움을 겪

---

[2] 정용재,『찰스 다윈』, 민음사, 1988.

었다.

다윈은 생물에 유전자가 존재한다는 사실을 죽을 때까지 알지 못했다. 그래서 무엇이든지 다른 것을 이용해서 자연 선택의 메커니즘을 설명하려고 노력했다. 그 결과 다윈은 한 가지 실수를 하게 되었는데 유익한 변이가 점진적으로 축적됨으로써 새로운 종이 생겨난다는, 현대 유전학의 개념과는 정반대되는 논리에 자신도 모르게 빠져들었던 것이다 (따라서 일반인들이 흔히 오해하고 있듯이 과학자로서 다윈의 위대함을 그가 생물 진화를 처음 주장했다거나 또는 자연 선택의 개념이 진화를 설명하는 가장 완벽한 이론이라는 데에서 찾아서는 안 될 것이다. 우리가 다윈을 추앙하는 것은 그가 생물 진화의 메커니즘을 그 당시로서는 가장 합리적으로 이끌어 냈다는 점과 그것을 도출하는 과정에서 그가 보여 준 과학자로서의 논리적인 태도 때문이어야 할 것이다.).

다윈으로부터 본격적으로 시작된 진화론 연구가 현대의 진화 생물학으로 발전한 데에는, 다윈과 거의 동시대 사람인 그레고어 요한 멘델에서부터 시작된 유전학이 20세기 들어 꽃을 피우기 시작한 것이 커다란 기여를 했다. 일반에게 잘 알려져 있듯이 멘델은 완두콩을 재료로 한 일련의 교배 실험을 통해 콩알이 둥근지 주름져 있는지 혹은 깍지의 색이 녹색인지 황색인지 하는 것과 같은 형질들이, 각 개체가 내장하고 있는 유전자형(genotype)의 조합에 의해서 자손들에게 전달된다는 중요한 사실을 밝혔다. 다시 말해서, 멘델은 다윈이 결코 이해하지 못했던 자연 선택의 구체적인 메커니즘이 바로 유전자(gene)를 통한 형질의 유전이라는 점을 처음으로 발견했던 것이다.

그렇지만 1865년에 발표된 멘델의 논문은 아무런 주목도 받지 못했다. 심지어 멘델의 논문을 읽었음이 분명한 다윈조차도 그 중요성을 간과해 버리는 우를 범했다. 그래서 휴고 마리 드 브리스(Hugo Marie de Vries, 1848~1935년), 카를 에리히 코렌스(Carl Erich Correns, 1864~1933년), 에리히 체르마크 폰 자이제네크(Erich Tschermak von Seysenegg, 1871~1962년), 3인의 생물학자들에 의해서 멘델의 업적이 재발견되었던 1900년에 이르기까지 35년 동안 다윈의 진화론은 확고한 과학적 발견으로서 인정받지 못하고 끊임없이 논쟁의 대상으로서 취급되었다.

20세기 초 멘델의 업적이 재발견된 후 과학계는 비로소 유전자와 자연 선택 사이의 관련성을 모색하기 시작했다. 그렇지만 유전학적 지식이 처음부터 다윈의 자연 선택설을 지지한 것은 아니었다. 일례로 초기 유전학의 성과는 돌연변이가 대부분 개체에 해로우며 그 영향도 점진적이지 않고 아주 대규모로 나타난다는 것을 알아낸 정도였고, 결과적으로 자연 선택에서 요구되는 새롭고 유용한 변이들은 거의 발견할 수 없었던 것이 보통이었다. 그러나 점차 유전학에 수학이 활용되면서 유전학에서 얻어진 결과들이 자연 선택설을 뒷받침하는 방향으로 정리되기 시작했는데, 여기에는 시월 라이트, 로널드 에일머 피셔, 존 스콧 홀데인 등의 기여가 컸다. 그리하여 1930년대에 이르러서는 유전학과 자연 선택의 관계에 대한 원리 전반이 종합되었는데, 이를 '신다윈주의(neo-Darwinism)'라고 부른다.

5. 신다윈주의와 현대 종합설

신다윈주의가 출현한 이후 얼마 되지 않아서 테오도시우스 도브잔스키, 에른스트 마이어, 조지 게일로드 심프슨 등은 집단 유전학, 계통학, 고생물학 등의 연구 결과가 신다윈주의의 원리들과 모순되지 않음을 천명했다. 이렇게 해서 마침내 '현대 종합설(The Modern Synthesis)'이 탄생했는데, 이는 자연 선택이 진화의 주된 메커니즘이라는 점을 전 세계 생물

학자들이 인정한 쾌거라 하겠다.[3]

그러나 진화의 메커니즘을 규명하는 작업이 현대 종합설의 제창으로 완료된 것은 아니었다. 종합설이 대두되기까지 주로 고생물학, 계통 분류학, 유전학 등에 의존해 왔던 진화 생물학은 1950년대부터는 주로 분자 생물학의 융성에 힘입어 현재까지 끊임없이 발전하고 있다. 이런 과정에서 리처드 도킨스를 비롯한 일단의 신다윈주의 지지자들은, 다윈의 자연 선택을 단순히 개체들이 더 많은 자손을 남기기 위해 벌이는 투쟁으로 해석했다. 도킨스는 생물들 사이의 경쟁이 실제로 그렇게 치열하게 전개되는 것은 아니라는 많은 현장 생물학자들의 관찰을 근거로 정말로 중요한 진화의 메커니즘은 생식을 위한 개체들 간의 경쟁이 아니라 유전자들 사이의 경쟁이라고 생각했다. 리처드 도킨스, 조지 윌리엄스, 메이너드 스미스 등은 진화는 다음 세대에 가능한 한 더 많은 유전 정보를 남기려는 유전자들의 투쟁이라고 정의한다.

1970년대에 출현한 윌슨의 사회 생물학은 이러한 유전자 중심 진화론의 연장이다. 사회 생물학자들은 다윈의 자연 선택설이 생물들 사이의 경쟁을 부추기는 본질적으로 이기적인 현상이라는 점에 대해서 의문을 표했다. 만약 자연 선택이 옳다면 어떻게 생물들 사이에서 다른 개체를 위해서 자신을 희생하는 이타적 현상이 빈번히 관찰될 수 있으며, 또 흰개미나 꿀벌의 집단들에서 볼 수 있는 것과 같은 협력 체제가 구축될 수 있겠는가 하는 생각이다. 실제로 새들에게서는 자기 새끼가 아닌 다른 새끼에게 먹이를 준다든지 자기 새끼도 없는 새가 머리 위에서 배회하는 매를 보고 매에게 노출되는 위험을 감수하면서까지 다른 새들에게 경계음을 내는 현상 등을 쉽게 관찰할 수 있다.

3) N. Eldredge, *Darwin's Legacy, in Triumph of Discovery: A Chronicle of Great Adventures in Science*, Scientific American Inc., 1995, pp. 85-87.

이런 이타주의 현상들에 대해서 사회 생물학자인 윌리엄 해밀턴은, 어떤 상황에서는 그러한 이타주의적 행동이 가능한 한 자신의 유전자를 많이 남기려는 전략에 부합한다고 지적했다. 해밀턴은 꿀벌의 무리에서 나타나는 극단적인 이타주의를 예로 들었다. 사회생활을 하는 꿀벌 무리에서 일벌은 불임이기 때문에 자신의 유전자형을 늘리려면 여왕의 배란을 극대화시킬 수밖에 없다. 여왕벌은 단 한 번 수벌과 수정해 수많은 일벌을 출산하기 때문에 벌집 속의 일벌들은 다 동기간으로서 평균 3/4에 해당하는 유전자를 공유하고 있다(일벌은 암컷이다.). 따라서 이와 같은 사회에서는 벌집이나 여왕벌에 대한 일벌의 어떠한 희생도 자신의 유전자 보전 차원에서 더 가치 있는 일이 된다. 이처럼 동족의 번식을 위해서 자신을 희생하는 행위를 '혈연 선택(kin selection)'이라고 하는데, 이 개념은 특히 동물 집단에서 사회생활이 어떻게 진화될 수 있었는지를 설명하는 데에 아주 유용하다.

그러나 신다윈주의는 성(sex)의 존재를 설명하는 데에는 실패했다. 만약 그들의 주장처럼 진화의 목적이 자신의 유전자를 최대한 많이 다음 세대에 넘겨주는 것이라면, 왜 진화 과정에서 암컷과 수컷의 양성이 출현하여 어려운 수정을 통해서 공평하게 유전자를 반씩만 후대에 전달하게 되었는가? 이 점에 대해서 유전자 중심의 현대판 신다윈주의 지지자들은 납득할 만한 해답을 내놓지 못하고 있다.

1970년대 이후 고생물학의 발전도 진화 생물학에 기여하는 바가 컸다. 스티븐 제이 굴드와 닐스 엘드리지(Niles Eldredge)는 화석 기록상에서 진화가 점진적으로 진행되었다는 증거를 발견하기가 어렵다는 사실에 주목했다. 대신 그들은 많은 화석들에서 생물 종들이 오랜 기간 아무런 변화 없이 세대를 계속하다가 갑자기 짧은 기간 동안 획기적인 변화를 나타내곤 한다는 증거를 발견했다. 이런 식의 진화 양상은 다윈이 주장했던, 변이가 점진적으로 축적됨으로써 종이 변화한다는 진화 이론과는 전혀 상반되는 것이다. 굴드와 엘드리지는 자신들의 진화 이론을 단속 평형설이라고 이름 붙였다(그림 1).

단속 평형설은 개체군 수준 이상에서 수세대에 걸쳐 일어나는 생물의 대변화, 즉 대진화(macroevolution)를 설명하는 데에 유용하다. 일례로, 인간 조상에 있어서 두뇌 용적의 크기는 과거 200만 년 동안 점진적으로 증가했던 것이 아니라 새로운 인간 종족이 출현할 때마다 급속히 증대된 것이라고 알려져 있다(그림 2). 이러한 두뇌 용적의 증가는 변이의 점진적인 축적보다는 단속 평형설로 설명하는 것이 확실히 합리적이다. 그렇지만 보다 큰 두뇌를 가지고 출현한 후대의 우리 조상들이 그보다 두뇌 용적이 적었던 선대의 조상들보다 생존에 더 유리했을 것이므로 자연 선택과 거의 유사한 '종족 선택(species selection)'이 진화에 작용했던 것만은 분명하다.

6. 21세기의 진화 생물학

다윈주의, 신다윈주의, 그리고 현대 종합설로 이어지는 주류 진화론의 이론들 이외에도 진화 생물학에서는 여러 이론들이 전개되고 있다. 성 선택, 공진화, 협동 진화(cooperative evolution), 가이아 이론, 사회 생물학(sociobiology), 마음의 진화(mind evolution) 등이 대표적인 예이다. 20세기 후반에 이르러 이런 새로운 진화 이론들이 속속 등장해 진화론의 세계는 한결 풍성해졌다. 더욱이 이런 새로운 진화 이론들은 학문적인 중요성은 물론 참신성까지 갖추고 있어 대중의 관심을 끄는 데에도 커다란 성공을 거두고 있다. 이제 새로운 진화 이론들을 잠시 엿보기로 하자.

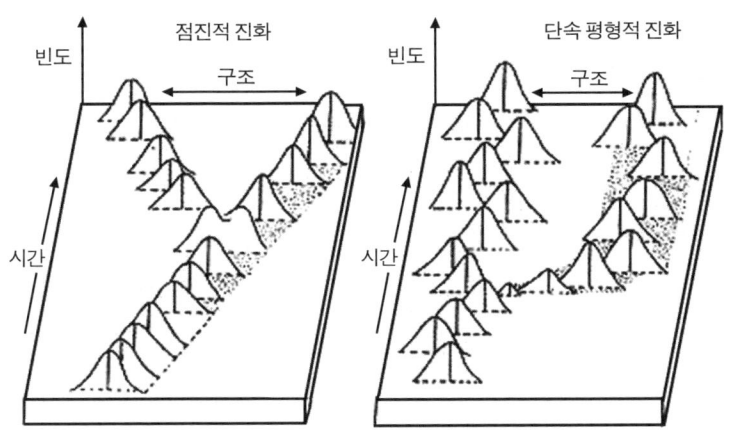

그림 1. 생물 진화에 대한 두 가지 모델. 다윈식의 점진적 진화(왼쪽)와 굴드-엘드리지의 단속 평형적 진화(오른쪽).(Wallace, et al., *Biology: The Science of Life*, 3rd edition, 1991. 이광웅 등 옮김, 『생물학』의 관련 내용을 참조하여 다시 그림, 을유문화사, 1993.)

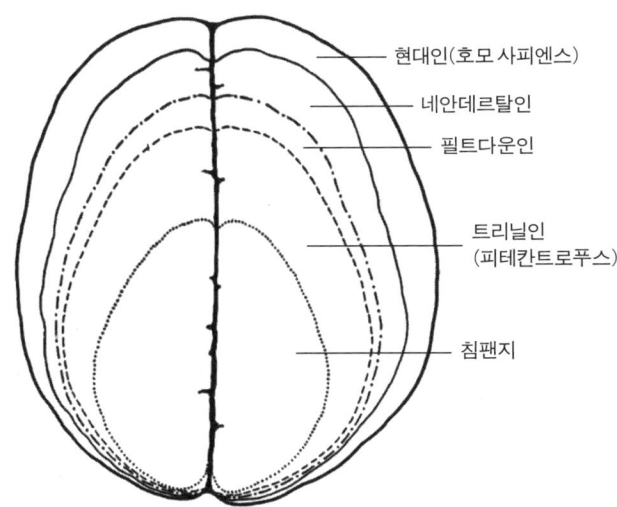

그림 2. 인류 조상 종들의 두뇌 크기 비교. 두뇌 용적은 새로운 인간 종이 출현할 때마다 급속히 늘어난 것이지 점진적으로 증가한 것이 아니다.(Gould, *Wonderful Life*, 1989. 김동광 옮김, 『생명, 그 경이로움에 대하여』의 관련 그림을 참조하여 다시 그림, 경문사, 2004).

많은 척추동물 집단에서는 번식기에 암컷이 수컷을 선택한다. 건강한 자손을 생산하기 위해서 그 목적에 적합한 수컷을 선택하는 것이다. 그러면 암컷은 어떤 기준에 의해서 그런 수컷을 선별할 수 있을까? 바로 수컷의 웅장한 자태, 현란한 색조, 과시적인 걸음걸이 등이 그 기준이 된다. 수컷 공작의 화려한 꽁지깃, 일부 사슴의 거대한 뿔, 코끼리의 커다란 어금니, 생식 시기에 펠리칸 수컷들의 부리에서 나타나는 커다란 돌기 등은 모두 이런 성적 과시물이며, 암컷들은 그런 과시물의 화려함과 거대함을 근거로 가장 우수한 유전자를 지니는 수컷을 선택하게 된다.

이런 특성들은 그것을 지니는 개체의 생존에 명백히 해가 된다. 그런 상징물을 만들어 내기 위해서 개체는 불가피하게 많은 에너지를 낭비하게 되고 또 때로는 그런 상징물 때문에 포식자의 공격에 취약해지거나 먹이를 얻기 힘든 상태가 되는 경우도 있기 때문이다. 그럼에도 불구하고 암컷들이 이런 특성을 갖는 수컷들을 선호하게 되면 그런 특성이 뚜렷한 수컷들이 번식에 참여하는 빈도가 증가하기 때문에 세대가 거듭할수록 무리 안에서 그런 특성이 확대되게 된다. 성 선택(sexual selection)이란 이처럼 성적 특성의 우열에 따라 결정되는 자연 선택의 한 형태이다. 여기에서 '선택(selection)'이란 암컷이 수컷을 선택한다는 뜻이 아니라 진화 과정에서 그런 성적 특성들이 선택적으로 발달된다는 의미이다.

이런 성 선택이 혹시 우리 인간에게도 작용하지 않을까? 개체의 생존에는 방해가 되지만 배우자의 호감을 사는 취향과 행동 양식들은 우리 인류 사회에서도 얼마든지 발견할 수 있다. 문명 세계로부터 멀리 떨어진 일부 부족들에서는 코걸이라든지 입술걸이, 목을 늘리기 위한 목걸이 등의 인위적인 과시물들이 지나치게 발달된 경우를 흔히 찾을 수 있다. 인류 역사에서는 오랫동안 남성들의 긴 수염이 선호되었으며 여성들의 의상이 행동하기에 불편할 정도로 거추장스러웠던 적이 많았다. 또

전 세계적으로 10대들에서 볼 수 있는 남자아이들의 꽁지머리와 여자아이들의 특별히 굽 높은 구두, 최근 들어서 유난히 강조되고 있는 여성들의 지나치게 호리호리한 몸매 등도, 유행이라는 이름으로 성행하고는 있지만 사실은 어쩌면 우리의 몸속 깊숙한 곳에 내재된 성 선택의 본성의 부추김을 받아 나타나게 된 것들인지도 모른다.

다윈주의가 적자생존을 강조하며 생물들의 경쟁을 진화의 동인으로 주장하는 데에 반해서 생물 진화의 주된 메커니즘으로 생물들 사이의 협조와 공생을 주장하는 진화론 학자들도 있다. 1970년대에 미생물 진화학자인 린 마굴리스는, 원핵 세포인 박테리아가 진핵 세포인 동식물의 다세포체로 진화하는 과정에서 생물 개체들 사이에 경쟁 못지않게 상호 협력이 중요한 작용을 했다는 사실을 처음으로 밝혔다.[4]

박테리아들은 그 구조와 기능이 진핵 세포들에 비해서 매우 단순하며 크기 또한 대단히 작다. 그런데 진핵 세포들의 세포 내 소기관들, 즉 미토콘드리아나 편모, 섬모, 엽록체 등은 각각 그 크기나 구조, 기능면에서 박테리아들과 대단히 유사하다. 심지어 미토콘드리아는 우리 몸속에서도 별도의 DNA를 가지며 번식도 자체적으로 수행한다. 마굴리스는 바로 이런 '진핵 세포 속에 존재하는 원핵 세포'라는 수수께끼의 진상을 밝혔다. 그녀는 태곳적 처음 나타났던 미생물들의 진화가 일단락될 무렵에 먹이 부족에 허덕이던 박테리아 중 일부가 자신보다 큰 박테리아에게 잡아먹혔는데, 세포 내에서 소화되는 대신 공생 생활을 시작함으로써 진핵 세포로 재탄생했다는 주장을 펼쳤다. 이 이론이 처음 나왔을 때 전통적인 진화론자들은 거세게 반발했지만 다행히 세대교체가 빠른 미생물이 연구 대상이었기 때문에 실험실에서 수행된 일련의 실험들로

---

4) N. A. Cambell & J. B. Reece, *Biology*, 7the edition, 2005. 전상학 등 옮김, 『생명 과학』, 7판, 라이프사이언스, 2006.

그런 이종(異種) 박테리아들 사이에서 공생 관계가 나타난다는 사실을 증명할 수 있었다.

마굴리스의 세포 공생 이론은 개체들 사이의 상호 협조와 협력이 생물의 진화 과정에서 중요한 역할을 한다는 점을 새삼 강조했다. 그런데 이런 생물 종 간 협력과 공생의 관계는 비단 미생물 세계에서뿐만 아니라 고등 생물의 세계에서도 찾아볼 수 있다. 기생 생물과 숙주 사이에서 우리는 그런 관계를 엿볼 수 있는데, 흔히 일반에 알려진 것처럼 기생 생물이 숙주를 죽음에 이르게 하는 경우는 별로 없다. 오히려 대부분의 경우 기생 생물의 번식이 숙주 생물에게는 특별한 영향을 미치지 않거나 설령 악영향을 미친다고 해도 심각한 상태로까지는 만들지는 않는다. 기생 생물 입장에서는 숙주의 죽음이 곧 자신의 죽음을 의미하기 때문에, 숙주가 죽어도 자신의 번식이 보장되는 경우에만 숙주 생물을 죽여서 최대의 이익을 취하는 전략을 사용하는 것이다. 이런 관계를 진화의 입장에서 본다면 기생 생물과 숙주 생물이 서로 상대방에 대해서 자신을 적응시키는 기술을 발전시켜 왔다고 말할 수 있다. 말하자면 이종 개체들 사이에서 공진화(coevolution)가 일어나는 셈이다.

자연에서 가장 흔히 나타나는 생물들 사이의 관계는 포식과 피식의 관계이다. 자연 선택에 의해서 포식자가 피식자를 잡아먹는 기술이 향상되면 될수록 피식자의 도망치는 기술도 같이 발달하게 된다. 아프리카 영양과 그 뒤를 쫓는 치타의 탁월한 뜀박질 능력이, 두 종에게 작용한 공진화의 탄복할 만한 예다. 피식자가 방어 기술을 발전시키면 자연히 포식자 또한 피식자를 찾거나 그것을 쫓는 기술을 발전시켜야만 살아남을 수 있다. 피식자는 다시 그런 포식자의 추적을 벗어날 수 있는 기술을 더욱 발전시킬 것이며 이렇게 해서 포식자와 피식자는 함께 '진화적 추적' 관계를 유지하게 된다. 즉, 포식자와 피식자의 관계도 공진화로 설명할 수 있다.

인류는 자신들의 필요에 의해서 농작물을 꾸준히 개량해 왔다. 그런데 이런 품종 개량이 지나치게 진행된 나머지 오늘날 많은 종들이 인간의 도움이 없이는 아예 생존 자체가 불가능한 지경에 이르렀다. 그 대표적인 예로 옥수수의 열매는 이제 두꺼운 껍질에 싸여 있어서 인간의 손으로 심기기 전에는, 야생에서는 발아 자체가 어렵게 되어 버렸다. 인간과 농작물 종의 공진화가 그런 결과를 빚어낸 것이리라.

생물 종들 사이에서 공진화가 이루어졌던 것처럼 생물들과 그 주위 환경 사이에서도 공진화 관계가 성립한다는 주장이 있는데 가이아 이론(Gaia hypothesis)이 그 대표적인 예이다.[5]

다윈주의의 기본 가정은, 시간의 흐름에 따라 생물이 생활하는 환경 조건이 바뀌며 생물은 변화하는 환경 조건에 적응하기 위해서 부단히 노력해 결국 가장 잘 적응하는 생물들만이 살아남는다는 논리이다. 그런데 가이아 이론은 생물이 지상에 처음 탄생한 이후 이제까지 지구 환경의 변화를 주도했던 것은 바로 생물들이었다고 주장한다. 생물들이 환경 변화를 일으키고 또 그런 환경 변화에 맞추어서 자신들도 변화를 꾀하는 두 가지 역할을 모두 수행했다는 것이다.

태초에 바다가 만들어진 이후 오늘날까지 비와 강물은 토양과 암석 중에 포함된 황, 요오드, 규소, 플루오르 등의 각종 영양 염류들을 침식시켜 바다로 운반했을 것이다. 만약 지난 40억 년 동안 이런 일이 되풀이되었다면 그동안 바닷물 속 이들 영양 염류의 농도는 지속적으로 높아졌어야 하고 그 반대로 토양 중의 영양 염류 농도는 점차 감소했어야 한다. 또 이런 영양 염류들은 식물의 생장에 필수적인 원소들이기 때문에

---

[5] J. E. Lovelock, *GAIA: A New Look at Life on Earth*, 1995, 홍욱희 옮김, 『가이아-살아 있는 생명체로서의 지구』, 갈라파고스, 2003.

지금쯤은 육상 식물들이 이런 염류의 결핍으로 고통 받고 있어야 할 것이다. 그러나 과학자들이 지난 수십억 년 동안의 해수 중 영양 염류 농도 변화를 추적해 본 결과 그 농도가 거의 일정하게 유지되었음을 확인했다. 식물 생태학자들의 연구에 의하면 육상 식물들은 이들 영양 염류의 결핍으로 생장에 지장을 받는 일이 별로 없다고 한다.

이런 문제들은 지난 수십 년 동안 무던히도 과학자들을 괴롭혀 왔는데, 1970년대 영국의 대기 화학자 제임스 러브록이 그 해답의 실마리를 내놓았다. 러브록은 해양에서 해초류들이 바닷물에 녹아 있는 영양 염류들을 흡수했다가 그것들을 황화디메틸이나 요오드화메틸 등의 화학 물질 형태로 공기 중으로 방출하며, 이 물질들이 바람에 의해 육지로 옮겨져 거기에서 비에 씻겨 육상으로 되돌아간다는 영양 염류 순환의 메커니즘을 제안했다. 이런 메커니즘이 작용해 바닷물의 영양 염류 농도와 토양 중의 영양 염류 농도가 항상 일정하게 유지된다는 것이다. 이러한 러브록의 주장은 이제까지 우리가 학교에서 배웠던 지구의 역사 및 생물 진화 이론과는 전혀 궤를 달리하는 이론으로 발전했는데, 러브록은 이 새로운 이론을 가이아 가설이라고 명명했다.

러브록은 우리가 살고 있는 이 지구가 살아 있는 하나의 거대한 유기체라고 주장했다. 그는 지구의 생물들이 단순히 주위 환경에 적응하기만 하는 그런 소극적인 존재가 아니라 오히려 지구의 제반 물리적 화학적 환경을 활발하게 변화시키는 능동적 존재라고 규정했는데, 지구의 모든 생물들과 그것을 에워싸는 주위 환경이 마치 달팽이(생물)와 그 등에 얹힌 패각(무생물 환경)처럼 일체화된 하나의 실체로서 존재한다고 보았다. 그리고 이 실체를 그리스 신화에 나오는 대지의 여신에 비유하여 가이아라고 이름 붙였다.

7. 현대인과 진화 생물학

다윈 이래 진화론에 대한 논쟁은 항상 일반 대중들의 관심을 끌어 왔다. 진화론은 아마도 가장 중요한 과학 이론 중 하나이면서 — 많은 과학사가들이 다윈을 역사상 가장 중요한 과학자로 꼽으며 뉴턴이나 아인슈타인보다 윗 반열에 올려놓기도 한다. — 또한 가장 대중이 이해하기 쉬운 과학 이론이기도 할 것이다. 이처럼 이론 자체가 그것을 이해하기에 특별한 전문적 교육과 훈련을 필요로 하지 않는다는 점, 그러면서도 그것이 미치는 사회적 영향력은 정말로 대단하다는 점 등으로 인해서 진화 생물학은 여타 과학 분야들과는 달리 비전문가들의 참여를 확실히 보장하는(?) 진기한 과학이라고 할 수 있다(이런 맥락에서 과학으로서의 진화 생물학을 반대하는 일부 비전공 과학자들이 창조 과학이라는 사이비 과학을 들고 나와 진화 생물학을 공격하기도 한다. 이처럼 그것을 전공으로 하지 않는 과학자들이 단체를 결성해서 한 과학 분야를 공격한다는 것은 대단히 불행한 일이라 하겠다.).

그러나 현대를 살아가는 우리들에게 있어서 진화 생물학이 그렇게 세속적인 차원에서만 관심의 대상이 되는 것은 아니다. 시야를 높게 해서 멀리 바라보면, 학문으로서 진화 생물학은 바로 인류의 장래에 깊숙이 연관되어 있다는 데 그 중요성이 있다.

진화 생물학이 우리 인류의 장래에 어떻게 영향을 미칠 수 있는지 그 예를 들어 보자.

현대 의학은 과거에는 불치의 유전병이었던 여러 가지 질병들을 치유하는 데에 대단한 성공을 거두고 있다. 그러한 유전병의 하나로 유문 협착증(pyloric stenosis)이 있는데, 이 병은 위(胃)의 밸브 근육을 비정상적으로 많이 자라게 해서 특히 유아에게 치명적이다. 의학이 발달하지 않았던 과거에는 이 병을 일으키는 유전 인자를 지니고 태어난 아이들 대부분이 어린 나이에 숨져 인류의 유전자 풀에 이 질병의 유전 인자가 그렇게 많이 존재하지 않았다. 그러나 1920년대를 전후해서 이 병은 비교적 간단한 외과 수술로 완치가 가능해졌다. 이처럼 수술로 살아남게 된 사람들은 자손을 둘 수 있게 되었기 때문에 현재 이 병을 일으키는 유전자의 빈도는 과거에 비해서 현격히 증가한 상태다.

이렇게 해서 유문 협착증을 일으키는 유전자의 빈도가 계속 증가한다면 인류의 장래에는 어떤 일이 일어날까? 앞으로는 1920년대 이전보다 훨씬 더 많은 사람들이 유문 협착증의 유전 인자를 지닌 채 태어날 것이며, 따라서 이 질병의 치료를 위한 수술 빈도 또한 증가하게 될 것이다. 그러면 유문 협착증의 발생 빈도는 언제쯤 정상에 이를 것인가? 그리고 그 때쯤에는 얼마나 많은 사람들이 수술을 받아야만 할까? 다행스럽게도 인간의 한 세대는 너무나 길어서 이 질병의 유전자가 본격적으로 확산되려면 상당한 시간이 소요될 것이다.

우리 인간도 다른 모든 생물들과 마찬가지로 환경에 적응하면서 살아간다. 이러한 환경에의 적응을 다윈은 자연 선택과 적자생존의 원리로 설명했는데, 우리는 자연계에서 지나치게 적응에 성공했던 나머지 나중에 갑자기 새로 변한 환경 속에서 살아남지 못하고 멸종해 버린 많은 생물 종들의 예를 알고 있다. 그렇다면 우리 인간은 지구라는 주어진 환경 속에서 현재 지나치게 잘 적응하고 있는 것이 아닐까? 이런 지나친 적응이 인류의 장래를 어둡게 하고 있는 것일지도 모른다.

인류의 번영은 환경 파괴를 수반한다. 우리는 열대 우림, 산호초, 바다와 호수, 늪지, 강과 하구 등 생물상이 가장 풍부한 장소들을 파괴하고 있으며, 오존층을 훼손하고 대기 중에 이산화탄소를 더해서 온실 효과를 가속하고 있다. 또, 매년 그 사용량이 늘어나는 유독성 화학 물질들을 마구 버리고 있으며 우리의 식량 공급원인 곡식의 품종을 단순화시키고 있다. 이러한 환경 훼손과 자연 파괴는 필경 새로운 환경 조건을 이루어 우리 인류로 하여금 바뀐 환경 속에서의 적응을 강요할 것이다. 과연 인류는 이러한 적응에 성공해 영원히 번영할 수 있을까?

진화 생물학은 바로 이런 질문들에 답을 구하는 학문이다. 이런 관점을 고려할 때 21세기 인류의 미래에 대해 회의와 불안이 난무하는 지금, 진화 생물학은 학문의 제왕이자 현대 과학의 정수라고 해도 과언이 아니겠다.

홍욱희

찾아보기

용어

ㄱ

개체 발생 72, 93, 103, 167, 302, 305, 308
개체군 8, 83, 128~130, 138, 329, 334, 386
개체의 이익 371
개화(주)기 134~135, 139
건장형 계보 79
게임 이론 373
격변(론자) 210~212, 214~216, 223, 227
격변설 213
결정론(자) 322, 383
계통 발생 93, 167, 302, 305, 341
계통 분기군 186~188
계통수 302
고등 동물 269, 364
고등 인종 304
고등 포유류 267
공생자 161
관념론 65, 298~299
관목론 77, 82

광합성 158, 163, 173~174, 185
구면 수차 144
구성 물질 201, 275
균일론(자) 211, 212~215, 222, 225, 273
근친 종 101, 138

ㄴ

내부 기관 244, 251
내부 열기관 272, 277
내행성 273, 278
냉혈 동물 266
네발짐승 89, 107
뇌 용량 78, 80

ㄷ

다변수 분석 81, 331~332, 334
다세포 생물 162~163, 170, 184
다양성 139, 161, 164, 169, 188, 216, 243, 351, 360
다윈(의) 이론 9, 50~52, 55~56, 59, 149, 305, 359

다윈주의 12, 50, 56~57, 92, 115, 119, 168~169,
　　　201, 228, 362, 372, 381~382
다윈주의 361, 385
단세포 생물 46, 158~159, 162
대격변 210, 221~222, 226
대뇌화 지수 265, 267~269
대륙 이동(설) 13, 191~192, 226~227,
　　　229~234, 236, 238
대멸종 13, 169, 210
대번성 165, 169
대양 분지 193, 203, 236
대양저 191, 194, 231, 234, 237
대형 동물 245, 257, 334
대후두공 89, 308
데본기 223
돌연변이 9, 27, 70, 162
동물상 170~171, 184, 213, 227
동속 종 69~70
두개골 측정법 346
두뇌 용량 255, 259~260, 265~267, 269, 293,
　　　364
두뇌 우월론 296
두뇌 중량 257~259, 265
두뇌의 크기 255, 257~258, 264, 268, 295
드리아스 아간빙기 122
딸세포 182
DNA 69, 290, 384

ㄹ
라마르크설 9, 386
로그 국면 183~184, 186~188

ㅁ
만성형 98~99
모네라(계) 162~164
모자이크 진화 78, 92
모체 살해 136
무성 생식 126, 134, 162
무척추동물 169~170
미끼물고기 148~149, 151
미지리적 품종 330
미토콘드리아 160~161

ㅂ
바이스만-로마네스 논쟁 382
반다윈주의 114
반복설 93, 302, 304~308, 310
반수이배체 374, 377
반수체 374
발달 지연 94~95, 301
발생학 14, 42, 71, 284, 289
배 42, 89~90, 286
배(의) 발달 130, 146, 289~290
범죄 인류학 306, 316, 318
범죄형 염색체 316, 322
범죄형 유전자 316
베르크만 법칙 333
변이 8~9, 22, 38, 57, 83, 162, 164, 329~332
변이를 수반한 유전 42~44, 47
변증법적 유물론 296
부적자 8, 57, 145
분자 진화론자 383~384
불임성 375

ㅅ
사다리론 77, 79, 82, 266
사람과 82, 339~341, 258~259
사람속 76~77, 81
사회 생물학 15, 366, 382
사회적 다윈주의 47
상대 성장 116~120, 364
상동(성) 24, 341, 360
상사(성) 340~341, 360
색 수차 144
생기론 289
생물 군집 176
생물 다양성 168, 174, 180, 193
생물량 174
생물상 193
생물의 5계 분류법 159, 163
생물학적 범죄 이론 315
생물학적 잠재력 357, 362, 365, 379
생산자 군집 175
생식 생장 134
생태 피라미드 174~175
생활권 341
생활사 126, 139, 358

생활사 전략 127
선택압 121
선행 인류 75, 79, 259
성서 지질학 200
수확 원리 173
수확 이론 185
스트로마톨라이트 175
신경절 147
신다윈주의 56
C.G. 186~188

ㅇ
아북극성 툰드라 122
아종 327, 329, 331
아폴로 계획(달 탐사) 223, 274
안점 146~147
안정화 183~184
알레뢰드 아간빙기 122
암석권 274
역동적 정상 상태 216~217
역위 72
영양 생장 134
영장류 64, 66, 68, 72, 81, 89~91, 93~96, 100~103, 256, 259, 269, 308, 317, 359~360
온혈 동물 101, 333
외투막 자락 146, 148, 151~152
우점종 174
원생생물 162~164
원시 생물 179
원시 직립 원인 259
원시 포유류 267
원원류 54, 94
원인 76, 78~79, 82, 84, 295
원자론 70, 382
원핵 세포 161~162
원핵생물 160~162, 165, 185
유공충 225~226
유년기 형질 90, 93
유물론(자) 10, 27~29, 38, 103, 297~299
유성 생식(형) 124, 129~130, 134, 136~137, 162~163, 165, 184, 374, 361
유인원 65, 71~72, 77~78, 81~82, 88, 90, 92, 94, 102, 197, 259~260, 292~293, 314~315, 317, 343, 370~371

유전 암호 290, 383~384
유전자 발현 71, 137
유전자 풀 162, 329
유전적 결정론 309, 321, 259
유전적 통제 357, 359~360
유형 성숙(설) 72, 88, 92~94, 101, 304, 308~310
육식 동물 175, 267~269, 337, 339
육아낭 146~148, 152
의식의 진화 165
이론 개체군 생태학 127
이론 생태학 168, 192, 194
이배체 374~375
이소성 이론 83
이원론 370
이종 교배 72, 78
이타적 유전자 363~377
인간 본성 14~15, 320, 336, 370,
인간 중심(주의) 124, 159, 188
인간 진화 71, 75, 77, 79, 92~93, 101, 104, 256, 294, 296, 298
인도 대륙판 192, 226
인류의 기원 27, 299
인류화의 각인 292
인위(적인) 선택 52, 54
인종 차별(주의) 14, 302~303, 337
인종의 생명 주기론 54
잃어버린 고리 77, 292~293
입자설 288
입체 기하학 244
r선택 127~128, 131
r전략가 128~129
r환경 128~129
S자형 (분포) 곡선 182~183
S자형 성장 184, 186, 188

ㅈ
자기의식(의 지성) 254~225
자매 종 69
자연 선택 7~9, 15, 22, 27~28, 38, 43, 49~54, 57~59, 65, 78, 83~84, 104, 114~116, 118, 123, 137, 144~145, 148, 153, 244, 268, 361~362, 381~385
자연 신학 143

자연법칙 14, 38, 210~211, 214, 316, 321
적응 13, 139, 145, 381
적응도 51~54, 57~59
적자 8, 51~52, 54
적자생존 51, 55
전성론(자) 42, 284~287
전적응 149~153
전좌 72
점진론 226, 272, 274, 385
정상 상태 65
정향 진화(론) 55, 114, 116, 119~120, 228
제2차적인 만성형 99
제3기 267~268
조성형 98~99, 103
종(의) 분화 83~84, 183, 386
종간 변이 22, 25, 27, 42
종의 이익 371
중간 단계 145, 151, 267, 292
중간 형태 148~149, 151
지구 물리학 203, 205
지리적 변이 327~328, 330, 332, 334
지리적 품종 329
지배형 계층 구조 341
지연 72, 92~93
지질학 사상 210, 226
지축 변동 222, 224, 226~227
직립 자세 90, 254, 292~295, 297, 308
직시목 136
진사회성 374
진핵 세포 161~162, 165, 184~185
진핵생물 160, 162, 165, 185
진화 7~10, 12, 22~23, 35, 37, 41~46, 57~58, 82, 84, 127, 171, 225, 272, 305, 359
진화 계통수 186
진화 발생 생물학 71
진화 생물학 120, 139, 168, 330
진화론(자) 11~14, 21~22, 25, 27~28, 38~39, 42, 50~51, 53~54, 65, 77~78, 83, 98, 111, 116, 122, 127, 136, 143, 167, 169, 206, 284, 302, 305, 315, 341, 383
진화론 논쟁 65
진화적 수렴 341

ㅊ
차등 생존 53
창조론(자) 82, 146, 179, 206
창조론 분쟁 201
처녀 생식(형) 124~126, 127~128, 130~131
철학적 유물론 25, 27
초대륙 192, 194, 273
층서학 182, 230

ㅋ
크레이터 223, 273~275, 277
K선택 127
K전략가 128, 131

ㅌ
태아화 이론 88
텃세 성향 14, 336, 339~342
통속적 행태학 336, 339~340
퇴화 10, 59, 305
특수 창조설 123

ㅍ
판 구조(론) 13, 193~194, 226~227, 277~278, 231, 238~239, 278
판게아 192, 273
페름기 대멸종 13, 168, 190~193
포식자 포만 139
포식적 성향 339, 340
포유류의 시대 267
표면 장력 256
플라이스토세 223, 339

ㅎ
하등 인종 302
해마 논쟁 64~65
해저 산맥 191, 193~194, 238
헉슬리-윌버포스 논쟁 201
현생 종 112~113, 121
현생 포유류 267~268
혈연 선택 361~363, 367, 372~373, 377~379
형질 변환 이론 42
형태적 특이성 66
형태학 69, 127, 163
호혜적 이타주의 361, 363~367

홍적세 223
화석 포유류 113, 263
환경론 365
환태평양 화산대 226
획득 형질 9, 57
후생동물 170, 172~173
후성론자 43, 286~290
후성설 289

인명

ㄱ

가드너, 로버트 68
가드너, 비어트리스 68
가레트, 피터 175
가이스트, 발레리우스 121
갈레노스 300
갈릴레이, 갈릴레오 220, 244~245, 275, 338
그루버, 제이컵 28, 32
그루버, 하워드 25
길버트, 윌리엄 슈웽크 313~314

ㄴ

뉴턴, 아이작 56, 203, 214, 221, 276, 289, 379

ㄷ

다비타슈빌리, 레오 121
다윈, 찰스 로버트 7~9, 12, 21~23, 27~30,
    32~36, 38~39, 42, 46, 50~54, 57~59, 114,
    119, 122~123, 138, 144~145, 168~170, 180,
    201, 272, 291, 293~294, 299, 314, 368, 379,
    381~385
다이바스, 헨리 136
다트, 레이먼드 340
달링, 프랭크 프레이저 121
대니켄, 에리히 폰 227, 239
도브잔스키, 테오도시우스 56, 328
뒤부아, 마리 외젠 프랑수아 토마 295
드라이든, 존 63

ㄹ

라마르크, 슈발리에 드, 장 바티스트 피에르 앙
    투안 드 모네 42, 382

라우프, 데이비드 186
라이엘, 찰스 13, 65, 174, 210~216, 221~222,
    271~275
라트케, 마틴 하인리히 108
랭, 윌리엄 딕슨 228
럴, 리처드 스완 115
레벤후크, 안톤 반 288
레온, 폰세 데 87
로렌츠, 콘라트 336, 341
로마네스, 조지 존 382
로스, 제임스 클라크 32
로시니, 조아치노 안토니오 21
로이드, 몬테 136
롬브로소, 체사레 14, 314~322
리, 아이작 149
리들리, 이안 274
리키, 루이스 시모어 배젓 76, 79~80
리키, 리처드 어스킨 프레레 80, 260
리키, 메리 더글러스 76, 77, 79~81
린네, 칼 폰 355~356, 364

ㅁ

마굴리스, 린 159~161
마르크스, 카를 하인리히 29, 30
마셜, 리스턴 172~173
마쉬, 오스니얼 찰스 306
마운셀, 레이 113
마이어, 에른스트 발터 56, 83, 329
마틴, 밥 98~99
막스, 그루초 31
말피기, 마르첼로 286
매코믹, 로버트 32, 33, 35
맥아더, 로버트 헬머 127
맨슨, 찰스 335
맨텔, 기드온 113
맬서스, 토머스 로버트 22
머치슨, 로데릭 179~180, 213, 271
멀러, 허먼 조지프 7, 56
멘델, 그레고어 요한 308
모리스, 데즈먼드 336
모세 38, 205, 219
모어, 헨리 43
몬터규, 애슐리 100~101, 103, 311, 328
몰리뉴, 토머스 107~108, 111~113

밀, 존 스튜어트 214, 351
밀러, 휴 225
밀렛, 케이트 343
밀턴, 존 26

ㅂ

바그너, 리하르트 빌헬름 248
바이스만, 아우구스트 382
배릿, 폴 25
버넷, 토머스 199~206, 221
버드셀, 조지프 벤저민 334
버스틴, 해럴드 32, 34
버크너, 로이드 172~173
버클랜드, 윌리엄 225
버트, 시릴 로도윅 348~349
버틀러, 새뮤얼 383
베게너, 알프레트 로타르 234, 237
베닌드, 요아힘 121
베델, 톰 49~53, 55~57, 59
베르크만, 카를 333
베어, 카를 에른스트 폰 229~230, 293~294
베틀하임, 브루노 133
벨리코프스키, 임마누엘 13, 205, 220~228
보네, 샤를 286~289
볼크, 루이스 88~89, 91~92, 302, 304, 309~310
볼테르 107
뷔퐁, 조르주루이 르클레르 드 206
브라운, 윌리엄 29
브루노, 조르다노 220
브린턴, 대니얼 개리슨 301~302

ㅅ

새뮤얼슨, 폴 367
설리번, 월터 227
세르, 에티엔 306
세이건, 칼 에드워드 277
세이어스, 도로시 리 21
세즈위크, 애덤 213
셀랜더, 로버트 332
셉코스키, 잭 186
셰익스피어, 윌리엄 56
소크라테스 355
쇼클리, 윌리엄 337

쇼프, 윌리엄 160~161
쇼프, 토머스 186, 194~195
슈타르크, 디트리히 67
슈트라우스, 리하르트 게오르크 343
슈헤르트, 찰스 235~236, 238
슐츠, 아돌프 한스 102
스미스, 그래프턴 엘리엇 293
스미스, 애덤 10, 137~138
스위프트, 조너선 207
스코프스, 존 200, 206
스탠리, 스티븐 173, 175~176, 184~185
스트라빈스키, 이고르 190
스트롱, 조사이어 307
스펙, 리처드 322
스펜서, 허버트 45, 51, 306
시버, 레이먼드 272
시월, 사무엘 335
심버로프, 다니엘 186, 194~195
심프슨, 조지 게일로드 56, 292

ㅇ

아가시, 장 루이 로돌프 125, 211~216, 345
아낙시만드로스 284
아그네스, 제임스 157~158
아드리, 로버트 336, 340, 342~343
아리스토텔레스 289, 386
아이머, 테오도르 228
아이슬리, 로렌 210
아이젱크, 한스 309~310
애덤스, 존 퀸시 31
앤드루스, 로이 채프먼 291
앨런, 멜 97
엘리스, 헨리 해블록 307~311
엥겔스, 프리드리히 14, 29, 296~300
여키스, 로버트 먼스 346
영, 존 재커리 77~78
오언, 리처드 64~66, 114
오켄, 로렌츠 295~296
옥스너드, 찰스 81
요한 슈트라우스 2세 343
울리히, 한스 126
워딩턴, 콘래드 할 56
워즈워스, 윌리엄 87
월리스, 앨프리드 러셀 22, 65

월턴, 아이작 148
웬트, 프리츠 워몰트 255
웰시, 존 151
윌리스, 베일리 28, 234~236, 238
윌리엄 3세 206
윌버포스, 새뮤얼 39, 201
윌슨, 앨런 69
윌슨, 에드워드 오스본 56, 127, 356~360, 366,~367, 372, 378

ㅈ
잰즌, 대니얼 헌트 56, 134~136, 140
제리슨, 해리 266
제임슨, 로버트 32
제퍼슨, 토머스 112
젠센, 아서 337, 346~347, 349
존스턴, 리처드 332

ㅊ
치아디, 존 앤서니 243

ㅋ
카민, 레온 348
캐스터, 케네스 229
캐슬레이, 로버트 스튜어트 33
케스틀러, 아서 30
켈솔, 존 121
코페르니쿠스 379
코프, 에드워드 드링커 306, 310
쿠시먼, 조지프 226
쿠프, 러셀 121
쿤, 칼튼 스티븐스 337
퀴비에, 조르주 112, 213, 216
퀴에노, 뤼시앵 228
큐브릭, 스탠리 343
크레머, 루이스 153
크로그먼, 월턴 94
크롬웰, 올리버 255
클레이, 헨리 307
키플링, 조지프 러디어드 307
킬, 존 206
킹, 메리클레어 69
킹즐리, 찰스 64

ㅌ
타이거, 라이어넬 337, 340
토르케마다, 토마스 드 220
투아, 알렉시 뒤 234
트루먼, 아서 엘리자 228
트리버스, 로버트 376
틴들, 존 225

ㅍ
파스칼, 블레즈 279
파킨슨, 제임스 111
패싱햄, 리처드 100~102
패터슨, 브레인 76
페리, 엔리코 318
페일리, 윌리엄 143
포르트만, 아돌프 98, 100~103
포크트, 카를 306
포프, 알렉산더 96
폭스, 로빈 337, 340
프레스, 프랭크 272
프로이트, 지그문트 16, 293~294, 369, 377, 379
플라톤 26, 28, 298
플리에스, 빌헬름 294
피츠로이, 로버트 33~35, 38~39
필빔, 데이비드 259~260

ㅎ
하이엇, 앨피어스 54~55
할러, 알브레히트 폰 42~43, 286
해리스, 마빈 362
해밀턴, 윌리엄 도널드 360, 372, 374
헉슬리, 올더스 88, 91
헉슬리, 줄리언 소렐 56, 89, 115, 253
헉슬리, 토머스 헨리 39, 64~66, 201
헤른스타인, 리처드 337
헤어, 하이디 376
헤켈, 에른스트 하인리히 필리프 아우구스트 42, 167, 295~297, 299, 303, 305~306
헨슬로, 존 스티븐스 34, 35
홀데인, 존 스콧 249, 372
휘태커, 로버트 하딩 159~160, 163~164
히버트, 사무엘 113

문헌

ㄱ
『격변 속의 지구』 221, 223, 225~226
『계통 분류학과 종의 기원』 329
「괴물」 157
『구약 성서』 26, 66, 203, 217
『기계 속의 유령』 30

ㄴ
《내셔날 램푼》 367
《뉴스위크》 367
《뉴욕 타임스 매거진》 357, 367, 378
《뉴욕 타임스》 76, 239

ㄷ
「다윈의 실수」 49~50
『대륙과 해양의 기원』 234
『두뇌와 지성의 진화』 266

ㅁ
「마가복음」 366
『마력의 용법』 133
『문명 속의 불만』 294, 369
『문화의 수수께끼』 362
『물의 아이들』 64
《미국 과학 저널》 184
《미국 과학원 논문집》 174

ㅂ
『범죄형 인간』 316, 321
「비글호의 박물학자는 누구였던가?」 32

ㅅ
《사이언스》 69, 159, 332, 367, 376
『사회 생물학』 356, 367, 372
『새로운 두 과학』 244
『생물학 원리』 45
《생태학 논문집》 136
『성의 정치학』 343
「시편」 66
『신들의 전차』 227
『신약 성서』 203, 217, 366

ㅇ
《아메리칸 사이언티스트》 255
『아프리카 창세기』 340
《영국 과학사 저널》 32
『영토 명령』 340
「요한계시록」 203
「유인원에서 인간으로의 전이 과정에 노동이 담당한 역할」 296
『인간 다윈』 25
『인간의 유래』 65~66, 119
『인간이 이 땅에 존재하는 것은 진화와 창조 중 어느 힘에 의해서인가?』 46
『인류 기원론』 303
M 노트(N 노트) 25, 28~29

ㅈ
『자본론』 29
『자연계에서의 인간의 위치에 대한 증거』 64
《자연사》 11, 15, 97~98, 151, 285
『자연의 체계』 355
『제1원리』 45
『제왕적 동물』 340
『종의 기원』 7, 27, 29, 52, 65, 114, 168~169, 201
『중앙아시아 신정복』 291
『지구에 관한 성스러운 이론』 199~200, 221
「지능 지수와 학습 성적을 어느 정도까지 향상시킬 수 있는가」 346
『지질학 원론』 210~211
《진화》 136
《진화생물학》 159

ㅊ
「창세기」 206, 209
「출애굽기」 217
『충돌하는 세계』 220, 222, 227

ㅌ
《타임스》 349
「타히티의 도덕적 상태」 39

ㅍ
『파우스트』 311
《펀치》 64

ㅎ

《하버드 교육 평론》 346
《하퍼스》 50
《화보 뉴스》 64

일반

ㄱ
국제 기드온 협회 209

ㄴ
노리치 대성당 250~251
노아의 홍수 113~114, 201
노예 제도 37, 345

ㄷ
다운 하우스 29
댈러스 대학교 172

ㄹ
레톨라이 76
로체스터 대학교 186
루브 골드버그 기계 124
매리너 계곡 277~278

ㅁ
먼로주의 31
미국 과학 진흥회 260
미국 자연사 박물관 291

ㅂ
버밍엄 대학교 121
보스턴 대학교 159
비교 동물학 박물관 125
비글호 12, 22, 25, 31~36, 38~39
빅토리아 시대 23, 37, 45, 53, 57~58, 313

ㅅ
샤르트르 대성당 217
시카고 대학교 186, 194
신성 로마 제국 107

ㅇ
아메리카-스페인 전쟁 307
앤티오크 대학교 230
어게이트 스프링스 채석장 224
에든버러 대학교 28, 32
에디아카라 암석층 170
에모리 대학교 68
여키스 연구소 68
영국 협회 회의 39, 201
예일 대학교 117, 235, 259
옥스퍼드 대학교 100, 201, 205~206
올두바이 76
올림푸스 산 277~278
이단 25, 79, 220, 228
이단 심문(소) 205, 221, 229

ㅈ
존스 홉킨스 대학교 173, 184
종교 재판소 244
중세 교회 249~250

ㅋ
캘리포니아 대학교 160, 266
컬럼비아 대학교 230, 274, 329, 338
코넬 대학교 159

ㅍ
펜실베이니아 대학교 134
프로크루스테스 159
프린스턴 대학교 348
플로리다 주립 대학교 186, 194
플리니우스 학회 28~29
하버드 대학교 76, 117, 125, 210, 356
히말라야 산맥 192, 226

생물

ㄱ
개미 192, 254~255, 376, 386
개코원숭이 341, 367
검치호랑이 55, 114
고릴라 66, 94, 100~101, 254, 258~259, 303, 343

공룡 190, 266~267, 291
균류 126, 158, 163~164
극미동물 288

ㄴ
나무달팽이 330
남조류 160~162, 170, 180
네안데르탈인 292, 296
녹조류 170

ㄷ
다마사슴 121
담수산 홍합류 146~148
대나무 133, 135~140
따개비류 24
땅거북 36

ㄹ
람프실리스 146~147, 151~152
레서스원숭이 94
리구미아 나수타 151
리트로사우루스 238, 239

ㅁ
마다가스카르대나무 140
마카크원숭이 102
망토개코원숭이 103
매머드 54, 58, 114, 263
매미 135~140
무스사슴 110, 112
미국무스사슴 108, 112
미크로말투스 데빌리스 125, 130
미얀마대나무 135

ㅂ
버섯혹파리 126, 129
베이징 원인 78~79, 258, 260, 337
브론토사우루스 267, 269

ㅅ
삼엽충 233, 236
상어 266, 269
시조새 267

ㅇ
아피스 파바에 130
아일랜드엘크 55, 107~122
안경원숭이 64
알로사우루스 269
오스트랄로피테쿠스 77~79, 81~82, 258~260, 292~294
오스트랄로피테쿠스 로부스투스 82, 342
오스트랄로피테쿠스 보이세이 76, 79
오스트랄로피테쿠스 아프리카누스 78~82, 259~260, 342~343
왕대 133~134, 139
원숭이 14, 28, 64, 81, 89~90 94, 104, 201

ㅈ
자바 원인 78, 258, 260, 295, 337
주기 매미 135
진딧물 130, 135, 317
집참새 333

ㅊ
침팬지 64, 66~70, 72~73, 94, 100~101, 158, 258, 265, 303, 367

ㅋ
키프로게니아속 148
KNM-ER 1470 81, 260

ㅌ
테토니우스 호문쿨루스 269
티라노사우루스 269

ㅍ
피테칸트로푸스 알라루스 295
피테칸트로푸스 에렉투스 295
핀치 36, 39

ㅎ
호모 사피엔스 64, 72, 78~80, 85, 253, 260, 328, 337, 339, 355
호모 에렉투스 78, 80, 82, 258, 260, 296, 337
호모 하빌리스 76, 77, 79~82
혹파리 124, 127, 129~131, 144, 358

홍욱희

서울 대학교 생물학과를 졸업하고 KAIST에서 생물공학 석사 학위를 받은 후 KIST에서 환경공학부 연구원으로 재직했다. 미국 미시간 대학교(앤아버)에서 환경학 박사 학위를 취득했고 미시간 대학교 연구원을 거쳐 한국 전력공사 전력 연구원에서 오랜 기간 책임 연구원을 지냈다. 현재 세민환경연구소 소장으로 근무하며 환경과 과학 분야에서 활발한 저술 활동을 하고 있다. 저서로는 『위기의 환경주의 오류의 환경정책』, 『3조원의 환경논쟁 새만금』, 『21세기 국가수자원정책』, 『생물학의 시대』 등이 있다. 『한국의 환경비전 2050』, 『인간은 유전자로 결정되는가』 등 7권의 책을 공동 집필했고 『20세기 환경의 역사』, 『가이아(살아있는 생명체로서의 지구)』, 『회의적 환경주의자』 등 10여 권의 과학·환경 관련 책을 번역했다. 보다 자세한 소개와 최근 근황은 http://blog.naver.com/wukheehong에서 찾아볼 수 있다.

홍동선

연세 대학교 행정대학원을 졸업하고 월간 《세대》의 주간으로 일했다. 역서로 『그 영혼의 푸른 불꽃』, 『명상의 나무 아래』, 『닭이냐 달걀이냐?』, 『자기 조직하는 우주』, 『세계를 움직이는 30인의 사상가』 등이 있다.

사이언스 클래식 14

다윈 이후

1판 1쇄 펴냄 2009년 1월 8일
1판 11쇄 펴냄 2024년 3월 31일

지은이 스티븐 제이 굴드
옮긴이 홍욱희, 홍동선
펴낸이 박상준
펴낸곳 (주)사이언스북스

출판등록 1997. 3. 24.(제16-1444호)
(06027) 서울특별시 강남구 도산대로1길 62
대표전화 515-2000, 팩시밀리 515-2007
편집부 517-4263, 팩시밀리 514-2329
www.sciencebooks.co.kr

한국어판 ⓒ (주)사이언스북스, 2009. Printed in Seoul, Korea.
ISBN 978-89-8371-230-1 03470